高等职业教育农业部"十三五"规划教材

鱼类学教程

| 第二版

李承林 主编

中国农业出版社
北　京

图书在版编目（CIP）数据

鱼类学教程/李承林主编. —2版. —北京：中国农业出版社，2015.1（2023.12重印）
高等职业教育农业部"十二五"规划教材
ISBN 978-7-109-20111-8

Ⅰ.①鱼… Ⅱ.①李… Ⅲ.①鱼类学－高等职业教育－教材 Ⅳ.①Q959.4

中国版本图书馆CIP数据核字（2015）第011349号

中国农业出版社出版
（北京市朝阳区麦子店街18号）
（邮政编码100125）
责任编辑　徐　芳

北京印刷一厂印刷　新华书店北京发行所发行
2004年7月第1版　2015年2月第2版
2023年12月第2版北京第5次印刷

开本：787mm×1092mm 1/16　印张：19.75
字数：495千字
定价：48.00元
（凡本版图书出现印刷、装订错误，请向出版社发行部调换）

第二版编审人员名单

主　编　李承林

副主编　张　力　金灿彪

编　者　刘　颖　陈侠君　何大庆
　　　　李　达　李承林　张　力
　　　　金灿彪　夏玉国

主　审　韩　英

第一版编审人员名单

主　编　李承林（黑龙江生物科技职业学院）
副主编　邓河频（湖北生物科技职业学院）
　　　　韩　英（东北农业大学）
编　者　李　达（江西生物科技职业学院）
　　　　罗永光（江苏联合职业技术学院淮安生物工程分院）

第二版前言

鱼类学是渔业专业的重要专业基础课，也是一门技能性较强的学科。本教材自第一版出版以来，深受广大高职院校水产专业师生的好评，为适应高职高专院校突出实践教学和兼顾渔业的养殖专业与捕捞专业的需要，本教材进行了第二版修订。在吸收和保留第一版教材精华内容的基础上，新版教材在保持学科的系统性和科学性的同时，将鱼类形态学与鱼类生态学、鱼类生理学等内容有机地融合为一体，有利于提高学生综合分析问题的能力；鱼类分类学部分则更注重于鉴别鱼类的实用性和可操作性，考虑到我国地域辽阔、南北方鱼类种类差异较大，教材中尽可能兼顾鱼类种类的普遍性与地方代表性特点。本教材注重职业教育的特点，尽量突出实用性，并努力反映出新的知识内容。书中有22个实验指导附于各部分教学内容中，以期训练学生动手操作能力。希望通过本门课程的学习，使学生能够掌握鱼类学的基本知识和培养较强的实践操作技能。本教材也可作为水产养殖专业和捕捞专业技术人员的参考书。

本教材绪论、第二章由黑龙江生物科技职业学院李承林编写，第一章、第八章、第十二章由黑龙江生物科技职业学院夏玉国编写，第三章、第四章由四川省水产学校金灿彪编写，第六章、第七章由天津农学院刘颖编写，第五章、第十章由成都农业科技职业学院陈侠君编写，第九章、第十一章由湖北生物科技职业学院何大庆编写，第十三章一至四节由江西生物科技职业学院李达编写，实验十一至二十二由江西生物科技职业学院张力编写，全书由李承林统稿。诚谢东北农业大学博士生导师韩英教授审稿。

书中难免存在错误和不当之处，敬请读者批评指正。

编　者

2014 年 10 月

第一版前言

鱼类学是渔业专业的重要专业基础课。为适应高职高专突出实践教学的需要，本教材在保持学科的系统性和科学性的同时，将鱼类生理学、生态学与形态学等教学内容有机地融合为一体，有利于提高学生综合分析问题的能力；鱼类分类学部分则更注重于鉴别鱼类的实用性和可操作性。书中有25个实验附于各部分教学内容中，以期训练学生动手操作能力。

本书的绪论、第2章、11章由李承林编写，第1章、3章、6章由邓河频编写，第7章、8章、12章、13章、14章之1~3节由韩英编写，第14章鱼类分类实验部分由李达编写，第4章、5章、9章、10章由罗永光编写，全书由李承林统稿。华中农业大学谢丛新教授在百忙之中逐字审阅修改，在此深表谢意！

错误和不当之处，敬请读者批评指正。

编　者

2004年4月

目 录

第二版前言
第一版前言

绪论 ··· 1

第一章 鱼类的外部形态 ··· 5
第一节 鱼体的外部分区 ··· 5
一、头部 ··· 5
二、躯干部和尾部 ·· 6
第二节 鱼类的体型 ·· 6
一、体轴 ··· 6
二、体型 ··· 7
第三节 鱼类的头部器官 ··· 9
一、口 ·· 9
二、须 ··· 10
三、眼 ··· 10
四、鼻孔 ·· 11
五、鳃孔（鳃裂） ·· 11
第四节 鳍 ·· 11
一、鳍的种类 ··· 11
二、鳍的结构 ··· 12
三、鳍的形态和功能 ··· 12
四、鳍式 ·· 16
第五节 皮肤及其衍生物 ··· 16
一、皮肤 ·· 16
二、腺体 ·· 18
三、鳞片 ·· 19
四、色素细胞与体色 ··· 21
复习思考题 ·· 23
实验一 鱼类的外部器官观察与鱼体测量 ··· 23
实验二 鳞片与色素细胞的观察 ··· 24

第二章 骨骼与肌肉 ·· 26
第一节 骨骼系统 ·· 26

  一、主轴骨骼 ··· 27
  二、附肢骨骼 ··· 36
 第二节　肌肉系统 ··· 38
  一、肌肉的种类 ··· 39
  二、肌肉的结构 ··· 40
  三、肌肉的变异 ··· 43
  四、鱼类的运动方式 ··· 45
 复习思考题 ·· 46
 实验三　骨骼的解剖与观察 ·· 46

第三章　消化系统与鱼的摄食

 第一节　消化管 ··· 52
  一、口咽腔 ··· 52
  二、食道 ·· 54
  三、胃 ··· 55
  四、肠 ··· 55
 第二节　消化腺 ··· 56
  一、胃腺 ·· 56
  二、肝 ··· 56
  三、胰 ··· 57
 第三节　消化与吸收 ··· 57
  一、消化 ·· 57
  二、吸收 ·· 59
 第四节　食物组成 ··· 59
  一、食性类型 ·· 59
  二、食物组成的变化 ··· 60
  三、食物的选择性 ··· 61
 第五节　摄食习性 ··· 62
  一、摄食方式 ·· 62
  二、摄食节律 ·· 63
  三、摄食量 ··· 63
 复习思考题 ·· 64
 实验四　消化器官解剖与观察 ·· 64
 实验五　鱼类食物的定性和定量分析 ··· 66

第四章　呼吸系统与鱼类呼吸

 第一节　鳃 ··· 68
  一、鳃的结构 ·· 68
  二、伪鳃 ·· 70

目　录

　　第二节　鱼类的呼吸运动与方式 …………………………………………………… 70
　　　　一、呼吸运动 ………………………………………………………………………… 70
　　　　二、呼吸频率 ………………………………………………………………………… 72
　　　　三、鱼类的呼吸特点 ………………………………………………………………… 72
　　第三节　鱼类的辅助呼吸器官 ……………………………………………………… 73
　　　　一、皮肤 ……………………………………………………………………………… 73
　　　　二、肠 ………………………………………………………………………………… 74
　　　　三、口咽腔黏膜 ……………………………………………………………………… 74
　　　　四、鳃上器官 ………………………………………………………………………… 74
　　第四节　鳔 …………………………………………………………………………… 75
　　　　一、鳔的形态构造 …………………………………………………………………… 75
　　　　二、鳔的功能 ………………………………………………………………………… 76
　　复习思考题 …………………………………………………………………………… 77
　　实验六　鱼类的呼吸系统解剖与观察 ……………………………………………… 77

第五章　循环系统 …………………………………………………………………… 80

　　第一节　血液 ………………………………………………………………………… 80
　　　　一、血浆 ……………………………………………………………………………… 81
　　　　二、血细胞 …………………………………………………………………………… 81
　　　　三、血液的机能 ……………………………………………………………………… 84
　　第二节　血管系统 …………………………………………………………………… 85
　　　　一、心脏 ……………………………………………………………………………… 85
　　　　二、动脉系统 ………………………………………………………………………… 87
　　　　三、静脉系统 ………………………………………………………………………… 89
　　第三节　淋巴系统和造血器官 ……………………………………………………… 90
　　　　一、淋巴系统 ………………………………………………………………………… 90
　　　　二、造血器官 ………………………………………………………………………… 91
　　复习思考题 …………………………………………………………………………… 92
　　实验七　鱼类循环系统解剖与观察 ………………………………………………… 92

第六章　排泄与渗透压调节 ………………………………………………………… 96

　　第一节　泌尿器官 …………………………………………………………………… 96
　　　　一、肾 ………………………………………………………………………………… 96
　　　　二、输尿管和膀胱 …………………………………………………………………… 97
　　　　三、输出开孔 ………………………………………………………………………… 97
　　第二节　泌尿机能 …………………………………………………………………… 98
　　　　一、尿液的生成 ……………………………………………………………………… 98
　　　　二、鱼类的尿液 ……………………………………………………………………… 98
　　第三节　渗透压的调节 ……………………………………………………………… 100

一、淡水鱼类的渗透压调节 ··· 100
　　二、海水硬骨鱼类的渗透压调节 ··· 100
　　三、软骨鱼类的渗透压调节 ·· 101
　复习思考题 ·· 102

第七章　生殖器官与繁殖习性 ·· 103

　第一节　生殖器官 ·· 103
　　一、生殖腺与生殖导管 ·· 103
　　二、生殖细胞 ·· 105
　第二节　鱼类的性征 ··· 106
　　一、雌雄区别 ·· 106
　　二、雌雄同体 ·· 107
　　三、性逆转 ·· 107
　第三节　性腺发育与性成熟 ··· 108
　　一、性腺发育 ·· 108
　　二、性成熟 ·· 110
　第四节　生殖群体和繁殖力 ··· 111
　　一、生殖群体 ·· 111
　　二、繁殖力 ·· 112
　第五节　繁殖习性 ·· 113
　　一、生殖方式 ·· 113
　　二、产卵类型和产卵场 ·· 113
　　三、亲体护幼 ·· 114
　复习思考题 ·· 114
　实验八　泌尿器官与生殖器官的解剖及性腺发育观察 ···························· 115

第八章　鱼类的年龄与生长 ··· 117

　第一节　鱼类的年龄 ··· 117
　　一、鉴别鱼类年龄的方法 ··· 117
　　二、年轮的数目与年龄的表示方法 ·· 121
　　三、鱼类的寿命 ··· 122
　第二节　鱼类的生长 ··· 122
　　一、鱼类的生长特点 ·· 122
　　二、影响鱼类生长的环境因子 ·· 123
　复习思考题 ·· 124
　实验九　鱼类的年龄鉴定和生长测定 ·· 124

第九章　神经系统 ·· 126

　第一节　神经元 ·· 126

第二节　中枢神经系统 ………………………………………………………… 127
　一、脑的构造及机能 …………………………………………………………… 127
　二、脊髓的构造及机能 ………………………………………………………… 130
第三节　外周神经系统 ………………………………………………………… 130
　一、脑神经 ……………………………………………………………………… 130
　二、脊神经 ……………………………………………………………………… 132
第四节　植物性神经系统 ……………………………………………………… 133
　一、交感神经系统 ……………………………………………………………… 133
　二、副交感神经系统 …………………………………………………………… 133
复习思考题 ……………………………………………………………………… 133

第十章　感觉器官

第一节　皮肤感觉器官 ………………………………………………………… 134
　一、感觉芽和丘状感觉器 ……………………………………………………… 134
　二、侧线器官 …………………………………………………………………… 136
　三、罗伦氏壶腹 ………………………………………………………………… 138
第二节　嗅觉器官 ……………………………………………………………… 139
　一、嗅觉器官的形态结构 ……………………………………………………… 139
　二、嗅觉器官的功能 …………………………………………………………… 140
第三节　味觉器官 ……………………………………………………………… 141
　一、味觉器官的结构和分布 …………………………………………………… 141
　二、味觉器官的功能 …………………………………………………………… 141
第四节　视觉器官 ……………………………………………………………… 142
　一、鱼眼的构造及各部机能 …………………………………………………… 142
　二、鱼眼的视觉作用及其特点 ………………………………………………… 144
第五节　听觉器官 ……………………………………………………………… 145
　一、内耳的构造 ………………………………………………………………… 145
　二、内耳的功能 ………………………………………………………………… 146
　三、内耳的辅助机构 …………………………………………………………… 147
复习思考题 ……………………………………………………………………… 147

第十一章　内分泌系统

第一节　脑垂体 ………………………………………………………………… 148
　一、脑垂体的位置和形态构造 ………………………………………………… 149
　二、脑垂体的机能 ……………………………………………………………… 149
第二节　甲状腺 ………………………………………………………………… 150
第三节　肾上腺 ………………………………………………………………… 152
第四节　胰岛 …………………………………………………………………… 152
第五节　其他内分泌腺 ………………………………………………………… 153

一、性腺 ··· 153
　　二、胸腺 ··· 153
　　三、后鳃腺 ·· 153
　　四、尾垂体 ·· 153
复习思考题 ·· 154
实验十　鱼类神经系统、感觉器官和内分泌器官的解剖与观察 ············· 154

第十二章　鱼类与环境 ·· 158

第一节　鱼类与非生物环境的关系 ··· 158
　　一、鱼类与水温的关系 ··· 158
　　二、鱼类与溶解氧的关系 ·· 160
　　三、水中 CO_2 和其他气体对鱼类的影响 ································ 161
　　四、鱼类与盐度和溶解盐的关系 ·· 162
　　五、鱼类与酸碱度的关系 ·· 162
　　六、鱼类与光、声、电的关系 ··· 163
　　七、鱼类的洄游 ··· 165

第二节　鱼类与生物环境的关系 ··· 167
　　一、鱼类的种内关系与种群结构 ·· 167
　　二、鱼类的种间关系 ·· 169
　　三、鱼类与其他水生生物的关系 ·· 169
复习思考题 ·· 170

第十三章　鱼类分类概述 ··· 171

第一节　鱼类分类的基本单位、分类阶元和命名法 ························ 171
　　一、种的概念 ·· 171
　　二、种以上的分类阶元 ··· 172
　　三、命名法 ··· 172
　　四、分类的主要性状和术语 ··· 173

第二节　鱼类分类鉴定的步骤和方法 ·· 173
　　一、标本的采集和保存 ··· 173
　　二、标本的分类鉴定 ·· 174

第三节　鱼类的分类系统 ··· 175
　　一、分类历史简介 ··· 175
　　二、现生鱼类分类系统 ··· 176

第四节　现生鱼类主要类群简介 ··· 178
　　一、无颌总纲 ·· 179
　　二、有颌总纲 ·· 179
复习思考题 ·· 183
实验十一　软骨鱼纲、鲟形目、雀鳝目、骨舌鱼目、海鲢目分类 ············· 184

实验十二　鳗鲡目、鲱形目、鼠鱚目、鲤形目（一）的分类 …… 195
实验十三　鲤形目（二）分类 …… 205
实验十四　鲤形目（三）分类 …… 214
实验十五　鲤形目（四）分类 …… 225
实验十六　脂鲤目、鲇形目的分类 …… 234
实验十七　胡瓜鱼目、鲑形目、狗鱼目、仙女鱼目、鳕形目、鮟鱇目、鼬形目分类 …… 243
实验十八　颌针鱼目、鳉形目、海鲂目、刺鱼目、合鳃目、鲉形目的分类 …… 253
实验十九　鲈形目（一）的分类 …… 263
实验二十　鲈形目（二）的分类 …… 273
实验二十一　鲈形目（三）、鲽形目、鲀形目的分类 …… 284
实验二十二　鱼类标本采集与生物学调查 …… 297

参考文献 …… 301

绪　　论

鱼类是脊索动物门、脊椎动物亚门中最低等的一个类群，也是脊椎动物亚门中最原始、种属数量最大的一个类群。目前世界上脊椎动物约有38 000种，而现生鱼类约有2万余种（Cohen，1970；Race，1971；Nelson，1984）。鱼类分布广泛，从海洋到内陆水域，到处都有鱼的分布。

人们在日常生活中常把一些不是鱼的水生动物也称为鱼，如鲍、乌鱼、鲵、甲鱼、鳄和星鱼等。鲍、乌鱼是软体动物，星鱼是棘皮动物，甲鱼、鳄是爬行动物，鲵是两栖动物。真正的鱼类则是在水中以鳃为主要呼吸器官，用鳍帮助运动和维持身体平衡，大多数体表被有鳞片的一群终生生活在水中的变温脊椎动物。

脊椎动物亚门中的圆口纲属于鱼形动物，其与鱼的区别主要为无上下颌；内骨骼不发达，特别是脑颅和咽颅；起源于内胚层的鳃呈囊状；无偶鳍及带骨。狭义的鱼类学研究的对象就是鱼纲的"真鱼"，广义的鱼类学研究对象包含鱼形动物在内。本教程讨论属广义鱼类学范围。

一、鱼类学的定义和研究范围

鱼类学是动物学的一个分支学科，是以鱼为研究对象，着重研究鱼类的形态结构、生理机能、生活习性、系统发育和地理分布以及现存鱼类和化石鱼类分类的科学。

鱼类学的研究范围很广，衍生出许多分支学科。

1. 鱼类形态学（即鱼类系统解剖学）　　研究鱼类的外部特征和内部结构，了解各部位的相互关系及机能，分析各器官的原始类型及其发育过程，掌握各器官系统的发展规律。

2. 鱼类分类学（即系统鱼类学）　　研究各种鱼类在分类系统中的位置，各种鱼类的特征及差别，掌握鉴定鱼类的方法，研究鱼类的系统演化、地理分布、生物学和经济意义等。鱼类分类学以古鱼类学、形态学和发生学及动物地理学为基础，是鱼类资源调查、养殖和捕捞工作中的一门重要基础科学。

3. 鱼类生态学　　研究鱼类与其环境之间的关系，研究鱼类的生活方式、习性、对外界环境的适应程度，以及与影响鱼类生活的外界因子（如水温、盐度、饵料等）之间的相互关系。

4. 鱼类生理学　　研究鱼类内部器官的生理机能，鱼体内的生命活动过程，及其与周围环境的相互关系。

5. 经济鱼类学　　研究主要经济鱼类的形态特征、分类地位、产量、分布及习性等。

此外，还有古鱼类学、鱼类发生学等。本教程主要涉及鱼类形态学、鱼类分类学和鱼类生态学及部分鱼类生理学方面的内容。

鱼类学的发展和渔业生产的联系是十分密切的。渔业生产不断发展和变革中所需要解决的问题，促使鱼类学的研究不断深入，而鱼类学又反过来指导渔业的发展。鱼类学研究为进一步提高水体的鱼类生产力、驯化野生鱼类、合理利用鱼类资源等方面提供科学依据。学生运用所学到的鱼类学知识和技能，可以参与解决当前鱼类学研究方面的课题和任务，如现代养鱼生产技术的研究，鱼类人工繁殖过程中提高苗种成活率的研究，鱼类驯化、移养的研究，鱼类的营养和鱼病防治的研究，主要经济鱼类的生长、发育和繁殖规律的研究，以及经济鱼类生物学调查和鱼类资源调查的研究等工作。

二、鱼类学发展概况

（一）国外鱼类学研究

鱼类学作为一个独立的学科出现仅有一二百年的历史，但人类研究鱼类的记载可追溯到几千年前。一般公认对鱼类学比较系统的研究者，最早当属希腊学者亚里士多德（Aristotle，前384—前322），他在《动物史》中描述了鱼类的构造、繁殖和洄游等内容，记录了115种生活在爱琴海的鱼类。在以后的鱼类学研究中，以18世纪瑞典生物学家林奈（C. Linnaeus, 1707—1778）所著《自然系统》一书最为著名，他创立了动物分类系统，确定了双名制的命名法，记下了2600种鱼类，奠定了动物分类的基础。19世纪、20世纪以来，一些著名的鱼类学家在前人研究的基础上，不断提出了许多新的鱼类分类系统，如德国穆勒（J. Mullen, 1801—1858）提出的鱼类分类系统已接近于近代的系统，前苏联贝尔格（Л. С. Берг, 1876—1950）的《现代和化石鱼形动物及鱼类分类学》（1940，简称贝尔格分类系统），拉斯和林德贝尔格（Т. С. Расс，Г. У. Линдберг, 1971）的《现在鱼类自然系统之现代概念》（1977，简称拉斯分类系统）等，均曾被广泛接受和使用。纳尔逊（J. S. Nelson）的《世界鱼类》（1984，简称纳尔逊分类系统）提出新的分类系统，已被国际上许多鱼类学家采用。

（二）我国鱼类学研究

早在公元前1200年，殷朝就有对鱼类知识的记载。春秋战国时代（前475年左右），越国大夫范蠡著有《养鱼经》一书，除记载了养鱼技术外，还记载了鱼类的繁殖习性，比希腊的亚里士多德所著《动物史》早100多年，是我国最古老、也是世界上最早的鱼类文献资料。明朝李时珍（1518—1593）的《本草纲目》及明朝屠本畯的《闽中海错疏》等，均对鱼类有过记载和研究。但总的说来，我国古代涉及鱼类的研究，大多附载于各类书籍中，缺乏系统专著。近代我国鱼类学家进行了许多研究工作，如朱元鼎的《鲤科鱼类鳞片、咽骨及其牙齿之比较研究》（1935），方炳文的《鲢鱼的鳃耙及鳃上器官》（1928），伍献文的《鳝鱼之血管系统》，方炳文的《中国鳜鱼的研究》（1932），张春霖的《中国鲤科鱼类之研究》（1933），伍献文的《中国比目鱼类的研究》（1932）等，都是我国著名的鱼类学专著，而朱元鼎的《中国鱼类之索引》（1931）则堪称我国鱼类分类研究史上的第一块里程碑。

中华人民共和国成立后，鱼类学和其他学科一样，得到了全面和快速的发展，建立了许多科研机构和高等、中等水产院校，扩大了专业研究队伍，确定了较为系统的鱼类学研究任务和方向，鱼类学研究工作成就显著。

1. 鱼类形态学 从单纯解剖发展到系统解剖和比较解剖以及形态与机制的研究。主要论著有：《鲤鱼解剖》（秉志，1960）、《白鲢的系统解剖》（孟庆闻、苏锦祥，1960）、《中国软骨鱼类侧线管系统及罗伦瓮和罗伦管系统的研究》（1980）、《鱼比较解剖》（1980）、《鲨鳐解剖》（1992）、《花鲈研究》（1998）、《南方鲇解剖》（2005）等。这些高水平的鱼类解剖专著，对我国几十种经济鱼类如鲤、草鱼、鲢、鳙、鳜、中华鲟、施氏鲟、大黄鱼、带鱼、团头鲂、翘嘴鲌、花鲈和南方鲇等均做了系统的研究。

2. 鱼类分类和区系调查 鱼类分类学有许多专著，如朱元鼎的《中国软骨鱼类志》

(1960)、《中国石首鱼类分类系统的研究和所属新种的叙述》(1963)、伍献文等的《中国鲤科志》(上、下册，1964、1977)等都是学术造诣很高的鱼类学专著。由成庆泰、郑葆珊主编，全国数十名鱼类学家通力协作完成的《中国鱼类系统检索》(1987)，共记录了2 831种我国出产的鱼类，以检索表的形式较完整地总结了我国鱼类分类学工作的研究成果，成为我国鱼类分类研究史上第二块里程碑。在海洋鱼类资源调查方面也取得了丰硕的成果，出版了《黄渤海鱼类调查报告》(1955)、《南海鱼类志》(1962)、《东海鱼类志》(1963)、《南海诸岛海域鱼类志》(1979)等专著，基本上掌握了我国沿海鱼类资源。此外，我国内陆水域鱼类资源研究也日趋系统，近年来出版了《珠江鱼类志》《黑龙江鱼类志》《太湖鱼类志》《北京鱼类志》《湖北鱼类志》《江苏鱼类志》《四川鱼类志》《山东鱼类志》等，极大地丰富了我国鱼类学研究内容。

3. 鱼类生态学 鱼类生态学是1949年后才逐渐形成的一门学科。我国鱼类学工作者对海洋和内陆水域经济鱼类的生物学等特性进行了大量的研究，《湖泊调查基本知识》(1956)、《黄河水系渔业资源》(1986)、《黑龙江水系渔业资源》(1986)、《长江鲟鱼生物学及人工繁殖研究》(1988)、《鱼类生态学》(1993、2002)等专著和报告，为更好地开发利用和保护鱼类资源发挥了积极作用。

三、鱼类的演化

最古老的鱼类早在几亿年前就已经出现在地球上，但它们在发展过程中多趋于绝迹。最早的鱼类化石出现在奥陶纪初期，距今约四亿三千万年，得到的仅是鳞片等破碎的材料，到志留纪（距今约三亿六千万年）才保留了较为完整的化石材料。泥盆纪（距今三亿二千万年）获得了许多古代鱼类化石的材料，已形成无颌类、盾皮类、软骨鱼类和硬骨鱼类四大类群，是鱼类的初生时代，进化史上称为"鱼的时代"。中生代的侏罗纪及白垩纪（距今一亿三千万年至一亿六千万年）是鱼类的中兴时代，现代鱼类的各个类群已有代表出现。新生代的第三纪到第四纪（距今七千万年）各群鱼类十分繁多，达到鱼类发展史的全盛时代，鱼类成为脊椎动物的最多的一类动物（图0-1）。

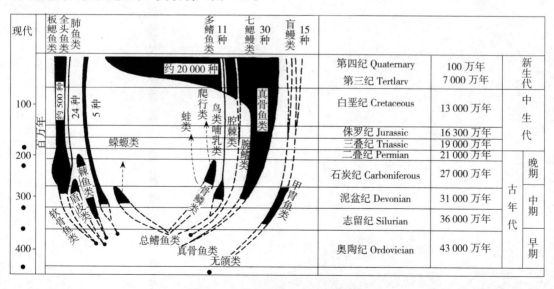

图0-1 鱼类的演化和发生时期分布

无颌类被认为是最早的脊椎动物，主要特征为无上、下颌，鳃呈囊状，以志留纪和泥盆纪为最多。无颌类分为甲胄类和圆口类。甲胄类泥盆纪末在与有颌类的生存竞争中失败而灭亡，其他少数无颌类种类延续至今，即圆口类。

盾皮类是最早有上、下颌的脊椎动物，在志留纪和泥盆纪出现，至泥盆纪时十分繁盛，到泥盆纪末已多数灭绝。一般认为软骨鱼类和硬骨鱼类可能是由盾皮类演化而来，分向两个不同的方向发展所致。

软骨鱼类在泥盆纪开始出现，在泥盆纪已发展为全头类和板鳃类，形成了现在的鲨类和鳐类。

硬骨鱼类最早出现于泥盆纪的淡水沉积中。最早的硬骨鱼类为古鳕目鱼类，由古鳕目鱼类演化出辐鳍鱼类。辐鳍鱼类分为三大类：软骨硬鳞类、全骨类和真骨鱼类。其中，真骨鱼类在白垩纪兴起，取代全骨类，从此开始了鱼类进化的大发展。

现存的鱼类分为圆口纲、软骨鱼纲和硬骨鱼纲。圆口纲是最原始的鱼类，内骨骼为软骨，无上、下颌，体蛇形，无偶鳍，分为盲鳗目和七鳃鳗目，约有50余种；软骨鱼纲的内骨骼为软骨，具上、下颌，头侧有鳃裂5～7对或有4对膜状假鳃盖，约有800余种，我国有200余种；硬骨鱼类骨骼为硬骨，能适应各种水环境生活，种类多，分布广，占鱼类种类数量90%以上。

第一章 鱼类的外部形态

鱼类是终生生活在水中的脊椎动物，所生活的水环境十分复杂，如海洋、江河、湖泊、山溪及池沼等，鱼类之所以能在不同水域中自由生活，就是因为它们的体型、体表及器官等外部形态和内部构造适应各自所栖息的环境，这也是长期进化的结果。

第一节 鱼体的外部分区

鱼类的体型多种多样，但身体大都可以清晰地区分为头、躯干和尾3部分。一般鱼类的头和躯干之间是以鳃盖骨后缘（或最后1对鳃裂）的鳃孔为界，而躯干与尾的分界线是肛门或泄殖腔孔（图1-1）。

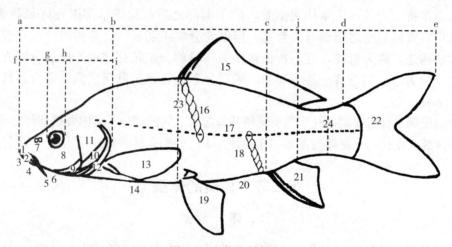

图1-1　鱼体区域划分

a~b. 头部　b~c. 躯干部　c~e. 尾部　f~g. 吻部　g~h. 眼径
h~i. 眼后头部　a~d. 体长　a~e. 全长　j~d. 尾柄长
1. 上颌　2. 下颌　3. 颊部　4. 峡部　5. 须　6. 喉部　7. 鼻孔　8. 颊部　9. 前鳃盖骨　10. 间鳃盖骨
11. 主鳃盖骨　12. 下鳃盖骨　13. 胸鳍　14. 胸部　15. 背鳍　16. 侧线上鳞　17. 侧线鳞
18. 侧线下鳞　19. 腹鳍　20. 腹部　21. 臀鳍　22. 尾鳍　23. 体高　24. 尾柄高

一、头　部

鱼类头部是指自吻端至鳃盖骨后缘（不包括鳃盖膜）之间的区域，而对于圆口类和板鳃鱼类，则是指自吻端到最后1对鳃孔（鳃裂）之间的区域。

鱼类头部可以区分为下列各个部分：

1. 吻部　是自头的最前端至眼的前缘部分，其最前端称为吻端。

2. 眼后头部 是从眼后缘到最后一鳃裂或鳃盖后缘的区域。

3. 眼间距（眼间隔） 指两眼间的距离，即鱼体一侧眼眶背缘到另一侧眼眶背缘的距离。

4. 颊部 是从眼的后下方到前鳃盖骨后缘的部分。

鱼类头部腹面又分为几个区域（图1-2）：

1. 下颌联合 是下颌左右两齿骨在前方的会合处。

2. 颏部（颐部） 即紧接下颌联合的后方部分。

3. 喉部 是两鳃盖间的腹面部分。

4. 峡部 指颏部后方、喉部前方区域。常把峡部是

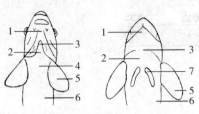

图1-2 鱼体腹面观
1. 颏部 2. 喉部 3. 峡部
4. 胸部 5. 胸鳍 6. 腹部 7. 腹鳍
（孟庆闻等．1989．鱼类学）

否与鳃盖膜相连，作为真骨鱼类的分类依据。鳃盖骨后缘的皮褶为鳃盖膜，用来盖住鳃孔，鳃盖膜内有细长鳃条骨（鳃盖条）所支持。

二、躯干部和尾部

鱼类躯干部是鳃盖骨后缘到肛门或尿殖孔之间的部分。但有些鱼类（如鲽形目）的肛门位于鱼体较前方，靠近头部，所以不能从体外来确定，即以体腔末端或第一枚具脉弓的椎骨（即尾椎）为界。从鱼体腹面看，位于喉部之后，胸鳍基部附近区域称为胸部。在胸部之后，臀鳍起点之前部分为腹部，但两者分界不明显。许多鲤科鱼类在腹中线有隆起的棱状构造，称为腹棱，这一特征常作为该科的分类依据之一。腹棱分布在胸鳍基部至肛门，称为腹棱完全或全棱，如鲢、鳊；分布在腹鳍至肛门之间，称为腹棱不完全或半棱，如鳙、鲂。

鱼类的尾部是肛门或尿殖孔后缘至尾鳍基部起点之间的部分。其中臀鳍基部后缘至尾鳍基部间的区域为尾柄。在臀鳍与尾鳍相连的种类中（如鳗亚目的鱼类），尾柄也就不存在了。

第二节 鱼类的体型

一、体　轴

鱼类的身体一般呈左右对称（少数种类除外），可将鱼体划分为头（前）、尾（后）、背、腹和左、右6个方位。为了方便描述和比较各种鱼类体型，通常在鱼体上贯穿6个方位设出3条轴线，称为体轴：头尾轴（主轴或第一轴）是自鱼体头部至尾部纵贯躯体中央的一根轴线；背腹轴（矢轴或第二轴）是通过鱼体中心与头尾轴垂直横贯背腹的一根轴线；左右轴（横轴或第三轴）为贯穿鱼体中心而与头尾轴和背腹轴成垂直的一根轴线（图1-3）。

通过以上3条体轴，可以看出鱼体有3个互相垂直的切面：纵切面为垂直通过背腹轴将鱼体分为左右两半，每侧的重量和体积几乎相等；水平切面是纵贯头尾轴，将鱼体分为背腹两部分，这两部分是不对称的，如躯干部的背方部分主要是躯干部肌肉，而腹方部分主要是腹腔和内脏；横切面是通过左右轴，将鱼体分为前后两部分，两者在重量、体积及包含的器官组织等方面都不相同（图1-4）。

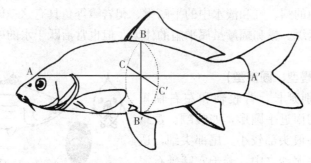

图 1-3　鱼的体轴
A-A′. 头尾轴　B-B′. 背腹轴　C-C′. 左右轴
(苏锦祥. 1995. 鱼类学)

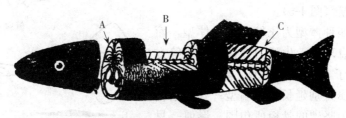

图 1-4　鱼体切面
A. 横切面　B. 水平切面　C. 纵切面
(Wilhelm Harder. 1975. Anatomy of Fishes Stuttgart)

二、体　型

鱼类由于栖息环境与生活习性不同，分化成各种不同的体型，但根据各体轴特点，可将大多数鱼类归纳为以下四种基本体型：

(一) 纺锤型

这是最常见的一种体型，也称为梭型、流线型。从体轴来看，头尾轴最长，背腹轴次之，左右轴最短，横切面呈椭圆形。这类体型的鱼类头、尾两端稍尖，中段粗大。该体型适于减少水的阻力，并能避免涡流，较为典型的如金枪鱼、鲐、马鲛和鳙等，它们的体表润滑，富含黏液，鳞片细小致密；具有尖细的吻部，紧闭的口，合拢的鳃盖，严密镶嵌的眼，细小而有力的尾柄，加上呈新月形的尾鳍，足以保证快速、持久地游动。鲨、鲱、花鲈和旗鱼等也近似这种体型。具备这种体型的鱼类多数生活在水的中上层，游动快速，适于围网、流刺网捕捞。如轮船、潜水艇、鱼雷的外形常仿效这类鱼的体型。

(二) 侧扁型

这类鱼背腹轴增大，而左右轴最短小，头尾轴相对较短。鱼体左右极扁，体较高，横切面是狭椭圆形。这种体型在硬骨鱼类中较为普遍，较为典型的如鲷、长春鳊和团头鲂等，鱼体接近菱形；还有的呈长刀状，如翘嘴鲌、红鳍鲌。具有侧扁体型的鱼类大多数栖息于中下层水流较缓的水域，一般运动不甚敏捷，较少做长距离的洄游。渔业生产中多采用拖网、流刺网与挂网捕捞。

(三) 平扁型

这类鱼左右轴特别延伸，背腹轴大大缩短，形成左右宽阔、背腹平扁的体型，横切面为扁平形。软骨鱼类中的鳐、虹和淡水中的平鳍鳅、爬岩鳅等鱼具有这一体型,这些鱼类常营底栖生活,行动较迟缓。鲼和蝠鲼虽属平扁的体型,但也常活跃于水的中上层。常采用拖网捕捞这类鱼。

(四) 棍棒型（鳗型、圆筒型）

鱼类头尾轴特别延长,背腹轴和左右轴短小,形似棍棒,横切面近乎圆形,如鳗鲡、黄鳝和海鳗等。这类鱼一般头部较小,尾部尖细,适于穴居或栖息于水底泥沙之中,善于穴穿砾石泥土,但行动不甚敏捷。鳗鲡虽穴居生活,但也擅长游泳,甚至是长距离游泳。此体型的鱼类多用底拖网和钩具捕捞（图1-5）。

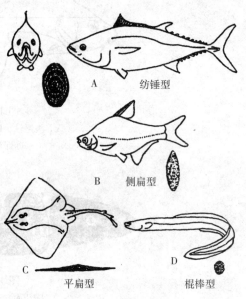

图1-5 鱼类的基本体型
A. 金枪鱼　B. 团头鲂　C. 斑鳐　D. 鳗鲡
（叶富良.1993.鱼类学）

以上所述的四种体型为比较常见的体型,而有些鱼类由于栖息环境、生活习性以及演化等方面的因素,形成了一些特殊体型。有的呈带型,如带鱼,实际应属特别延长的侧扁型;有的呈箱型,如箱鲀,外为坚硬的骨板所包围,形似一只小箱,只露出吻、鳍和尾部,虽行动迟缓,但不易被敌害侵袭;有的呈海马型,如海马,头部与躯干部几乎相交成直角,头形似马头,躯干弯曲,尾细小而卷曲,能缠绕在海藻及海草上,行动缓慢;有的呈球型,如东方鲀、刺鲀等,体呈卵圆形或延长的球形,皮肤上长有许多长短不同的刺,游泳迟钝,遇到敌害或危险时能吞空气和水,使身体膨胀呈气球状,浮于水面,随流脱险;翻车鲀体短而侧扁,背鳍与臀鳍相对且较高,尾很短,不具自主游动能力,只能在大洋中过着随波漂流的生活,这一体型称为翻车鲀型;鲽形目鱼类由于长期适应于一侧平卧水底生活,形成非常特殊的不对称型,头向一侧扭转,两眼均位于头部同一侧,口已偏歪,两侧的颌齿强度不等,体两侧斑纹色泽也不相同（图1-6）。鱼类种类繁多,体型也是多种多样。

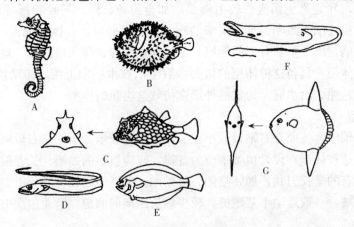

图1-6 鱼类的其他体型
A. 海马　B. 刺鲀　C. 箱鲀　D. 带鱼　E. 牙鲆　F. 喉囊鱼　G. 翻车鲀
（叶富良.1993.鱼类学）

第三节 鱼类的头部器官

鱼类和其他脊椎动物一样,头部是外部器官最集中的部位。当鱼劈水前进时,头部总是首当其冲的,为减小阻力,因此一般鱼类头部的外形总是前端较尖锐,逐渐向后方增厚加高。鱼类的头型通常与体型保持一致,例如鳐、魟与平鳍鳅类的头呈扁平状;鳊、鲂的头呈侧扁状;东方鲀类的头接近圆形;豹鲂鮄的头几乎呈方形;颌针鱼、鱵和箭鱼的头尖而长。由于鱼类的生活环境和生活习性的不同,头型的变化仍然很大,较为奇特的是双髻鲨,头的前部两侧左右伸展,呈T形。尽管鱼类的头型多种多样,但各种鱼类头部着生的器官是类似的,基本为摄食、感觉和呼吸器官,如口、须、眼、鼻孔、鳃孔(鳃裂)、喷水孔等。

一、口

口是鱼类捕食的器官,也是呼吸时水流进入鳃腔的通道。口的形状、位置和大小随着鱼种类的不同而有较大的变化,主要与鱼类生活习性及食性有关。

圆口类的口无上、下颌的分化,在头的前端呈吸盘状。如七鳃鳗常用吸盘状的口吸附其他鱼体上,用口内的角质齿和锐刺戳破鱼体,吸食其血肉。

软骨鱼类的口一般位于头的腹面。鲨的口呈新月形,颌齿发达,这样的口型便于追击猎物时口部尽量张开,若追捕的猎物在鱼体的下方,捕食时身体保持正常姿势,用口咬住食物;如果捕食对象在鱼体上方,需把身体侧转或翻转过来取食。鳐、魟类的口呈裂缝状,捕食时多用身体压住或用宽大的胸鳍抱住食物,再用口吞噬。

硬骨鱼类口的位置和形状变化较大,根据口的位置和上、下颌长短可分为上位口、端位口及下位口(图1-7)。上位口的鱼类下颌长于上颌,多生活于水的表层或中上层,有以浮游生物为食的中上层鱼类,如鳙;有以虾及小型鱼类为食的,如翘嘴鲌、红鳍鲌等;也有肉食性的底层鱼类,如鮟鱇、鳡等。端位口的鱼类上、下颌等长,种类极多,多为生活于水体中上层,善游泳营猎捕食性鱼类,食性也各异,如鳡、鲑、狗鱼、鲐及马鲛等。下位口的鱼类上颌长于下颌,一般多生活于水体中下层,以底栖生物为食,如鲟的口位于头的腹面,口小而圆,伸缩自如,用其翻掘吸吮泥沙中的底栖动物为食;胭脂鱼、蛇鉤的上、下颌具有肉质厚唇,以吸吮底栖动物和水底碎屑为食;细鳞斜颌鲴、白甲鱼的口呈横裂状,上、下颌具角质边缘,以刮取沙石上的固着藻类和有机碎屑为食;生活在水流湍急山涧中的墨头鱼、平鳍

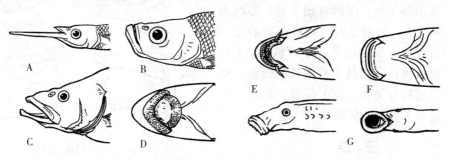

图 1-7 鱼类的口位

A. 鱤鱼 B. 翘嘴鲌 C. 鳙 D. 墨头鱼 E. 蛇鉤 F. 白甲鱼 G. 七鳃鳗

(易伯鲁.1982.鱼类生态学)

鳅等鱼类，口均下位，呈吸盘状，借以吸附在岩石上，以免急流冲走，并吸食固着藻类。

鲽形目鱼类身体不对称，口较为特殊，大多已扭转，无眼一侧的牙齿较为发达，而有眼一侧的牙齿则不甚发达。

鱼类口裂大小和形状常与食性有关，营捕食生活的肉食性鱼类一般口裂大、齿尖锐锋利，如鲨、鳡、狗鱼、花鲈、乌鳢和带鱼等。而温和肉食性鱼类和以植物为食的鱼类，口裂一般较小，如鲴、烟管鱼、海龙及海马等。但有些食浮游生物的鱼类口裂也很大，如海洋中的鲸鲨和姥鲨，淡水中的鲢和鳙等，它们利用较大的口，尽量吞取较多的水，以滤取水中的浮游生物为食。

鱼类的唇是口缘的皮褶构造，它无任何肌肉组织。通常生活在水域底层或山涧溪流中的鱼，唇较发达，具有协助吸取食物的作用，如鲤科中的蛇䱻和䰾亚科的一些鱼类，在唇上具褶皱或乳头状突起（图1-8）。三角鲂和鲴属鱼类具角质唇，与其刮取藻类为食的取食方式有关。鳗鲡的唇较肥厚，生有味蕾和触觉器，有鉴别食物的功能。

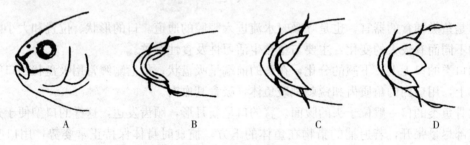

图1-8 几种鱼的唇
A. 四须䰾 B. 长臀䰾 C. 厚唇鱼 D. 叶结鱼

二、须

有些鱼类在口或口的周围及其附近着生有一些须，须上分布有味蕾，司味觉作用，或具有触觉作用，借其辅助鱼类觅取食物。依据着生部位来对须命名，生在吻部的为吻须，生在鼻孔周围的为鼻须，生在颌上的为颌须，生在颏（颐）部的为颏（颐）须。

须的种类、长短及数目等不尽相同，如鲤有吻须、颌须各1对；泥鳅有须5对，即吻须2对、颌须1对、颏须2对；鲿科鱼类的须一般为4对，较长，如黄颡鱼有1对鼻须，1对颌须和2对颏须；江鳕具1根不长的颏须；鮟鱇的颏须呈树枝分叉状。须的位置、形状、长短和数目是鱼类分类的依据之一（图1-9）。

三、眼

眼是鱼类头部的主要器官之一。鱼的眼一般较大，多位于头部两侧，但也随鱼类体型或

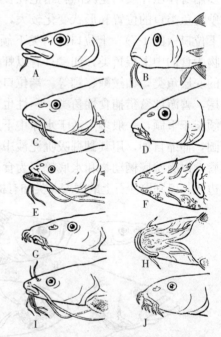

图1-9 几种鱼的口须
A. 江鳕 B. 羊鱼 C. 铜鱼 D. 鲤 E. 鲇 F. 鲟
G. 沙鳅 H. 鳅鮀 I. 斑鳠 J. 泥鳅
（易伯鲁．1982．鱼类生态学）

生活方式的不同而有许多变化。生活在水底的平扁型鱼类，如鳐、魟和鮟鱇等，眼位于头部背面，且两眼相距较近，便于观察来自上方的物体。鲽形目鱼类的两眼扭转在身体一侧。弹涂鱼的眼十分突出，且能左右转动观看四周，对索取食物、逃避敌害均十分有利。鲇类眼一般都较小，因为大多数生活在混浊的水中，视觉作用不大。泥鳅、黄鳝等泥居或穴居的鱼类，其眼更小，趋向退化。有一些深海鱼类和地下洞穴内的鱼类由于生活环境黑暗无光，大多已退化为盲鱼，眼眶区为皮肤所覆盖。

鱼类的眼比高等脊椎动物简单，既无泪腺，也无真正的眼睑，所以眼完全裸露，不能闭合。有些鲱形目和鲻形目的种类，眼的外面大部分或一部分覆有透明的脂肪体，称为脂眼睑。有些鲨鱼的眼具有瞬膜或瞬褶，可自行活动眨眼，这也是软骨鱼类分类依据之一。

四、鼻　孔

鱼类鼻孔的形状、位置和数目因种类而异。圆口纲鱼类仅1个鼻孔，开口于头背中央；软骨鱼类的鼻孔，位于头部腹面口的前方，其中须鲨目有些鱼类在鼻和口之间具有口鼻沟，还有些鱼类鼻孔开口于口内；绝大多数硬骨鱼类头部两侧均有由皮膜（鼻瓣）隔开的2个鼻孔，前面的称前鼻孔，为进水孔，后面的称后鼻孔，为出水孔，也有少数鱼类1个鼻孔，如雀鲷、六线鱼等。鼻孔是嗅觉器官的通道，水流通过鼻孔进入鼻凹窝中与嗅觉器官——嗅囊发生接触，从而感受外界的化学刺激。硬骨鱼类鼻孔一般不与口腔相通，与呼吸无关。

五、鳃孔（鳃裂）

在鱼类头部后方两侧或腹面，常有由消化管道通至体外的1个或多个孔裂，即鳃孔或鳃裂，它与呼吸有关，是呼吸时水的流出通道。圆口类的鳃孔均个别开口呈圆形，距口较远，如七鳃鳗的鳃孔共有7对，盲鳗类为1~14对；软骨鱼类鳃裂有5~7对，在鲨类开口于头部的两侧，在鳐类则开口于头部腹面；硬骨鱼类具有1个骨质鳃盖覆盖在鳃的外方，因而在外观上只能看到1对鳃孔（鳃盖孔），仅少数种类，如黄鳝，其左右鳃孔在头腹面已愈合为一。澜沧江所产双孔鱼在鳃盖孔上方还有一个入水孔，也通鳃腔，因每侧有2个鳃盖孔，故取名双孔鱼。

第四节　鳍

鳍是鱼类的外部器官，通常分布在躯干部和尾部，各鳍均依据其所在的位置而进行命名。鳍的主要功能是协助鱼体运动和维持身体平衡。

一、鳍的种类

鱼类的鳍分为两大类：一类是不成对的，称为奇鳍，长在身体的背、腹部和尾部，位于身体的中线上。奇鳍发生于一条连续的鳍褶，从头部、背部、尾部到肛门，此后中断，分为3部，背部称背鳍，尾部称尾鳍，肛门后的称臀鳍。部分鱼类有2个以上的背鳍或臀鳍，它们一般做前后排列，绝不左右成对排列。一些鲭科、鲹科鱼类，在背鳍和臀鳍后面有同样结构的小鳍，称副鳍。另一类鳍是成对的，称为偶鳍，长在鱼体的两侧且对称，近鳃孔的一对称胸鳍，肛门前的一对称腹鳍。

二、鳍的结构

鳍由露于体外的鳍条及鳍条之间的鳍膜和属于内骨骼的支鳍骨组成，支鳍骨外附肌肉，支鳍骨与肌肉共同作用可使鳍竖起伸展或收伏倾倒。

鳍条分为两类：一类为不分支、不分节的角质鳍条，为软骨鱼类所特有，"鱼翅"就是由该种鳍条所组成的鱼鳍经加工而成；另一类为鳞片衍生而成的鳞质鳍条（或称骨质鳍条），为硬骨鱼类所特有。

鳞质鳍条又可分为软条和鳍棘两种类型：软条柔软、分节，由左右两根紧密拼合而成，依其末端分支以否，又分为分支鳍条和不分支鳍条两种；鳍棘也称真棘，坚硬、不分节，也不分支，只是单根。在鲤形目许多种类中，具有坚硬不分支而分节的硬刺，由左右两根紧密拼合而成，是不分支鳍条硬化而成，一经水煮，即可分开，故又称为假棘（图1-10）。

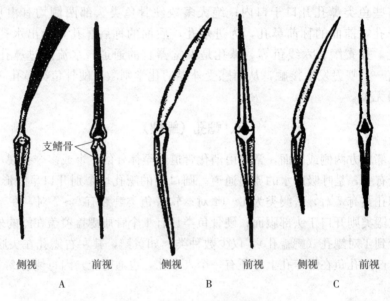

图 1-10 棘、假棘及鳍条
A. 鳍条 B. 假棘 C. 真棘
（孟庆闻等. 1987. 鱼类比较解剖）

三、鳍的形态和功能

鱼类因所处的环境及生活方式不同，鳍的形态差异很大，作用也发生多种变化。

（一）背鳍

背鳍一般位于鱼体背部正中线上，其长短、大小和数目因种类的不同而有差异，背鳍多为1个，也有少数种类为2个或3个，甚至多个，并且其形态大小也不一致。背鳍前后位置变化颇大，有的背鳍起点在头部前端，即吻部的背面，如鲽形目鱼类；有的种类背鳍后移至尾柄上方与臀鳍相对应，如黑斑狗鱼。有的种类在背鳍后方有1个富含脂肪组织的片状突起，一般无鳍条，称为脂鳍，如鲑形目、鲇形目的部分鱼类。多数低等真骨鱼类的背鳍完全由软条组成，或者鳍条的前方具有1~3枚假硬刺，称为软鳍鱼类，如鲤科鱼类。高等真骨鱼类的背鳍除了鳍条之外，还有坚硬的鳍棘，故称为棘鳍鱼类，如花鲈、石斑鱼等（图1-11）。

有些鱼类的背鳍发生变形。鳐由于营底栖生活，背鳍移至尾部后端，且退化为较小的形态；而魟类的背鳍消失不见，或变成强棘以自卫用；䲟第一背鳍鳍棘左右平倒，形成多个宽阔横条，变形成为椭圆形的吸盘状构造，而且位置移至头的背侧，可吸附在鲨、鲸与海豚等身体的腹面或船底，既可不费力地畅游，又能避免敌害的侵袭，当鱼饥饿时，可脱离附着物单独觅食，有的也掠夺所附大鱼的食物，饱食后，再找对象附上。鮟鱇的第一背鳍特化为细长的钓丝，末端膨大呈饵状，借以诱捕鱼、虾而食之（图1-12）。

背鳍的主要功能是保持鱼体直立和平衡，防止鱼体倾斜摇摆。有些较长背鳍的鱼类，如鳗鲡，能做波浪式的运动，可协助鱼体缓慢前进。具有棘、刺的背鳍，有防卫和攻击敌害的作用，如鳜、黄颡鱼等。

（二）臀鳍

臀鳍位于鱼体后下方的肛门与尾鳍之间（图1-11），功能与背鳍相似，其形状、大小也因种类而异。多数鱼类具1个臀鳍，有些鱼类具有2个，如鳕。鳗鲡、电鳗以臀鳍作为运动器官的鱼，其臀鳍一般较长。其他鱼类的臀鳍仅用于平衡身体，一般显得短小。有些鱼类的臀鳍有鳍条组成，有些鱼类则有若干坚硬的棘、刺。鲤科中的部分种类臀鳍有1~3枚不分支鳍条骨化而形成的假棘，有时假棘上有锯齿突起，如鲤、鲫等。鲌科鱼类在臀鳍前有3枚真棘。某些鳉形目的雄鱼，如食蚊鱼的交接器由臀鳍部分鳍条特化而来。

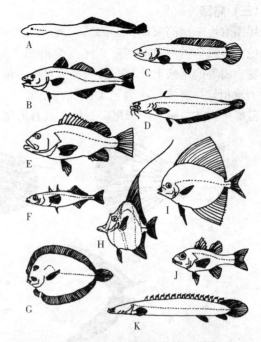

图1-11 几种鱼类的背鳍和臀鳍

A. 七鳃鳗　B. 鳕　C. 弓鳍　D. 怀头鲇　E. 石斑鱼　F. 三刺鱼
G. 大鳞短额鲆　H. 镰鱼　I. 旗月　J. 珊瑚天竺鲷　K. 多鳍

（仿冯昭信.1998.鱼类学）

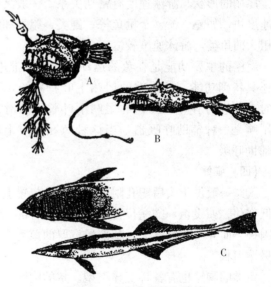

图1-12 变态的背鳍和臀鳍

A. 树须鮟鱇　B. 毛颌鮟鱇　C. 䲟

（苏锦祥.2008.鱼类学与海水鱼养殖）

(三) 尾鳍

尾鳍着生于尾部末端。除海马、黄鳝、魟等少数鱼类，由于其生活习性特殊而缺尾鳍外，绝大多数鱼类均具有尾鳍。尾鳍全由鳍条组成。尾鳍的形态、大小因种类不同而有差异。鲨、鲟等的尾鳍上叶与下叶明显不对称，称为歪型尾。绝大多数硬骨鱼类的尾鳍上叶与下叶大致相等并对称，称为正型尾。在正型尾中，又依尾鳍外形特点可分为圆形尾，如攀鲈；截形尾，如花鳅；凹形尾，如鲤；新月形尾，如金枪鱼；叉形尾，如鳡（图1-13）。

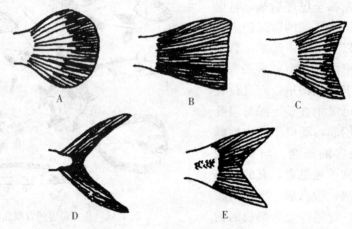

图1-13 尾鳍的类型与形状
A. 圆形 B. 平截形 C. 凹形 D. 新月形 E. 叉形
(C. E. Bond. 1989. 鱼类生物学)

尾鳍的形状与游泳速度有密切关系。一般具有新月形尾和叉形尾、尾柄细小的鱼类，游泳速度快，如鳡、鲐、金枪鱼等；鲀类、鳅类和鲽类这些具有圆形尾、截形尾或凹形尾且尾柄粗大的鱼类，游泳速度较慢。

尾鳍的主要功能是在鱼的运动中起到有推进和转向的作用。除此之外，有些鱼类的尾鳍还具特别功能：长尾鲨的尾鳍上叶特别长，可用其击水驱赶鱼群，当鱼聚拢到一定范围时，便进行吞噬；飞鱼的尾鳍下叶长，除滑翔时保持方向，还作为主要动力；弹涂鱼的尾鳍是一种辅助呼吸器，当该种鱼在沙滩上蹦跳时，其尾鳍垂接到潮湿的滩涂上，借以辅助呼吸。

(四) 胸鳍

胸鳍一般位于头后鳃孔附近。在前后位置上变化不大，只是垂直位置在不同鱼类间略有高低变化。如飞鱼，胸鳍位置较高，近体背部。胭脂鱼胸鳍的位置比较低。胸鳍的形状、大小因种类而异。胸鳍宽大，基部较宽厚的鱼类一般行动迟缓；而游泳快速的鱼类，胸鳍狭长或呈镰刀状。

鱼类的胸鳍也有各种变异类型。鲨的胸鳍一般较大，是强有力的平衡器官；鳐类的胸鳍扩大成盘状，是主要的游泳器官；鲲科鱼类的胸鳍上部具有6～7根丝状游离鳍条，一般认为丝状鳍条有感觉作用；飞鱼科鱼类的胸鳍特别扩大和延长，有的延伸达尾部，当鱼高速跃出水面，依靠惯性进入空中后，展开翼状胸鳍，可以滑翔一定距离。弹涂鱼的胸鳍具臂状肌肉，能在沙地或泥滩上爬行跳跃。少数鱼类无胸鳍，如海鳝、黄鳝等鱼类的胸鳍消失（图1-14）。

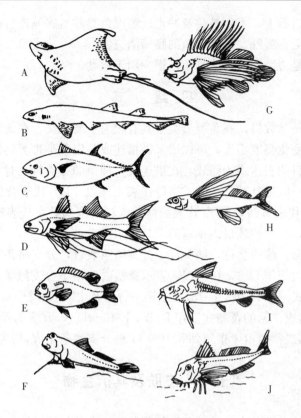

图 1-14 几种鱼类的胸鳍
A. 鲼 B. 星猫鲨 C. 金枪鱼 D. 马鲅 E. 太阳鱼
F. 弹涂鱼 G. 蓑鲉 H. 飞鱼 I. 南美鲶 J. 鲂鮄
（仿冯昭信.1998.鱼类学）

胸鳍的主要功能是运动和协助鱼类转向、控制方向或在行进中起"刹车"的作用。

（五）腹鳍

鱼类的腹鳍一般较小，前后位置变化很大，低等真骨鱼类，如鲱、鲤和鲫等，其腹鳍位于腹部，称腹鳍腹位；较为高等的真骨鱼类，如鳜、花鲈等，其腹鳍向前移至胸鳍下方附近，称腹鳍胸位；有的腹鳍更向前方移动，达到喉部，称为腹鳍喉位，如江鳕和鳚亚目鱼类。腹鳍的位置愈往前，鱼类的分类地位愈高。因此,腹鳍的位置变化从一个侧面反映了鱼类演化的过程(图 1-15)。

不同种类的鱼类，腹鳍的形态变化也较大。软骨鱼类的雄鱼腹鳍内侧具有一棒状构造，即为鳍脚，是雄性交接器；生长在湍急溪流中的爬岩鳅，腹鳍和胸鳍连合为一个大的椭圆形吸

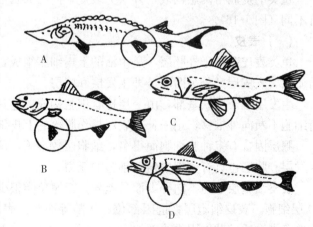

图 1-15 腹鳍位置
A. 腹位 B. 胸位 C. 亚胸位 D. 喉位
（C. E. Bond. 1989. 鱼类生物学）

盘，以便吸附在溪底岩石上，不致被急流冲走；鰕虎鱼类左右腹鳍连合成杯状吸盘，以便在有潮水冲击的海滨生活；鳗鲡、黄鳝等鱼的腹鳍消失。

腹鳍的功能主要是协助维持身体平衡，很少用于运动。

四、鳍　式

鱼类鳍的组成和鳍条数目，在鱼类分类中具有较为重要意义。在硬骨鱼中，同种鱼各鳍条和鳍棘数量的范围变化幅度不大，可以用来做描述或鉴定鱼类种类的依据。用以记载鱼鳍种类、鳍条组成和数目的表达式为鳍式，在描述某一种鱼的分类特点时常被使用。

在记载时，各鳍一般用其英文名的首字母代表，即以"D"代表背鳍，"A"代表臀鳍，"C"代表尾鳍，"P"代表胸鳍，"V"代表腹鳍；大写的罗马数字代表鳍棘的数目，阿拉伯数字表示软条的数目，小鳍的数目以小写的罗马数字来表示。

鳍式的书写格式为：鳍的名称，鳍棘或不分支鳍条数目，分支鳍条数目，小鳍数目。

例如，鲤的背鳍式记作 D.3，15～22，表示背鳍由3根不分支鳍条，15到22根分支鳍条组成。花鲈的背鳍式记作 D.XII，I-13，表示第一背鳍有12根鳍棘组成，第二背鳍有1根鳍棘和13根分支鳍条组成。鲐的背鳍式记作 D.IV，I-10～11，v，其意为鲐背鳍有2个，第一背鳍由4根鳍棘组成，第二背鳍由1根鳍棘和10～11根分支鳍条组成，后为5个小鳍。

第五节　皮肤及其衍生物

鱼类的皮肤和其他脊椎动物一样，是一种覆盖于体表的外被结构。鱼类的皮肤除了表皮和真皮这两层基本结构外，还有许多由其衍生出来的构造及附属结构，如鳞片、腺体和色素细胞等。作为一道屏障，皮肤与外界环境的接触最为密切，其主要功能是保护肌体免受外界损伤。也有某些鱼类的皮肤能辅助呼吸，吸收少许营养物质及接受外界多种刺激等。

一、皮　肤

鱼类的皮肤由两层构成，外层为表皮，内层为真皮，两者的位置、起源、构造和机能均有不同（图1-16）。

（一）表皮

鱼类表皮起源于外胚层，是由活的上皮细胞组成，角质化程度极低，甚至有些种类没有角质层。表皮层又分为两层，即生发层和腺层。

生发层位于皮肤基部，由一层柱状细胞构成，它具有旺盛分裂新细胞的能力，分裂出的新细胞不断向外推移，用来补充表层损伤脱落的上皮细胞。

腺层因含有多种腺细胞而得名，细胞层数不等，位于生发层的上方，最初的细胞来源于生发层。腺层也具有分裂增殖新细胞的能力。

表皮细胞层数随不同种类而具差异，板鳃鱼类很少超过4～6层，硬骨鱼类通常有10～30层细胞。表皮细胞层数也因部位、年龄等而异。表皮层内没有血管，其营养是由真皮内的血管借渗透扩散作用供给。

有些种类如鲤科、鳅科鱼类，在繁殖季节由于受性激素的刺激，雄鱼在鳃盖、吻部、头背部和鳍等处出现许多由表皮细胞角质化而形成的粒状结构——珠星（也称追星）。繁殖活

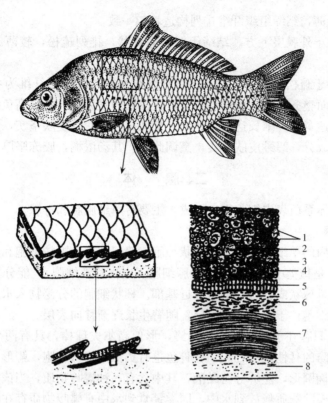

图 1-16 鲤的皮肤结构
1. 棒状细胞 2. 黏液细胞 3. 颗粒细胞 4. 腺层
5. 生发层 6. 疏松层 7. 鳞片 8. 致密层
(仿集美水产学校.1990.鱼类学)

动期间,雄鱼借此与雌鱼接触,刺激雌鱼,待繁殖活动结束则消失或退化。生产上可利用这一特征鉴定雌雄(图 1-17)。此外,部分鱼类喉部的胼胝垫、鲴亚科鱼类颌部的角质边缘均是表皮角质化的产物。

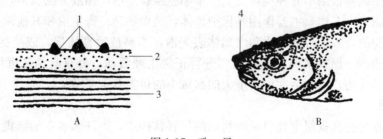

图 1-17 珠 星
A. 纵切 B. 外观
1、4. 珠星 2. 表皮 3. 真皮

(二) 真皮

真皮起源于中胚层,位于表皮的下方,一般较表皮厚,主要由纵横交错的结缔组织纤维(胶原纤维及弹性纤维)组成,除此之外,还有平滑肌细胞、神经纤维和色素细胞等。真皮层可划分为外膜层、疏松层、致密层。

1. 外膜层 很薄，结缔组织纤维排列构造均匀一致。

2. 疏松层 位于外膜层下方。结缔组织呈海绵状，排列疏松，较薄。本层具有丰富的血管。

3. 致密层 位于疏松层下方。结缔组织纤维很丰富，以胶原纤维为主，细胞少，纤维成束状，排列致密而整齐。这一结构增加了鱼类皮肤的坚韧性，能提高鱼类运动的效能。

鲨的致密层发达，其纤维长达数十厘米，交叉排列，使其皮肤坚实，可用来制革。胶原纤维是胶冻的主要成分，鳗鲡皮肤厚实，烹调此鱼，其汤浓稠，胶冻坚厚，味美可口。

二、腺 体

鱼类的皮肤腺体系由表皮细胞衍生而成，主要有单细胞腺和毒腺。

（一）单细胞腺

鱼类表皮腺层内的单细胞腺体包括杯状细胞、棒状细胞、颗粒细胞和浆液细胞。

1. 杯状细胞 是鱼类中最常见的一种腺细胞（也称黏液细胞），能分泌黏液物质。细胞一般呈杯状，少数呈球状或管状，细胞核近基部。杯状细胞的分泌物入水后膨胀发黏，成为黏液。新生的杯状细胞位于表皮的较深层，随着生长逐渐移向表层。

2. 棒状细胞 只存在于圆口类的七鳃鳗，形似高尔夫球棒，具有两个细胞核。能够分泌保护性物质，以防凶猛性鱼类吞噬。真骨鱼也有类似的棒状细胞，鲤形目、鲇形目鱼类的棒状细胞呈圆形或椭圆形，能够分泌黏液，其中含有一种蝶呤物质，当该类鱼受到敌害攻击而被咬伤后，可将蝶呤物质释放到水中，同类警觉到水中有蝶呤物质存在时，会迅速撤离危险区。因此，这种棒状细胞又可称为警戒物细胞。

3. 颗粒细胞 棒状细胞进一步发展，变为颗粒细胞，与棒状细胞一样不产生黏液，而分泌保护性物质。

4. 浆液细胞 很少见，浆液细胞形状比杯状细胞形状变化大，分泌物不直接排到体表，其作用还有待于进一步研究。

单细胞腺的数目、种类和大小随鱼类种类不同而异。黏液分泌的多少与被鳞状况有关。一般认为，无鳞或鳞很细小的种类，皮肤中单细胞腺就发达，黏液分泌就多，反之则少。

黏液的功能多种多样，主要作用是保护鱼体，减少病菌、寄生虫和其他微小有机体的侵袭；保持身体润滑，减低游泳阻力和增加体表光滑，不易被敌害捕捉，或捕捉后易于滑逃；调节鱼体的渗透压，保持代谢稳定，顺利进行正常生理活动；具有凝结和沉淀水中悬浮物质，澄清水质的作用，对生活在混浊度大的水域中的鱼类有重要意义。

（二）毒腺

鱼类的毒腺是在真皮层中外包结缔组织的坛罐状构造，由许多表皮细胞集合在一起沉入真皮内形成的，为一个可产生有毒物质的腺体。毒腺常分布在棘刺的一侧，或包在棘刺的周围，或埋于棘刺的基部。毒液通过棘刺上的沟管注入其他生物体内，起到防御、攻击或捕食的作用（图1-18）。

具有毒腺和毒棘的鱼类，我国有100余种，多为海洋种类，如角鲨科、虎鲨科、魟类、鳗鲇和鲉类等；淡水中较少，主要是鳜类和黄颡鱼等。

毒液毒性的强弱随鱼的种类有很大不同，即使同种在不同个体，其毒性也不相同。人若被刺伤，轻者有刺痛感，重者麻木、剧痛、出血，有时并发恶心、呕吐、冷汗、呼吸促迫或

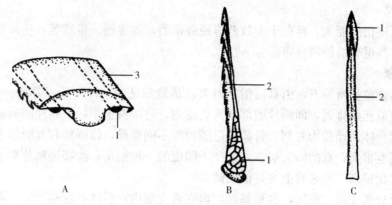

图 1-18 几种鱼类的毒腺
A. 古氏魟 B. 鳗鲇 C. 日本鬼鲉
1. 毒腺 2. 棘 3. 尾刺（横切）
（叶富良.1993. 鱼类学）

休克等现象，更严重者如毒鲉的毒液会导致死亡。

三、鳞　片

鳞片是鱼类最常见的皮肤衍生物，它们覆在鱼的体表，具有保护作用。现存鱼类除圆口类及少数真骨鱼类（如鲇类等）无鳞外，大多体覆鳞片。鳞片是鱼类由钙质所组成的、比较坚韧的外骨骼。根据鳞片的外形、结构和发生等特点，可将现存鱼类的鳞片分为盾鳞、硬鳞和骨鳞3种类型。

（一）盾鳞

为软骨鱼类所特有的鳞片，系由表皮和真皮共同构成。在外形上分成两部分：露在皮肤外面且尖端朝向身体后方的部分为鳞棘，埋于皮肤内的部分称为基板，大多呈菱形。鳞棘外层覆以珐琅质，内层为齿质，中央为髓腔，腔内充满结缔组织、神经和血管等（图1-19）。盾鳞与牙齿同源，构造相似，故又称皮齿。大多盾鳞呈对角线紧密排列，这样可使水流经体表流态平顺，减少涡流，节省体能，提高游速。盾鳞的数目随着鱼体的生长而增加。老的盾鳞脱落，新的盾鳞随即补充。

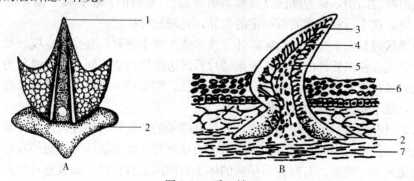

图 1-19　盾　鳞
A. 外观　B. 纵剖
1. 鳞棘 2. 基板 3. 珐琅质 4. 齿质 5. 髓腔 6. 表皮 7. 真皮
（仿冯昭信.1998. 鱼类学）

(二) 硬鳞

硬鳞由真皮衍生而来，存在于少数低等硬骨鱼类，如多鳍、雀鳝等，在鲟形目鱼类的尾鳍上缘也有一些退化的硬鳞分布。

(三) 骨鳞

骨鳞为真骨鱼类所特有，由真皮衍生而来，是最常见的一种鳞片。骨鳞一般扁薄柔韧，富有弹性、做覆瓦状排列，即鳞片前部埋入真皮内，后部覆盖于后一鳞片的前区之上，这样的排列方式对身体活动较为有利。骨鳞外形随种类不同而异，以圆形和亚圆形为最常见。鳞片大小的差别也很大，有的鳞大似掌，如产于印度的一种结鱼；而鳗鲡鳞片形小且退隐于皮肤的深层，席状排列，外表看上去好似无鳞。

骨鳞表面分成4区：前区，也称基区，埋在真皮层内；后区，也称顶区，即未被其他鳞片覆盖的扇形区域；上、下侧区分别处于前、后区间的上、下方。

每一片骨鳞可分为上、下两层：上层由骨质构成，比较脆硬，使鳞片坚固。下层为纤维层，比较柔软，系由成层的胶原纤维束排列而成，有些鱼类每年增长一层。骨鳞上、下层的生长方式也各不相同，上层是围绕鳞片生长中心一环一环的生长，新环总是在旧环的外侧；下层是一层一层以底部中心向外方铺展开来，新的一层总是属于最底层，而且比老的一层长得大些。故整个鳞片中间厚，外缘薄，其剖面好像一个截去了顶的低圆锥体（图1-20）。

图1-20 骨鳞横切面示意
1. 鳞嵴 2. 骨质层 3、4. 纤维层
(叶富良.1993.鱼类学)

1. 骨鳞表面构造 骨质层围绕鳞片中心一环一环地增生，所形成的隆起如山嵴的构造称为鳞嵴（或称为环片），大多呈同心圆排列，但也有横列的，即环片与鳞片轮廓相交，如鲱形目鱼类；鳞嵴的中心称为鳞焦，它是鳞片最先形成的部分，也称为生长中心；由鳞焦向四周发出放射状的凹沟，称为鳞沟（或称为辐射沟）。鳞嵴的致密程度、鳞焦的位置、鳞沟的排列方式等，在不同种类之间有一定的差异，是种的特征之一。

环片在后区最易发生变化，后区的环片或多或少发生断裂、合并，变成瘤状、齿状或锋利的棘状，并往往伸出后区的边缘。根据鳞片后区边缘的构造不同可将骨鳞分为圆鳞和栉鳞两大类：凡后区边缘光滑的称为圆鳞，见于鲱形目、鲤形目等鱼类；后部边缘具细齿或小棘的称为栉鳞，见于鲈形目等鱼类（图1-21）。

一般认为具有圆鳞的种类较为原始，而具有栉鳞的鱼类较为进化。这两种鳞片在不同鱼体上分别出现，但常有中间类型，如圆鳞后部边缘可发生波浪状褶皱，而栉鳞后部边缘的细齿有时也软化或部分消失。有时在一尾鱼的体上有圆鳞也有栉鳞，如鲽形目的某些种类，身体一侧为圆鳞，另一侧为栉鳞。

2. 变异 骨鳞也有各式各样的变异现象，如鳓、鲥和鲚的腹部正中线有一行较坚硬的呈锯齿状的鳞片，这类鳞片称为腹棱鳞，多数鲹科鱼类骨板状的棱鳞生在侧线上，称为侧棱

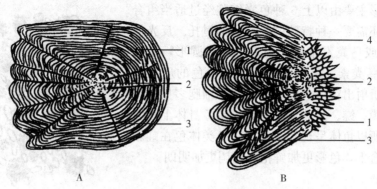

图 1-21 骨鳞的两种类型
A. 圆鳞 B. 栉鳞
1. 鳞嵴 2. 鳞焦 3. 鳞沟 4. 栉齿
(孟庆闻等.1989.鱼类学)

鳞;大麻哈鱼、蛇鲻等鱼类在胸鳍上角或腹鳍外侧有形似刀片状的鳞片,这类鳞片称为腋鳞;还有些种类的鳞片变异为骨板,如三刺鱼体上的骨板自头后直排到尾柄上,箱鲀的六角形骨板连接成箱形,仅露出一段尾部;海龙、海马全身包裹在骨环匣中;刺鲀的骨刺不是鳞片的变异,而是一种骨化物。

3. 侧线鳞和鳞式 一般在真骨鱼身体两侧,各有一条由鳞片上小孔排列成的线状构造,称为侧线。侧线鳞是被侧线感觉器小孔穿过的鳞片。侧线鳞的大小、数目常作为分类的重要依据之一。记录侧线鳞本身和侧线上(至背鳍起点)、下(至腹鳍或臀鳍起点)方的鳞片数目的格式,即为鳞式。如鲤的鳞式:5-6/32-36/4-V 或写作 $32\frac{5-6}{4-V}36$,式中 32-36 代表侧线鳞片数,5-6 代表侧线上鳞数,是背鳍起点斜数至侧线的鳞片行数(不包括侧线鳞),侧线下鳞数是 4,为侧线与腹鳍之间的横行鳞数,也有把侧线下鳞数到臀鳍起点的。

四、色素细胞与体色

鱼类的体色艳丽,是其他动物不能与之相媲美的。特别是生活在热带海域珊瑚礁区的鱼类,其体色瑰丽非凡,异彩纷呈,而淡水鱼类的色泽较单调,多为背部灰色或深灰色,腹侧色浅或银白色。

(一)色素细胞

鱼类的色素细胞由真皮衍生,主要分布在真皮层内,在神经和血管周围也有分布。表皮通常没有色素细胞。

鱼类的基本色素细胞有 3 种。

1. 黑色素细胞 细胞呈星状,有很多或粗或细的突起。细胞内含有黑色、棕色和灰黑色的色素颗粒,是不溶于脂类的蛋白质色素族,由酪氨酸聚合而成。黑色素细胞在鱼类中普遍存在,如眼球底部、肠系膜、腹腔膜、血管及神经周围等处均有分布。

2. 黄色素细胞 细胞呈不规则形状,突起不发达,具有橙黄色色素颗粒,颗粒较小,脂溶性,属脂肪性色素族,见光容易褪色。在鱼类皮肤中能普遍见到。

3. 红色素细胞 在鱼类中较少见,大多见于热带鱼类。红色素细胞类似黑色素细胞,内含红色或红橙色颗粒,水溶性(图 1-22)。

鱼类的色彩主要由以上3种色素细胞经过适当组合而形成，此外还需要一种特殊的反光体的衬托。反光体又称虹彩细胞或鸟粪素细胞，呈多边形或圆形，无突起，内含结晶鸟粪素，是一种色淡或银白色的反光物质，遇光线能折射出银白色的光彩。虹彩细胞多见于鱼体的腹面及体膜、鳔、眼球银膜等处。带鱼身体上的虹彩细胞很多，所以鱼体呈现银色光泽。鱼类体色在虹彩细胞的作用配合下，色彩更加鲜艳，色调更加明朗。

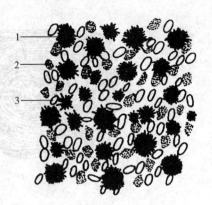

图 1-22 鱼类的色素细胞
1. 黑色素细胞 2. 黄色素细胞
3. 虹彩细胞
（仿秉志. 1960. 鲤鱼解剖）

（二）体色

鱼类的体色是对周围环境的一种适应，主要取决于色素细胞的数量和排列方式。色素颗粒在色素细胞内的浓集或分散，是造成鱼体色泽深浅的主要因素。如果色素颗粒集于一点，其他地方很少或无色素覆盖，那么颜色就变淡；反之，色素颗粒全面分布，覆盖面积大，其色就深。当然，色素颗粒的这种运动变化，是受神经和激素控制调节的。

多数淡水鱼类背部深灰、蓝灰色，腹部灰白色，由上往下看，体色与水色一致，由下往上看，则于淡淡的天空近似，这样不易被敌害所发现，还可以利用其体色隐藏自己而达到攻击其他动物的目的，这是一种拟态色。栖息在水底、草丛或岩礁之间的鱼类，体色却非常复杂，色彩丰富，这是与生活环境相适应的结果。一些具有警戒色的鱼类，具有令其他生物望而生畏的色彩，使其他敌害不敢侵犯，如鳞鲀、海鳝等。有些凶猛鱼类体色与环境形成鲜明强烈的对照，使受害者蓦地一见不是发愣、惊恐，就是迷惑不解，在这刹那间，实行突然袭击，捕食效果很好。

鱼类的体色并非一成不变，鱼类体色可随年龄、性别、健康及环境等因素而变化，如鲢在幼小时，体上具横纹（通称幼鲢斑），成鱼则消失；不少鲤科鱼类的雄鱼，在生殖季节体色变得很美丽或色彩极为浓暗；黄颡鱼由水清光线良好的环境转到混浊或水草茂密的环境后，体色由青黄变成墨绿色；鱼类生病时，体色常变得暗淡。

有些鱼类除体色与环境协调外，其体形也会变成与四周某些物体相似的样子，称为拟态，如澳洲近海的叶海马，身体各部有一些赤色的叶状突出物，跟它所生活的赤色海藻环境几乎一样；而拟叶鱼若不仔细观察，俨然就是一片树叶漂在海水中（图 1-23）。

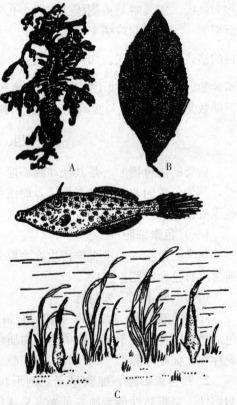

图 1-23 鱼类的拟态
A. 叶海马 B. 拟叶鱼 C. 单角鲀
（集美水产学校. 1990. 鱼类学）

复习思考题

1. 鱼类头部有哪些主要器官？各有何特点？
2. 鱼类有哪些基本体型？体型与生活环境、生活习性的关系？
3. 鳍的结构、种类和功能如何？
4. 简述鱼类皮肤的结构。
5. 鱼类所分泌的黏液有何作用？
6. 鲤和花鲈的鳞片属于哪一类型？各有什么特点？
7. 鱼类的体色如何形成的？体色的改变机制是什么？

实验一　鱼类的外部器官观察与鱼体测量

【目的与要求】
1. 通过对不同体型鱼类的观察，掌握鱼类外部器官的名称、位置、形态和特点；了解鱼类体型的多样性及体型与生活环境、生活习性的关系。
2. 掌握鱼体测量的方法和熟悉鱼体测量的常用术语。

【材料与工具】
1. 材料　七鳃鳗、鲨、鳐、鲤、花鲈（或鳜）、鳗鲡、团头鲂、翘嘴鲌、黄颡鱼、泥鳅、鲐、带鱼、海马、鲽、鮟鱇、东方鲀和箱鲀等鱼类的浸制标本。
2. 工具　解剖盘、尖头镊子、分规、直尺。

【实验方法与内容】
1. 体型的观察　观察比较实验标本，归纳出基本体型和其他特殊体型，总结各种体型的主要特点，并试说明和分析鱼类体型与栖息水层和运动状况的联系。

2. 外部器官的观察
①口。观察鱼类的口，找出各类口位的代表种类。观察标本上、下颌有无齿，如有齿，观察形状和行数。观察标本口缘的组成情况。
②须。找出有须鱼类，查看口须对数，位置，并确定其名称。
③眼。观察标本鱼类眼的形态和位置，眼有无瞬褶或瞬膜。
④鼻孔。比较七鳃鳗、鲨、鳐和硬骨鱼的鼻孔的位置及形状。
⑤鳃孔（裂）。比较标本鱼类的鳃孔（裂）的形态差异。观察哪些鱼类的眼后方有喷水孔。
⑥鳍。比较各种鱼类标本胸鳍、腹鳍的位置和形态，背鳍、臀鳍的大小、数目，尾鳍的形状。各鳍有无鳍棘，若有鳍棘属何类型。鲤、花鲈背鳍上硬棘的区别。分支鳍条和不分支鳍条的区别。背鳍、臀鳍鳍式的书写。

3. 鱼体外部区分　观察鲤或花鲈的头、躯干及尾3部分，确定鱼体头部各部的划分标准及各区的分界范围。

4. 鱼体的测量　鱼类外部形态变化较大，各类鱼的测量标准不尽相同，一般真骨鱼类（实验以鲤或花鲈为材料）常用鱼体测量项目有：

①全长。自鱼吻端至尾鳍末端的直线距离。
②体长。又称标准长，从鱼的吻端至尾鳍基部（或最后1个椎骨）的直线距离。
③头长。从吻端至鳃盖骨后缘的直线距离。
④吻长。从吻端至眼前缘的直线距离。
⑤体高。鱼体最大的垂直高度。
⑥眼后头长。从眼眶后缘到鳃盖骨后缘的直线长度。
⑦眼径。沿体纵轴方向量出眼的直径，即眼眶的前沿到后缘的直线距离。
⑧眼间距。从鱼体一边眼眶背缘量到另一边的眼眶缘的宽度。
⑨尾柄长。臀鳍基部后缘至尾鳍基部的直线长度。
⑩尾柄高。尾柄的最小垂直高度。

【作业】
1. 绘制鲤或花鲈的外形图，标明各量度的数值。
2. 试分析鱼类体型和各器官与生活习性的适应关系。

实验二　鳞片与色素细胞的观察

【目的与要求】
1. 通过对不同类型鳞片的观察，了解盾鳞和骨鳞的基本结构。
2. 掌握鳞式的记载方法。
3. 通过金鱼皮肤色素细胞的观察，了解鱼类体色的由来。

【材料与工具】
1. **材料**　鲨、鲤、花鲈浸制标本，鲜活金鱼，NaOH 或 KOH、甘油等药品。
2. **工具**　显微镜、解剖镜、载玻片、吸管。

【实验方法与内容】
（一）鳞片的制作方法
1. 盾鳞标本制作　取鲨类背鳍下方一小块皮肤，洗净放入烧杯中，加 1/2 杯水和 2～3 片 NaOH 或 KOH，浸泡数天，待皮肤稍膨胀后，用电炉或酒精灯加热煮沸，直到皮肤完全溶解为止，此时盾鳞从皮肤上脱落下来，沉淀于溶液底部，倒去上层碱液加入清水，冲洗数次，然后将甘油与水配制成 1∶2 溶液，将盾鳞放于此溶液中保存。
2. 骨鳞标本制作　取鲤和花鲈的鱼体背鳍下方、侧线上方位置的鳞片，放入碱性溶液中浸泡 24h，然后取出用清水洗干净，吸干水分，压在两载玻片中间，载玻片两端用胶纸或胶布固定，即可观察。

（二）观察内容
1. 观察盾鳞
①用手沿鱼体头尾方向来回轻抚鲨体表，由头至尾轻摸没有刺手的感觉，而由尾至头轻摸有刺手感，试分析是什么原因。
②用吸管吸取几枚已分离的盾鳞，置于载玻片上，用低倍显微镜观察盾鳞的形态和结构，注意区分基板和鳞棘。
2. 观察骨鳞

①在解剖镜下分别观察鲤和花鲈的鳞片，判断是圆鳞还是栉鳞，各区特点，后区边缘结构异同，分别观察鳞焦的位置、鳞嵴的形状及排列状况、鳞沟的分布情况及数目如何。

②计数鲤和花鲈的鳞式并分别记载。

③用肉眼或放大镜观察鲤被侧线管所贯穿的鳞片，即侧线鳞。

3. 色素细胞的观察 取鲜活金鱼的鳞片放在载玻片上，置于解剖镜下观察。在鳞片的后区，识别几种色素细胞。

【作业】

1. 绘制花鲈和鲤的鳞片，比较圆鳞和栉鳞的异同。
2. 绘制金鱼的色素细胞。

第二章

骨骼与肌肉

骨骼与肌肉构成了鱼的躯体，并通过协调配合，完成鱼体的各种运动。骨骼外附以肌肉，骨与骨之间以肌腱连接。在运动时，肌肉收缩而牵拉着骨骼运动，故运动时肌肉起主导作用，骨骼起被动作用。

第一节 骨骼系统

鱼类具有发达的骨骼。骨骼的功能主要为支持身体及保护内脏。鱼类的骨骼可分为外骨骼和内骨骼，外骨骼是指鳞片和鳍条；内骨骼则是指头骨、脊柱与附肢骨骼。本节讨论的是鱼类的内骨骼。

内骨骼的形成，一般要经过3个阶段：
1. **膜质期** 游离的间叶细胞形成膜质状间叶组织，鱼类的肌隔永远保持膜质状态。
2. **软骨期** 生骨区产生软骨细胞，经过胶化作用，消灭膜质区，进而形成软骨。
3. **骨化期** 硬骨细胞侵入软骨区，形成硬骨。

鱼类的骨骼按其性质可分为软骨和硬骨两大类：圆口类、软骨鱼类的骨均为软骨，软骨内无血管或淋巴管，其营养完全靠软骨基质的渗透和弥散作用获得，而绝大多数硬骨鱼类的骨为硬骨。硬骨形成有两种方式：一是经过骨形成的3个阶段，这样形成的硬骨称为软骨化

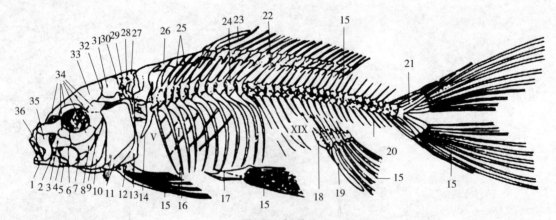

图 2-1 鲤骨骼

1.齿骨 2.翼骨 3.中翼骨 4.关节骨 5.隅骨 6.方骨 7.续骨 8.后翼骨 9.舌颌骨 10.鳃盖条（辐）骨 11.鳃盖骨 12.肩带 13.锁骨 14.椎体横突 15.鳍条 16.肋骨 17.腰带骨（基翼骨） 18.鳍担骨 19.鳍棘 20.脉棘 21.尾杆骨 22.鳍担骨 23.鳍棘 24.椎体 25.髓棘 26.骨片 27.上枕骨 28.上耳骨 29.颞骨 30.鳞骨 31.顶骨 32.翼耳骨 33.额骨 34.围眶骨 35.上颌骨 36.前上颌骨 Ⅴ～ⅩⅨ.肋骨 Ⅰ.韧带

（秉志．1960．鲤鱼解剖）

骨；另一种是在膜质的基础上直接骨化而变成的硬骨，不经过软骨阶段，这样形成的硬骨称为膜骨。这两种硬骨不能从化学成分和结构上进行区别，而只能根据胚胎发生方面的资料来辨别。

鱼类的骨骼可分为主轴骨骼和附肢骨骼两大部分。主轴骨骼包括头骨、脊柱和肋骨，附肢骨骼包括偶鳍骨骼和奇鳍骨骼。不同种类鱼的骨骼形态、数目有所差异（图2-1）。

一、主轴骨骼

（一）头骨

鱼类的头部形态多种多样，因而鱼类的头骨也因种而异，但基本上都是由上部包藏脑及视、听、嗅等感觉器官的脑颅和下部包含口咽腔及食道前部的咽颅两部分组成。

1. 脑颅 软骨鱼类的脑颅完全为软骨，没有骨片分化，由整块软骨构成，相当于高等脊椎动物的原始状态，故又称原颅。多数种类前部为吻软骨，两侧为鼻囊，内包含嗅囊嗅觉器官。鼻囊间有一前囟。鼻囊后方的凹窝为眼囊，容纳眼球。眼囊后方为隆起的耳囊，内藏内耳（听觉平衡器官）。脑颅后端正中为枕骨大孔。耳囊间有一凹窝为内淋巴窝，有2对小孔，分别为内淋巴管孔和外淋巴管孔，与内耳连通。枕骨大孔下方两侧的突起为枕髁，与脊柱关节相连。脑颅上还有一些血管、神经的开孔（图2-2）。

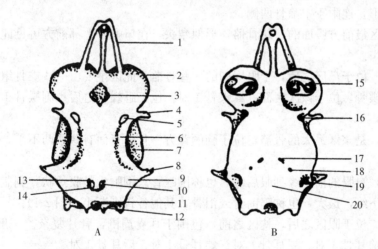

图 2-2 星鲨的脑颅
A. 前面观 B. 腹面观

1. 吻软骨 2. 鼻囊 3. 前囟 4. 眶前突 5. 三叉神经孔 6. 眶上嵴 7. 眼囊 8. 眶后突 9. 耳囊 10. 外淋巴管孔 11. 枕骨大孔 12. 枕髁 13. 内淋巴管孔 14. 内淋巴窝 15. 鼻瓣软骨 16. 腭突关节面 17. 内颈动脉孔 18. 外颈动脉孔 19. 舌颌软骨关节面 20. 基板

（苏锦祥. 2008. 鱼类学与海水鱼类学养殖）

硬骨鱼类的脑颅骨化为许多小骨片，有软骨化骨，也有膜骨，比软骨鱼类复杂。硬骨鱼类的脑颅按各部所在部位可以分为4个区域，即鼻区、眼区、耳区及枕区，它们分别包围嗅囊、眼球、内耳和枕孔，每个区都由若干骨片组成。以下仅述以后学习中常用到的一些骨骼（表2-1）。

表 2-1 硬骨鱼类的脑颅骨骼

区域	骨骼性质	
	软骨化骨	膜骨
鼻区	中筛骨 1 块 侧筛骨 1 对	鼻骨 1 对 犁骨 1 块 前筛骨 1 块
眼区	眶蝶骨 1 对或 1 块 翼蝶骨 1 对 基蝶骨 1 对	额骨 1 对 副蝶骨 1 块 眶上骨 1 对 眶下骨 5 对
耳区	蝶耳骨 1 对 翼耳骨 1 对 上耳骨 1 对 前耳骨 1 对 后耳骨 1 对	顶骨 1 对 鳞骨 1 对 后颞骨 1 对
枕区	上枕骨 1 块 侧枕骨 1 对 基枕骨 1 块	

(1) 鼻区。位于脑颅的最前端，环绕着鼻囊的区域。此区由一系列筛骨组成，故也称筛区。其背面一般有前筛骨 1 块，中筛骨 1 块，侧筛骨 1 对。鼻骨 1 对，位于该区背部最前方，内凹呈船形，连附于中筛骨两侧。

犁骨是该区最前方腹面的一块骨骼，形似犁头，在口咽腔上部前方可见此骨，有的种类犁骨上长有细齿。

(2) 眼区。位于鼻区之后，于眼周围的一些骨骼。此区主要由一些蝶骨组成，故也称蝶区。一般有眶蝶骨，位于该区腹面；翼蝶骨 1 对，位于眶蝶骨之后；副蝶骨 1 块，位于腹面正中。

额骨 1 对，是该区最大的骨骼，位于脑颅背方。骨的背面有些凹凸不平，是高等硬骨鱼类的特征。

眶骨 6 对，自眼的前下缘到眼后缘，也称围眶骨。围眶骨是膜片状，剥制时易脱落。第一对位于眼前下缘，最大，也称眶前骨或泪骨，其他各骨则渐小（图 2-1）。

(3) 耳区。位于眼区之后，枕区之前，包围于耳囊周围，骨片复杂。一般有顶骨 1 对、上耳骨 1 对、前耳骨 1 对、翼耳骨 1 对、蝶耳骨 1 对、后耳骨 1 对。

顶骨位于该区背部，前接额骨。低等硬骨鱼类的两块顶骨并排连接，而高等硬骨鱼类的顶骨被向前伸入的上枕骨所分开。

(4) 枕区。脑颅的最后部分。该区骨骼最后围成一孔，是脊髓与脑联系通道。

上枕骨 1 块，位于该区背方正中，此骨中央有一翅状翘起的棱，上枕骨前伸将顶骨左右分开，此为高等硬骨鱼类的特征。在上枕骨的两侧下方有侧枕骨 1 对。

基枕骨 1 块。位于该区腹面正中，是一较为坚硬的一块骨。鲤形目鱼类该骨下突，并有一个庞大的角质垫（胼胝垫），对应于咽齿组成食物研磨面。

由此，众多骨构成了一个较为完整的箱形结构的脑颅（图 2-3）。

2. 咽颅 位于脑颅的下方，环绕消化管的最前端两侧，呈弓形排列而左右对称，所以

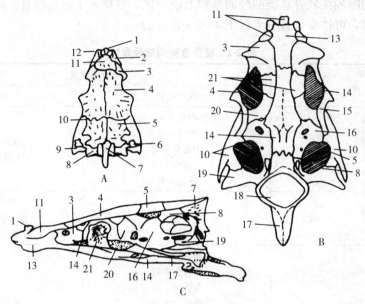

图 2-3 鲤的脑颅
A. 背面观 B. 腹面观 C. 侧面观
1. 前筛骨 2. 腭骨 3. 侧筛骨 4. 额骨 5. 顶骨 6. 鳞片骨 7. 上枕骨
8. 上耳骨 9. 颞骨 10. 翼耳骨 11. 中筛骨 12. 鼻骨 13. 犁骨 14. 副蝶骨
15. 蝶耳骨 16. 前耳骨 17. 基枕骨 18. 角质垫 19. 侧枕骨 20. 翼蝶骨 21. 眶蝶骨
(孟庆闻等. 1989. 鱼类学)

也称为咽弓。咽颅支撑着口咽腔和鳃，一般有7对咽弓，第一对为颌弓，第二对为舌弓，第三对至第七对为鳃弓。

软骨鱼类的咽颅由颌弓、舌弓和鳃弓组成。颌弓由上颌的腭方软骨和下颌的米克尔氏软骨组成。舌弓由上部的舌颌软骨与下部的角舌软骨和基舌软骨组成。鳃弓有5对（少数种类有7对），每对鳃弓由咽鳃软骨、上鳃软骨、角鳃软骨、下鳃软骨及基鳃软骨组成（图2-4）。

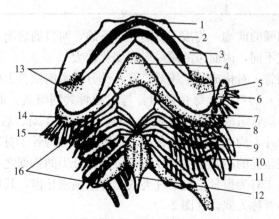

图 2-4 星鲨咽颅腹面观，右侧面示展开全貌
1. 腭突 2. 齿 3. 腭方软骨 4. 基舌软骨 5. 米克尔氏软骨
6. 舌颌软骨 7. 角舌软骨 8. 下鳃软骨 9. 角鳃软骨 10. 上鳃软骨
11. 咽鳃软骨 12. 基舌软骨 13. 颌弓 14. 舌弓 15. 鳃条软骨 16. 鳃弓
(苏锦祥. 2008. 鱼类学与海水鱼类养殖)

硬骨鱼类的咽颅在软骨鱼类咽颅的基础上硬骨化，且加入了一些膜骨。因此，硬骨鱼类的咽颅骨片甚多，可按常见骨分为以下4区（表2-2）：

表2-2 硬骨鱼类的咽颅骨骼

区域		骨骼性质	
		软骨化骨	膜骨
颌弓	上颌	腭骨1对 翼骨1对 中翼骨1对 后翼骨1对 方骨1对	前颌骨1对 上颌骨1对
	下颌	关节骨1对	齿骨1对 前关节骨1对 隅骨1对
舌弓		间舌骨1对 上舌骨1对 角舌骨1对 下舌骨2对 基舌骨1块 续骨1对 舌颌骨1对	尾舌骨1块
鳃弓		咽鳃3对 上鳃骨4对 角鳃骨4对 下鳃骨3对 基鳃骨4块	
鳃盖骨			前鳃盖骨1对 主鳃盖骨1对 下鳃盖骨1对 间鳃盖骨1对 鳃条骨3对（鲤）

（1）颌弓。位于咽颅的前端，构成了口的上、下颌，对口的启闭、捕食有着十分重要的作用。各种鱼摄食方式不同，因而鱼的颌弓形态变化较大。

上颌骨1对和前颌骨1对构成了上颌的口缘，部分种类前颌骨上生有细密牙齿；有些种类（如鲱形目、鲑形目）的口裂上缘由前颌骨与上颌骨共同组成，而另一些鱼类（如鲈形目）的口裂上缘仅有前颌骨组成。其后有翼骨1对、中翼骨1对、后翼骨1对和方骨1对，上述骨均为较扁薄的骨片，构成上颌的侧背部。口腔前部有腭骨1对，在中翼骨的前面和鼻骨及中筛骨接触，有些鱼类的腭骨上生有牙齿，可作为分类的依据之一。

下颌骨前端的大骨1对为齿骨，有的种类其上着生细密牙齿，其后是关节骨1对。在关节骨的后腹面有1对小骨称为隅骨（图2-5）。

（2）舌弓。由舌颌骨、续骨、间舌骨、上舌骨、角舌骨、下舌骨、基舌骨和尾舌骨构成，上述骨除基舌骨和尾舌骨为单数居于腹面中线上外，其余均为左右成对分布。

基舌骨一端突出于口腔底部，其上附着肌肉及上皮组织形成黏膜舌，因其不能自由转动，无特定功能，故不能算作真正的舌。

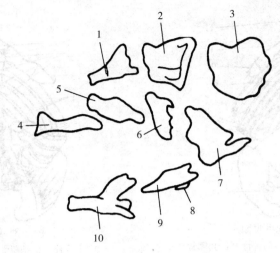

图 2-5 鲤的颌弓（分解图）
1. 腭骨　2. 中翼骨　3. 后翼骨　4. 前颌骨　5. 上颌骨
6. 翼骨　7. 方骨　8. 隅骨　9. 关节骨　10. 齿骨
（孟庆闻等．1989．鱼类学）

舌弓在支持口腔底部方面发挥作用，但其更重要的作用是参与脑颅与上颌的连接。上颌与脑颅的连接，在头骨前部是由腭骨和鼻骨相连，而在后部则是由舌弓中的续骨和舌颌骨相连，再由舌颌骨与脑颅的蝶耳骨、前耳骨等相连。这两处连接把颌弓牢牢地悬系到脑颅上（图 2-6）。

（3）鳃弓。鲤有鳃弓 5 对，前 4 对鳃弓上附着有鳃丝，第 5 对鳃弓上不附着鳃丝。前 4 对两侧鳃弓上有咽鳃骨 6 块、上鳃骨 8 块、角鳃骨 8 块、下鳃骨 6 块和基鳃骨 4 块（在中线上排列，不成对）。真骨鱼类鳃弓骨骼易变化的是咽鳃骨和下鳃骨，如鲤前 3 对鳃弓只有 2 对咽鳃骨，第 4 对鳃弓无咽鳃骨，或有也只是 1 对痕迹性的软骨。第 5 对鳃弓在所有真骨鱼类都发生很大的变化，形成一个扩大化的变形物，称为咽骨或下咽骨，其上长有的齿称为咽齿。咽齿与脑颅基枕骨腹面的胼胝垫相对应，可对捕获的食物进行初步加工。咽齿的数目、形状和排列方式因种而异，因而其常被作为分类的依据。鳃弓仅以结缔组织连接于脑颅之下方（图 2-7、图 2-8、图 2-9）。

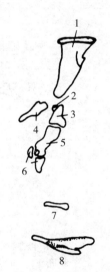

图 2-6 鲤的舌弓
1. 舌颌骨　2. 舌间骨　3. 上舌骨
4. 续骨　5. 角舌骨　6. 下舌骨
7. 基舌骨　8. 尾舌骨
（孟庆闻等．1989．鱼类学）

（4）鳃盖骨系。鱼类一般有 1 对主鳃盖骨、1 对间鳃盖骨、1 对下鳃盖骨、1 对前鳃盖骨及若干个鳃条骨组成鳃盖骨系。其中主鳃盖骨为最大，其后背角通过皮肤与韧带连到上下匙骨，上角前缘与舌颌骨成球窝关节，主鳃盖骨借此关节为轴点启闭；前鳃盖骨在主鳃盖骨的前方、舌颌骨的外侧，彼此紧贴，并与方骨、续骨联系，对颌弓的悬系起了一定的作用；间鳃盖骨处于前鳃盖骨和主鳃盖骨之间的下方、下鳃盖骨的前方，与下颌的隅骨、关节骨以及舌弓的间舌骨发生联系，因而也帮助颌弓更好地连到脑颅上；鳃条骨位于鳃盖骨的下方它的存在可以帮助鳃盖骨启闭，其数目多少也决定了鳃盖骨张

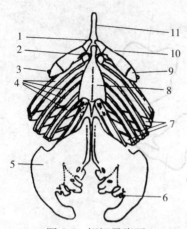

图 2-7 鲤鳃弓腹面
1. 下舌骨 2. 下鳃骨 3. 间舌骨 4. 角鳃骨
5. 咽骨 6. 咽齿 7. 上鳃骨 8. 尾舌骨
9. 上舌骨 10. 角舌骨 11. 基舌骨
(秉志.1960.鲤鱼解剖)

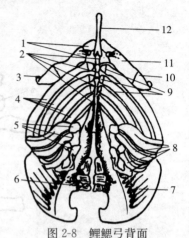

图 2-8 鲤鳃弓背面
1. 下舌骨 2. 基鳃骨 3. 间舌骨 4. 角鳃骨
5. 咽鳃骨 6. 咽齿 7. 咽骨 8. 上鳃骨
9. 下鳃骨 10. 上舌骨 11. 角舌骨 12. 基舌骨
(秉志.1960.鲤鱼解剖)

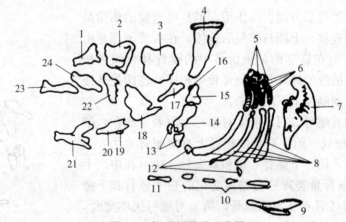

图 2-9 鲤咽颅骨骼（分散）
1. 腭骨 2. 中翼骨 3. 后翼骨 4. 舌颌骨 5. 咽骨 6. 上鳃骨 7. 咽鳃骨
8. 角鳃骨 9. 尾舌骨 10. 基鳃骨 11. 基舌骨 12. 下鳃骨 13. 下舌骨 14. 角鳃骨
15. 上舌骨 16. 间舌骨 17. 续骨 18. 方骨 19. 隅骨 20. 关节骨 21. 齿骨
22. 翼骨 23. 前颌骨 24. 上颌骨
(秉志.1960.鲤鱼解剖)

开程度的大小，且是分类依据之一，如鲤有 3 对鳃条骨，花鲈有 7 对鳃条骨。

鳃盖骨系的作用主要是保护鳃，同时由于这组骨片覆盖在鳃的外方，在鳃和鳃盖骨之间形成了一个空腔——鳃腔或鳃盖腔，提高了鳃的呼吸效能（图 2-10）。

头骨的形状与构成状况各类别有所差异，常作为分类的重要依据。如鲤形目鲤科鱼类第五对鳃弓的角鳃骨扩大为下咽骨，上生咽齿，其行列、数目和形态作为分类依据；鲇形目无续骨、下鳃盖骨及顶骨；鲉形目具眼下骨架；鲱形目的上颌口缘由前颌骨及上颌骨所组成；鲈形目的上颌口缘则仅由前颌骨组成。

头骨构造的差异也可看出鱼类的演化状态，低等硬骨鱼类的犁骨成对，到真骨鱼类，除少数种类（胡瓜鱼）成对外，其余均为单个。

低等硬骨鱼类眶蝶骨存在，高等的则缺少，如鲈、大黄鱼、小黄鱼等。低等鱼类顶骨不被上枕骨分开，而高等鱼类则为上枕骨所分开。

自真骨鱼类起有尾舌骨及下咽骨。低等鱼类鳃盖边缘光滑，到棘鳍鱼类有棘状突起。低等鱼类脑颅的膜骨在表面，头顶平，有的为皮肤所包；高等鱼类的膜骨下沉，头顶常高低不平。原始硬骨鱼类头骨骨片多达180块，高等鱼类骨片减少。

（二）脊柱

脊柱是由许多节椎骨自头后直至尾鳍基部相互连接而成。这种链式的柱状结构作为身体的主要支架而支持身体，保护脊髓、内脏和主要血管。这也是所有脊椎动物最基本的特征。

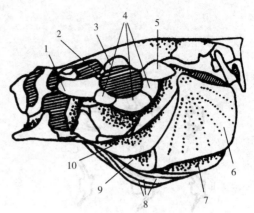

图 2-10 鲤的围眶骨与鳃盖骨系
1. 眶前骨（泪骨） 2. 前额骨 3. 眶上骨 4. 眶下骨
5. 眶后骨（后额骨） 6. 主鳃盖骨 7. 下鳃盖骨
8. 鳃条骨 9. 间鳃盖骨 10. 前鳃盖骨
（秉志．1960．鲤鱼解剖）

软骨鱼类的脊椎骨可按其着生部位分为躯椎（胸椎）和尾椎。躯椎的本体为椎体；椎体背面为髓弓，呈弧形，由两侧的髓板及间插片相间排列而成，髓弓围成的空腔为椎管，内藏脊髓；髓弓背面为髓棘，由左右成对的三角形小骨片所组成，彼此由韧带相连接；躯椎腹面都有一个小突起，称为椎体横突，其末端连接一细长的肋骨。软骨鱼类尾椎具椎体、髓弓与髓棘，椎体腹面有脉弓及脉棘，无椎体横突。脉弓是尾椎椎体下方的弧形结构，其所围成的空腔为脉管，内藏尾动脉和尾静脉，脉弓腹面会合处为脉棘。椎体前后呈凹漏斗形，呈双凹型，内容纳残留脊索（图2-11）。

硬骨鱼类的脊柱也分为躯椎和尾椎两部分。躯椎上部由髓棘、髓弓、椎体和椎体横突构成。硬骨鱼类的椎体都是前后双凹型的，在凹处有退化的残余脊索存在。髓弓前方有前关节突，由髓弓前缘发展而成，椎体后上缘有后关节突，各关节突彼此相连接，加强了椎骨的坚韧性和活动，快速游泳的鱼类则关节突更加发达（图2-12）。躯椎下部着生有肋骨，能够强有力地保护腹腔内的内脏器官

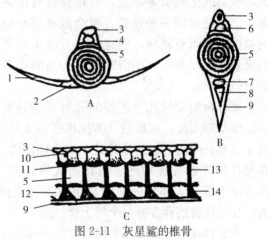

图 2-11 灰星鲨的椎骨
A. 躯椎前面观 B. 尾椎前面观 C. 尾部脊柱侧面观
1. 肋骨 2. 横突 3. 髓棘 4. 髓弓 5. 椎体 6. 椎管
7. 尾动脉孔 8. 尾静脉孔 9. 脉棘 10. 背根孔
11. 腹根孔 12. 脉弓 13. 椎间韧带 14. 血管通孔
（苏锦祥．2008．鱼类学与海水鱼类学养殖）

（图2-13）。尾椎是由椎体、髓弓、髓棘、脉弓和脉棘组成（图2-14）。脉弓内包藏着尾动脉与尾静脉。躯椎与尾椎相比较，椎体以上部分的构造是一样的，而椎体以下部分则差异在于：躯椎有腹肋骨，尾椎则无肋骨，由椎体横突在腹面左右相连，形成脉弓，并向下形成脉棘。

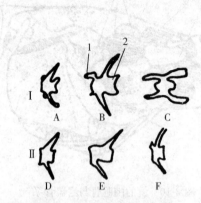

图 2-12 几种硬骨鱼的关节突
Ⅰ.行动活泼的鱼类 Ⅱ.行动缓慢的鱼类
A.鳕 B.舟鰤 C.旗鱼 D.鲷 E.惠浮鱼 F.鲈
1.前关节突 2.后关节突
(叶富良.1993.鱼类学)

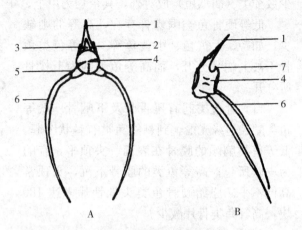

图 2-13 鲤的躯椎（第15躯椎）
A.正面观 B.侧面观
1.髓棘 2.髓弓 3.椎管 4.椎体
5.椎体横突 6.腹肋骨 7.后关节突
(秉志.1960.鲤鱼解剖)

真骨鱼类前方躯椎和尾椎的最后端骨骼变异较大。椎骨的形态特点和数量变化对鉴定鱼类年龄和鉴定种类有一定作用。一般从低等鱼类进化到高等鱼类，脊椎骨数目由多渐少。即使是同一种鱼类，也会因栖息水域的温度不同而有差异，栖息于北方冷水中鱼的椎骨数目较多，而在南方温水中鱼的椎骨数目较少。

硬骨鱼类最后几个尾椎的脉棘或髓棘常与尾鳍基部连接，而最后一节尾椎往往变异，其末端有一个向上翘的棒状骨，称为尾杆骨。在尾杆骨的后方有排列成扇状的数块骨骼，称为尾下骨，大部分的尾鳍是由尾下骨支持的。在尾杆骨的背方有一个尾上骨（图2-15）。

鲤形目在最前方的几个椎骨发生明显的变异，形成一组具有特殊功能的骨片，称为韦伯氏器。韦伯氏器共有4对小骨，由前向后依次为带状骨、舶状骨、间插骨和三脚骨，它们彼此靠近并以膜或韧带相接触，并通过枕骨大孔与内耳的内淋巴窦发生联系。鳔中气体压力的变动都通过这一组骨片影响内耳。鲤形目鱼类感觉比较敏锐，与内耳和鳔之间存在韦伯氏器并能有效地传递感觉有关（图2-16）。

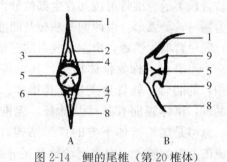

图 2-14 鲤的尾椎（第20椎体）
A.正面观 B.侧面观
1.髓棘 2.髓弓 3.椎管 4.前关节突 5.椎体
6.脉管 7.脉弓 8.脉棘 9.后关节突
(秉志.1960.鲤鱼解剖)

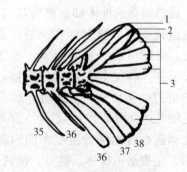

图 2-15 鲢尾部骨骼（左侧面）
1.尾上骨 2.尾杆骨 3.尾下骨 35～38.椎骨数
(孟庆闻，苏锦祥.1960.白鲢系统解剖)

（三）肋骨及肌间骨

鱼类的肋骨分为两类：背肋和腹肋。背肋长在轴上肌和轴下肌之间，因而背肋也称为肌间肋。腹肋长在肌隔与腹膜相切的地方，位于腹膜的外面和肌肉层的内面，支持着腹腔壁，从左右包围腹腔中的内脏。因鱼类的肋骨是单头式，即肋骨基部仅有一关节头与椎骨相关节，故在腹面中线上并不左右相接（图2-17）。

有的鱼类如多鳍、鳕形目及鲈形目的一些鱼类同时具有背肋和腹肋，而多数鱼类如鲟、鲤科鱼类等只具腹肋。

肌间骨常见于低等的真骨鱼类中，如鲥、鳓及鲤科一些鱼类的肌肉中多有细刺，这些细刺分布于两侧的肌隔中，从头至尾的轴上肌和轴下肌都有这种肋骨样的骨刺。有的呈单一针状而有的末端分叉。分布于轴上肌的每一肌隔中的称上肌间骨，是由髓弓基部发出的；分布于轴下肌每一肌隔

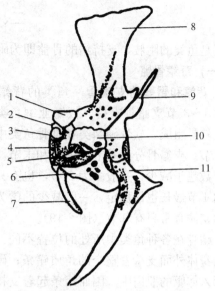

图2-16 鲤的韦伯氏器
1. 第二椎骨髓弓 2. 带状骨 3. 舶状骨 4. 韧带
5. 间插骨 6. 三脚骨 7. 第二椎骨椎体横突
8. 第三椎骨髓棘 9. 第四椎骨髓棘 10. 第三椎骨髓弓 11. 第四椎骨椎体横突
（叶富良．1993．鱼类学）

中的称为下肌间骨，是由椎体两侧生出的。肌间骨随着鱼类的演化而逐渐减少，到鲈形目的鱼类几乎已完全消失，所以鲳、黄鱼和鳜等无肌间骨（图2-18）。

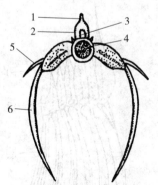

图2-17 梭鱼第三椎骨前面观
1. 髓棘 2. 髓弓 3. 椎管 4. 椎体
5. 背肋 6. 腹肋
（叶富良．1993．鱼类学）

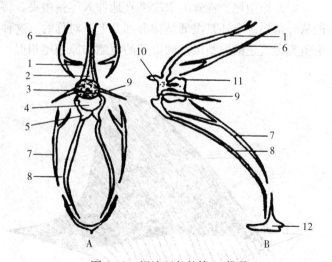

图2-18 拟沙丁鱼的第26椎骨
A. 前面观 B. 侧面观
1. 髓棘 2. 椎管 3. 椎体 4. 脉管 5. 椎体横突
6. 上肌间骨 7. 下肌间骨 8. 腹肋 9. 背肋
10. 前关节突 11. 后关节突 12. 棱鳞
（苏锦祥．2008．鱼类学与海水鱼类学养殖）

二、附肢骨骼

鳍是鱼类的附肢，支持鳍的骨骼即为附肢骨骼。附肢骨骼分为奇鳍骨骼和偶鳍骨骼。

（一）奇鳍骨骼

1. 背鳍和臀鳍的支鳍骨　鱼类的背鳍和臀鳍鳍条的基部一般由1~3节支鳍骨支持。板鳃亚纲鱼类的支鳍骨一般由3节棍状软骨组成。软骨硬鳞类和真骨鱼类中的低等种类支鳍骨均为3节。支鳍骨分为基节、中节和末节。高等真骨鱼类的支鳍骨节数趋于减少，一般多为2节，也有只有1节的，一般以基部的1节最长也最稳定，一般减少的常为中节和末节，棘鳍鱼类的支鳍骨常只有基节（图2-19）。

支鳍骨在各种鱼类中所处的位置不同：软骨鱼类的支鳍骨延伸至身体外面支持着整个的角质鳍条；硬骨鱼类则相反，支鳍骨深入体躯的肌肉中，因而鳍条起着支持整个鳍的作用（图2-20、图2-21）。

软骨鱼类的支鳍骨数远远少于角质鳍条数，而真骨鱼类支鳍骨的数目与鳍条数目是一致的，即每一枚鳍条是由一枚支鳍骨支持的。

2. 尾鳍的支鳍骨　尾鳍支鳍骨的构成比较复杂。尾部椎骨后端的骨骼常发生较大的变化以适应尾鳍的附着，而使尾鳍成为重要的推进器官。依尾椎末端的位置和尾鳍上、下叶是否对称，可将尾鳍分成3种类型。

（1）原型尾。椎骨的末端平直地伸入尾鳍中央，将尾鳍分为完全相同的上、下两叶，无论从外部形态上还是内部结构上都是上下对称的。这种原始的尾鳍类型多见于古代鱼类，现生鱼类无真正的原型尾。圆口类的尾鳍与原型尾相似，故称为拟原型尾（图2-22）。

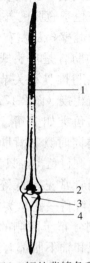

图2-19　鲤的背鳍条和支鳍骨
1. 鳍条　2. 末节　3. 中节　4. 基节
（秉志.1960.鲤鱼解剖）

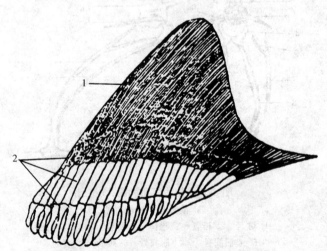

图2-20　尖头斜齿鲨第一背鳍的支鳍骨
1. 角质鳍条　2. 辐状软骨
（叶富良.1993.鱼类学）

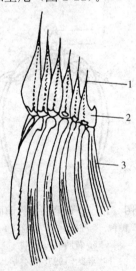

图2-21　鲤臀鳍骨骼
1. 间脉棘　2. 支鳍骨　3. 鳍条
（秉志.1960.鲤鱼解剖）

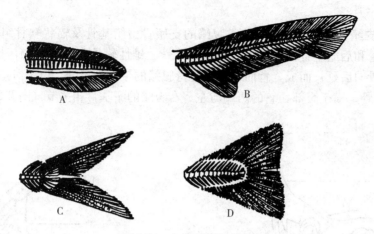

图 2-22 鱼类尾鳍的结构
A. 拟原型尾——七鳃鳗 B. 歪型尾——灰星鲨 C. 正型尾——海鲢 D. 等型尾——鳕
(苏锦祥.2008.鱼类学与海水鱼类学养殖)

（2）歪型尾。尾接近末端的一段椎骨向上翘，弯向尾鳍的背上方，将尾鳍分为上下不相等的两叶，上叶长而尖，下叶短而大，下叶全部在上翘的椎骨下面生长。尾鳍的支鳍骨仅见于上叶，下叶无支鳍骨，由脉弓支持鳍条，因而无论从外形和内部骨骼构造均为上下不对称。板鳃类和鲟类是典型的歪型尾。

（3）正型尾。真骨鱼类的尾鳍为正型尾。尾鳍的外观是上、下叶对称，但内部骨骼的上、下不对称。尾鳍上叶的支鳍骨大部分退化，下叶则十分发达，鳍条由特别扩大的数块支鳍骨（尾下骨）支持（图 2-15）。

此外还有一种特殊的尾鳍形式称为等形尾。鱼的椎骨末端和原来的尾鳍都消失了，由背鳍及臀鳍的一部分向后延伸扩充而成第二尾鳍，其外形和内部结构完全对称。

（二）偶鳍骨骼

偶鳍骨骼一般由支鳍骨和带骨组成。支持胸鳍的带骨称肩带，支持腹鳍的带骨称腰带。

1. 胸鳍的支鳍骨和带骨 软骨鱼类偶鳍骨骼在各种类间有差异。一般支鳍骨由鳍基骨和辐状软骨组成。鳍基骨是胸鳍基部的 3 块大骨，分别称为前鳍基软骨、中鳍基软骨和后鳍基软骨。鳍基软骨外方连接着许多辐状软骨，其外为角质鳍条。鳍基软骨与肩带相连接。支持胸鳍的肩带位于咽颅后方呈 U 形，在腹面的称为乌喙部，在两侧突向背方的称为肩胛部（图 2-23）。

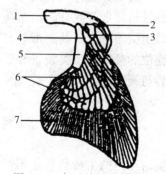

图 2-23 灰星鲨的胸鳍骨骼
1. 乌喙部 2. 肩胛部 3. 前基鳍骨 4. 中基鳍骨
5. 后基鳍骨 6. 支鳍骨（辐状软骨）7. 角质鳍条
(叶富良.1993.鱼类学)

硬骨鱼类的鳍基骨已消失，所有支鳍骨直接与肩带相连。支鳍骨的数目较少，一般不超过 5 枚，如鲤和鲢为 4 枚，少数鱼类如鳗鲡 8 枚。有的鱼类支鳍骨消失而使鳍条直接连接到肩带上，从而产生越级现象。肩带由肩胛骨、乌喙骨、中乌喙骨等软骨化骨以及匙骨、上匙骨、后匙骨等膜骨组成。肩带由上匙骨与头骨脑颅的后颞骨相嵌合（图 2-24）。高等硬骨鱼类如鲈无中乌喙骨。

2. 腹鳍的支鳍骨和腰带 软骨鱼类腹鳍的支鳍骨由鳍基骨及辐状软骨组成。星鲨的鳍基骨为前鳍基骨和后鳍基骨，其外为两列辐状软骨。雄性软骨鱼类有鳍脚，是一种交配器，其骨骼由鳍基骨向后延长而成，背面有沟。支持腹鳍的带骨为腰带，位于泄殖腔前方，是呈"一"字形的软骨，横于腹部，它的两端与左、右腹鳍的鳍基骨相关节（图2-25）。

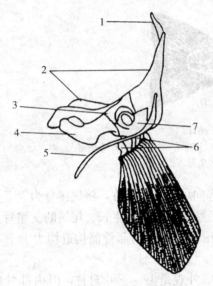

图2-24 鲤的肩带和胸鳍背面
1. 上锁骨 2. 锁骨 3. 中乌喙骨 4. 乌喙骨
5. 后锁骨 6. 支鳍骨 7. 肩胛骨
（秉志．1960．鲤鱼解剖）

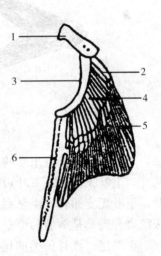

图2-25 星鲨的腹鳍骨骼
1. 腰带 2. 前鳍基骨 3. 后鳍基骨
4. 支鳍骨 5. 角质鳍条 6. 鳍脚
（叶富良．1993．鱼类学）

真骨鱼类的腹鳍支鳍骨每侧仅有1枚。腰带由1对无名骨组成。在不同的种类中，腰带或与肩带分离，或与肩带相连。一般低等硬骨鱼类如鲱形目、鲤形目鱼类腹鳍腹位，其肩带与腰带彼此分离，而高等硬骨鱼类如鲈形目的腹鳍前移至胸鳍下方，其腰带与肩带借结缔组织相连。而腹鳍亚胸位的鳎形目鱼类腰带靠近肩带，通过肩带向后弯伸的匙骨与腰带的基部相联系（图2-26）。

第二节 肌肉系统

肌肉对于鱼的生命活动是不可缺少的。肌肉的运动使得鱼类可以游泳、摄食、生殖、防御及避敌等。肌肉的基本单位是肌肉细胞，一般为长条形，因而也称肌肉纤维。肌肉纤维的最大特点是受到刺激以后发生收缩反应，其表

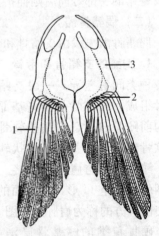

图2-26 鲤的腰带背面
1. 支鳍骨 2. 鳍条 3. 无名骨
（秉志．1960．鲤鱼解剖）

现为肌肉纤维的缩短与变粗。在收缩之后，还能舒张而恢复原状。在鱼类的生活中，肌肉细胞始终保持着紧张的状态，从而协调身体各部的平衡。

一、肌肉的种类

鱼类的肌肉按照发生来源、组织结构、生理作用和分布部位的不同,可分为三大类:平滑肌、横纹肌和心肌(图2-27)。

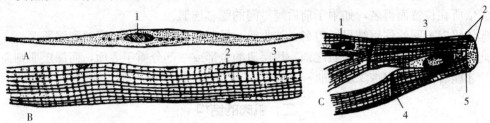

图 2-27 3种肌肉的构造
A. 平滑肌 B. 横纹肌 C. 心脏肌
1. 细胞核 2. 肌原纤维 3. 横纹 4. 闰盘 5. 肌膜
(叶富良.1993.鱼类学)

(一)平滑肌

平滑肌细胞为细长纺锤形,每个细胞中央有一个椭圆形的细胞核。平滑肌受交感神经和副交感神经支配,其收缩和舒张均较缓慢,有显著的紧张性收缩和节律性收缩的特点。它构成了血管、消化管和泌尿生殖器官的壁。因平滑肌的作用才使得消化管的蠕动和血管壁的收缩得以实现。

(二)横纹肌

横纹肌主要附着在骨骼上,所以又称骨骼肌,也是构成鱼体体壁、附肢、食管、咽部、眼球和生殖器等部的肌肉。肌细胞是长柱状,具有多个细胞核,肌原纤维具有显著的横纹结构,收缩力最强,收缩速度快,受运动神经支配。横纹肌内有很多的血管及神经分布,肌肉两端借结缔组织肌膜附着于骨骼上,附着较为稳定的一端为起点,而较为活动的一端称为止点。肌肉的收缩总是牵引止点接近起点,动作方向与肌纤维方向一致。肌肉纤维集合成肌束,外面包围肌鞘,肌束进一步集合成一块块的肌肉。

(三)心肌

心肌纤维形状宽短且具有分支,各分支相连成网状,每一细胞中央有一细胞核,肌原纤维具有横纹结构。心肌构成心脏的壁,其收缩比平滑肌快,有显著的自动节律性。

以上三类肌肉中横纹肌所占比重最大,且分布也最广,与骨骼共同形成运动,因而肌肉的研究以横纹肌为主。按横纹肌的着生位置和生理作用可将其分为两类:

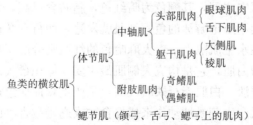

鱼类横纹肌肉的数目相当多,如鲤有344块。除4块为单数分布在体腹中线上外,其余分为170对在体两侧对称排布。一般地说,鱼体横纹肌占鱼体重的50%~60%,鲫最少,仅占39%;鲤居中,约占60%;而肌肉最多的当属鲟了,约占81%。众多的肌肉依据以下

几点来命名：
①依肌肉的形状而得名，如斜方肌。
②依肌肉的大小而得名，如大侧肌。
③依肌肉所附着骨骼而得名，如基枕骨咽骨肌，起点在基枕骨、止点在咽骨背面。
④依所在位置而得名，如附于前后鳃弓间的鳃弓连肌。
⑤依肌肉不同的作用结果而得名，如收肌、展肌、屈肌、提肌、降肌和缩肌等。

此外，还有浅层肌和深层肌之别。浅层肌的全部或一部分露于表面，而深层肌则需除去浅肌后才能看到，如肩带深层收肌。

二、肌肉的结构

鱼类的横纹肌分为体节肌和鳃节肌，体节肌大多受脊神经所控制（头部肌肉除外），而鳃节肌多分布于咽鳃区，受脑神经的控制。

(一) 体节肌

体节肌分为中轴肌和附肢肌肉。

1. 中轴肌 中轴肌肉由头部肌肉和躯部肌肉组成。

（1）躯部肌肉。躯部肌肉主要是从头后直到尾部的大侧肌，它是鱼体躯干中最重要、最大的肌肉，由众多的肌节所组成。所谓肌节，就是排列于体侧自头后直至尾端鳍基部，由结缔组织所形成的波形隔膜将肌肉分隔成一节节的构造单位。各个肌节相互前后套叠排列，每一肌节弯曲处尖端呈圆锥状，称肌节圆锥，其尖端方向与肌节弯曲的方向一致，当对鱼体做横切时会看到肌肉中有许多同心圆状或曲线状的图案。沿体轴水平方向有一结缔组织的膜——水平隔膜将大侧肌分为上、下两部分，上方为轴上肌，下方为轴下肌（图2-28）。

大侧肌按其性质和功能可分为两种成分：一种称为红肌（也称赤肌），集中于水平隔膜

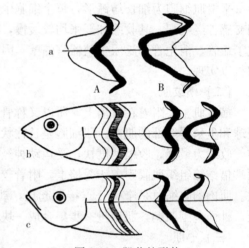

图2-28 肌节的形状
A. 鱼体左侧 B. 鱼体右侧
a. 鲢 b. 牙鳕 c. 沙丁鱼
(Wilhelm Harder. 1975. Anatomy of Fishes Stuttgart)

的上下或分散藏于周围肌肉之间，其颜色为暗红色，脂肪含量高，含有丰富的毛细血管。凡活泼游泳、耐力强、持续不断地游泳的鱼，红肌就发达，而行动缓慢的种类红肌不发达。鲤的红肌不很发达，集中在水平肌隔上下；大麻哈鱼的红肌则分散于白肌之间，肌肉紧密而呈橘红色。另一种肌肉称为白肌，它是构成大侧肌最主要、体积最大的肌肉。白肌中脂肪和肌红蛋白含量少，故颜色浅淡。白肌能行缺氧代谢，是产生短促而急速行动的物质基础，但不能持久，多数鱼类靠白肌产生刺激性动作来捕捉食物或逃避敌害（图2-29）。

除大侧肌外，构成躯部肌肉还有上棱肌和下棱肌，上棱肌位于鱼体背面中央左右大侧肌之间，而下棱肌则是在腹面正中的束状肌肉。上、下棱肌由数条与背鳍、腹鳍及臀鳍运动相关的肌肉组成，并被背鳍、腹鳍和臀鳍所分隔。棱肌不分节，其收缩可使鳍伸展或后缩。

(2) 头部肌肉。鱼类头部肌肉的肌节一般趋于退化，前部 3 个小肌节被转变为眼肌。

眼肌每侧共有 6 条，其中的上直肌、下直肌、内直肌及下斜肌系头部第一肌节所形成，受动眼神经支配；上斜肌为第二肌节所形成，受滑车神经支配；外直肌为第三肌节所形成，受外展神经所支配。眼肌的收缩可使眼球向不同的方向转动自如（图 2-30）。

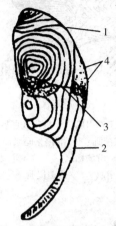

图 2-29　鲣的躯干部肌肉横切面
1. 轴上肌　2. 轴下肌　3. 水平隔膜　4. 红肌
（苏锦祥. 2008. 鱼类学与海水鱼类学养殖）

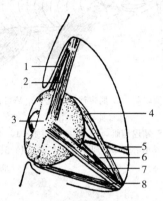

图 2-30　眼球肌肉模式图（背面观）
1. 下斜肌　2. 上斜肌　3. 眼球　4. 内直肌　5. 视神经
6. 下直肌　7. 上直肌　8. 外直肌
（叶富良. 1993. 鱼类学）

分布于舌下的肌肉，如胸舌骨肌，从后匙骨下部至尾舌骨背面，由躯部肌肉分化而成。

2. 附肢肌肉　附肢肌肉分为奇鳍和偶鳍肌肉。这些肌肉都是从大侧肌分化而来，负责控制各鳍的运动。

(1) 奇鳍肌肉。圆口类及软骨鱼类的奇鳍肌肉较为简单，侧面观呈前后较扁的束状肌肉，其一端附着在鳍条的基部，另一端附在背中隔结缔组织延伸的膜上，收缩时使鳍向一侧倾斜。硬骨鱼类的奇鳍肌肉要复杂得多，背鳍和臀鳍每一鳍条基部附有 6 条束状肌肉，每侧有 3 条：一条为浅肌，如背鳍有背鳍倾肌，起点在鳍基部皮肤下的腱膜上，止点的腱附于每一鳍条的基部侧缘，收缩时使鳍向一边倾斜；两条为深肌，如背鳍竖肌和背鳍降肌，位于倾肌深层，每一鳍条或棘的基部两侧均有 2 条细束状肌肉，其前面的一条为背鳍竖肌，后面的一条为背鳍降肌，肌肉收缩时使鳍条竖直或下降。臀鳍的肌肉如是，仅命名不同而已（图 2-31）。

硬骨鱼类的尾鳍肌肉复杂，如鲤尾部大侧肌伸达尾鳍基部外，在表面浅层有尾鳍条间肌，深层还有尾鳍腹收肌，深层还有 5 块屈肌（图 2-32）。

(2) 偶鳍肌肉。软骨鱼类的胸鳍背面肌肉为胸鳍提肌，始于肩带的肩胛部，侧后方附着在鳍基软骨及一部分支鳍骨上，终止于连附在鳍条背面的坚韧结缔组织上；胸鳍腹面的肌肉为胸鳍降肌，起始于乌喙部的后方和鳍基骨及支鳍骨上，终止于连接在鳍条腹面坚韧的结缔组织上。腹鳍肌肉与胸鳍相似，背面有背展肌及腹鳍提肌，腹面有腹展肌及腹鳍降肌。雄鱼交配器处肌肉特化且相当复杂。

硬骨鱼类偶鳍肌肉要比软骨鱼类复杂得多，如鲤的肩带肌：外侧有肩带伸肌、肩带浅层展肌、肩带提肌及肩带深层展肌共 4 块，其内侧有肩带伸肌、肩带收肌及肩带内收肌 3 块；腰带肌肉在腰带背腹面各有 3 块肌肉，背面有腰带深层展肌、腰带提肌、腰带深层收肌，腹面有腰带浅层展肌、腰带降肌、腰带浅层收肌（图 2-33）。

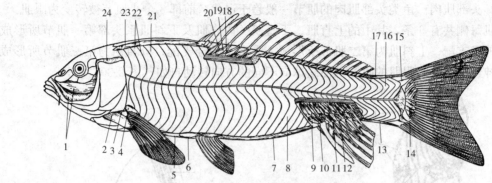

图 2-31 鱼体浅层肌肉侧面

1. 下颌收肌 2. 肩带浅层展肌 3. 肩带伸肌 4. 肩带浅层收肌 5. 腰带牵引肌 6. 腰带浅层展肌
7. 腰带退缩肌 8. 下轴肌 9. 臀鳍竖肌 10. 臀鳍降肌 11. 臀鳍倾肌 12. 臀鳍条间肌
13. 臀鳍退缩肌 14. 尾鳍条间肌 15. 侧肌浅层肌腱 16. 上轴肌 17. 背鳍缩肌 18. 背鳍降肌
19. 背鳍倾肌 20. 背鳍竖肌 21. 肌节 22. 肌隔 23. 背鳍牵引肌 24. 鳃盖提肌

(秉志.1960.鲤鱼解剖)

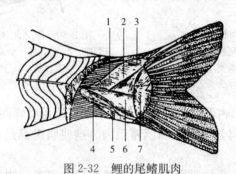

图 2-32 鲤的尾鳍肌肉

1. 尾鳍下背屈肌 2. 尾鳍腹收肌 3. 尾鳍上屈肌 4. 尾鳍中腹收肌
5. 尾鳍下腹屈肌 6. 尾鳍上腹屈肌 7. 尾鳍条间肌

(秉志.1960.鲤鱼解剖)

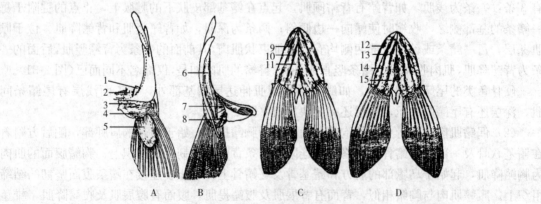

图 2-33 鲤的肩带和腰带肌肉

A. 肩带肌肉（腹面） B. 肩带肌肉（背面） C. 腰带肌肉（腹面） D. 腰带肌肉（腹面背面）

1. 内咽锁肌 2. 外咽锁肌 3. 肩带浅层收肌 4. 肩带深层展肌 5. 肩带浅层展肌 6. 肩带伸肌
7. 肩带深层收肌 8. 肩带伸肌的一部分 9. 腰带浅层展肌 10. 腰带降肌 11. 腰带浅层收肌
12. 腰带深层展肌 13. 腰带提肌 14. 腰带浅层展肌 15. 腰带深层收肌

(秉志.1960.鲤鱼解剖)

(二)鳃节肌

鱼的鳃节肌非常发达,分布于头的两侧,有的控制上、下颌的启闭,有的控制鳃盖的活动,也有的控制鳃弓的运动(图2-34)。头部肌肉最为复杂,特点是肌肉种类多,但肌肉较小,肌肉数目多达30多种,按其功能可分以下几类:

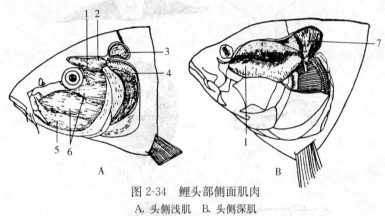

图 2-34 鲤头部侧面肌肉
A. 头侧浅肌 B. 头侧深肌
1. 腭弓提肌 2. 鳃盖开肌 3. 上耳咽锁肌 4. 鳃盖提肌
5. 下颌收肌的下颌部 6. 下颌收肌头部 7. 鳃盖收肌

(叶富良.1993.鱼类学)

1. 控制口的关闭 主要有下颌收肌,位于眼的下后方呈较大的三角形肌肉,其收缩使下颌向上,将口关闭;除此之外还有腭弓提肌、咬肌和腭弓收肌。

2. 控制鳃盖开关 主要有鳃盖开肌、鳃盖收肌、鳃盖提肌、舌颌提肌和鳃条骨舌肌等。

3. 控制口张开和口咽腔扩大 主要有舌肌、颏舌骨肌和胸舌骨肌等。

4. 控制鳃弓运动 主要有上耳咽锁肌、鳃弓提肌、鳃弓连肌、内咽锁肌、外咽锁肌和咽骨牵缩肌。这些肌肉收缩使鳃弓运动及可使咽骨上的咽齿与基枕骨腹面的胼胝垫对应研磨食物。

三、肌肉的变异

软骨鱼类和硬骨鱼类的一些种类具有特殊的发电器官,如电鳗、电鲇、电鳐及电瞻星鱼。电鳐放电时电压可达77~80V,电鳗放电时最高电压竟达600~800V。具有发电器官的鱼类,除电鳐、鳐及电瞻星鱼生活在海水中外,其余种类都生活在淡水中。其中电鳐、鳐和中国团扇鳐产于中国,其余多分布于非洲与美洲。

发电器官一般多是由肌肉变异而成,发电器官按肌肉衍生来源和位置一般分为以下几种:一是由尾部肌肉变异而成,位于尾部两侧,如电鳗、鳐属、中国团扇鳐等;二是由鳃肌变异而成,位于胸鳍内侧的鳃区,如电鳐;三是由眼肌变异而成,位于眼区,如电瞻星鱼;四是由真皮腺体组织特化而成,位于真皮层内,如电鲇(图2-35)。

发电器官一般由许多称为电细胞或电板的盘形细胞构成,电细胞排列整齐,朝着同一方向,一个个叠成柱状构造。电细胞浸润在细胞外的胶状物质中,它是导电介质。神经和血管进入每一个电细胞上,电细胞的一面比较光滑,此处称神经层;神经层相对的一面表面粗糙有乳突,有血管分布,称为营养层。电细胞整齐地排列成若干柱状构造,柱内电细胞的神经层和营养层按同一方向排列。发电器官均为透明的胶状物质块,易于与周围组织分离开来(图2-36)。

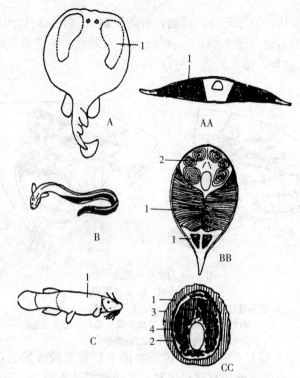

图 2-35 几种鱼类的发电器官示意
A. 电鳐 AA. 电鳐体盘横切面 B. 电鳗
BB. 电鳗尾部横切面 C. 电鲇 CC. 电鲇躯部横切面
1. 发电器官 2. 肌肉 3. 皮肤 4. 真皮内层
（苏锦祥. 2008. 鱼类学与海水鱼类学养殖）

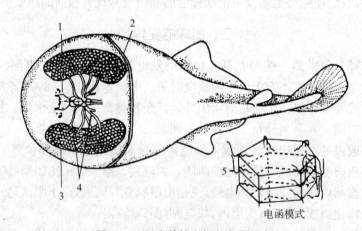

图 2-36 坚皮单鳍电鳐的发电器官
1. 脑 2. 皮肤剖面 3. 发电器官 4. 脑神经（Ⅶ、Ⅸ、Ⅹ） 5. 神经纤维
（叶富良. 1993. 鱼类学）

发电器官的动作电位是由每个电细胞的电位相加而成，每一发电细胞的电位差为 0.1V。当发电鱼处于静止状态时，电细胞的神经层和营养层都是膜外为正极，膜内为负极，发电器官的电位处于平衡状态，此时无电流。一旦受到刺激，在神经中枢指挥下，发电器官电细胞

的神经层出现极化逆转，膜外为负极，膜内为正极，而营养层不变，由于极化逆转产生电位差即产生电流。

发电器官使鱼类在防御敌害和捕食时开始放电，连续放电后，电流会逐渐减弱，需休息调整后才能恢复发电功能。

四、鱼类的运动方式

鱼类最基本的运动形式是游泳。除此之外，也有一些其他较特殊的运动形式。

（一）游泳的基本方式

第一种游泳方式，也是鱼类最主要的游泳方式，就是身体两侧大侧肌的各个肌节交替收缩产生的全身运动。开始游动时，身体最前面一侧的肌节收缩，另一侧对应的肌节则舒张，随后的肌节依次左右交替收缩，从头至尾全身出现一种左右扭曲摆动呈波浪形曲折运动，像蛇在陆地上蜿蜒爬行一样。前进的动力就是身体左右摆动时，对四周水所施压力的反作用力（图2-37）。

图 2-37　鱼的实际游泳路线
（易伯鲁．1982．鱼类生态学）

鱼游动前进的路线看上去好像一条直线，其实走的是S形路线。因为向两边扭曲的时间极短，人的肉眼就很难看出。有人曾做过实验，将两尾同样的鱼其中一尾剪掉尾鳍，结果是两尾鱼游速相同，差别只是被剪鳍的鱼，身体扭动更强烈些。

第二种游泳方式是由鳍的动作而引起的运动。鳍动作的原动力其实也是由肌肉收缩而产生的，只不过是肌肉作用的结果牵拉各鳍的运动。在各鳍中，尾鳍的推动作用最大。鲇、乌鳢以及海洋中的带鱼等的背鳍和臀鳍基底长且柔软，并且整个鳍的前后高度相仿，因此，这两种鳍在鱼游动过程中也起一定的推动作用。

第三种游泳方式是鳃孔喷水产生的反作用力推动鱼体前进。这种方式一般只是辅助性的，用来应急，也可以用来帮助鱼调整方向。

后两种方式只是鱼类游泳运动中的辅助形式，大部分鱼类的行动是把三种方法联合起来使用的，以满足生活上合理的需要。例如，鱼类缓缓前进时，只用鳍已够了，但遇到紧急情况或抢夺饵料时，身体就要急速运动，同时呼吸也会加快，自然就增加了前进的速度。

（二）特殊的鱼类运动方式

鱼类在正常情况下，保持着游泳这种普遍的运动方式，而在特殊情况下，鱼则以特殊运动形式与之适应。

鱼受惊吓后跳跃是常见的现象，尤其像鲢这样的善跳的鱼类，在拉网捕捞时更是此起彼落，常有人被撞伤之事发生。大麻哈鱼在溯河洄游途中，也是靠跳跃而飞过1～2m高的瀑布。

淡水中的鳗鲡，可利用身体的扭动像蛇一样在潮湿的草地上爬行。

弹涂鱼可在海边依靠胸鳍爬行或跳跃，可跳至1m远。退潮之时，岸边成群结队的弹涂鱼跳来跳去甚为可观。

海洋中更有一种飞鱼，加速离开水面后，依靠张开的胸鳍像鸟一样滑翔。

复习思考题

1. 鱼类头骨的基本结构如何？
2. 鱼类脊柱的构成及主要作用如何？
3. 鱼类大侧肌有何特点？

实验三　骨骼的解剖与观察

【目的与要求】

通过解剖与观察，了解鱼类骨骼系统的基本构造；熟悉各骨骼的名称、位置和形状；掌握鱼类骨骼解剖的方法。

【材料与用具】

1. 材料　鲤（或鲢）的新鲜标本。

2. 用具　解剖盘、解剖剪、解剖刀、尖头镊子、药棉、电炉、铝锅等。

【实验方法与观察内容】

（一）解剖方法

1. 分离头骨——脑颅和咽颅　脑颅和咽颅的联系主要有三处：前端咽颅的腭骨与脑颅的鼻骨等的联系；中部咽颅的舌颌骨上端与脑颅的蝶耳骨、前耳骨的联系及后部肩带中的上匙骨与脑颅的联系，而肩带的前面又与咽颅的第五对鳃弓密切相关，故肩带也起着间接联系脑颅和咽颅的作用。将这几个连接点分开后，脑颅与咽颅的联系仅依靠软组织了，就可以顺利地完成脑颅和咽颅的分离工作。

将要剥制的鱼洗净后置于解剖盘内，为方便识别各骨，可把取下来的各骨按顺序有规律地摆放好。

（1）取围眶骨。用解剖刀轻轻触压眼四周的围眶骨，确定围眶骨的位置及轮廓边缘，在骨的边缘进刀，然后取下围眶骨。由于围眶骨为浅层的薄片状骨，因此刀片不要刺入肌肉过深，以刀片与鱼体15°夹角进刀即可。

（2）取鳃盖骨系。用刀片沿鳃盖骨系的各骨缝间轻轻划开，分离主鳃盖骨与下鳃盖骨、间鳃盖骨、前鳃盖骨及各鳃条骨，然后手持主鳃盖骨缓慢用力使其按逆时针方向朝后上方扭转，拉断主鳃盖骨上角前缘与舌颌骨、后背角与上锁骨连接的韧带，使主鳃盖骨与鱼体脱离。取前鳃盖骨时要注意勿破坏紧贴在其内侧的舌颌骨、方骨等舌弓的部分骨骼，因这几块骨是较前鳃盖骨还要薄的片状骨，所以要在其骨缝的结合处轻轻地分离开。取间鳃盖骨时要注意分离与其前端连接的隅骨、关节骨及间舌骨。

（3）取舌颌骨。在前鳃盖骨内侧的稍上方位置可见舌颌骨。用手捏住舌颌骨的下端缓慢用力向稍后上方拉，可使舌颌骨与脑颅的蝶耳骨、前耳骨连接的韧带断开，分离后即可取下。此时在头骨的中后部，脑颅与咽颅之间除了软组织的联系外，已无密切联系了。

（4）分离脑颅与咽颅。在头骨前端除了前筛骨外，能被活动的骨都属咽颅，不能活动的骨均属脑颅。分离此处骨，即可将脑颅与咽颅彻底分开。因此处腭骨与鼻骨间错合连接，加之翼骨、后翼骨均为薄片状骨，故不易用刀做切割分离，可在找到骨缝结合部后，用镊子夹小块药棉浸蘸开水做局部敷烫，糊化肌肉和结缔组织，此时就可以较容易地分离开脑颅和咽颅在前边的联系了。

(5) 分离开鳃弓和脑颅。5对鳃弓与脑颅之间无特殊关节，仅以固有结缔组织与肌肉疏松地连接脑颅底壁下方。用解剖刀紧贴脑颅底壁——沿犁骨、副蝶骨、基枕骨的腹面由前向后割断软组织的联系，即可彻底分离脑颅和咽颅。

头骨被分离为两部分后，可用药棉蘸开水敷烫的方法，也可将标本置于沸水内1~2min，使肌肉和结缔组织糊化后便于用镊子剔除干净。但务必注意延长煮沸时间易使骨块（片）分散脱落而丢失。

脑颅内的脑组织和脂肪，可用尖镊子夹少量药棉从枕骨大孔伸入，蘸除干净。

2. 分离鱼类的脊柱和附肢骨骼 用解剖刀沿背中线与背鳍两侧分别做两个纵向垂直切口（注意切口深达脊柱即止，切勿割断肋骨），此切口自脑颅后方延伸至尾鳍基部。再用刀在鱼体两侧沿脑颅后方向下经肩带后方划开腹腔做横切（勿伤及脊柱）。此后用解剖刀沿脊柱两侧自上而下地刮剥肌肉，剥除大部分肌肉后，紧贴骨骼的少量肌肉，可用开水敷烫的方法剔除干净。

背鳍的支鳍骨相间嵌插于各髓棘间，当髓棘两侧肌肉除净后即可取下背鳍，臀鳍也如此，腹鳍的骨骼与脊柱无联系，故两侧及腹腔部肌肉取下后，将其中腹鳍的腰带骨剔除净即可。胸鳍的肩带上端依上匙骨与脑颅的颞骨处固结，前后摇动上匙骨使之脱离脑颅，就可以将一对肩带取下，再剥除之。剥除尾端肌肉，即可暴露尾鳍骨骼。

为防止剥制时骨骼散碎而保持鱼体骨骼完整，可把剥除了大部分肌肉的标本置于5%的福尔马林溶液中浸泡1~3d，待骨片间的结缔组织硬化牢固后再取出剔净残留的肌肉。

(二) 骨骼系统的观察

以鲤为主观察，以鲢对照观察。

1. 主轴骨骼（包括头骨、脊柱和肋骨）

(1) 头骨。分为脑颅与咽颅两个部分。

其中脑颅分鼻区、眼区、耳区、枕区4个区。

①鼻区。位于脑颅最前端，环绕鼻囊周围，包括前筛骨、中筛骨及侧筛骨。

前筛骨1块，是位于脑颅最前端背部中央的棒形小骨，后端以结缔组织与犁骨相连，前端则以腱与前颌骨背突起的后端相连。

中筛骨1块，位于脑颅背面前端的中央，背面观鲤此骨呈三角形，鲢此骨呈横的长方形。两侧下方与侧筛骨相连。

侧筛骨1对，位于中筛骨后方两侧，不规则形状，腹面内侧及前缘和中筛骨部分相接，后缘与眶蝶骨相接，构成眼腔前壁，背面后方接额骨。

鼻骨1对，位于中筛骨两侧的小骨。

犁骨1块，位于脑颅腹面正中前方，背面紧贴中筛骨、左右两侧筛骨之间，后接副蝶骨，此骨前宽后窄。

②眼区。筛区之后，位于脑颅腹面的眼囊上方内侧，由眶蝶骨和翼蝶骨构成。

眶蝶骨1对，位于腹面中央的一块鞍形骨，构成两眼间的腔壁，前与副蝶骨相连，后接翼蝶骨。

翼蝶骨1对，位于脑颅腹面的眶蝶骨之后方、前耳骨之前的骨。

额骨1对，位于中筛骨后方最大的骨片，其后接顶骨，外侧接蝶耳骨，后侧方接翼耳骨。

副蝶骨1块，位于脑颅腹面犁骨之后，后端连接基枕骨，两侧与眶蝶骨、翼蝶骨相接，后外侧与前耳骨相接。骨呈长十字形。

③耳区。前接蝶区，环绕耳囊四周。

上耳骨1对，位于脑颅背面上枕骨两侧、顶骨后方，外侧与鳞骨、翼耳骨相接，内侧与上枕骨连接。

前耳骨1对，位于脑颅腹面，前接翼蝶骨，外侧与蝶耳骨、翼耳骨相接，后面与上耳骨相连接。

翼耳骨1对，本骨位于顶骨外侧，前缘与额骨相接，并覆盖部分蝶耳骨，后缘与上耳骨、鳞骨相接。

蝶耳骨1对，位于脑颅背面中部外侧。腹面内侧与翼蝶骨和前耳骨相接，背面内后侧部分被额骨和翼耳骨所遮盖。此处为舌颌骨上端连接脑颅处。

鲢还有1对后耳骨，为一小三角形扁骨，紧贴在外枕骨腹面，其外侧与翼耳骨腹面内侧相接。

顶骨1对，仅次于额骨的大型骨片，位于额骨后方，外侧与翼耳骨相接，后缘与上耳骨相连，两顶骨连接处的后端是上枕骨。

鳞骨1对，是略呈三角形的小型扁薄骨片，紧贴在翼耳骨的后方和上耳骨的外方。

颞骨1对，是略呈长条形的薄骨片，稍比鳞骨大些，紧贴在鳞骨后边的翼耳骨与上耳骨后缘间。上匙骨的上端与此骨相连，因而使肩带固结于脑颅上。

④枕区。位于脑颅的最后部分。

上枕骨1块，位于脑颅背面后端中央，前接顶骨，两侧为上耳骨，后下方与侧枕骨相接。

侧枕骨1对，位于上枕骨的两侧下方，腹面与基枕骨相连。两骨会合处下方的枕骨大孔为脊髓和脑连接的通路。

基枕骨1块，位于脑颅腹面正中后端，背面接侧枕骨。基枕骨腹面有一与咽齿相对的胼胝垫，后接第一节椎骨，基枕骨的两侧箱内为内耳。

上述骨构成了脑颅的箱型构造。

⑤围眶骨系。均为薄片状骨，分布在眼四周的皮肤下边。鲤眶上骨1对，较小，呈月牙状，位于眼上缘，此骨上缘与额骨连接。眶前骨1对，较大，位于眼的前方。眶下骨3对，位于眼的下缘。眶后骨1对，位于眼的后缘。

鲢眶上骨1对，较大呈指甲状，背缘与额骨相连。眶前骨1对，椭圆形。眶下骨7对，围绕于眼下及后缘。第2～4块为长条形扁骨，第5块为最小近长方形，第6～8块极细长。

咽颅分颌弓、舌弓、鳃弓和鳃盖骨系4个部分。

①颌弓。颌弓骨片构成了鱼口的上、下颌。

前颌骨1对，位于上颌前方边缘，后缘与上颌骨相连，背中央后方突起与前筛骨相连。

上颌骨1对，位于前颌骨的后上方，下端以结缔组织与下颌齿骨相连。

腭骨1对，位于犁骨前方两侧，中翼骨的前方，与鼻骨及筛骨接触。此骨前端突起似叉状。

翼骨1对，位于眼球内侧呈梯形的薄片状骨，扁平菱形且较小，位于方骨之前，中翼骨下方。

中翼骨1对，位于眼球内侧呈梯形的薄片状骨，前接腭骨，上端接副蝶骨腹外侧，下端接翼骨、方骨，后方与后翼骨相接。

后翼骨1对，较大的不规则形骨片，位于中翼骨后方，前下方与方骨关节，后缘与前鳃盖骨相接。

方骨1对，上端与中翼骨、后翼骨相接，前与翼骨相关节，后与续骨相嵌合。

上述骨构成了上颌。

下颌则有：

齿骨1对，是下颌最前端构成口缘的骨，较大，后端与关节骨、隅骨相接。

关节骨1对，前端嵌入齿骨后缘，后端与方骨相连，后端下角有隅骨相贴。

隅骨1对，是一对紧贴关节骨腹面的颗粒状小骨。

此外，鲢还有米克尔氏软骨1对、前关节骨1对。鲤则无。

②舌弓。位于颌弓后方、口咽腔的腹面。

间舌骨1对，位于前鳃盖骨内侧，背方与续骨相连，腹面紧贴上舌骨。

上舌骨1对，略呈三角形，前缘与角舌骨连接，腹面前外侧附有第三对鳃条骨。

角舌骨1对，较大，位于下舌骨和上舌骨之间，腹面附有第一、二、三对鳃条骨。

下舌骨1对，位于腹面前方中央，外侧与角舌骨相关节，背中央后方与基舌骨关节，腹面中央与尾舌骨相接。

基舌骨1块，细长棒状，突出于舌弓前方中央，外覆以黏膜，即是突出于口咽腔底壁的舌，后端与下舌骨、基鳃骨相接。

尾舌骨1块，位于腹面中央，呈桨叶状骨，前端与下舌骨相接。

续骨1对，细小如棒状骨，连接在方骨和舌颌骨之间。

舌颌骨1对，形似大刀，上宽下窄，上端与脑颅的蝶耳骨、翼耳骨、前耳骨相关节，下端与续骨相关节，后缘上方的圆球突与主鳃盖骨相关节。

③鳃弓。由围在咽周围并支持鳃的骨构成，共有5对。

咽鳃骨3对，位于鳃弓最上方，与上鳃骨相接。鲢鱼有4对咽鳃骨，但愈合为一。

上鳃骨4对，长条形骨，上接咽鳃骨，向下接角鳃骨。

角鳃骨4对，此骨在鳃弓中最长，前接下鳃骨，后接上鳃骨。

下鳃骨3对，位于角鳃骨末端的半圆形小骨，内侧接基鳃骨，仅前3对鳃弓有此骨。鲢则4对鳃弓上均有下鳃骨。

基鳃骨4块，位于腹面中央，前后一行排列，两侧与下鳃骨相连。鲢仅1块基鳃骨。

下咽骨1对，位于第四对鳃弓后方，由第五对鳃弓变形而成，其上长有咽齿。

④鳃盖骨区。在鳃的外方，有保护鳃的作用。

主鳃盖骨1对，略呈长方形，上方是翼耳骨，前上角与舌颌骨关节，后上角与上锁骨以韧带连接。下端为下鳃盖骨，前方为前鳃盖骨。

前鳃盖骨1对，位于主鳃盖骨前方，上端尖狭，下端前弯。其内为舌颌骨，前缘与后翼骨、续骨、方骨相关节，腹缘遮盖间鳃盖骨。

间鳃盖骨1对，前鳃盖骨下方，前缘以结缔组织与关节骨相连，后缘遮盖着主鳃盖骨前缘。

下鳃盖骨1对，于主鳃盖骨下方，前宽后尖窄的薄片状骨。

鳃条骨3对，长条形弧状骨片，第一对较小，第二对略大，均紧贴于角舌骨腹侧面；第三对长，紧贴于上舌骨前外侧，鳃条骨之间以膜状结缔组织连接。

(2) 脊柱。鱼类的脊柱自头后至尾鳍末端由许多个椎骨衔接而成，各节椎骨由前向后渐小。鲤有36～38节，鲢有38～40节。结构可分为躯椎和尾椎两个部分。

鲤有躯椎21～22节，鲢有18节。每一躯椎有椎体、髓弓及横突等构造。

椎体：扁圆而前后内凹，各节连接的椎凹面内为透明的胶状脊索。

髓弓：椎体背方环拱如弓状的部分，各节椎体连接后髓弓即成为脊髓的通道。

髓棘：从髓弓的顶壁向上突起的棘突。

椎体横突：椎体两侧腹方向外的突起，与肋骨相连。

关节突：椎体的背面前、后方细棒状突起。

鲤有尾椎15～16节，鲢有20节。每一尾椎除与躯椎同样有髓弓、髓棘、椎体、关节突外，还有由椎体腹面向腹下方突起的脉弓，以及脉弓向下延伸的突起——脉棘。

鲤的第2～4椎骨、鲢第1～3椎骨特化形成韦伯氏器：主要有带状骨、舶状骨、间插骨和三脚骨4对骨。韦伯氏器是鳔和内耳联系的通道。

(3) 肋骨。鲤第5～16节椎骨、鲢第4～18节椎骨上均具有肋骨，由前向后肋骨渐细渐短，连于椎体横突上。实际上，鲤17～20节、鲢19节椎骨也有肋骨，只不过很短而细小。

肌肉中还有许多肌间骨，鲢的肌间骨较发达，可多达120枚。

2. 附肢骨骼

(1) 奇鳍骨骼。背鳍、臀鳍的支鳍骨由3节组成：末节、中节和基节。末节与鳍条相连接。支持尾鳍的骨骼较复杂，最后几枚椎骨愈合成一根翘向上方的棒状骨——尾杆骨，支鳍骨则转化为尾上骨1枚，尾下骨5枚，支持着尾鳍鳍条。

(2) 偶鳍骨骼。偶鳍骨骼是由带骨和支鳍骨两部分构成。

胸鳍有肩带和支鳍骨。构成肩带的骨有：

①上匙骨1对，扁长条形，上端插嵌在颞骨后下缘，下端紧贴在匙骨外方。

②匙骨1对，在肩带中最大的骨，其上端部分为上匙骨遮盖，下缘与乌喙骨相接。

③后匙骨1对，本骨呈S形的细条骨，以结缔组织连于匙骨内侧。

④肩胛骨1对，较小的不规则环形，前缘与中乌喙骨关节，腹缘与乌喙骨相接。

⑤中乌喙骨1对，位于肩胛骨内侧，腹缘与乌喙骨相接，是一弧形小骨。

⑥乌喙骨1对，形如菜刀状的较大骨片，位于锁骨腹缘，其背缘与肩胛骨、中乌喙骨相关节。

胸鳍的支鳍骨（也称为鳍担）共有4对，前缘与肩胛骨、乌喙骨相连，后缘与鳍条相接。

腹鳍有腰带和支鳍骨。腰带为一对较大骨片，前端各有两叉，称为无名骨，后端如细棒状，在无名骨的侧面，有一对退化了的小支鳍骨（鳍担），腰带的后方与鳍条连接。

【作业】
1. 鱼体各骨识别。
2. 练习制作骨骼标本。
3. 绘鲤一节躯椎和尾椎正面、侧面图并标明各骨名称。

第三章 消化系统与鱼的摄食

摄食是包括鱼类在内的所有动物的基本生命特征之一。鱼类通过取食器官获得食物,并经过消化管及其附近的各种消化腺将其消化与吸收,为鱼类的存活、生长、发育和繁殖提供物质基础。鱼类的消化系统是由消化管和消化腺组成。不同种类的鱼类,消化系统的形态、构造有显著区别,所摄取的食物种类和摄食的习性也有很大差异。因此,了解鱼类消化系统的构造和特点,研究鱼类在水域中吃什么、怎样吃、吃多少,对于合理利用水域饵料资源,提高增养殖效果等十分重要。

第一节 消 化 管

消化管是从口开始,向后延伸经过腹腔,直至泄殖腔或肛门的一根肌肉管道。它包括口咽腔、食道、胃和肠等部分。有些鱼类这几个部分的界线不明显,但可根据消化管的不同管径、不同性质的上皮组织及特殊的括约肌或一定的腺体导管的入口来区别(图3-1)。

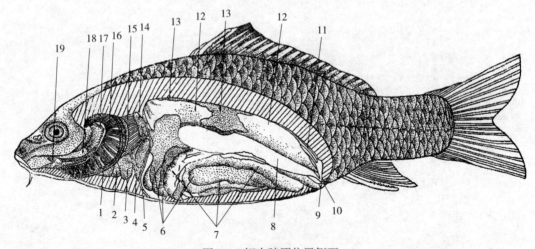

图3-1 鲤内脏原位置侧面

1.动脉球 2.心室 3.心房 4.静脉窦 5.心腹隔膜 6.肝胰脏 7.肠 8.睾丸(精巢) 9.肛门 10.泄殖孔 11.中肾管 12.鳔 13.肾 14.头肾 15.咽骨退缩肌 16.鳃片 17.鳃耙 18.口腔 19.舌

(秉志.1960.鲤鱼解剖)

一、口 咽 腔

鱼类的口腔和咽没有明显的界线,鳃裂向内开口处为咽,其前方为口腔;有些鱼类的鳃裂很大,一直伸到口的前端,口腔与咽腔更难于区分,故常将两者合称为口咽腔。口咽腔内有齿、舌及鳃耙等构造,这些构造与摄取食物有密切关系,统称取食器官。

(一) 齿

1. 齿的功能 鱼类的齿主要用于捕食时咬住食物，同时有的牙齿有撕裂和咬断食物的作用，一般不能咀嚼。

2. 齿的分布 硬骨鱼类的齿分布于上、下颌及口腔周围的一些骨骼上，如犁骨、腭骨、舌骨、鳃弓上均可生长牙齿。着生在上、下颌骨上的齿称为颌齿；着生在口腔背部两端腭骨上的齿称为腭齿；着生在口腔背部前方中央犁骨上的齿称为犁齿；着生在舌骨上的齿称为舌齿；着生在咽骨上的齿称为咽齿。以上这些着生在口腔不同部位的齿，统称为口腔齿。大部分硬骨鱼类的咽齿和颌齿的发达程度常成互补，即颌齿发达的鱼，咽齿不发达或缺如，而咽齿发达的鱼类，无颌齿。

鲤科、鳅科等鱼类无颌齿，其第五对鳃弓的角鳃骨特别扩大，称为咽骨或下咽骨，其上着生有齿，称咽齿或下咽齿。鲤科鱼类的咽齿排列成1~3行，与基枕骨下的角质垫（或称咽磨）组成咀嚼面。咽齿的数目和排列行数以一定格式加以记载称为齿式，如草鱼齿式 2·5/4·2，即表示左右各有2行齿，从左侧依次向右侧计数，左侧咽齿外侧第一行有2枚齿，第二行5枚，右侧咽骨内侧第一行4枚，第二行2枚（图3-2）。

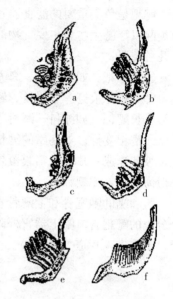

图 3-2 几种鲤科鱼类的咽喉齿
a. 鲤　b. 草鱼　c. 鲫　d. 翘嘴鲌
e. 逆鱼　f. 胭脂鱼
（易伯鲁.1982.鱼类生态学）

3. 齿的形态 齿的形状依鱼的种类而不同，与所吃的食物性质有密切的关系。以硬骨鱼类为例，大致可分为犬状齿、锥状齿、绒毛状齿、臼齿等几种。肉食性鱼类的齿坚硬，呈锐利的犬齿状，如狗鱼、鳜、带鱼的齿；以甲壳类和软体动物等底栖动物为食的鱼类，齿呈臼状，用它来压碎坚硬的外壳，如青鱼咽齿及真鲷上、下颌的内侧齿；鲀类的颌齿愈合成门齿状，用以切割附着在岩石上的生物；食浮游生物的鱼类齿多不发达，呈绒毛状、刷状；草食性鱼类如草鱼的咽齿呈栉状，突出如镰刀形。鱼类齿的分布、形态、数目以及排列方式，可作为鱼类的分类依据之一。

4. 齿的更换 鱼类的齿磨损或损伤后也会更换，而且一生更换多次。板鳃鱼类的更换方式是在旧齿的内侧产生新齿，渐渐向外方推移，以替换旧齿；硬骨鱼类是在旧齿之间长出新齿，或者旧齿龈上产生新齿。齿的更换季节不完全一致，多数鲤科鱼类多在秋季更换，但草鱼是在5~6月更换。在换齿期间，要多投幼嫩草料或其他容易消化的食物，不然鱼类囫囵吞下食物，影响消化吸收，甚至造成肠道疾病。

(二) 舌

鱼类的舌不发达，位于口咽腔底部，为基舌骨突出部分外覆黏膜形成的黏膜舌，因为没有肌肉组织，故无弹性，一般不能活动。有些鱼类舌前端游离，稍能上下活动，如鳗鲡等；也有些鱼类舌前端不游离，如鲤等。营半寄生生活的圆口类，舌富含肌肉，上下有角质齿，舌能前后、上下移动，成为刮食和吸食的器官。少数鱼类舌十分退化或无舌，如海龙科。舌的形态一般有三角形、椭圆形及长方形等，少数具有特殊形状。舌的颜色多为白色，少数种类为黑色，也有红色或橘红色。

一些鱼类的舌上布有味蕾,有一定的味觉功能;舌上有齿的鱼可依靠舌的活动,帮助将食物推进食道。

(三)鳃耙

鳃耙是鱼类重要的滤食器官,着生在鳃弓的内侧。鱼类鳃耙的发达程度因种而异。板鳃鱼类除以浮游生物为主要食物的姥鲨外,鳃耙一般不发达。硬骨鱼类的鳃耙大致可以分为以下几种情况:

①无鳃耙。如鳗鲡科、海龙科等。

②有鳃耙痕迹。如鳅科、鰕虎鱼科等。

③长鳃耙。如鲱科,鲭科等。

④鳃耙变异。如乌鳢的鳃耙呈簇状棘;带鱼呈叉状鳃耙,间有簇状刺;鲢的鳃耙长于鳃丝,彼此连成一片,有筛膜覆盖在鳃耙外侧面,形成筛板,上有许多不规则的孔隙,整个鳃耙似海绵状,鳃耙数多。

鲢和鳙的咽鳃骨和上鳃骨卷成蜗管状,称为咽上器官,此处相邻两鳃弓间的鳃耙连成4个分隔的鳃耙管。咽上器官外附有肌肉,收缩时可压缩起唧筒作用,将耙间隙食物团冲出,经口咽腔进入食道(图3-3)。

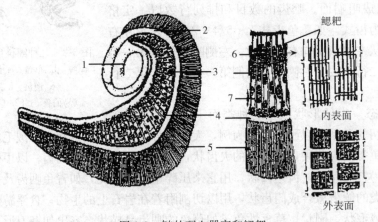

图3-3 鲢的咽上器官和鳃耙
1. 咽上器官 2. 上鳃骨 3. 鳃耙 4. 角鳃骨 5. 鳃丝 6. 洞状穿孔 7. 筛膜
(孟庆闻等.1987. 鱼类比较解剖)

鳃耙的数目、形状均与鱼类食性有关。食浮游生物的鱼类鳃耙数目多而致密,如遮目鱼300条左右;肉食性鱼类的鳃耙粗而细小,如鳜13～15条、乌鳢10～13条、花鲈18～25条。鱼类每一鳃弓朝口腔的一侧都长有内外两行鳃耙,其中以第一鳃弓外鳃耙最长,常记载其数量来代表鱼的鳃耙数,可作为鱼类的分类依据之一。鳃耙是鱼类的重要滤食器官,也有保护鳃丝的作用。

二、食　道

鱼类的食道短而宽,壁管较厚,由内层黏膜层、中层肌肉层和外层浆膜层等3层组织构成。内壁大多具纵行黏膜褶,借以在吞食大型食物时扩大食物容积。肌肉层由横纹肌组成,有2层肌肉,内层为纵肌,外层为环肌,能够控制食道的张开与闭合。当鱼类呼吸而大量水分进入口咽腔时,决不会将水吞入肠胃内。食道黏膜层中有味蕾分布,因而有选择食物的作用。当环肌收缩时可将不适口的食物或异物抛出口外。

三、胃

胃位于食道后方，是消化管最膨大的部分，接近食道处的部分为贲门部，胃体的盲囊状突出部分称盲囊部，连接肠的一段称为幽门部。鱼类胃的组织由黏膜层、黏膜下层、肌肉层及浆膜层4层组成。内壁黏膜层有许多皱褶，黏膜下层有管状的胃腺分布。胃与食道交界处和与肠交界处均有括约肌，它是一种环形肌肉，具有防止食物倒流的作用。

鱼类的胃在外形上可以分为五大类：I形——胃直而稍膨大，呈圆柱形，无盲囊部，如银鱼科、烟管鱼科、狗鱼科等；U形——胃弯曲呈U形，盲囊部不明显，如斑鳙、银鲳、白点鲑等；V形——胃部弯曲成V形，有盲囊部，但不甚发达，如鲱科鱼类、香鱼、鲷科等鱼类；Y形——在V形胃后方突出一明显的盲囊部，如灯笼鱼及日本鳗鲡等；卜形——胃部的盲囊部特别延长而发达，幽门部较小，胃一般呈圆锥形，如鲐、鳕、花鲈等（图3-4）。

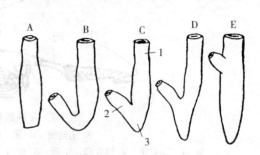

图 3-4　硬骨鱼类胃的类型
A. I 形　B. U 形　C. V 形　D. Y 形　E. 卜形
1. 贲门部　2. 幽门部　3. 盲囊部

胃的形态大小，与其食物组成有密切关系。温和鱼类的胃体小而直；凶猛贪食的鱼胃大呈袋状，如鮟鱇的胃可以容纳下比它自身大两倍的食物，鲐、鳜等凶猛肉食性鱼类，吃饱后腹部膨大鼓起，体重会突然增加许多。鲤科、海龙科、飞鱼科等鱼类无胃，消化功能多由肠道承担。

四、肠

肠位于胃的后端，是消化和吸收的重要场所。肠管组织由黏膜层、黏膜下层、肌肉层及浆膜层等组成，肌肉是平滑肌。

圆口类的肠无弯曲，呈直管状。软骨鱼类板鳃亚纲的肠可明显分出小肠和大肠，小肠又分为十二指肠及回肠，大肠可分为结肠和直肠。十二指肠管径较细，内壁无突起，胰管开口于此；回肠管径较粗，有内壁褶膜突出于肠管形成的螺旋瓣，具有增加消化及吸收面积的功能；结肠是回肠后面突然变细的部分，其后面与指状的直肠腺相连，直肠腺内壁有许多腺细胞，有分泌盐类的作用；直肠腺的后方为直肠，末端以肛门开口于泄殖腔。

真骨鱼类除海鲢、宝刀鱼等少数低等种类肠内具有不甚发达的螺旋瓣外，一般无螺旋瓣，但肠壁多具有形状多样的皱褶。肠的分化不明显，肠的长短、粗细与鱼类食性有很大关系，一般肉食性鱼类的肠管粗短，仅为体长的 1/3～1/4，如鳜、乌鳢、花鲈等；浮游生物食性及植物食性的鱼类肠较长，一般为体长 2～5 倍，有的甚至达到 15 倍，在腹腔内盘曲较多，如鲢、鳙、草鱼等；杂食性鱼类如鲤、鲫等肠长介于两者之间。肠的末端以肛门直接开口于体外。有些鲤科鱼类的肠管长可随年龄增长而变长，例如鲢在体长 5cm 时，肠长是体长的 3 倍，当体长为 6.7cm 时，肠体之比增大到 7.8。鱼类的生长必然促进代谢量的相应增加，因此依靠增长肠管以扩展肠内的表面积（图3-5）。

一部分硬骨鱼类在胃后、肠开始处有许多指状盲囊突出物，此即幽门盲囊（或称幽门

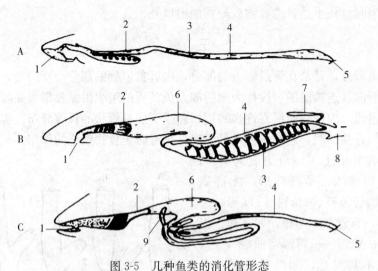

图3-5 几种鱼类的消化管形态
A. 七鳃鳗 B. 鲨 C. 真骨鱼（一种鲈）
1. 口 2. 食道 3. 螺旋瓣 4. 肠 5. 肛门 6. 胃 7. 直肠腺 8. 泄殖腔 9. 幽门盲囊
（集美水产学校.1990. 鱼类学）

垂），俗称鱼花。幽门盲囊与肠相通，组织结构与小肠基本相同。幽门盲囊的作用一般认为是用来扩大消化及吸收面积，在幽门盲囊的壁上也曾发现数量相当大、能促使碳酸分解为二氧化碳的碳酸酐酶。幽门盲囊的数目、大小及排列方式因种而异，可作为分类依据之一。数目少的只有1个，多的几百个，如玉筋鱼只有1个，乌鳢有2个，花鲈有14个，鳜有200个以上，银鲳约600个。无胃的鱼类一般没有幽门盲囊。

第二节 消化腺

鱼类的消化腺主要有胃腺、肝和胰，没有唾液腺，除了鳕科鱼类的肠中段具有类似肠腺的多细胞管状腺以外，鱼类也无真正的肠腺。

一、胃 腺

多数鱼类胃内具有胃腺，无胃鱼类如鲤科、海龙科等无胃腺。胃腺埋在黏膜下层中，开口于胃黏膜表面呈单盲囊状的构造。能分泌含有胃酸和胃蛋白酶的胃液，对食物中的蛋白质可进行初步的分解消化。

二、肝

肝是鱼类最大的消化腺，通常位于胃的附近，前端系于心腹隔膜后方，后端向腹腔延伸。肝的形状常与鱼的体型有关；如鳗为长形，而鳐类的肝则很宽阔。鲤科鱼类的肝无一定形状，分散在肠系膜上（图3-6）。大多数鱼类肝分两叶，但香鱼等少数硬骨鱼类的肝不分叶，还有一些鱼的肝呈三叶，如金枪鱼、鲐等，更有分成多叶的，如玉筋鱼。

肝因含有大量血液而呈紫红色，当失血时能看到器官本色，有黄色、褐色、白色、灰色等多种颜色。患有疾病时肝呈黄色或土黄色。

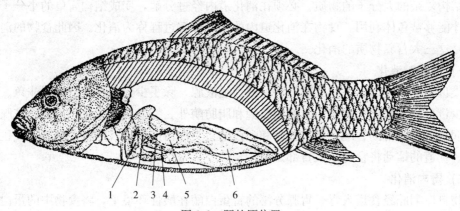

图 3-6 肝的原位置
1. 肠 2. 胆汁管（胆管） 3. 胆囊管 4. 肝管 5. 胆囊 6. 肝胰脏
(秉志.1960.鲤鱼解剖)

肝的重要机能之一是制造胆汁。胆汁一般为黄色或绿色，分泌后经肝的胆细管汇集到胆管，然后储存在胆囊中。软骨鱼类的胆囊一般埋在肝组织中，硬骨鱼类的胆囊游离于肝，为卵圆形或狭长带状，多数位于体腔右侧。胆囊有输胆管通到肠的前端。肝细胞分泌和输送胆汁是持续、缓慢、少量的过程，但从胆囊向肠内排出胆汁则不是持续的过程，只有当肠中有了食物存在时，才刺激胆囊排出胆汁。胆汁不含消化酶，只能促进脂肪分解，使脂肪乳化。同时也有助于蛋白质的消化，促使某些蛋白质成分的沉淀。

此外，肝还具有解毒、储存糖原之功能。

三、胰

胰是鱼类重要的消化腺，能分泌多种消化酶。软骨鱼类的胰坚实致密，为单叶或双叶，位于胃的末端与肠的相接处，有胰管通入螺旋瓣肠的起始处。大多数硬骨鱼类的胰为一弥散性腺体，无一定的形态，常分散在肠的弯曲之间，并常有部分或全部埋在肝组织中而称为肝胰，如鲤科鱼类。

胰分泌胰液，内含胰蛋白酶、胰脂肪酶和胰淀粉酶等多种消化酶。胰液直接分泌至消化管中，能消化分解蛋白质、脂肪及糖类。胰分泌的消化酶要在碱性环境中才能起作用，而肠管内通常呈碱性反应。

第三节 消化与吸收

食物进入消化管，经过消化腺分泌的消化酶的作用，配合一定的物理过程，将其分解为最简单的分子状态，这些可以溶解的物质（蛋白质或糖）依靠渗透作用进入消化壁内的血管中，而脂肪类则经过分解而被吸入淋巴管内，最后达到身体各组织，作为机体能量的来源，不能消化的残渣则从肛门或泄殖腔排出体外。

一、消 化

食物是由蛋白质、脂肪和糖类三大主要营养成分等组成，其中以蛋白质最重要。蛋白质是一类结构复杂的大分子的物质，必须在消化道内经过分解，变成结构简单的小分子可溶性物质，才能够被鱼体利用。食物在消化道内的这种分解过程称为消化。因此食物的消化，实际上就是这三大营养物质的消化。

（一）口咽腔消化

鱼类口咽腔和食道内，只有黏液腺，缺乏唾液腺，除了少数几种鱼类如罗非鱼、鲤等能产生极少量分解碳水化合物和脂肪的淀粉酶和脂肪酶外，一般没有消化作用。黏液腺分泌的黏液能润滑食物，帮助吞咽。有口腔齿和咽齿的鱼类能协助取食，并将食物撕碎或压碎，再由咽喉、食道的蠕动将食物送入胃部。

（二）胃内消化

食物自口咽腔经食道入胃。胃腺分泌的胃蛋白酶在酸性环境下，将食物中的蛋白质初步分解成蛋白胨和蛋白胨，但它们不是蛋白质分解的最终产物，在胃内还不能吸收，需待进入肠内进一步分解为氨基酸后才能被鱼体利用。胃内消化酶的变化与鱼类食性有关，一般肉食性鱼类胃蛋白酶含量较多，且胃液酸性较大，非肉食性鱼类胃蛋白酶则很少或不存在，这是食性的一种适应。在某些鱼类胃内还发现过其他的酶，如日本鳗鲡的胃内有淀粉酶和麦芽糖酶等存在，捕食甲壳类动物或浮游动物的鱼类胃中含有几丁质分解酶。

无胃的鱼类，蛋白质消化只能在肠内进行。

（三）肠内消化

鱼类的肠，特别是小肠或肠的前部是消化的重要部位。因为肠内有肝分泌的胆汁，胰分泌的各种消化酶以及某些鱼类肠管本身分泌的消化酶，所以食物团从胃或食道进入肠后，能更进一步得到消化。

经胃蛋白酶初步分解后的蛋白胨及蛋白胨，在肠内经过胰等分泌的胰蛋白酶作用，进一步分解为氨基酸。

脂肪的消化一般都在肠内进行。脂肪首先借助肝分泌的胆汁得到乳化，使其变成脂肪微粒，然后由胰脂肪酶将脂肪微粒进一步分解为脂肪酸和甘油。

由于肠内具有来自胰腺分泌的淀粉酶、麦芽糖酶、蔗糖酶等，糖类的消化，也主要在肠内进行。在淀粉酶的作用下将淀粉分解成麦芽糖、蔗糖，再经过麦芽糖酶或蔗糖酶的作用最后分解成葡萄糖。纤维素也是一种糖类，植物中含量很高。草食性鱼类吃进大量的植物，主要靠肠中的细菌和纤维素酶加以消化。过去认为蓝藻、绿藻因细胞壁含有大量的纤维素和果胶质，是难以被鱼消化的，现代技术手段证实，鲢能消化这些藻类，从而间接证明鱼类也具有纤维素酶，也有消化纤维素的能力。

在消化过程中，胃、肠的收缩运动也是非常必要的。如果没有消化管本身的蠕动收缩作用，消化液对各种食物的消化将会变慢，而且消化不充分。在哺乳类，由于各种不良因素的影响，往往使消化管蠕动减弱或停止运动，以至出现消化不良和其他疾病。在鱼类，有人也观察到消化管郁结是消化系统疾病发生的原因之一，因为消化管蠕动减弱或不蠕动了，病原就容易侵入消化管壁，引起病变。

鱼类的消化速度（单位时间内消化的食物量）与鱼的生活方式、食物的性质、水中溶解氧、水温的条件密切相关，一般运动活泼种类的消化时间比行动迟缓种类的短，肉食性鱼类比草食性鱼类消化快，小型食物鱼类比大型食物鱼类消化快。

二、吸 收

各种营养物质的消化产物，以及水分、无机盐、维生素等物质通过消化管壁黏膜上皮细胞进入血液和淋巴的过程称为吸收。吸收对鱼体的营养具有重要生理意义。

1. 蛋白质的吸收 蛋白质食物分解成氨基酸后，几乎由小肠全部主动吸收，所以鱼类对蛋白质的消化吸收是良好的。一般鱼类对动物性蛋白质的吸收率可达到 80%，但糖类的含量对蛋白质的消化吸收有显著影响，如果不恰当的提高饲料中糖类的比例，蛋白质的消化吸收率就会降低，这一点对肉食性鱼类特别明显。

2. 糖类的吸收 在鱼类肠管中吸收的主要是葡萄糖，故它的吸收率最高；其次是麦芽糖，分解终产物是 2 分子的葡萄糖，再次是蔗糖，因为其分解产物是 1 分子的葡萄糖和 1 分子果糖，乳糖比蔗糖更慢，最慢的是淀粉，特别是生淀粉，如鲤进食 90h 后检查，熟淀粉还有 20%~24% 未消化吸收，生淀粉还有 33%~44% 未吸收就被排出体外。

3. 脂肪的吸收 脂肪分解为脂肪酸和甘油后被肠壁吸收。鱼类对脂肪的消化吸收能力较强，特别是在鱼的早期发育阶段。因此，在鱼类苗种培育阶段，适当多喂含脂肪量高的饲料，以满足其发育上对热量的需要，而把摄取的蛋白质尽可能利用到建造身体组织器官上去，以促进生长。

水、无机盐、水溶性维生素不必经过消化能直接由肠壁吸收，脂溶性维生素则随脂肪酸一起被吸收。

第四节 食物组成

鱼类消耗的食物种类极其丰富，水域中的各种动、植物及其衍生物，均可成为鱼类的饵料来源，因此鱼类的食物组成非常广泛。但由于鱼类的种类多，生活环境又不一致，因此鱼类的食性各有其特殊性。

一、食性类型

按照鱼类成体时期栖息自然水体中所摄食的主要对象及其生态类型，可将鱼类归纳成以下几种食性类型。

1. 草食性鱼类 主要饵料是植物，可分为两种类型。
(1) 以高等水生维管束植物为食物的鱼类，如草鱼、鳊和团头鲂等，他们也喜食被水淹没的陆地嫩草和一些瓜、菜叶子。
(2) 以浮游植物和底栖藻类为主要食物的鱼类，如鲢、白甲鱼等。

2. 肉食性鱼类 以动物为主要饵料，根据摄食对象不同，可分为 3 种类型。
(1) 凶猛肉食性。主要以鱼类为食，也捕食较大个体的哺乳动物，如海洋中的噬人鲨、淡水中的鳡、鳜、鲐和狗鱼等。这类鱼口裂大、具锐齿，游泳活泼，便于追捕和撕裂食物。
(2) 温和肉食性。主要以水中无脊椎动物为食，如青鱼以螺为食；铜鱼、胭脂鱼等以水生昆虫、水蚯蚓为主食；中华鲟主食水生昆虫的幼虫，也食软体动物虾、蟹和小鱼。
(3) 浮游动物食性。这类鱼鳃耙比较密。如鳙、鲥。主食轮虫、枝角类和桡足类等浮游动物。

以上三类吃动物性食物的鱼类，所摄取的食物种类也不是固定不变的，根据水中食物的基础情况，它们有时也能吃其他种类的食物。如凶猛的哲罗鱼，除经常食鱼外，对落入水中的蛙类、昆虫等都有猎取。青鱼有时也吃小鱼、小虾。鳙的食物中也必然掺杂一些浮游植物。这样，鱼类的食料有一定的可塑性，但无论如何，这三类肉食性鱼类的区分还是十分明显，具有相对的稳定性。

3. 杂食性鱼类 食物组成广泛，动植物都能摄取，如鲤、鲫和泥鳅等。在这类食性鱼类中，以水底部的有机碎屑和夹杂其中的微小生物为食的鱼类，通常称为碎屑食性鱼类，如鲴、罗非鱼等；鲮还特别喜欢利用腐败的有机物质。

除上述划分法外，也可以根据鱼类摄取食物种类的多少分为广食性鱼类和狭食性鱼类。一般来说，杂食性鱼类是广食性鱼类，而只吃植物性食物或动物性食物的鱼类是狭食性鱼类。

总之，鱼类的食性，是在种的形成过程中对环境适应而产生的一种特性。同时，鱼类的食性，对鱼肉的质量有一定的影响，因此在人工养殖时要研究投喂饲料的营养成分以保持肉质的鲜美或改良原有的肉质。

二、食物组成的变化

一种鱼所摄取的食物，其组成成分不是完全不变的，而是随着年龄、季节、昼夜和水体环境等不同因素，所摄取食物的具体种类会发生或多或少的变化。

（一）食物组成随年龄（体长）变化

鱼类因年龄、体长的不同，食物组成会出现或多或少的差异。在仔鱼期，由于摄食、消化器官发育不完善，鱼类几乎都有一段时间以浮游生物为食，以后才转向各自固有的食性类型。这一食性转化存在于仔、稚鱼向幼鱼期过渡阶段。如草食性的草鱼，全长在 12mm 以下时尚未形成切割水草的咽齿和咽磨，摄食只能依靠视觉吞吸与其口裂大小相符合的微小食料动物，特别是浮游动物，如轮虫、无节幼体和小型枝角类等；12～15mm 时，吞食轮虫、枝角类和桡足类等较大型的浮游动物；16～20mm 时，仔鱼口裂增大，咽齿和咽磨开始发育，其摄食能力增强，能主动吞食大型枝角类、摇蚊幼虫和其他底栖动物，并开始摄食幼嫩细小的水生植物；30mm 时食性分化明显，接近成鱼。幼鱼长至 30～100mm 时，食性则基本和成鱼相同。鲢体长 27mm 左右，鳃耙大部分连成筛膜时，食物成分才以浮游植物为主，在此之前也是以浮游动物为主。乌鳢体长在 30mm 以下时以桡足类、枝角类和摇蚊幼虫为食；30～80mm 以水生昆虫幼虫和小虾为主，其次为小型鱼类；80mm 以上主要捕食鱼虾类。

从仔、稚鱼向由幼鱼期的食性转化，是鱼类从浮游生物食性向各种食性类型分化，扩大食物组成的一种重要生态适应。在食性转化阶段，如果外界环境的食饵供应不能适应这种变化就会影响鱼类的存活和生长。特别是食性类型发生剧烈变化的鱼类，如草鱼仔、稚鱼从浮游动物转向草食性所面临的威胁尤为严重。因此，认识和掌握这一规律，对于苗种培育中适时变换饲料种类，并注意饲料的适口和适量有重要意义。

（二）食物组成随季节变化

水域中的理化因子，如温度、无机盐等周年季节性变化，必然会影响饵料生物的繁殖生长，饵料生物也呈现有规律的季节消长，从而引起鱼类的摄食改变。如鳊在早春主要摄食藻类和浮游动物,因为此时水体中水生高等植物较少,以后随着水生植物的生长及雨季淹没陆生植物,鳊转而以它们为主要食物。梁子湖鲤对螺、蚬和水生高等植物都是常年摄取的食物,但前者秋季出现率最高,后者出现率在春季达到顶峰,往后逐季减少,这与植物春夏季生长繁茂有关。水生昆虫幼虫的出现率由春至冬逐渐增加,以弥补植物性饵料的不足。

(三)食物组成随栖息水域而变化

不同栖息场所中生物组成的情况存在差异,因而鱼类在不同栖息场所的食物组成就不会相同。有些鱼类,特别是洄游性鱼类在更换栖息场所时,食性发生变化。如鲑鳟类在海中生活时主要摄食小鱼,生殖季节游回淡水时往往以水生昆虫为主食或很少摄食;中华鲟在长江中上游生活时主要摄食水生昆虫及植物碎屑等,当洄游至长江口咸淡水中时,主要食物是虾、蟹和小鱼。

虽然鱼类的食物组成因上述因素而有程度不同的变化,但有些鱼类在环境的影响下,仍能保持自己的营养特性,食物组成比较稳定,变化不大,这称为鱼类食物的稳固性。鱼类的食性既有稳固性,又有可塑性,但在各种鱼类中情况是不同的,有些鱼类具有较高的可塑性和低的稳固性,有些鱼类则具有高的稳固性和低的可塑性。一般肉食性鱼类表现为高的稳固性,如鳜主要吃鱼,其食性是高度稳定的,但捕食的种类则根据环境中食物鱼的种类不同而有一定的可塑性。鲢是草食性鱼类,在湖泊中大量摄取各种水草,表现出高的稳固性,但也摄取一定数量的淡水壳菜,表现出显著的可塑性。而杂食性鱼类具有高的可塑性、低的稳固性,如青海湖裸鲤在夏秋季保持杂食性特点,而在其他月份可塑性很大,出现分别以动物性和植物性为主的食物类群,但其数量比例在各月份有变化。

三、食物的选择性

(一)基本概念

鱼类对各种饵料生物的喜好程度是不一样的,这与饵料生物的味道、营养价值以及是否容易获得有关。鱼类对其周围的环境中原来有一定比例关系的各种饵料生物,具有选取某一种或某几种食物的能力,称为鱼类对食物的选择性。

根据鱼类对食饵生物的选择(偏好)程度,通常把鱼类的食物划分为喜好、替代和强制性食物。喜好食物是最优先选取的食物,它在鱼类的食物中往往是主要食物。替代食物是在喜好食物存在时,鱼类通常很少选取,而当喜好食物缺少时,鱼类大量选取的食物,这时,替代食物就成为主要食物。当喜好和替代食物都不存在时,鱼类为维持生存而被迫选取的食物,称为强制性食物。如芜萍和浮萍是草鱼喜好食物,当它们缺乏时,也摄食陆生嫩草,这是替代食物,迫不得已时草鱼也吞食鱼苗和小虾等,这些就是强制性食物。当喜好食物成为鱼类的主要食物时,鱼类生长速度提高,因为喜好食物往往能提供最大的能量和营养,而当替代甚至强制性食物成为鱼类主要食物时候,鱼类的生长速度减缓甚至停止。

(二)选择指数

衡量鱼类对食物的选择能力,一般采用选择指数来确定。

选择指数是一种数量指标,是鱼类消化道中某一种食物的百分数与饵料基础中同一食物的百分数的比值,用公式表示为:

$$E = R_i / P_i$$

式中,E 为选择指数;R_i 为消化道食物中某成分的百分数;P_i 为饵料基础(指水域中饵料生物的种类和数量）中同一成分的百分数。

因此，在查明鱼类对食物生物的选择指数时，不但要掌握鱼类肠管中各种食物组成的比重，还需对这种鱼类栖息水域中的各种食料基础进行采集和分析，以掌握自然水域中各种食物组成的百分比。计算各种饵料生物的比例时，采用容量、重量或数量的百分比均可，根据具体情况视方法简便和准确而定。当 $E=1$ 时，表示鱼对这种食物没有选择性；当 $E>1$ 时，表示鱼类喜好这种食物，或是易得性食物；当 $E<1$ 时，表示鱼对这种食物不喜好或不易得，甚至避食。如黄丝藻在武昌东湖草鱼的肠食物团中占 69.11%，而在该湖水草中占 44.36%，其选择指数 $E=69.11/44.36=1.56$，$E>1$，说明这种饵料被喜爱而选食。

为了得出鱼类选择指数的准确数字，在采集食物基础材料时，必须注意它的准确性和代表性，避免人为的选择或因采集工具不恰当所造成的人为误差，那样得出来的食物选择指数就不能客观的反映真实情况。

第五节 摄食习性

鱼类在长期的演化过程中，形成了一系列适应各自食性类型和摄食方式的形态学特征。如感觉器官适应于觅食，取食器官适应于捕捉，肠适应于消化食物。由于种类不同，鱼类的摄食习性极不相同。

一、摄食方式

鱼类的食物包括动、植物，这些食物有活泼游泳的，也有固定不动的，多数生活在水层中，也有着生于水中物体或底质表面，还有埋在泥土下面或岩石洞穴内。鱼类为了有效利用它们作为食物，出现了多种多样的摄食方式。

捕食鱼虾的凶猛鱼类，大多采取直接追捕吞食的方式。如鳡能很快发现食物和追上食物，并且紧紧咬住食物的口部；鲇、乌鳢和狗鱼等则采取伏击方式，平时潜伏在底部草丛中，当食物对象进入伏击区域内时，一跃而出先把食物横向咬住，然后从头倒吞下去。有的鱼类根据本身体型特点，经过对环境的长期适应，形成了独特的捕食方式。如海洋中的鮟鱇因背鳍条变异形成"钓竿"状引诱食物游至口上方而突然张口吞下，它的牙齿可向口内倒伏，所以食物一经吞下就没法逃脱。

大多数浮游生物食性的鱼类依靠鳃耙过滤进入鳃腔的水流取得食物，故称为滤食性鱼类。这类鱼类主要依靠鳃耙结构的特点，被动的选择不同大小的食物，鲢、鳙属此类。有一些小型鱼类则是主动摄食浮游动物。

草食性鱼类，往往用口咬断水草或陆生植物。如草鱼随着生长，口唇的角质化程度加强，可以用于咬断植物，并利用栉状的咽齿切割水草。

摄食底栖生物的鱼类，如青鱼咽齿呈臼状，借以压碎螺、蚬壳，而后吞食其肉；鲴类用锐利的角质口缘刮取附着藻类；东方鲀类则用板状齿咬下附着的贝类。摄食底埋生物的鱼类，有的用挖掘的方式取食，如鲟用吻部挖掘出底泥后吸取摇蚊幼虫等小型动物。

产于印度、东南亚一带的射水鱼，从口中射出的水珠，能准确地将停留在岸边水草上的昆虫射落于水中并吞食之，这是十分特殊的摄食方式。

二、摄食节律

1. 鱼类摄食的日节律 鱼类昼夜摄食强度不同是相当普遍的现象，这与饵料生物的昼夜移动、昼夜光照度、水温、溶解氧等变化有关。一般主要依靠视觉发现食物的鱼，白昼摄食强度大于夜晚；而借助嗅觉或触觉摄食的鱼，则往往相反，如鲇、黄鳝主要在夜间摄食。根据这一规律，在人工饲养条件下，确定适宜的投饵时间和次数，对提高饵料的利用率，促进鱼类生长具有一定的现实意义。

2. 鱼类摄食的季节节律 鱼类一般都在生长的适温季节大量摄食，高于或低于适温条件，鱼类很少或停止摄食，生长也缓慢或停止。我国多数海、淡水经济鱼类，在春夏水温、溶解氧等适宜季节，摄食强度高，冬季停止摄食或摄食强度显著降低。北方冬季冰封期间水中温度降低，导致鱼类摄食减少或停止摄食。这是鱼类摄食的季节性规律，也是对不良环境条件的一种适应。

3. 周期性间歇 周期性间歇也是一种常见摄食节律现象。这在肉食性鱼类特别明显，许多肉食性鱼类饱食一顿后可以停食数天，待胃排空后再次摄食。多数温和性鱼类的停食间歇比较短，特别是浮游生物食性的鱼类。李思发等（1980）发现，鲢、鳙、草鱼在午夜24时后，均有6h的停食时间。掌握鱼类摄食间歇规律，确定适宜的投饲间隔，能够有效地提高食物转化效率，降低饲料系数。

三、摄 食 量

鱼类的摄食量或称为摄食强度，分为日摄食量（昼夜24h的摄食量）与一次摄食量（或称饱食量）。衡量鱼的摄食量通常用食物充塞度、饱满指数和日粮来表示。鱼类日摄食量占体重的百分数，称为日粮。日粮是研究鱼类摄食量的基本数据，可用以推算月粮和年粮。

（一）食物充塞度

充塞度（或饱满度）用来表示胃肠内食物的多少。方法是将消化道分离出来，通过目测估计其充塞程度。充塞度通常分为6级：

0级：胃肠空无食物。

1级：胃肠中有少量食物，约占消化道的1/4。

2级：胃肠中有适量食物，约占消化道的1/2。

3级：胃肠中有较多食物，约占消化道的3/4。

4级：胃肠中全部充满食物，胃、肠壁不膨大。

5级：胃肠中全部充满食物，胃、肠壁较膨大或食物十分饱满。

如果全年进行肠胃充塞度的测定，就可以看出鱼类周年不同季节的摄食强度的变化；若连续进行昼夜测定，可以看出昼夜摄食强度的变化。

（二）食物饱满指数（充塞指数）

食物充塞度是一种目测估计，缺乏精确度。饱满度指数则是用量的关系表示食量大小，所以比较精确，使用也较广泛。计算方法是：

饱满指数＝（食物团重/体重）×100 或 10 000

如果某鱼体重580g，胃、肠食物团总重29g，那么这条鱼的充塞指数为5%。一般凶猛鱼类以百分数表示，而温和性鱼类以万分数表示，借以扩大饱满指数，便于比较。

(三) 摄食量的变动

不同鱼类摄食量不同，凶猛鱼类一次摄食量较大，如鳜要吃与其自身差不多重的食物。草食性鱼类持续摄食量大，如草鱼和青鱼在生长适温范围内，摄食量通常为体重的40%左右，食欲良好的可达60%～70%。各种鱼类的摄食量都会因自身的生理状况和外界环境因子的影响发生一些变动。

鱼是变温动物，在适温范围内，水温升高，代谢活动加速，摄食量也随着增加。如体重19.5g的鲤，水温8℃时，摄食量为0.4g；当14℃时为0.6g；22～30℃时，则为0.9g。水中溶解氧降低也会使鱼类的摄食量下降，当鲤生活在溶解氧90%饱和度时，摄食量为0.67g；溶解氧55%饱和度时，摄食量减为0.53g；溶解氧35%饱和度时摄食量只有0.36g，约减少1/2。因各种原因造成水中鱼类严重缺氧，鱼类摄食量也会显著降低或停止摄食。

饵料质量的高低，对摄食量有很大影响，美味与喜食的食物，鱼类食欲旺盛，吃的就多。如虹鳟（体重115g）平均每尾摄食4.2g配合饲料就不再吃了，但若投给鳟鱼卵，摄食活动又积极起来，其累积食量可达11.9g。如果一开始就喂鳟鱼卵，则饱食量仅为10.9g。调节投饵次数，可以增加鱼类的摄食量。但不同种类，其最适次数也不同。研究表明，金鱼每天投喂1～2次，虹鳟每天3次，可达到最大的日摄食量。

集群生活的鱼摄食量要比孤单生活的鱼大，群越大摄食量越大，而且达到最大摄食量的时间也短。这种现象是由于在群体中造成的摄食竞争，或者是相互模仿的趋同行为，或者是结群后安全感增强，因而使摄食量增大。

此外，鱼类的摄食量还与性腺的发育程度、疾病、水质污染等因素有关。接近产卵期的鱼，摄食量减少或停止摄食；发生疾病或水质污染时，鱼类摄食量也会降低或停止摄食。

 复习思考题

1. 简述鱼类消化管的结构。
2. 论述鱼类是怎样从外界获得营养的。
3. 举例说明鱼类摄食器官的形态学特征与摄食方式的适应性。
4. 影响鱼类食物组成的因素有哪些？
5. 鱼类摄食量变动因子及其在养殖生产上的意义。

实验四　消化器官解剖与观察

【实验目的】

通过鲤的解剖与观察，了解鱼类取食器官、消化器官的形态、位置和构造；示范观察鲢、花鲈（或鳜）、鲨，认识鲢的咽上器官及鳃耙管，花鲈的口腔齿、幽门盲囊和直肠瓣，鲨的螺旋瓣等构造，比较不同食性鱼类消化器官的差异。掌握鱼类的消化器官的解剖方法。

【工具与材料】

1. **工具**　解剖盘、解剖剪、尖头镊、解剖刀、解剖针等。
2. **材料**　鲤（新鲜标本）、鲢（或鳙）、花鲈（或鳜）、鲨。

【实验方法与观察内容】

（一）解剖方法

鱼体左侧向上，置于解剖盘中。左手握鱼，将鱼体稍抬起，鱼腹部朝上，右手握解剖剪，先在肛门前方剪一小的横切口，然后将一剪尖插入此切口，沿腹中线向前剪开至鳃盖下方（露出心脏为止），进入体内的剪尖稍向上挑，贴内壁剪，注意不要损伤内腔器官。然后自臀鳍前缘向左侧背方体壁剪上去，沿脊柱下方向前剪至鳃盖后缘，将左侧体壁全部剪去，显示出内脏。用剪从下颌中央向后剪至鳃孔的下方，再沿鳃孔上方经眼下缘向前剪至口缘，去掉鳃盖，观察口咽腔。

（二）观察内容

1. 消化器官 包括口咽腔、食道和肠。

①口咽腔。鲤的口腔内无颌齿、颚齿、犁齿，具有较为发达的咽齿，着生在第五对鳃弓扩大形成的咽骨上，齿呈臼状，每侧3行，齿式为1·1·3/3·1·1，注意观察咽齿与基枕骨下的咽磨相对研磨的情况。口咽腔底部中央有突出的舌。口咽腔后方是着生于鳃弓内缘的鳃耙，注意观察鳃耙的数目和形状。

②食道。鲤食道很短，紧接口咽腔之后，剖开食道，可见内壁具纵褶，食道的背后方与鳔管相连，并以此作为与肠的分界线。

③肠。鲤肠较长，为体长的2～3倍，在腹腔内盘曲多折，前部较粗，后部渐细。末端以肛门开口于体外。剪开肠壁，可见内有网纹状的黏膜褶。

2. 消化腺

①肝胰脏。黄褐色，呈不规则形，体积较大，散布在肠管周围的系膜上。

②胆囊。位于腹腔前右侧，被肝所包盖。椭圆形，深绿色。胆囊前部有一粗短的胆管，开口于肠始处的右侧腹面。

（三）示范观察标本

1. 花鲈消化器官观察

①齿。花鲈口咽腔内可见绒毛状齿，位于上颌、下颌、犁骨及鳄骨上，齿尖均向后内侧。

②胃。花鲈在食道后方有明显的呈L形的胃，仔细观察，接于食道的部分为贲门部，较大；幽门部位于贲门部的前右腹侧，较小，约为贲门部的1/6，近似球形。贲门部和幽门部相接处有明显的缢缩。

③幽门盲囊。花鲈在胃与肠交界处，从肠始端突出指状盲囊13～15条，呈环状排列。

④直肠瓣。花鲈在肠近肛门处的一段较粗，为直肠。直肠始处内有环形瓣膜，称直肠瓣。外观此处有一凹缢。

2. 鲢的咽上器官观察 鲢的鳃耙很发达，彼此连成一片，有具小孔的筛膜覆盖在鳃耙外面形成筛板。咽鳃骨和上鳃骨卷成螺壳状的咽上器官，其外侧有发达的舌咽鳃肌，内有4条封闭的鳃耙管。

3. 鲨的螺旋瓣观察 鲨回肠管径较粗，内壁褶膜突出于肠管而形成螺旋瓣。

【作业】

1. 绘出鲤或花鲈的消化系统图，并标出各器官名称。
2. 比较鲤、鲢、花鲈、鲨消化系统的异同，并试分析消化系统的构造与不同食性的相互关系。

实验五　鱼类食物的定性和定量分析

【实验目的】
通过实验，了解研究鱼类食性的基本方法和步骤。

【工具与材料】

1. 工具　剪刀、镊子、小刀、解剖针、解剖盘、滴管、小玻瓶、吸水纸、天平、解剖镜或显微镜等。

2. 材料　花鲈、乌鳢、鲤、鲫等鱼类鲜活标本，或野外采集的某种鱼类的肠道浸制标本。根据不同的研究目的，样品材料可取10～100尾。注意避免选取定置网具的渔获物。

【实验方法与内容】

（一）生物学测定

在取出肠胃之前，先做常规生物学测定，包括体长、体重、性别和成熟度等，并记录鱼名、编号、渔获日期、地点和网具等。

（二）解剖并观察

观察口的形状、位置和大小；齿形态、数目和着生部位；鳃耙的形状和数目；以及幽门盲囊的有无，肠道长短等，据此初步分析实验鱼的食性类型。

（三）肠胃充塞度的测定

将消化道从食道到肛门的消化道全部剪下，两端用线扎紧，以免食物溢出，然后用目测法观察实验鱼的消化道所含食物的比重和等级，以确定其食物的充塞度，用6级制表示。

（四）胃肠道内含物的处理

1. 肠道长度测量　将肠道拉直，测量肠道的长度，计算肠道长度与鱼体长度之比。注意测量时应避免把肠道拉得过紧。

2. 食物团称量　剪开消化道管道壁，用小刀、解剖针等将内含的食物轻轻刮出放在滤纸上，将水分吸干，直到滤纸上没有明显的水痕，然后放在天平上称重。如食物团中含有较多的黏液，可滴入25％的KOH溶液处理，然后用滤纸吸干再称重，即为食物团重量。计算食物饱满指数。食物团称重放入培养皿，用4％福尔马林溶液固定后留做食物定性分析。

（五）食物组成的定性分析

定性就是确定消化管道中各种食物的种类。如果食物团的分量不多，可把整个食物团的全部成分进行鉴定。如内含物数量很多，可取食物团的1/10样品进行分析鉴定。

定性分析时，应尽可能将见到的各种动、植物种类全部列表统计，不管其数量多少，这样才能获得该种鱼类食物组成的材料。

在定性分析时，具体鉴定到种或大类，应根据需要和可能，一般凶猛鱼类鉴定到种，其他鱼类，特别是以浮游生物、周丛生物为食饵的鱼类，可鉴定到大类。较大型的饵料生物可用肉眼直接鉴定，微小生物可将称重后的食物团置于一小瓶中，加适量的清水，再用吸管吸出食物，滴在载玻片上，放在显微镜或解剖镜下检查。已经消化的食物对象，根据其残留骨片、附肢、甲、壳、纤维碎片、爪刺、咽齿、鳞片等鉴别。

（六）食物组成的定量分析

定量就是统计各类饵料生物的数量，有以下几种常用方法。

1. 个体数量法 即计算鱼所吞食的各种饵料成分的数量，按各类别成分的个数算出它的百分比。也可以用粗略的估计来表示，用零星、少、中等、多、大量5个级别来表示某种饵料的数量。

2. 出现频率法 是一种简单而最为常用的测定饵料成分的方法。指在所有被解剖的鱼消化道中，含有同种或同类食物的肠管数与具有食物的肠管总数之比值。如25尾鲂，每尾都有食物，16尾有水生植物，1尾有软体动物，6尾有昆虫，1尾有小虾。水生植物的出现率为 $16/25×100\%=64\%$，余类推。

出现频率法大体上可以说明鱼的食物组成和对各种食物的选择性，以及在不同季节里各种食物成分比例的变化，但不能反映量的关系。

3. 体积法 先在量器里装进大约1/2的水，标出水位高度，把在滤纸上吸干水分后的食物团放在量器里，被排出的水的体积，就等于食物团的体积。以后把大型生物从食物团中拣出，计算，并用上述方法测定它们的体积。从整个食物团的体积中扣除大型生物的体积，就得出其他小型生物的体积。然后求取每一种（或每一类）饵料生物的体积和所占全部饵料生物总体积的百分比。

4. 重量法 即测定饵料成分的重量。方法有两种：一种是直接将各种饵料生物分开、称重；另外一种是先将消化道中已被消化过的、或将计数法所获得的各种饵料生物，按水域环境中相同的饵料生物的重量予以还原、更正，取得还原重量，然后再求取每一种饵料生物占全部饵料生物的重量百分比。

（七）资料整理

把定性和定量分析所取得的资料汇总归纳，根据要求进行分析，制成图表，得出结论。表3-1可做参考。

表3-1 鲛食性组成分析

饵料种类	个体数量法		重量法		
	个数	百分比（%）	个体重（mg）	总重（mg）	百分比（%）
圆筛藻	280	17.45	0.000 2	0.056	6.39
其他筛藻	1 300	80.99	0.000 15	0.195	22.26
无节幼虫	8	0.49	0.002 5	0.2	2.28
枝角类	7	0.44	0.015	0.105	11.98
桡足类	10	0.63	0.05	0.5	57.09

【作业】

1. 描述实验鱼摄食器官和消化器官的形态构造，初步分析其食性。
2. 根据所摄取的食物种类、出现频率，分析实验鱼的食物组成情况。
3. 根据食物充塞度和饱满指数两种指标，分析实验鱼当日的摄食度强度。
4. 根据食物的定量检查，分析各种食物成分在消化道中所占的重量百分组成（用图或表的形式表示）。

第四章 呼吸系统与鱼类呼吸

鱼类呼吸系统的作用是从外界环境获得充足的氧气，并把所获得的氧气通过血液运送到组织，同时又将氧化过程中产生的二氧化碳排出体外。鱼类的呼吸器官与其他陆生脊椎动物的不同，主要是用鳃来进行呼吸活动，鳃的结构特别适合鱼在水中生活。鱼类的气体交换主要是在同一液相境界内进行的。

鱼类的呼吸器官必须具备以下3个条件：一是具有十分丰富的血管，以保证气体运输效率；二是有较大的呼吸面积，以增大呼吸器官与外界的接触面；三是呼吸管壁极薄，能迅速进行气体交换；四是应具有适当的"机械装置"使水不断接触呼吸面，以保持经常湿润。

鱼类的呼吸器官主要是鳃，此外，部分鱼类的皮肤、肠、口咽腔黏膜及鳃上器官也能进行气体交换作用。

第一节 鳃

一、鳃的结构

鱼类鳃的构造和形状变化较多，但从呼吸原理来看，结构基本上是相似的，主要由鳃弓、鳃片、鳃耙、鳃间隔几个部分组成。

（一）鳃的一般构造

鳃位于口咽腔两侧，对称排列，由咽颅的鳃弓骨骼支持。胚胎时期咽部两侧的内胚层向外突出，形成鳃囊。此时与内胚层相对的外胚层内凹，最后内外相通，形成裂缝状，称为鳃裂。开口于口咽腔内的称为内鳃裂，开向体外的为外鳃裂。相邻两鳃裂中间的间隔称为鳃间隔。鳃间隔的基部有鳃弓，鳃弓内侧着生鳃耙，鳃间隔的两侧发生鳃。鳃间隔一侧的鳃称为一个半鳃，相邻的两个半鳃组成一个全鳃；每一个半鳃称为鳃片或鳃瓣。鳃片由许多鳃丝紧密排列组成，每一鳃丝的两侧又有很多薄膜状的突起，称为鳃小片，鱼类的气体交换在鳃小片的表面进行（图4-1、图4-2）。

（二）鳃小片的构造

鳃小片是由上、下两侧呼吸上皮，以及把它们撑开的支持细胞构成的。每一鳃小片只有两层

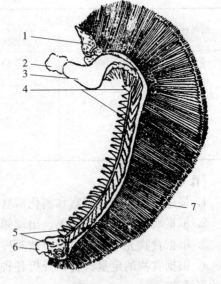

图 4-1 鳃弓左侧面
1. 结缔组织 2. 咽鳃骨 3. 上鳃骨
4. 鳃耙 5. 角鳃骨 6. 下鳃骨 7. 鳃片
（秉志．1960．鲤鱼解剖）

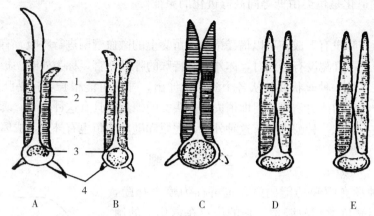

图 4-2 各种鱼鳃横切面（示鳃间隔）
A. 板鳃鱼类 B. 银鲛 C. 鲟 D、E. 真骨鱼类
1. 鳃丝 2. 鳃间隔 3. 鳃弓 4. 鳃耙
（苏锦祥.2008.鱼类学与海水鱼类养殖）

细胞，两层中间为微血管（即窦状隙），血球就在窦状隙内部通行。因此鳃小片是气体交换的场所，其壁甚薄，因而活鱼的鳃总是鲜红的。

鳃小片细小而排列较为紧密，1mm 鳃丝上有 20~30 个，故不为肉眼所见，从而扩大了鳃丝在水中吸收氧气的面积。如10g 的鲫鳃小片面积大约为16.98cm²。同时相邻两个鳃丝间的鳃小片的排列是相互嵌合的，即一个鳃小片嵌入相邻的鳃丝的两个鳃小片之间，加上血液通过鳃小片的方向和水流方向相反，因此血液对水中氧气的利用及其对二氧化碳的排出更加便利（图4-3）。

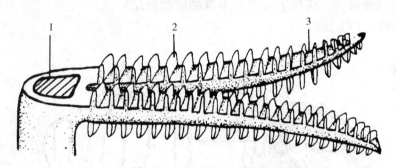

图 4-3 鳃丝和鳃小片模式
1. 鳃弓 2. 鳃小片 3. 鳃丝
（冯昭信.2000.鱼类学）

鳃既是呼吸器官，又是排泄和调节渗透压的器官。鱼类代谢产生的含氮废物，主要通过鳃排出。有人试验，鲤和金鱼通过鳃排泄的含氮物质比通过肾排出的要多5~9 倍。在真骨鱼类，鳃小片的基部，有一种特殊的细胞称为泌氯细胞，但数量很少，有人研究它能从水中吸收无机盐，以补充体内盐分的不足，吸收的方式可能是通过离子交换，如以代谢废物 NH_4^+ 换取水中的 Na^+ 和 K^+，以 HCO_3^- 换取水中的 Cl^-。

各种鱼的鳃的形态不一样。圆口类鳃呈囊状，称为囊鳃。软骨鱼类的鳃间隔一般都很发达，一直延至体外，故各鳃裂（外鳃裂）直接开口于体外。硬骨鱼类一般都是 4 对鳃裂，由于鳃间隔退化，紧靠在一起，外有由骨质鳃盖，鳃盖的后腹方有 1 对裂缝，称为鳃盖孔。一般认为，鳃间隔退化是鱼类由低等向高等进化的象征。

（三）外鳃

通常，幼鱼在鳃没有形成前可以借鳍褶及卵黄囊上的微血管网进行呼吸。有些鱼类的胚胎时期或幼鱼阶段，在真鳃没有形成时，体外生有特殊的呼吸器官，称为外鳃。板鳃鱼类的胚胎具有这种构造，它是一种丝状物，从各个鳃裂中伸出，外鳃可能很长，它是胚胎期的呼吸器官，也具有吸收养分的能力，孵化后即消失。全头类的幼鱼也具有这种外鳃，真骨鱼类幼鱼出现外鳃的就比较少，如一种鰕虎鱼有这种外鳃，泥鳅和鲢的幼鱼也有外鳃，成体后即消失。

二、伪　鳃

伪鳃是一种没有呼吸功能的鳃，也可称为喷水孔鳃，见于绝大多数板鳃鱼类和鲟鳇类。它的位置在退化了的颌弓与舌弓之间的鳃裂（即喷水孔）的前壁，其上长着一个细小的半鳃。伪鳃受面神经的分支控制，接纳经过充氧后的动脉血，并从这里流向眼睛等处。

在许多真骨鱼类的鳃盖内面也有一个明显程度不等的半鳃，也属于伪鳃。分为自由伪鳃和包埋伪鳃。自由伪鳃在鳃盖内上方呈细小的鳃丝，如大黄鱼等（图4-4）。有些鱼类的伪鳃，外被结缔组织所形成的膜覆盖，称为包埋伪鳃，如鲤（图4-5）。观察时须将结缔组织膜割开才可以找到，其形近椭圆，表面有浅沟，是血管所在。其功用一般认为与 CO_2 的排泄有关。伪鳃上有十分丰富的碳酸酐酶，能加速分解碳酸为 CO_2 及水。

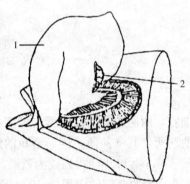

图4-4　大黄鱼的伪鳃
1. 鳃盖　2. 伪鳃
（孟庆闻.1987.鱼类比较解剖）

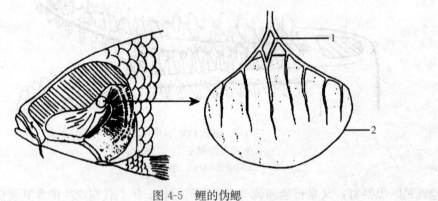

图4-5　鲤的伪鳃
1. 血管　2. 伪鳃
（秉志.1980.鲤鱼解剖）

第二节　鱼类的呼吸运动与方式

一、呼吸运动

不同鱼类因生活方式不同其呼吸运动的方式也存在差异。七鳃鳗因营半寄生生活，当用口吸附其他鱼体时，呼吸就借助于鳃囊肌肉壁的伸缩进行，水由外鳃孔进入鳃中，行气体交换后，仍由外鳃孔排出；平时未吸附在其他鱼体上时，水从口部进入呼吸管，再进入鳃囊进行呼吸。盲鳗要钻入寄主体内，因此它呼吸时，水从体侧一个总鳃管的孔进入鳃囊，气体交换后再由总鳃管排出去，而离开寄主自由生活时，水可以从头顶的一个鼻孔吸进咽喉（内鼻孔通咽），再从鳃囊流出去。

硬骨鱼类靠口和鳃盖的运动，使水出入鳃部，营呼吸作用。多数硬骨鱼类都有两对呼吸瓣：第一对在上、下颌的内缘，称为口腔瓣，可防止入口的水逆流出口外；第二对为附着在鳃盖后缘的鳃盖膜，可以起到防止外界水倒流入鳃孔的作用。

硬骨鱼类呼吸运动通过下颌鳃部肌肉的收缩及口腔的协同作用，改变口腔和鳃盖腔的压力，形成两呼吸泵（口腔泵和鳃腔泵），使水从口流入，经过鳃进行气体交换后，再从鳃（盖）孔排出，口和鳃盖是控制进水和出水的阀门。呼吸过程可分4步（图4-6）。第一步张口，口底下降扩大口腔，形成口腔内负压，开始吸水，与此同时，鳃腔扩大，鳃盖膜受外部水压的影响紧贴鱼体，鳃盖紧闭，使鳃腔形成真空，内压力低于口腔压力，水从口腔流入鳃腔。第二步闭口，口底上升收

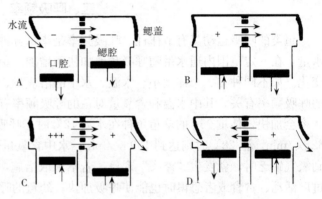

图4-6 硬骨鱼呼吸运动图解
A、B、C、D. 示呼吸的四步
+、−. 示口腔和鳃腔内压力与周围压力的关系
（赵维信等．1992．鱼类生理学）

缩口腔，这时鳃腔继续扩大，口腔中的水被压入鳃腔。第三步口腔进一步收缩，鳃腔开始收缩，当鳃腔内的压力高于鱼体外水的压力时，鳃盖打开，鳃腔的水通过鳃（盖）孔外流。第四步张口，扩大口腔并开始吸水，这时鳃腔继续收缩、排水，鳃腔中的水可倒流入口腔。另外，有些游泳速度很快的鱼，如鲭、金枪鱼，鳃盖的肌肉退化不能运动，它们依靠张口快速游泳，使水自动地从口和鳃流过，如限制它们运动，则会窒息致死，这种呼吸称为冲压式呼吸。

板鳃类仅仅利用口腔泵进行呼吸。当口腔扩大水从眼后的一对喷水孔进入口腔；口腔压缩时，水由鳃裂流出，鳃裂皮褶掩盖控制排水。鲨鱼在游泳时，张开口，鳃裂外的皮褶开放，进行冲压式呼吸。

鱼类呼吸时，相邻的两个半鳃的鳃丝末端紧密相接（第一及第四鳃弓的鳃丝分别靠在鳃盖及体壁上），构成漏斗状的鳃栅，经过鳃栅的拦阻，迫使水从两侧的鳃小片之间流过，从而增加了呼吸水流接触鳃区的机会，呼吸就在此时进行，然后再排出体外。板鳃类的鳃间隔，鳃丝一侧附于其上，但鳃小片并不附着在鳃间隔上，而是游离的，留下一段短短的距离，形成一条上下贯通的"水管"，作为呼吸后水流的出路，因而板鳃类的鳃间隔虽然很长，但对呼吸功能并无影响。

鱼类为了适应生活环境，还有几种特殊的呼吸方法。例如，鳐类在游泳时用普通方法呼吸，但若停在水底时，则用背面颇大的喷水孔吸水，再由腹面的鳃裂排出去。因为静伏水底

时若用口吸水，就会把泥沙一起吸入，有损坏鳃小片的危险。某些居住在山溪激流中的鱼类（平鳍鳅、爬岩鳅等），身体扁平，吸附在水底石上，它们的口一直展开着，水流持续不断地从口流进，从鳃孔流出，口咽腔和鳃盖只起着微弱的唧筒作用。还有几种在溪涧中生活的鱼，呼吸动作可以暂停一段时间，它们的鳃孔极小，即使在停止进水时，鳃腔内仍可以保留相当多的水量，并且由于山溪水溶解氧充足，暂时停止进水尚能生活。正常鱼类呼吸运动时常被短促的呼吸运动所打破，这时水流的方向是相反的，水流忽然从口中吐出，同时也有一部水从鳃孔溢出，这种运动称洗涤运动。洗涤运动能清除鳃中外来污物，洗涤鳃瓣，有利于气体交换。

二、呼吸频率

鱼类的呼吸运动具有节律性，呼吸频率是指每分钟呼吸的次数。呼吸频率影响鱼鳃的通水量，在一定范围内通水量随呼吸频率加快而增加。鱼的呼吸频率因受各种条件的影响而起变化。如不同种类、个体大小、水温、水中的溶氧量、不同季节、发育期等不同因素都与鱼的呼吸频率有关。其中水温和含氧量对鱼的呼吸频率有极大的影响。一般温度增高时，呼吸频率会加快，体重25g的草鱼鱼种在水温12℃时，呼吸频率为68次/min，在17℃时增加到82次/min，至28℃时则达到139次/min；水中含氧量偏低时，呼吸频率也加快，当鱼类感到氧气缺乏时，就发生"浮头"现象，若不采取措施，就会导致大批鱼类窒息而死。此外，过度活动、贪食或者恐惧时也能使呼吸加快；幼鱼的呼吸次数也比成鱼多。

三、鱼类的呼吸特点

鱼类呼吸的媒介主要是水。水的密度大约比空气大1 000倍，其黏滞性比空气大100倍。氧在水中扩散的速度是在空气中的千分之一。所以鱼类所遇到的呼吸阻力比陆生脊椎动物大得多。

水的溶氧量也比空气少，空气中氧的体积约占20%，故1L空气大约含有200mL氧，在标准状态下，1L被空气饱和的水只含氧10mL。此外，水的溶氧量随着水温、生物、有机物、光照等因素变化而变化。可见鱼类从水中吸取氧要比陆生动物困难。

鱼类呼吸器官的结构有利于克服水的呼吸阻力和水中溶氧量较少的困难。

鱼类从水中吸取氧气的能力惊人，它能吸取48%~80%的溶解氧。哺乳动物从空气中吸取氧气的比例大约只有24%。鱼类之所以有较大的吸氧效率，是因为它有较大的呼吸表面积。水在呼吸器官中的流动路线几乎成一条直线，这种单方向的呼吸水流有利于降低呼吸阻力。相比之下，陆生脊椎动物的呼吸气流是回转式的，即空气从气管吸入，又从气管呼出，呼吸阻力很大。真骨鱼类鳃小片的水-血逆流系统，对于提高气体交换效率也十分有效。在水、血逆流系统中，出鳃动脉的血液氧饱和可达80%；而在水-血顺流系统中，出鳃动脉的血液氧饱和只能达到50%。

鱼类的相对呼吸面积（即单位体重所对应的鳃小片表面积）与鱼类的生活习性和活泼程度有关。不活泼的鱼类，相对呼吸面积比较小，如角鲛鳒只有1.43cm²/g。大多数硬骨鱼类的相对呼吸面在5cm²/g左右。特别活泼的鱼类，如鲣相对呼吸面积达到了13.50cm²/g，接近哺乳动物的水平。

不同种类的鱼类对溶解氧的需要量也是不一致的，见表4-1。

表 4-1 引起鱼类呼吸困难与死亡的水中溶氧量（mg/L）

种类	呼吸困难	开始死亡	测定者
青鱼		0.87～0.63	叶奕佐
鲢		0.72～0.34	叶奕佐
鳙	1 以下呼吸困难	0.68～0.34	叶奕佐
草鱼		0.51～0.30	叶奕佐
鲤		0.20～0.30	叶奕佐
鲫		0.10	叶奕佐

导致这种差别的原因是血液中血红蛋白性质的差异。冷水性鱼类的血红蛋白与氧的亲和力低，而暖水性鱼类则相反。

同一种鱼类在不同发育阶段的呼吸耗氧率是不同的，如鳙鱼苗每小时耗氧量较成鱼高，鱼种则低于鱼苗而高于 2 龄鱼。

不同种鱼类的呼吸强度也有昼夜变化。"四大家鱼"鱼苗的呼吸是白天高于夜晚。鲮鱼种的呼吸有两个高峰：深夜 1 时为呼吸高峰，达到 1.25mg/（g·h），白天 14 时是另一高峰，达到 0.97mg/（g·h），但成鱼有变化。另外，石鲷、真鲨、鳙等昼间消耗氧多，六线鱼夜间的耗氧量增加。

CO_2 含量对鱼类呼吸有一定影响。CO_2 为 30mg/L 时鱼不会死亡，而达到 80mg/L 时鱼类就会死亡。由于 CO_2 降低血红蛋白对氧的亲和力，因此 CO_2 浓度达到 1% 左右鱼类便有反应。

水的 pH 能明显的改变鱼类呼吸运动状态。一般地说，适宜鱼生活的 pH7.5～8.5，当酸性条件超过某种鱼的适应力时，鱼会降低从周围环境吸取氧气的能力，外界即使溶氧量高，鱼类也会受到氧气不足的损害。pH 过高或过低都会损伤呼吸上皮，影响鱼类呼吸。

第三节 鱼类的辅助呼吸器官

大部分鱼类离开水就不能生活，鱼离水死亡是由于失去水的浮力后鳃瓣黏合而无法交换气体造成的。如鳃瓣保持湿润就可以延长鱼离水后的生命，这说明大部分鱼类是以水呼吸的方式进行呼吸。但少数鱼类可以暂时离开水，或者在溶氧量极少的水域中生活，这是因为它们除了鳃以外，还有其他构造如皮肤、肠、口咽腔黏膜、鳃上器官等可以用来交换气体、呼吸空气、营气呼吸作用。这种兼营呼吸作用的构造，称为辅助呼吸器官（副呼吸器官）。它们在结构上的共同特点是具有扁平的上皮细胞，有大的表面积，并且联系着丰富的微血管。具有辅助呼吸器官的鱼类，大部分见于热带和亚热带，鳗鲡、攀鲈等都有这种特性，少数种类如南美肺鱼可以在干涸的泥中夏蛰，此时鱼类完全是气呼吸。鱼类常见的辅助呼吸器官主要有下列几种。

一、皮　肤

不少无鳞片或鳞片细小的鱼类，皮肤表面布满微血管，能进行气体交换。如鳗鲡能够离开水生活，靠皮肤行气呼吸，常常在夜间由水中转换到陆地，经过潮湿的草地而移居到别的水域中。这种情况在它们从湖泊或内河向海洋中做生殖洄游时，表现极为突出。此外，鲇、肺鱼和黄鳝均有皮肤呼吸功能。

二、肠

泥鳅是典型的肠呼吸，它的消化管是一根直管，消化管肠壁很薄，血管分布很广。泥鳅在夏季高温时采用肠呼吸，这时肠后段上皮细胞变为扁平形，细胞间出现了微血管网和淋巴，并停止摄食，这一时期称为肠呼吸期；平时不用肠呼吸，肠上皮细胞为柱状，细胞间没有微血管网，为静止期。

泥鳅在肠呼吸期随高温或水中溶氧量下降，经常游上水面，用口吞下一口空气压入肠内行气呼吸，未加利用的余气和从血液里排出的CO_2一起由肛门排出，在缺氧水中每小时可吞空气70次，水中溶解氧越少，泥鳅吞取空气的活动越频繁。花鳅也能进行肠呼吸，呼吸的位置偏于肠的后段。

三、口咽腔黏膜

在秋后稻田等水环境中生活的黄鳝，水减少后就钻入泥洞中，可以经过几个月而不死，这是由于黄鳝的咽腔内壁扁平的表皮细胞下布满血管，可依靠口腔表皮呼吸空气来辅助呼吸。平时在浅水中，黄鳝常竖直了前半部身子将吻端伸出水面吸氧，把空气贮存于口腔，所以喉部特别膨大。在水中时，口咽腔黏膜也兼营水呼吸。

四、鳃上器官

鳃上器官位于鳃腔背面，是由鳃弓或颌弓部分骨骼特化而成的一种专职辅助呼吸器官，它富含血管，可以直接利用空气中的氧或水中的溶氧进行气体交换。乌鳢、攀鲈、胡子鲇、斗鱼等都是生命力很强的鱼类，离开水环境不易死亡，因为它们在鳃腔的上方都具有一发达的气呼吸器官——鳃上器官。这些鱼类的鳃上器官构造各不相同。

乌鳢的鳃上器官是由第一鳃弓的上鳃骨和部分舌颌骨伸出屈曲的骨片发展变化而来。上鳃骨呈三角形，舌颌骨突起呈耳状，这些长出来的骨片很薄，外覆盖密布着丰富的微血管网上皮。乌鳢依靠这种鳃上器官在炎热干燥的季节，钻入泥中靠气呼吸而生存。人们利用它这种特性，在运输活乌鳢时，用水草铺于竹篓底部，放上一层鱼，再用水草盖上，并从上面淋水，这样8~12h运输鱼不会死亡。斑鳢、月鳢等鱼也有此类型的鳃上器官。

攀鲈的鳃上器官是第一鳃弓的咽鳃骨及上鳃骨扩大特化而成的，为迷路状结构，此器官由3个或3个以上的边缘呈波状的骨质瓣组成，骨质瓣螺旋形，边缘曲折，故有迷路器官之称，外观呈花朵状或木耳状。血液由第四入鳃动脉进入迷路器官，再由出鳃动脉到达背大动脉。攀鲈在干旱季节能埋于泥内达数月之久，或者离开水到陆地上觅食，从一个水域爬到另一个水域，就是因为它有这种鳃上器官，能进行气呼吸。

胡子鲇的鳃上器官为第二及第四鳃弓上的树枝状肉质突起，没有骨骼支持，外覆盖富含血管的黏膜而形成。鳃上器官包藏在鳃腔后背方较大的鳃上腔内。胡子鲇在干燥季节时营穴居生活，依靠这种辅助呼吸器官可以数月不死。

斗鱼的鳃上器官较简单，它是由第一鳃弓的咽鳃骨及上鳃骨特化而成的两片脆薄、半透明的骨质瓣组成，呈 T 形（图 4-7）。

此外，作为辅助器官的还有气囊、肺（鳔）和鳍。气囊见于气囊鲇，具有类似肺的空气室，长囊状，成对列，向后延长到尾部。此外，印度有一种囊鳃，有一对管状长囊，自鳃腔往后穿过脊椎附近的肌肉，伸达尾部。囊壁上的血管丰富，生活时囊内充满空气，能在陆地上生活一段时间。肺鱼、多鳍、雀鳝及弓鳍的鳔呈多室状，有肺的作用。利用鳍呼吸的鱼多见于幼鱼，如黄鳝的幼鱼鳍上分布许多血管。海边的弹涂鱼身体大部分常露于水外，而尾鳍却留在水中，因为尾鳍可以帮助呼吸。

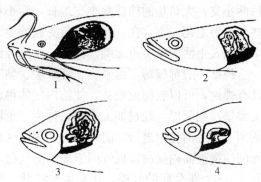

图 4-7 几种鱼的鳃上器官
1. 胡子鲇 2. 乌鳢 3. 攀鲈 4. 圆尾斗鱼
（孟庆闻．1987．鱼类比较解剖）

第四节 鳔

圆口类和软骨鱼类没有鳔的构造。硬骨鱼类除少数种类无鳔外，绝大多数的种类都具有鳔。

一、鳔的形态构造

绝大多数硬骨鱼类的肠管的背方和肾腹面之间有一中空的囊状器官，称为鳔（图 4-8）。鳔内充满气体，鳔中的气体主要是 O_2、N_2、CO_2 等气体。

鱼的胚胎时期，食道背面长出一个芽体（肺鱼和多鳍长在腹面）向后扩展，形成小囊，以后小囊继续扩大与食道分离，或仅以一细长的鳔管与食道连接，形成鳔的雏形。幼鱼孵出后数天内，鳔即充有气体。鳔充气（腰点出现）常作为池塘养鱼鱼苗下塘的标志。

鳔本身都有鳔管，许多高等硬骨鱼类长大后鳔管消失，而较低等硬骨鱼类的鳔管则终生存在。根据鳔管的有无，将鱼类分为两大类：有鳔管的一类称为喉鳔类，如鲱形目、鲤形目；无鳔管的一类称为闭鳔类，如鲈形目。多数鱼类鳔为单室。鲤形目鱼类的鳔通常缢为前、后 2 室，如鲤、鲢等；少数种类为前、中、后 3 室，如鳊、鲂等。许多鲇形目鱼类鳔内有 T 形的隔膜，将鳔隔成 1 前 2 后 3 个可以相通的鳔室。石首鱼类的鳔形态特殊，结构复杂，各属之间甚至每个种之间都有不同，可作为种间分类的重要依据。例如，大、小黄鱼鳔的两端有许多侧枝，每侧枝上具背分支和腹分支，腹分支分上、下两小支，下小支又分为前

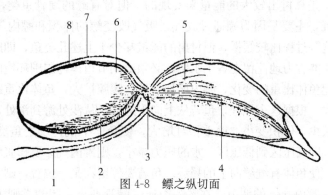

图 4-8 鳔之纵切面
1. 鳔管 2. 上皮下的纤维层 3. 鳔中部缩细处 4. 纤维束 5. 鳔后室内面
6. 鳔前室内面 7. 鳔壁外层 8. 鳔壁切断面
（秉志．1960．鲤鱼解剖）

后两小支，大黄鱼的前后两小支细长，而小黄鱼的前小支细长，后小支短小。硬骨鱼类中有些鱼的鳔退化或不存在，如比目鱼等底栖生活的鱼类无鳔，金枪鱼等快速游泳的鱼类无鳔，某些洞穴生活的鱼类也无鳔。泥鳅、蛇鮈等鳔很小，被包于骨质囊中。

鳔壁一般都较薄，由浆膜、纤维层、黏膜上皮3层构成。鳔壁内含有纤维和肌肉，因此具有弹性，可以收缩或松弛，使鳔内气体得以调节。少数种类如大黄鱼、海鳗、长吻鮠等鱼类鳔壁特别肥厚，经过加工干制后称为"鱼肚"，一向被视为肴中珍品。喉鳔类鳔内气体量的调节通过消化道进行。闭鳔类的鳔可以区分为红腺和卵圆窗两个形态不同的部分。红腺是鳔的前端腹面内壁由微血管网组成的泌气腺。红腺的形态依种而异，如大黄鱼在鳔的内腹面有7～8个花朵状的红腺，花鲈为树枝状。红腺的上皮细胞已由扁平形变成长方形腺细胞，内凹成简单的腺体。红腺的血液由背大（主）动脉或体腔肠系膜动脉供给。通向红腺的动脉分支成大量整齐平行的微血管，而朝着相反方向而行的静脉也同样分成直而平行的微血管，这样组成一奇异的网状构造，称为异网。异网有贮存血液和扩大分泌气体或交换物质的作用。鳔内气体由红腺释放，能向鳔内释放氧气、氮气等。鳔的后背方有一较薄的区域，称卵圆窗，气体由此渗入邻近的血管里而逸出。卵圆窗周围有环肌及辐射肌，控制其大小可达到控制鳔内气体排出量的目的。因此，闭鳔类靠这两个结构来调节鳔内气体。

鳔受迷走神经的肠支及交感神经的腹腔神经节双重支配。

二、鳔的功能

鳔的主要功能是调节鱼的比重，还有呼吸及感觉、发声等功能。

（一）比重调节功能

软骨鱼类、金枪鱼类以及其他一些无鳔鱼类，在一定水深范围内能比较自由地上下活动，是靠付出较大的能量来实现的。但对有鳔的硬骨鱼类，鱼之所以会停留在某一水层面不下沉，主要是因为鳔通过放气或吸气改变鳔的体积和鳔内气体量来达到调节鱼体的比重。虽然这一过程比较缓慢，但付出的能量却少于上述几类鱼，即鳔是鱼类升降浮沉的节能器官。鱼类要能省力地停留在各个水层，必须要调节鱼体与周围环境的比重关系。鳔的体积变化，直接引起鱼体比重的变化，鳔内增加气体，腹腔扩大，鱼体比重跟着变小；鳔内减少气体，比重就增大。根据这个原理，鱼若从上向下运动，从浅处游到深处，即从低压区到高压区，鳔内气体要减少，体积变小，比重相对增大，使鱼体下沉；反之鱼类若从下往上运动，从深处游到浅处，即高压区到低压区，水的压力减小，则鳔内气体要膨胀增加，体积变大，身体比重相对减小，使鱼体有继续向上的趋势。鱼若要停留在某一位置，则需要放出一部分气体。

鳔内气体的调节，在喉鳔类通过鳔管补充，闭鳔类则主要依靠红腺及卵圆窗的作用。调节鱼鳔内的气体体积，是一个缓慢的过程。因此对急剧上升或下降的鱼类来说，鳔反而是一种障碍。有鳔的鱼类一次升降可达到的距离也是有限的，能自由活动的水层范围比较小，它不能无限制地急骤升降，因为鳔的扩大能力受到限制。常可看到迅速捕上来的底层鱼类，由于水压急骤减少，鱼鳔内的气体急骤膨胀，以致将胃翻出口腔。所以，鳔是一个比重调节器官，而不是升降沉浮的运动器官。鳔的气体调节只能帮助鱼体升降，鱼体的升降运动主要靠肌肉和鳍的运动。

气体分泌与排出是受神经控制的，迷走神经控制鳔的分泌气体，交感神经则起排除（吸收）或抑制作用。

（二）呼吸功能

一些低等的硬骨鱼类，如肺鱼、多鳍、雀鳝及弓鳍等原始鱼类的鳔，构造较为特殊，起着陆生动物"肺"的功能，能呼吸空气。肺鱼在干涸季节开始钻入洞中，体外分泌黏液形成黏液壳——"茧"，壳顶有一小孔可透入空气，此时的肺鱼处于夏眠状态，完全以鳔呼吸空气，可达数月，待雨季来临时"茧"溶化，肺鱼又回到水中，又以鳃呼吸生活。

（三）感觉功能

声、波、流体静电及大气压力的改变都会影响水压的改变，从而引起鳔中气体压力的变化，鳔能起到听声机、流体压力计或气压计的作用。某些硬骨鱼类的鳔与内耳有联系。鲤形目鱼类借助韦伯氏器联系内耳的内淋巴窦腔与鳔，当外界的振动影响到鱼体时，鳔能加强振幅。通过这一组小骨片，能将声波振幅传到内耳，使鱼类提高听觉能力和对其他形式的振动敏锐性，所以不难理解鲤、鲫能感知 2 750 Hz 的振动频率，而一般鱼类只能接受 340～690 Hz 振动频率之间的刺激。有些种类在鳔的前端有两个盲囊突起与听囊外壁中的纤维膜相连，而膜内紧贴椭圆囊，充满外淋巴液，如大海鲢等。某些类群更为复杂，每一盲囊进入相应的听囊并分叉，如沙丁鱼的膜迷路不仅与鳔相联系，而且与外淋巴管相联系。在此鳔似音箱，起共鸣扩音作用。

（四）发声功能

某些鱼类的鳔能够发声，一是鳔自身发声，二是鳔能够放大附近器官所产生的声音起到共鸣器的作用。鳔的发声一般为鳔管放气而发声，也有鱼类具特殊的发声肌。石首鱼科鱼类能发声，是由于鳔及内脏的下侧面具有长条状色稍深的、中有韧带与鳔相连的声肌，此肌收缩压迫内脏，使鳔壁共振而发出咕咕的声音。有经验的渔民根据音调音量的不同而能判断鱼群的种类、大小和距离，甚至能辨别雌雄性别。鳞鲀科鱼类肩带中的匙骨和后匙骨相摩擦也会发声，黄颡鱼的胸鳍棘与臼关节摩擦发声也是人所熟知的，它发的声音通过鳔的共鸣作用，得到大大加强。

复习思考题

1. 简述鱼鳃的结构特点及其在水中呼吸的适应性特征。
2. 解释：全鳃、半鳃、鳃片、鳃间隔、鳃丝、鳃小片、外鳃、伪鳃。
3. 简述硬骨鱼类呼吸运动的完成过程。
4. 举例说明鱼类辅助呼吸器官的种类及其在养殖生产上的意义。
5. 简述鱼鳔的结构及机能。

实验六　鱼类的呼吸系统解剖与观察

【实验目的】

了解鱼类呼吸系统中各器官的形态构造。认识具有辅助呼吸器官的一些鱼类和辅助呼吸器官的形态。比较软骨鱼类和硬骨鱼类呼吸器官的异同。

【工具与材料】

1. 工具　解剖盘、解剖刀、解剖剪、镊子、解剖针、解剖镜。

2. 材料　鲨、鲤（鲢）或花鲈、乌鳢、攀鲈（或斗鱼）、胡子鲇，后三者也可作为示范标本观察。

【观察内容与方法】

1. 硬骨鱼类呼吸器官的观察（以鲤、鲢或花鲈为观察材料）

观察方法：可先观察头的外部，然后将标本放入解剖盘内，解剖剪从鱼左侧口角插入，沿头腹侧缘向后剪至鳃孔开口的腹端，接着再从鳃孔背缘向前剪至口缘，去掉鳃盖，即可见口咽腔和鳃腔。

观察鳔时先去掉腹腔壁，方法同消化系统实验。

观察内容：

（1）鳃盖。位于头后部两侧，由前鳃盖骨、主鳃盖骨、间鳃盖骨和下鳃盖骨组成，其腹面有鳃条骨。鳃盖可以启闭。鳃盖后方开口称为鳃孔（也称鳃盖裂）。

鳃盖膜为由鳃盖内侧一直扩展到鳃盖后缘之外的薄膜。

（2）鳃腔。去掉鳃盖后可见到的藏鳃空间。

（3）鳃。位于口咽腔两侧，由鳃片组成。

①鳃弓。支持鳃的弓形骨骼。它的内缘着生鳃耙，第一至第四对鳃弓后外侧着生鳃片，第五对鳃弓无鳃片。

②鳃片。每一鳃弓外侧支撑二鳃片（也称鳃瓣）。每一鳃片称为半鳃，一鳃弓上有两列鳃片者称为全鳃。两鳃片彼此分开，仅基部有退化的鳃间隔相连，并借此将两鳃片基部联系于鳃弓上。鳃片由许多并排的鳃丝组成。

③鳃丝。鳃丝排列紧密，呈梳状。若取一鳃丝放解剖镜下观察，可见到鳃丝两侧有许多横向突起的薄片，称为鳃小片。

④鳃耙。消化系统实验已述。

⑤鳃裂道。两鳃弓之间的空隙。

⑥内鳃裂。鳃裂道通口咽腔内的开孔，每侧有5个。

⑦外鳃裂。各鳃裂道出口处的外端。

（4）伪鳃。位于鳃盖内侧前上方，花鲈很易观察，长椭圆形，新鲜时为红色。鲤为薄膜所遮盖，小心去除薄膜，可见平扁近椭圆形状的伪鳃，上有浅沟，为血管所在。

（5）鳔。鲤（鲢）鳔有鳔管，称为喉鳔类，花鲈鳔无鳔管，称为闭鳔类。

鲤鳔很发达，位于腹腔背部肾的腹面，消化器官和生殖腺的背面。鳔分前后2室。前室较圆钝；后室后端较尖，前端腹面有一管，经前室腹下方前伸与食道相联系，称为鳔管。两鳔室之间很狭细，内有孔相通。鳔内表面有血管分布。

花鲈鳔的构造与鲤不一样，鳔无鳔管，仅1室，鳔较大，鳔比较厚，前部两侧有囊状突起4～6个，后端很尖，并从内通出一韧带与膀胱顶部相连。鳔前部有一较短的背腹间纵隔，腹面内壁有红腺及微血管网。红腺能分泌气体，鳔内气体即由此产生。鳔的后背方有一较薄的卵圆窗，此处有环肌及辐射状肌，窗上布满血管。

2. 软骨鱼类呼吸器官的观察（以灰星鲨或尖头斜齿鲨为例）　为观察方便，可将剪刀插入灰星鲨口角处，将头两侧剪开。

（1）外鳃裂。头后部有5对开口于体外的孔，称为外鳃裂。

（2）鳃裂道。夹在鳃间隔之间连接内外鳃裂的通道。

(3) 内鳃裂。鳃裂通道口咽腔的内开口，共5对。

(4) 鳃弓。有5对弧状软骨，前4对鳃弓上富有发达的鳃间隔和鳃片。

(5) 鳃间隔。有5对鳃间隔，宽大呈板状，故有板鳃鱼类之称，外缘伸出体表面。鳃间隔前后两面黏膜上附有鳃片。

(6) 鳃片。有许多平行的鳃丝排列组成。有9个半鳃，第一个半鳃着生于舌弓的鳃间隔上，也称为舌弓鳃，第一到第四鳃弓支持的鳃间隔上，各有2个半鳃，第五对鳃弓上无鳃。鳃丝短于鳃间隔。

(7) 喷水孔。位于第一鳃裂前方，为退化的鳃裂，即颌弓与舌弓之间的鳃裂，内有退化的鳃丝。尖头斜齿鲨喷水孔退化。

3. 辅助呼吸器官的观察

(1) 乌鳢。鳃上器官是由第一鳃弓上的上鳃骨和舌颌骨内面的骨质突起所构成，舌颌骨的突起突出于鳃腔前方，外形似耳状，与舌颌骨本体几成直角，第一鳃弓上鳃骨突出在鳃腔后部，外形近似三角形。骨片上附有较厚的黏膜组织。它们均位于鳃腔前背方的鳃上腔内，鳃上腔四壁也覆有一层黏膜。鳃上腔和鳃上器官均布满血管。

(2) 胡子鲇。鳃上器官分别由第二及第四鳃弓上的肉质突出而成。在鳃弓背面呈二簇树枝状结构，富含血管，没有骨骼支持，位于鳃腔后北方的鳃上腔内。

(3) 攀鲈。鳃上器官呈花朵状或木耳状，它是由第一鳃弓的咽鳃骨和上鳃骨转化而成，为3片或3片以上脆而略透明的骨质瓣，做螺旋形排列，边缘显著波曲，由于曲折迷离，故称为迷路器官。骨质瓣上附有一层薄而略透明的黏膜，上有大量血管分布。

(4) 斗鱼。鳃上器是由第一鳃弓的咽鳃骨及上鳃骨特化而成的2片脆薄、半透明的骨质瓣组成，呈T形。

【作业】

1. 绘一幅鲤（或花鲈）鳃构造的简图，并标明各部位名称。
2. 绘一幅鲤（或鲢）鳔的形态图，绘出鳔管的起始点，并标明各部位名称。

第五章 循 环 系 统

循环系统的作用是将从外界吸取的养料和氧气输送到身体各组织和器官，又将各组织和器官在生命活动中产生的代谢废物排出，同时还将内分泌腺分泌的激素输送到相应的器官，借以调节有机体的机能活动。

鱼类的循环系统由液体和管道组成。液体分为血液和淋巴；管道分为血管和淋巴管。鱼类的循环系统是封闭型的，血管即使分支到最细的毛细血管，末端也不开口。这个系统借助心脏有节律的搏动，使血液或淋巴在管道内的流动能周而复始、循环不已地进行。

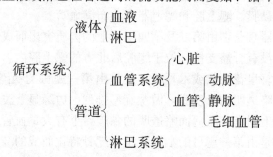

第一节 血 液

血液紧密联系着体内一切器官和组织，在维持每一个细胞的生命活动方面有着极其重要的作用。鱼类的血液含量比较少，一般为体重的1%～3%，软骨鱼类个别可达到5%左右，如白斑角鲨。硬骨鱼类占1.5%～3%，而哺乳类在6%以上（多为7.5%～8%）。鱼类血液比重也低于哺乳类，鱼类血液比重为1.035，而哺乳类比重为1.053。

鱼类血液为一种不透明的黏稠液体，红色或暗红色，一般由液体的血浆及悬浮于其中的有形部分血细胞组成。血液的组成如下：

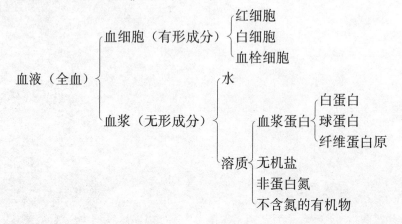

一、血　浆

(一) 概念

血浆就是血液滤去血细胞后的略呈黄色的液体部分。血浆中溶解很多有机物和无机物质，最主要的成分为水、无机盐和血液蛋白质。血浆中除去纤维蛋白原后留下的液体即为血清。

(二) 血浆的化学成分及其功能

1. 水　血浆含水量较高，生活在淡水中的鱼的血浆含水量比生活在海水中的鱼血浆含水量低，前者平均为83.3%，后者为86.2%。水的含量与维持循环血量相对恒定密切相关。

2. 血浆蛋白　血浆蛋白是血浆中多种蛋白质的总称。用盐析法可将血浆蛋白分为白蛋白、球蛋白和纤维蛋白原三类。各种血浆蛋白所占的比例有较大的种别差异。

3. 无机盐　血浆中还含有多种无机物，大多以离子形式存在，主要的阳离子有Na^+、K^+、Ca^{2+}、Mg^{2+}；主要的阴离子有Cl^-、SO_4^{2-}、PO_4^{3-}、HCO_3^-等。这些离子在维持血浆晶体渗透压、酸碱平衡和神经肌肉正常兴奋性等方面起着重要作用。

4. 非蛋白氮（NPN）　血浆中含有一些蛋白质代谢的中间产物，如尿酸、尿素、氨基酸和氨等，这类化合物中所含的氮称为非蛋白氮。代谢产物中的大部分经血液运至肾，随尿排出，因而当肾严重损伤时，这些物质难以排出。在感染、高烧、消化道出血、严重营养不良时，体内蛋白质代谢增强，血浆中非蛋白氮含量明显升高。

5. 不含氮的有机物　血浆中还含有葡萄糖、甘油三酯、磷脂、胆固醇和游离脂肪酸等。

二、血细胞

鱼类血细胞由红细胞、白细胞和血栓细胞组成。

(一) 红细胞

红细胞是血液中数量最多的成分，除短腹冰鱼等极少数南极的鱼类没有红细胞或红细胞含量很少外，绝大多数鱼类的红细胞含量均占其血细胞总量的90%以上。

1. 红细胞的形态、数量和功能

(1) 形态。鱼类的红细胞一般呈扁椭圆形，中央微凸，具有细胞核。细胞质内有血红蛋白，所以血液均为鲜红色，气体交换就是靠血红蛋白与氧结合而带到身体各部位。

红细胞的大小以其长短径来表示。脊椎动物中，进化程度越高的种类，红细胞体积越小。红细胞体积小，能使表面积相对增加，提高呼吸机能。一般来说，运动能力强的鱼类，红细胞较小，如金枪鱼为$7.2\mu m \times 6.6\mu m$；软骨鱼类红细胞较大，如电鳐为$27\mu m \times 20\mu m$；硬骨鱼类的红细胞较小，如鳗鲡的红细胞为$13\mu m \times 9.3\mu m$。

(2) 数量。红细胞是各种血细胞中数量最多的一种，一般软骨鱼类数目较少，平均为30.3万个/mm^3，硬骨鱼类为300万个/mm^3。

鱼类红细胞数量是人们重视的血液指标，受很多因素影响而变化。

①种类不同，差异很大。真鲨24.2万个/mm^3，鲤241万个/mm^3，鳐10万个/mm^3。

②性别不同也有差异。往往是雄性较多，雌性较少。

③与营养代谢、健康、疾病等关系密切。营养不良红细胞数下降，如鲫饥饿半个月，红细胞下降40%；长期缺氧，红细胞数适应性上升；一般来说，各种疾病都会引起鱼类红细

胞数减少,故可依此作为判断患病与否,以及病情轻重的一种便捷指标。

④受季节变化影响。冬季红细胞数量显著下降,春季产卵前剧烈增加。

(3) 红细胞的功能。红细胞的主要功能是由血红蛋白携带、运输氧气和二氧化碳,还对抗体所产生的酸碱物质具有缓冲作用,另外,还具有吞噬作用,这是鱼类红细胞免疫功能的主要体现形式之一。

2. 血红蛋白(Hb) 红细胞的机能是由于其中含有一种特殊的蛋白质——血红蛋白,血红蛋白只有在红细胞中才能发挥作用,这是一种结合蛋白质,由珠蛋白和亚铁血红蛋白组成(图5-1),占红细胞成分的30%~35%。通常用100mL血液所含血红蛋白的克数来表示血红蛋白含量(表5-1)。血红蛋白含量随种类不同而不同:每100mL血液中真鲨为4g,鲤为8.5g,鳐为1.6g。一般高速游泳的鱼类,如金枪鱼的红细胞中含有较多的血红蛋白,而底层鱼类的血红蛋白含量较低。

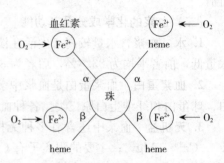

图5-1 血红蛋白组成

表5-1 几种鱼类红细胞的长短径、红细胞数和血红蛋白含量

(林浩然.2007.鱼类生理学)

种类	红细胞的长短径($\mu m \times \mu m$)	红细胞数(百万个/mm³)	每100mL血液中血红蛋白量(g)
真鲨	16.2×12.0	0.242	4.0
鳐	25.2×17.3	0.100	1.6
鳟	16.7×10.3	1.200	8.5
鲤	14.1×8.1	2.410	8.5
泥鳅	13.2×10.1	2.463	10.7
鳗鲡	9.9×6.9	2.721	9.4
金枪鱼	7.2×6.6	3.640	14.4

(二)白细胞

鱼类的白细胞根据细胞质颗粒的有无分为粒细胞和无粒白细胞两类,形状不一、大小不等,数目比红细胞少。如鳗鲡血液中白细胞数为5 300个/mm³,鲤为40 200个/mm³。白细胞数量不仅依鱼的种类不同有很大的变动(表5-2),即使同一种鱼由于不同的性别、生活环境以及疾病等也会有很大的变化,如鱼在患病时,若出现炎症,白细胞数量常增加,如上述的鳗鲡,健康情况下,白细胞数为5 300个/mm³,当患上赤鳍病时,白细胞数增加到6 800~8 900个/mm³。

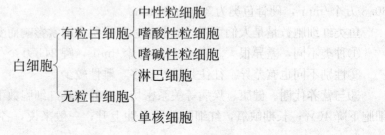

表 5-2 不同鱼类白细胞数

(李林春．2007. 鱼类养殖生物学)

种类	白细胞数（个/mL）
长吻角鲨	83 500
鳗鲡	5 300
青鱼	3 735
草鱼	23 000
鲤	19 300
鲫	38 600
虹鳟	14 620
泥鳅	24 276
鲇	5 350

1. 有粒白细胞 这类白细胞的细胞质含有特殊的颗粒，根据颗粒对罗氏染料的染色反应，又可分为嗜碱性粒细胞、嗜酸性粒细胞和中性粒细胞 3 种。

（1）嗜酸性粒细胞。嗜酸性粒细胞主要存在于头肾、脾和肝等组织，外周血中数量较少。其细胞圆形，细胞核较大，呈杆状、肾形或半圆形，偶尔也有二分叶形，位于细胞一侧。在鲫的嗜酸性粒细胞内，颗粒又分为细颗粒和粗颗粒两种。这类白细胞比嗜碱性粒细胞稍大，如鲢的嗜酸性粒细胞为 13.2μm 左右。

嗜酸性粒细胞与应激刺激——肾上腺皮质系统有关，在寄生虫感染和变态反应性疾病中，还可能与吞噬某些异物有关，当鱼体受感染时，这种白细胞即积聚在患病处的附近。

（2）嗜碱性粒细胞。嗜碱性粒细胞是鱼血中含量最少的颗粒细胞，其分布与嗜酸性粒细胞类似，也主要存在于头肾和脾等部位，外周血中含量极少，有些学者认为某些鱼类是没有嗜碱性粒细胞的。鱼类中典型的嗜碱性粒细胞呈圆形，有时在表面有钝圆的伪足；细胞核半圆形或蚕豆形，位于一侧，嗜碱性粒细胞的大小，一般跟同种鱼的红细胞大小差不多，如鲢为 11μm 左右。

嗜碱性粒细胞内含有肝素，有抗凝血的作用。

（3）中性粒细胞。细胞核的性状很多样，呈椭圆形、半圆形或有分叶，鱼类中性粒细胞的核较小，位于一侧，有的甚至与质膜相贴。细胞质中有许多细小的颗粒。鱼类中性粒细胞的数量，各学者的报道很不一致。鲫占血细胞总数的 31%～62%，鲢占 67%～95%。细胞大小也较嗜碱性粒细胞大，如鲢为 12.5μm 左右。

中性粒细胞具有很强的吞噬能力，能做变形运动，可穿过血管壁进入组织发炎的区域或聚集到病菌入侵的部位，大量吞噬外来的病原体。

2. 无粒白细胞 这类白细胞的细胞质中不含颗粒，包括淋巴细胞和单核细胞。

（1）淋巴细胞。淋巴细胞圆形或不规则圆形，是鱼类中最常见的白细胞，具有一个很大的核，细胞质很少。依体积可分为大淋巴细胞和小淋巴细胞两种。鲢的大淋巴细胞达到 10μm 以上，小淋巴细胞约为 6.5μm 左右。

淋巴细胞的功能是产生抗体。炎症时，淋巴细胞接受巨噬细胞传来的抗原信息，然后演化成免疫淋巴细胞和浆细胞，从而产生细胞免疫和体液免疫。鱼类的大部分免疫球蛋白是由受刺激的淋巴细胞产生。

(2) 单核细胞。单核细胞呈圆形，具有一个大的细胞核。细胞体积很大，如鲢的单核细胞为 15μm 左右。不同鱼类的单核细胞在血液中所占的比例不同，如黑鲷为 1.58%～7.82%，鳜为 2.29% 左右，而一种鰕虎鱼可达 41.5%。

单核细胞具有较强的吞噬能力，在鱼类机体中发挥着重要的非特异性吞噬功能，它可通过伪足样胞突捕捉并融合外来物质以及自身的衰老细胞，并能产生活跃的变形运动。

(三) 血栓细胞

鱼类的血栓细胞呈纺锤形 (图 5-2)，常成堆聚集。与哺乳动物的血小板不同，鱼类的血栓细胞有细胞结构，细胞质含量很少。血栓细胞很小，约相当于红细胞核的大小，如鲢的血栓细胞约 4.5μm×3μm。血栓细胞数量多于白细胞，6 万～8 万个/mm³。

血栓细胞具有凝血作用，能分泌凝血酶，从而使纤维蛋白原发生聚合反应，而且凝血速度比哺乳动物块，当血管出血时，能在 20～30s 内凝固。这是鱼类对水环境的

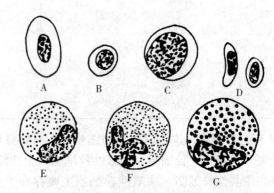

图 5-2 鱼类的血细胞 (从 Lagler，除 D 为少斑猫鲨，余为鲤)
A. 红细胞 B. 淋巴细胞 C. 无粒细胞 D. 血栓细胞
E. 嗜酸性粒细胞 F. 中性粒细胞 G. 嗜碱性粒细胞
(孟庆闻等. 1987. 鱼类比较解剖)

一种适应，鱼体受伤后，血液若不迅速凝固，血液和凝血因子就会很快被水稀释冲走，使鱼流血不止。血栓细胞还具有较弱的吞噬作用。

三、血液的机能

血液是细胞外液的一种，是组成机体内环境的重要部分。血液的生理机能，概括起来有以下四个方面。

1. 运输机能 血液运送的物质包括两大类：一类是从体外吸收到体内的物质，如机体所需要的氧、氨基酸、脂肪酸、葡萄糖、水、无机盐、维生素等，由血液携带运送到全身各组织细胞。一类是各组织细胞的代谢产物，如二氧化碳、尿素、尿酸、肌酐等，由血液携带运送至鳃、肾等器官排出体外，使机体新陈代谢得以顺利进行。

2. 维持机体内环境的稳定 组织细胞代谢过程中产生的热能、水分、二氧化碳和其他代谢产物不断地进入细胞周围的组织液中，由于组织液与血浆之间能不停地进行水分和物质交换，及时运走这些代谢产物，使之不致在组织液中积累，因而也就维持了内环境的相对稳定性。血液作为机体内环境的一部分，它的相对稳定性表现在多方面，如含水量、含氧量、含盐量、营养物质含量、渗透压、酸碱度、温度以及血液中的有形成分 (血细胞) 等都具有一定的稳定性。

3. 参与机体机能调节 机体内各种机能的调节，除了中枢神经系统的活动以外，内分泌腺所分泌的激素和一般组织代谢产物也不断地通过血液的传递而对机体活动起着重要的调节作用。中枢神经系统对机体机能的调节，一部分也是通过体液机制来实现的。

4. 防御和保护机能 包括细胞防御、化学防御和血液凝固。血液中白细胞对于外来微生物和体内坏死组织具有吞噬和分解作用，这是属于细胞防御机能；在血浆中含有各种免疫物质，如抗毒素、溶菌素等（总称抗体）能对抗和消灭外来的细菌和毒素（总称抗原），使机体免于发生传染性疾病，这种作用属于化学防御机能，又称为免疫作用；血液中的淋巴细胞也参与机体的免疫作用；当机体受伤出血时，血栓细胞能大量聚集并黏着于血管破裂处形成血栓，封闭伤口，并在伤口处使血液凝固，防止继续出血，这属于保护机能。

第二节　血管系统

鱼类血管系统包括心脏、动脉、静脉和微血管网。一般微血管介于动脉和静脉之间，但也有少数在两动脉间或两静脉之间，如鳃区动脉及门静脉系统。鱼类血液循环途径模式如图 5-3 所示。

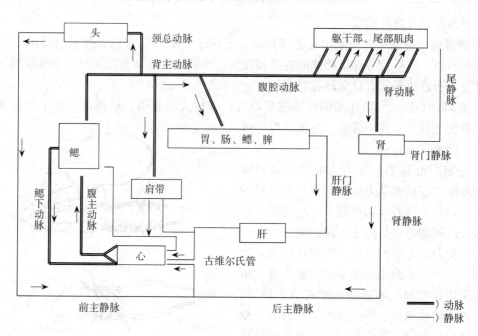

图 5-3　鱼类血液循环途径模式
（童裳亮．1988．鱼类生理学）

鱼类的血管系统为闭锁式单循环。闭锁式是指血液在循环过程中始终在管道内运行，只在毛细血管处与组织间进行部分物质的交换，以此完成其物质运输的功能。单循环指血液在整个鱼体内循环 1 周，只经过 1 次心脏。

一、心　脏

心脏是血液循环的中枢，心脏有节律的搏动，将血液输送到身体各部分，身体各处的血液也回收到心脏。

心脏位于鱼体腹面前方由左、右两肩带的骨骼和肌肉所围成的围心腔内，在腹腔的前方，鳃弓的后方。围心腔和腹腔之间以结缔组织的横隔——围心腹腔隔膜相隔，心脏有围心膜包在外面。心脏由3层构成：心外膜、心肌层及心内膜。心外膜在心脏组织的最外层；心肌层位于心外膜里面，厚而富有弹性；心内膜是心脏的衬里，可形成一些瓣膜，防止血液倒流。

鱼类心脏与体重的比值一般在1‰左右，与其活动程度有关（表5-3），活动越强烈，比值越大。

表5-3 几种鱼类心脏重量与体重的比值

（李林春.2007.鱼类养殖生物学）

种类	蛇鳗	银鲛	鳎	雅罗鱼	竹荚鱼	狐鲣
比重（‰）	0.15～0.33	0.34～0.35	0.47～0.50	1.10	1.52	1.98
栖息习性	底栖，泥沙穴居	近底栖，游泳不快	底栖，穴居	水层生活，游泳中等	中上层生活，游泳较快	上层生活，快速游泳

心脏由以下几部分构成：

1. 静脉窦 静脉窦为一肌肉层很薄的囊，它位于心脏的后背侧，接受身体前后各部分回心的静脉血，其后背方连接两侧的古维尔氏管。大部分的静脉血先通过这个导管后再集中到静脉窦，所以该导管有总主静脉之称。

2. 心耳（心房） 静脉窦的腹前方是心耳，腔较大没有隔，壁薄，稍厚于静脉窦，心耳与静脉窦之间有2片小瓣膜，称窦耳瓣，可防止血液倒流。

3. 心室 心耳的腹前方为心室，呈圆球状，壁最厚，心室搏动力最强，为心脏主要的搏动中心，心室与心耳间也有2片小瓣膜，称耳室瓣或房室瓣，也是防止血液倒流之用。

在真骨鱼类心室前方有一圆球状构造，为动脉球，实际上是腹主动脉基部的膨大部，由平滑肌组成，壁厚，不能随心脏有节律搏动，不是心脏的组成部分。较心室小，新鲜时呈粉红色，固定后的标本呈白色，在心室和动脉球交界处有两个瓣膜即半月瓣。

4. 动脉圆锥 在软骨鱼类及部分硬骨鱼类（总鳍鱼类、肺鱼类、软骨硬鳞鱼类和全骨类）心室前方有一圆锥状构造，由横纹肌组成，能自动随心室收缩而有节律地搏动，为心脏的一部分（图5-4、图5-5、图5-6），心室和动脉圆锥之间有半月瓣，防止血液倒流，其数目各类别间有差异，软骨鱼类有3～4纵行，2～7横列，鲟科鱼类有4横列。大多数硬骨鱼类动脉圆锥退化，仅剩1对半月瓣。

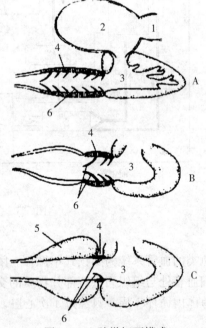

图5-4 心脏纵切面模式
A. 板鳃鱼类 B. 弓鳍 C. 真骨鱼类
1. 静脉窦 2. 心耳 3. 心室
4. 动脉圆锥 5. 动脉球 6. 瓣膜
（孟庆闻等.1989.鱼类学）

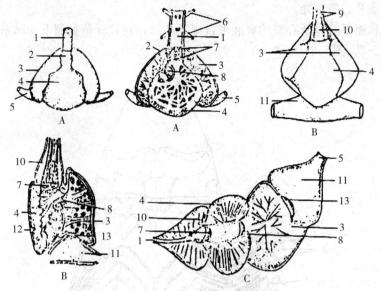

图 5-5 几种鱼类的心脏
A. 尖头斜齿鲨 B. 花鲈 C. 鲢
1. 腹侧主动脉 2. 动脉圆锥 3. 心耳 4. 心室 5. 古维尔氏管 6. 入鳃动脉
7. 半月瓣 8. 耳室瓣 9. 冠状动脉 10. 动脉球 11. 静脉窦 12. 心包膜 13. 窦耳瓣
(秦伟. 2000. 鱼类学)

二、动脉系统

动脉是输导血液离开心脏到身体各部的血管，也就是离心的血管，管壁较厚，有弹性。

(一) 头部及鳃区动脉

从心脏发出的血液进入腹主动脉，向前伸达鳃弓下方，发出左右成对的入鳃动脉，入鳃动脉向鳃丝分出入鳃丝动脉，入鳃丝动脉又分出入鳃小片动脉，在鳃上散成鳃小片血管网，气体在此进行交换。入鳃动脉的数目在各类鱼是不同的，软骨鱼类多数为 5 对，硬骨鱼类为 4 对。经过气体交换的血液通过出鳃小片动脉、出鳃丝动脉，汇集到出鳃动脉，最后通达背主动脉。背主动脉位于脑颅下方，是一条粗大的动脉管，向头部发出颈总动脉，颈总动脉又分为 2 支，进入脑颅的为颈内动脉，分布到脑、眼、鼻等处；在脑颅外的称颈外动脉，向上下颌、舌、鳃盖及口腔底部等处送去血液。真骨鱼类的颈动脉在头部联合形成环形的结构，称为头环。不同种类头环的形式不同，有的比较简单，有的甚为复杂，如鲤的头环，由一大环和数个小环组成。此外，头部的动脉还有伪鳃动脉、鳃下动脉等，分

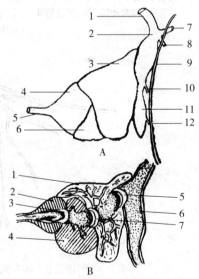

图 5-6 鲤的心脏外形及纵切面
A. 左侧外形 B. 纵切面
1. 腹主动脉 2. 动脉球 3. 心室 4. 心耳
5. 静脉窦 6. 心腹腔隔膜 7. 后主静脉 8. 前主静脉 9. 古维尔氏管 10. 耳室瓣 11. 窦耳瓣 12. 半月瓣
(李林春. 2007. 鱼类养殖生物学)

布到伪鳃、鳃盖及心脏等处。
　　供应鳃弓和鳃下部以及心脏的血液来自鳃下动脉，在软骨鱼类鳃下动脉系要比硬骨鱼类发达得多（图5-7、图5-8）。

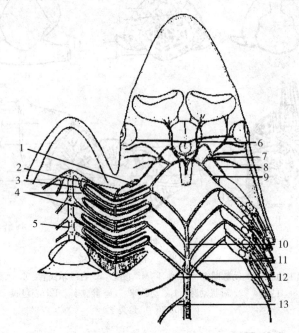

图 5-7　尖头斜齿鲨鳃区动脉
1. 喷水鳃孔　2. 喷水孔动脉　3. 出鳃动脉　4. 入鳃动脉　5. 腹侧主动脉　6. 颈内动脉　7. 颈外动脉
8. 颈腹动脉　9. 颈总动脉　10. 背主动脉　11. 鳃上动脉　12. 锁骨下动脉　13. 腹腔动脉
（孟庆闻等.1987.鱼类比较解剖）

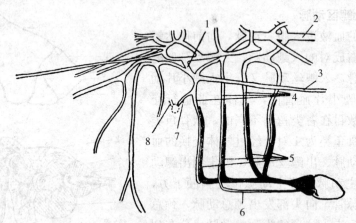

图 5-8　鲤左侧头部（主要血管示鳃区）循环图式
1. 颈内动脉　2. 背主动脉　3. 鳃上动脉　4. 出鳃动脉　5. 入鳃动脉
6. 鳃下动脉　7. 伪鳃和舌弓动脉　8. 眼动脉
（孟庆闻等.1989.鱼类学）

（二）躯干部和尾部动脉

　　背主动脉往后紧贴脊柱腹面伸达躯干部和尾部，沿途发出许多血管到内脏各器官，进入胸鳍及肩带的是锁下动脉；分布到胃、肠、肝、鳔、脾及生殖腺等为腹腔动脉；还有肾动脉分布到肾；髂动脉分布到腹鳍，臀鳍动脉分布到臀鳍。背主动脉进入尾部后为尾动脉，一直延伸到尾部末端。背主动脉和尾动脉还向体侧发出许多成对的体节动脉，供给体侧肌肉、奇鳍和皮肤等血液（图5-9）。

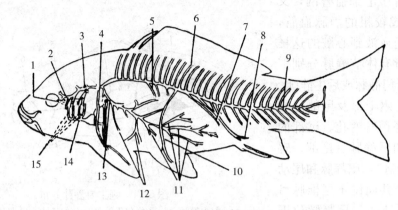

图 5-9　鲤主要动脉分布

1. 出鳃动脉　2. 颈内动脉　3. 背主动脉　4. 锁下动脉　5. 肾动脉
6. 体节动脉　7. 肾动脉经余肾去肠　8. 臀鳍动脉　9. 尾动脉　10. 髂动脉　11. 去肠动脉分支
12. 去肝、胰动脉分支　13. 体腔系膜动脉　14. 腹主动脉　15. 入鳃动脉

（孟庆闻等. 1989. 鱼类学）

三、静脉系统

静脉是回收身体各部血液回心脏的血管，大多数的静脉都与相应的动脉平行分布。静脉管壁薄，缺乏弹性，管径较动脉粗。

（一）头部静脉

头部回心的血液都经过前主静脉（颈内动脉）及颈下静脉（颈外动脉）等主要血管，收集头部各处如口、鼻、眼、脑、鳃等部位的一切回心血液，最后注入古维尔氏管，进入静脉窦（图5-10）。

古维尔氏管是静脉中一对重要的导管，身体各部的静脉血都要先经过此导管再入心脏，所以又称总主静脉，开口于静脉窦，前面连接前主静脉，后面连接到后主静脉，还连接颈下静脉。

图 5-10　鲤头部及躯干部前部主要静脉（背面观）

1. 前主静脉　2. 锁下静脉　3. 颈下静脉
4. 后主静脉　5. 静脉窦　6. 肝静脉

（孟庆闻等. 1989. 鱼类学）

（二）躯干部和尾部静脉

从鳔和生殖腺来的静脉血往往也加入肝门静脉。肝静脉至少2条。板鳃类的肝静脉扩大成肝窦，通入古维尔氏管。一对腹侧静脉与侧腹动脉相对应，是板鳃类所特有，接受腹鳍、体侧、泄殖腔和身体后方的血液，两者汇合后向前成锁下静脉，进入古维尔氏管两侧。肠内静脉与肠躯干部的静脉，主要是一对后主静脉，位于脊柱下方及背主动脉两侧，主要收

集肾静脉来的血液，还收集由体壁、腹鳍、臀鳍、生殖腺等处来的血液。

　　肝门静脉系统是躯干部的另一重要静脉系统。所谓"门静脉"就是指一个短而粗、两端具微血管的静脉干。肝门静脉系就是收集来自胃、肠、胰、脾等的血液运输到肝的血管，并在肝中分成许多毛细血管网，又再度集中而成较粗的静脉血管，经肝静脉运送血液到心脏的这样一个系统，所有体节静脉分别汇入尾静脉、肾门静脉或后主静脉。

　　各种鱼类躯干部及尾部静脉的分布情况都稍有变化。尾部的静脉血汇集到尾静脉（尾部、臀鳍静脉、髂静脉），尾静脉和尾动脉平行排列，共同位于尾椎脉弓内，尾动脉位上方，尾静脉位下方。真骨鱼类的尾静脉向前进入腹腔后随即分为2支肾门静脉（图5-11），它在肾后部分成许多

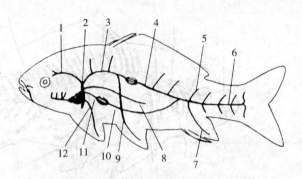

图 5-11　鲤主要静脉分布
1. 前主静脉　2. 古维尔氏管　3. 后主静脉　4. 肾门静脉
5. 体节静脉　6. 尾静脉　7. 臀鳍静脉　8. 生殖腺静脉
9. 髂静脉　10. 肝门静脉　11. 肝静脉　12. 锁骨下静脉
（孟庆闻等.1989.鱼类学）

微血管，然后汇集到左后主静脉；右侧的1支越过肾，直接与后主静脉相连。而板鳃鱼类通常左右2支均形成肾门静脉进入肾。

第三节　淋巴系统和造血器官

一、淋巴系统

　　淋巴系统由淋巴和淋巴管组成，它是循环系统的辅助结构，与血液循环系统有密切关系，特别是静脉系统。当血液在血管内流动时，一部分血液经毛细血管渗入细胞组织之间形成组织液，并同细胞交换各种代谢物质，一部分含有代谢物质的组织液进入淋巴毛细管，成为淋巴液，最终进入静脉回到心脏。与高等脊椎动物相比，鱼类淋巴系统不甚发达。

　　1. 淋巴　淋巴是淋巴管内的无色、透明液体，除不含有血液中的血细胞与血液蛋白外，其他物质与血液相似，包括水、电解质等。

　　淋巴的功能包括以下几方面：一是协助静脉系统带走多余的细胞组织间液，将组织液中多余的营养物质归还血液，供给细胞营养，组织中的细菌、异物等经淋巴液在通过淋巴组织等器官时加以消灭；二是淋巴液有吸收和运输脂肪的功能；三是淋巴液可促进受伤组织的再生；四是辅助幼鱼骨骼的发育。

　　2. 淋巴管　淋巴液所在的管道为淋巴管，最细小的淋巴管称毛细淋巴管，其作用是收纳组织、细胞间的液体渗入管内形成淋巴，毛细淋巴管逐渐汇合形成小、中、大淋巴管，由小到大似树枝状排列。

　　真骨鱼类的躯干部和尾部有许多成对或不成对的淋巴干管，按分布分为浅层淋巴管和深层淋巴管（图5-12）。

　　淋巴管在最后一椎骨下面扩大呈淋巴心，呈圆形，它能不断地搏动，左、右两淋巴心在

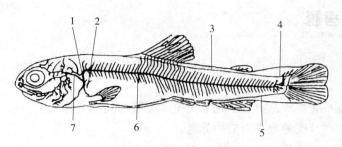

图 5-12 鳟的淋巴系统
1. 侧淋巴窦　2. 后主静脉　3. 背淋巴管　4. 淋巴心
5. 腹淋巴管　6. 侧淋巴管　7. 颈淋巴管
（苏锦祥.2008.鱼类学与海水鱼类养殖学）

两侧互相有管相通。淋巴心有瓣膜调节本身的搏动和淋巴的流向。淋巴管中也有瓣膜促使淋巴向静脉方向流动和阻止红细胞由静脉流入淋巴管。

板鳃鱼类淋巴系统只有淋巴管，没有淋巴心和淋巴窦。主要淋巴管为椎下淋巴干管及腹淋巴管。

二、造血器官

血细胞的形成过程称为造血，造血需在特定的造血器官或组织中进行。在早期胚胎阶段，血管可直接形成血细胞，成体后，鱼类没有骨髓及淋巴腺，它的造血器官主要有脾和拟淋巴组织。

1. 脾　软骨鱼类和硬骨鱼类都有明显的脾，但位置和形状在不同鱼类不完全相同，通常位于胃后方肠的前背面的系膜上，活体时呈鲜红色，大小、形状因种而异，有圆形、长条形或叉形等。脾组织结构大致可分为两层：外层红色的皮质区（红髓）和内层白色的髓质区（白髓），皮质区制造红细胞及血栓细胞，髓质区制造淋巴细胞及其他白细胞。脾还具有过滤血液、消灭异物与破坏衰老血细胞的功用。特别在棘鳍鱼类中，脾又是破坏衰老红细胞的场所。所以，脾是制造各种血细胞的中心，也是毁灭陈旧红细胞的场所。

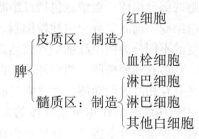

2. 拟淋巴组织　鱼类没有骨髓及淋巴腺，而具有一种能够制造血细胞的造血组织，称为拟淋巴组织（或淋巴髓质组织），分布于鱼体不同部位。

软骨鱼类：板鳃类食道的黏膜下层和肌肉层之间的扁平的赖迪氏器官，能生成淋巴细胞及其他白细胞，当脾失去作用或移去脾后，它也能制造红细胞。

硬骨鱼类：头肾，也就是前肾的残余组织，有制造白细胞、血栓细胞及破坏红细胞的功能。

复习思考题

1. 解释：血液、血浆、血清、动脉球、动脉圆锥、淋巴、动脉、静脉、门静脉。
2. 血液的功能。
3. 鱼类的循环系统组成？为什么说鱼类是单循环？说明其特点。
4. 比较软骨鱼类和硬骨鱼类心脏的异同。
5. 试述鱼类的主要动脉血管。
6. 以鲤为例，说明从尾静脉回到静脉窦的主要血管名称。
7. 举例说明何谓"门静脉"？
8. 鱼类的造血器官有哪些？分别制造何种血细胞？

实验七　鱼类循环系统解剖与观察

【实验目的】

通过对鱼类循环系统的解剖观察，了解鱼类循环系统的基本形态与构造；比较硬骨鱼类与软骨鱼类循环系统的异同；了解鱼类循环系统的工作原理和各循环器官的机能，进一步熟悉和掌握鱼类循环系统的观察方法和解剖技能。

【工具与材料】

1. 工具　解剖盘、解剖刀、解剖剪、解剖针、尖头镊子、放大镜、载玻片、注射器、显微镜等。

2. 材料　鲤（鲢）或花鲈、鲨。

【实验方法与观察内容】

本实验主要对血细胞和血管系统进行观察。血管系统分别观察心脏、动脉系统和静脉系统。

（一）血细胞种类观察

鱼类的血液由血浆和血细胞两部分组成。血细胞包括红细胞、白细胞及血栓细胞。其中白细胞分为颗粒白细胞和无粒白细胞，前者又分为中性粒细胞、嗜碱性粒细胞和嗜酸性粒细胞。鱼类的红细胞因其成熟程度的不同分为网织红细胞和成熟红细胞。鱼类的红细胞与哺乳动物最大的不同点是有细胞核，其形状扁而椭圆，两面外凸。白细胞的形状多种多样，血栓细胞为纺锤形，因其细胞较小又有互相凝聚的功能，通过常规制片观察其形态较难。

1. 采血　将鱼置于解剖盘中，用纱布盖住鱼头及鱼体的大部分，露出尾部，用酒精棉球在采血部位消毒。注射器中吸入少量的肝素溶液，在尾柄腹面中线插入注射器，将针头探入脊椎骨脉弓中的凹陷处，内有尾静脉（动脉），轻轻拉动注射器的可动手柄，边转动针头，当有血液进入注射器时握稳轻拉即可将血液吸入注射器，每条鱼视体重大小，一般可抽取0.5～10mL 血液。血液采出后要尽量与肝素或生理盐水摇匀，以防凝结成块。

1‰的肝素溶液的配制方法：取1g 肝素溶解于100mL 0.7％的生理盐水中。

瑞氏染液的配制方法：瑞氏粉0.1g，甲醇60mL，首先将瑞氏粉0.1g 置于洁净研钵中，加入10～20mL 甲醇，充分研磨，将已溶部分移入试剂瓶中，未溶部分加适量甲醇研磨，直至全部溶解，24h 后即可使用。

2. 血涂片 取载玻片两片，在其中的一片的一侧滴上一滴血液，将另一片载玻片的一端斜放在滴血的薄片的外侧，两玻片以大约 45°的角度，向另一侧轻轻推动斜放的玻片，接触并推动血液向另一侧移动使血液均匀的涂布在玻片上，晾干即可。注意血液涂片要均匀，切不可密度过大，以防血球黏连影响观察。

3. 固定和染色 待血涂片干后，用甲醇或其他固定液固定 5~15min（如不保存且立即染色，不固定也可）。当涂片在空气中完全干燥后，滴加数滴瑞氏染液盖满血膜为止，染色 1~3min，然后滴加等量的蒸馏水，使其与染液均匀混合，静置 2~5min。用蒸馏水冲去染液，晾干。如长期保存，需用树胶加上盖玻片封片。

4. 血细胞形态观察 将染色并封好的涂片置于显微镜下，用低倍镜调好焦距后用高倍镜观察。必要时可用油镜头。在显微镜下，红细胞一般呈椭圆形，中央微凸，具有细胞核，为红色，染色质均匀；网织红细胞的核如同网状；白细胞的核为蓝色；嗜酸性颗粒白细胞呈红色。

（二）血管系统观察

Ⅰ. 硬骨鱼类的血管系统

1. 心脏 心脏位于围心腔中，从腹部前方沿腹中线剪开腹腔，在胸鳍附近，腹部肌肉增厚，剪开时要注意前方有围心腔隔膜，仅靠隔膜前方即围心腔。熟练者可直接剖开围心腔。心脏外有一层薄膜，称为围心膜，剥去围心膜即可方便的观察心脏。待观察完鱼体血液循环途径之后再摘取心脏观察心内构造。

心脏包括心室、心耳和静脉窦 3 部分。

（1）静脉窦。鱼类的静脉窦位于心脏的最后方，鲈等的静脉窦位于心耳后上方。鲢的静脉窦位于心耳后，近似于三角形；鲤的静脉窦呈长条形，其壁薄，以利于接受身体前后各部分的静脉血液返回心脏。因其壁较薄，解剖后观察常见其无固定形状。静脉窦上连粗大的古维尔氏管（总主静脉）。

（2）心耳。血液由古维氏管进入心脏的静脉窦，由静脉窦进入心耳。心耳位于静脉窦的前下方，其壁也较薄，颜色较深，外观此部分较大。

（3）心室。血液进入心脏后经过的最后一部分是心室。心室位于心耳的前腹方，一部分或大部分被心耳包盖。其壁很厚，心肌发达，是心脏的搏动中心。其下方连接的是腹主动脉的基部动脉球。

待观察完鱼体血液循环途径之后，可以取出心脏，用水冲洗干净，从腹面中央剖开心脏。再冲洗掉内部的血液，可见心脏的内部结构。在静脉窦和心耳之间有两个瓣膜，称为窦耳瓣，在心耳和心室之间的两个瓣膜称为耳室瓣，在心室和动脉球之间的两个瓣膜，称为半月瓣。所有这些瓣膜的作用都是防止血液逆流的。

2. 动脉系 动脉血管管壁较厚，又因为鱼死后血液多留存于静脉中，故此较难辨认。观察动脉血管，用带有颜色的液体注射到血管之中，更便于观察和确认各血管之间的关系。

（1）彩色液体的配制。取动物胶 50g，加蒸馏水 350mL，在水浴锅上加热至胶完全溶解，用滤纸过滤得到无杂质的胶质液体；再取洋红 10g，加蒸馏水 20mL，充分搅匀后滴入适量氨水，至洋红完全溶解后用滤纸过滤得到纯洋红溶液；将纯洋红溶液倒入溶解的动物胶液体中，充分搅匀再煮沸 10min，煮沸后边煮边滴入适量的冰醋酸，直至无氨味为止，且洋红动物胶已成为鲜红色。

（2）彩色液体注射。取一尾活鱼，切断尾部让血管中的血液尽量流出体外，用注射器将洋红动物胶液体从尾动脉注入体内，直到鳃部见到鲜红色的液体为止。然后解剖观察。操作时应从心脏开始，用尖头镊子小心去掉心脏前方的肌肉，沿腹主动脉向前寻觅各动脉血管；然后再去掉鳃弓上的肌肉，找到头背部的各动脉血管。

（3）动脉血管。操作时由心脏开始。用尖头镊子小心剔除鳃弓上方的肌肉，沿腹主动脉向前寻觅各动脉血管。然后用尖头镊子小心剔除鳃弓上方的肌肉，找头部背方的各动脉血管。

腹主动脉：由动脉球向前发出的一根短而粗的血管，位于鳃弓腹面中间，在其下方发出4对分支进入鳃弓。

入鳃动脉：在腹主动脉前端发出3对分支，最后1对又各一分为二，故此有4对，分别进入前4对鳃弓中。

出鳃动脉：位于前4对鳃弓入鳃动脉的背方，所有出鳃动脉两侧各相背中央延伸汇合形成背主动脉。

鳃下动脉：1对，鲤由第二出鳃动脉发出，鲢由第二、第三对出鳃动脉发出后又合并为一条通向心脏的血管。

颈总动脉：由第一对出鳃动脉的背前方发出，后又分为两支，即颈内动脉（主要分布在脑颅内）和颈外动脉（主要分布到咽颅）。

背主动脉：1对，由左、右出鳃动脉在背中线上汇合形成一条粗大的血管，向后穿过基枕骨的大孔后，沿腹腔背中线向后延伸，进入尾椎的脉弓中则称为尾动脉。背主动脉发出许多分支。

锁下动脉：1对，从第四对出鳃动脉后方的背主动脉向上发出的分支，沿腹腔前壁分布到胸鳍和肩带。

腹腔动脉：1条，于锁下动脉之后背主动脉右侧发出的一条粗大血管，沿食道向下延伸到体内的许多内脏器官，因而有许多分支血管，如肠动脉、鳔动脉、头肾动脉、生殖腺动脉等。

节间动脉：由背主动脉在头后按每个体节向背腹面分别发出的成对的动脉。

3. 静脉系

（1）彩色液体的配制。取动物胶50g，加蒸馏水350mL，在水浴锅上加热至胶完全溶解，用滤纸过滤得到无杂质的胶质液体；再取普鲁士蓝饱和液倒入已溶解的动物胶中，搅和过滤即可使用。

（2）彩色液体注射。取一尾活鱼，切断尾部让血管中的血液尽量流出体外，用注射器将普鲁士蓝动物胶液体从尾静脉注入体内，然后解剖观察。操作时应从心脏开始，用尖头镊子小心去掉心脏前方的肌肉，沿回归静脉窦的各血管溯源找寻。一般大的静脉血管与动脉相伴行。

（3）静脉血管。

古维尔氏管：即总主静脉，为1对，连接在静脉窦背方的短而粗的血管，接收前后主静脉血液注入静脉窦。

前主静脉：1对，沿脑颅腹面连接在总主静脉前方的血管。

颈下静脉：1条，与腹大动脉平行，向后连接在右侧总主静脉的前下方，收集上、下颌及舌弓返回的静脉血。

后主静脉：1对，一条称为左后主静脉，也称为肾静脉，始自肾门静脉的毛细血管，向前通入左侧总主静脉，较细，其长度为体腔的前部2/3，收集部分尾部血液和肾静脉血液。另一条成为右后主静脉，尾静脉前伸穿过肾右侧直接与右侧总主静脉相接，其直径约为另一条后主静脉，即左后主静脉的4～5倍。

肝静脉：1对，收集肝内静脉血，较为粗大。鲢的肝静脉与总主静脉连接，鲤则直接注入静脉窦。

Ⅱ．硬骨鱼类与板鳃类循环系统的比较

板鳃类与硬骨鱼类的循环系统有许多相似之处，以下仅对不同之处进行比较。

1. 心脏 鲨的心脏可分为4个部分，即静脉窦、心耳、心室和动脉圆锥。在心耳内壁有不规则的树枝状小肌肉束，称为梳妆肌。动脉圆锥较大，纵剖后可见内有2～3列瓣膜，即半月瓣，此瓣呈袋形，袋口向上，另外的瓣膜与硬骨鱼类相似。

2. 主要动脉血管 主要动脉与硬骨鱼类也较相似，但有些形态不一样。板鳃类自腹主动脉发出5对入鳃动脉。出鳃动脉在鳃间隔的背方和腹方分别相连，围成4个圆形导管，背方以4对导管与背主动脉相连，腹方形成鳃下动脉，鳃下动脉后与冠状动脉相连。背主动脉的前方分为两支，即为椎动脉。椎动脉前方与颈总动脉相连，颈总动脉前方也分颈内动脉和颈外动脉。其他动脉的名称和位置均与硬骨鱼类相似。

3. 主要静脉血管 板鳃鱼类的静脉系统与硬骨鱼类的也很相似，但板鳃类有左右两条肾门静脉，后主静脉位于两肾之间，并在腹腔壁的两侧有腹侧静脉。

【作业】

1. 绘出鲤或鲢的心脏侧面的外形图。
2. 绘出鲤或鲢的心脏的纵剖图。
3. 绘出主要动脉血管走向的示意图。
4. 绘出主要静脉血管走向的示意图。
5. 绘出血细胞的形态图。

第六章 排泄与渗透压调节

鱼类新陈代谢的终产物如二氧化碳、水、无机盐、各种离子、含氮化合物等，一部分通过鳃排出体外，另一部分则以尿液形式由泌尿器官排出，从而维持鱼体正常的生命活动。同时，排泄对维持体液适当浓度，进行渗透压调节、酸碱调节都有重要作用。

第一节 泌尿器官

鱼类的泌尿器官包括肾、输尿管、膀胱及输出孔等部分。

一、肾

肾是鱼类主要的泌尿器官，它在发生上经过前肾和中肾两个阶段。肾起源于中胚层的生肾节。

（一）前肾

前肾是鱼类胚胎时期的泌尿器官，它有许多按节排列的前肾小管，借肾腔口与体腔相通，边缘围有纤毛。背主动脉分支在每个肾腔口附近形成一个微血管球，称为肾小球，借助纤毛，将血液和体腔代谢产物渗入前肾小管内，再经前肾管排出体外。前肾在少数种类的仔鱼期仍有泌尿机能，在成鱼除个别种类外（如绵鳚属 Zoarces），前肾退化，完全没有泌尿作用。有些真骨鱼类成体的肾前端有前肾的残余，称为头肾，它已不具有泌尿机能，变成一淋巴髓质组织，成为一种造血器官。

（二）中肾

1. 位置和形态 中肾是鱼类成体的泌尿器官，左右成对，紧贴体腔背壁，呈块状或带状结构，颜色呈暗紫色。肾的形态多样，多与鱼的体形、腹腔空间及鳔的形态有关，一般为细长条状，左右肾在后部常合并。如鲤科鱼类的肾中部及后部有部分合并，头肾明显（图6-1、图6-2）。

2. 基本结构 中肾有许多不按节排列的中肾小管，由单层腺上皮细胞排列组成。多数中肾小管为盲管，其前端扩大成球状，前壁向内凹入形成具有单层细胞的中空环状凹囊，称

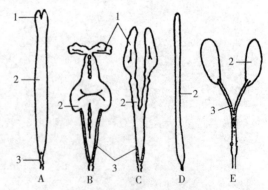

图6-1 硬骨鱼类肾的形态
A. 池沼公鱼　B. 鲤类　C. 鲈　D. 海龙　E. 裸鳘鱼
1. 头肾　2. 肾　3. 输尿管
（叶富良．1993．鱼类学）

为肾小囊。背主动脉分支伸至每一肾小囊中，形成球状的血管小球，称为肾小球。肾小球和肾小囊壁紧密相接，这一结构称为肾小体。中肾小管也即肾小管将肾小囊过滤的滤液排出体外。典型的肾小管分为颈区、近段小管、中段小管、远段小管和集合管。肾小体和肾小管合称肾单位，肾就是由许多肾单位组成的（图6-3）。软骨鱼类和淡水硬骨鱼类的肾小体大，数目多；而海水硬骨鱼类的肾小体小，数目少或无。

二、输尿管和膀胱

肾小体过滤后的滤液（原尿）由肾小管汇集到输尿管，借助输尿管肌肉壁的蠕动将尿液排出体外。一般鱼类有一对输尿管。在胚胎时期，前肾管就是输尿管。成体时，前肾衰退了，前肾管纵裂为二：其中一根与中肾的肾小管相通，担任输尿管任务，称为中肾管；另一根退化（雄体）或担负输送卵细胞到体外的任务，称为米勒氏管。

鱼类每侧肾各有一条输尿管，两条输尿管在肾后端愈合，膨大呈薄壁囊状突出，即为膀胱（或称输尿管膀胱），尿液在此积聚后排出体外。膀胱后方通过泌尿孔或尿殖孔与外界相通。

三、输出开孔

鱼类尿液排到体外的开孔，在不同种类或雌、雄个体间存在差异。真骨鱼类中有泌尿孔和尿殖孔两种开孔。

1. 泌尿孔 输尿管单独向外开孔，即为泌尿孔。如花鲈、鲑、鲱、狗鱼等鱼类，以及罗非鱼、鳜、黄颡鱼、真鲷等许多真骨鱼的雌性个体均以这种方式开孔（图6-4）。

2. 尿殖孔 输尿管和生殖导管先汇合尿殖窦再共同开口于体外，这个开孔即为尿殖孔。如鲤、鲫、鲢、鲟等的雌性个体，以及罗非鱼、黄颡鱼、真鲷等许多真骨鱼的雄性个体均以这种方式开孔。

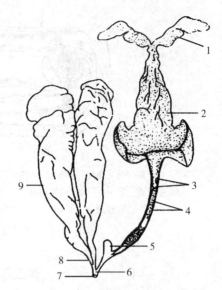

图6-2 鲤（♂）的泌尿和生殖器官背面观
1. 头肾 2. 中肾 3. 斯氏小体 4. 输尿管
5. 膀胱 6. 尿殖窦 7. 尿殖孔 8. 输精管 9. 精巢
（叶富良.1993.鱼类学）

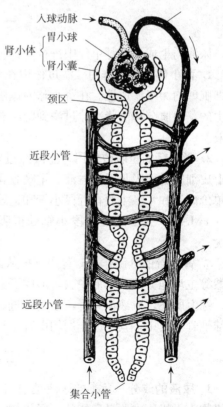

图6-3 鱼类肾的肾单位
（林浩然.2007.鱼类生理学）

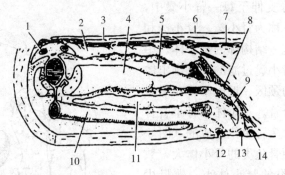

图 6-4 狗鱼的雄体左侧面观，示消化管、生殖管和泌尿管的开口
1. 中肾管 2. 中肾 3. 后主静脉 4. 精巢 5. 鳔 6. 背主动脉 7. 尾静脉 8. 中肾管
9. 输精管 10. 肠 11. 膀胱 12. 肛门 13. 生殖孔 14. 泌尿孔

(孟庆闻等.1987. 鱼类学)

第二节 泌尿机能

鱼类主要泌尿器官是肾，而鳃除进行呼吸作用排出二氧化碳外，也排泄一些代谢产物，包括水、无机盐及易扩散的含氮物质如氨和尿素。肾主要排泄水、无机盐及氮化合物分解产物中较难扩散的物质如尿酸、肌酸、肌酸酐等，形成尿液排出体外。

一、尿液的生成

尿液的生成是在肾单位中进行的，包括 3 个过程。

1. 肾小体的滤过作用 滤过作用在肾小体内进行。肾小球的毛细血管壁与肾小囊的单层细胞壁均为半渗透性。在肾小球内血压的高压作用下，除去大分子蛋白质和血细胞外，血液中的其他成分均由肾小球过滤到肾小囊内形成原尿，因此，原尿实际为无蛋白质的血浆过滤液。

2. 肾小管的重吸收作用 滤液经过肾小管时，其中的水分和某些溶质部分或全部由管壁上皮细胞重新吸收返回血液。重吸收具有选择性，葡萄糖、氨基酸等营养物质及机体所需的单价离子和水，主要在近段小管和远段小管处被吸收。板鳃鱼类原尿中的尿素和氧化三甲胺（TMAO）大量地在近段小管处被吸收，盐分也大部分回收，用以调节体液的渗透压平衡。

3. 肾小管的分泌作用 肾小管把从血液中带来的一些离子和代谢产物，如尿素、尿酸、肌酸等主动地分泌到滤液中去，形成了最终的尿液。分泌作用通常发生在近段小管。

综上所述，血液流经肾，通过滤过、重吸收和分泌作用，尿液便形成了。但在海水无肾小球硬骨鱼类中，其泌尿作用均由肾小管来完成（图 6-5、图 6-6）。

二、鱼类的尿液

1. 尿液的成分 鱼类的尿液是透明无色或淡黄色。尿液中的成分主要有水、无机物和有机物。无机物主要是磷酸盐、氯化物、硫酸盐、碳酸盐、钙、镁、钾、钠及氢离子等；有机物通常含有尿素、尿酸、肌酸及氨等，在海水硬骨鱼类中还含有氧化三甲胺。一般肉食性

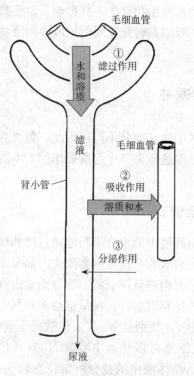

图 6-5 尿在肾小体和肾小管中的形成过程
（林浩然.2007.鱼类生理学）

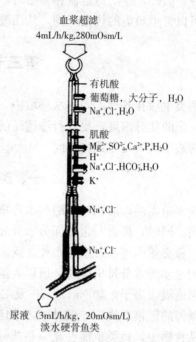

图 6-6 淡水硬骨鱼类肾小管的重吸收与分泌作用
（林浩然.2007.鱼类生理学）

鱼类的尿呈酸性，草食性鱼类的尿呈碱性。

2. 尿量 鱼类的尿量因种类而异，淡水鱼类排尿量比海水鱼类大得多。由于肾小管对滤液水分重吸收的比例相当稳定，所以影响体表对水的渗透性的因素也影响排尿量。如水温升高，通过体表渗入的水量增加，尿量也增加；又如游泳越快，尿量越多。另外，鱼体处于手术、麻醉、缺氧条件下都能引起短时间的尿量增加。

表 6-1 几种广盐性鱼类在海水和淡水中的肾小球滤过率和尿量比较

（林浩然.2007.鱼类生理学）

种类	水环境	肾小球滤过率 （mL/h/kg）	尿量 （mL/h/kg）
欧洲鳗鲡	淡水	4.6±0.53	3.53±0.41
	海水	1.03±0.21	0.63±0.09
底鳉	淡水	25	8.33
	海水	1.35	0.52
川鲽	淡水	4.16±0.22	1.78±0.09
	海水	2.4±0.27	0.60±0.05
日本鳗鲡	淡水	2.80±0.26	2.26±0.17
	海水	3.13±0.78	0.38±0.04
牙鲆	淡水	3.88	2.9
	海水	1.69	0.22

大量的尿液排到水中，会污染水质，对鱼类和其他水生生物产生不良影响，温度高时毒性更强。因此，在活鱼运输和养殖时，可用活性物质、吸附剂转化来吸附尿液中的废物，流水也可以带走鱼类的代谢产物，从而改善水质。

第三节 渗透压的调节

鱼类生活在各种不同的水环境中，由于淡水和海水中所含盐分不同，因此，鱼类为维持体内一定的盐分浓度，要进行渗透压的调节。肾和鳃在渗透压调节中起重要作用。不同种类进行渗透压调节的方式也不同。

一、淡水鱼类的渗透压调节

淡水鱼类的体液相对周围的水环境是高渗的，因而环境中的水会不断地通过鳃和体表进入体内。同时，摄食时也有部分水分和食物一起由消化道吸收，盐分则会流失。如果不加以调节，鱼必然因进水过多而胀死。淡水鱼类是通过两个方面进行调节的：一方面是由肾将进入体内过多的水分排出体外，所以，淡水鱼类的肾小体特别发达，排尿量也很多；另一方面是多渠道吸收离子，如 Na^+、Cl^- 及二价离子大量重吸收，特别是 Na^+、Cl^- 被完全重吸收，形成稀薄的尿液。同时，淡水鱼类的鳃小片上皮的氯细胞可以从水中吸收 Na^+、Cl^-。此外，从食物中，鱼类也能补充一些盐分。这样，淡水鱼类体液中的盐分就维持在较高水平，使体液浓度保持相对的稳定（图 6-7）。

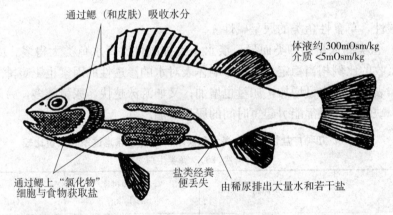

图 6-7 淡水鱼渗透调节概括图解
(C. E. Bond. 1989. 鱼类生物学)

二、海水硬骨鱼类的渗透压调节

海水硬骨鱼的体液相对周围的水环境是低渗的，按渗透压原理，其体内的水分通过鳃和体表不断地渗到海水中去，盐将渗入体内，若不调节，就会因大量失水而死亡。海水硬骨鱼也是通过两方面进行调节的：一方面从食物中获取水分，同时还大量吞饮海水，大多数种类每天饮水量为体重的 7%～35%；另一方面吞进的海水被肠吸收，多余的盐离子主要通过排泄系统和肠排出，其中单价离子如 Na^+ 和 Cl^- 主要通过鳃丝上皮的氯细胞排出，二价和三价

离子如 Mg^{2+}、Ca^{2+}、SO_4^{2-}、PO_4^{3-} 随尿液排出。因此，海水硬骨鱼类的肾小体不发达，数目少，肾小管短，排尿量少，每天尿量只占体重的 1‰~2‰，并且尿液浓。这样，海水硬骨鱼保留了水分，使体液浓度保持相对的稳定（图 6-8）。

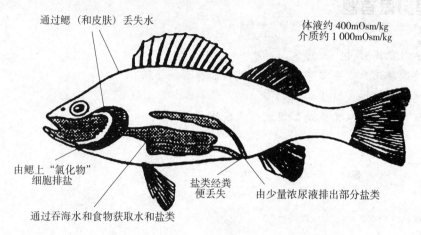

图 6-8　海水硬骨鱼渗透调节概括图解
（C. E. Bond. 1989. 鱼类生物学）

三、软骨鱼类的渗透压调节

大多数软骨鱼类生活在海洋里，它们的血液中含有大量的尿素和氧化三甲胺（TMAO），使其血液的渗透压比海水稍高而接近等渗。它们主要是依靠尿素来进行渗透压的调节。软骨鱼类的肾小管大量吸收尿素，当血液中尿素含量高时，从鳃进入的水分就多，尿量与尿素的排泄量增加，使血液中尿素减少。当血液中尿素浓度降低到一定程度后，进入体内的水分就减少，尿量与尿素的排泄量相应减少，尿素浓度逐渐升高，从而自动调节尿素的浓度，维持体内渗透压的稳定（图 6-9）。

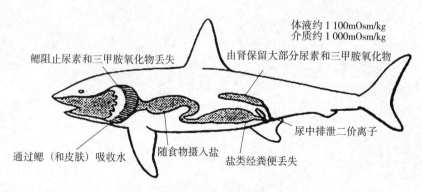

图 6-9　板鳃类的渗透调节概括图解
（C. E. Bond. 1989. 鱼类生物学）

广盐性鱼类包括能生活在盐度变化范围较大的水环境中如河口鱼类，以及能在淡水和海水之间迁移的洄游性鱼类如降河洄游的鳗鲡和溯河洄游的大麻哈鱼，当它们在淡水中生活时，与淡水鱼类渗透压调节方式相同，当它们进入海洋时，先大量吞饮海水，同时肾小管对水的重吸收作用加强，多余的单价离子通过鳃排出，多余的二价、三价离子通过肾在尿液中排出。当然，这些变化往往需要几小时到几天不等的适应期。

 复习思考题

1. 排泄对鱼体有何生理意义？
2. 鱼类的泌尿系统由哪些器官构成？它们有哪些作用？
3. 简述尿液的形成过程。
4. 淡水鱼类和海水鱼类是如何进行渗透压调节的？

第七章 生殖器官与繁殖习性

繁殖是鱼类生命的重要环节，生殖器官是维持种族延续和繁盛的重要器官。了解和掌握鱼类生殖器官的形态、结构、机能及繁殖习性，对于鱼类的人工繁殖、选种与育种、养殖和合理捕捞都具有十分重要的实际意义。

第一节 生殖器官

鱼类的生殖系统由生殖腺和生殖导管组成，在某些行体内受精的种类（如板鳃类、银鲛、锐尾鳉），其雄性个体的腹鳍变形为交接器，用来将精子输入到雌鱼的生殖管道内。

一、生殖腺与生殖导管

生殖腺是产生生殖细胞的地方。雌性生殖腺是卵巢，雄性生殖腺为精巢。生殖腺起源于中胚层，悬垂于体腔顶部，再由精巢系膜和卵巢系膜与血管和神经连接。在生殖腺发育期间，生殖导管也逐渐形成。

（一）卵巢与输卵管

1. 卵巢 卵巢是产生卵子的器官，鱼类卵巢大多成对，少数种类有两侧合一（如绵鳚）或一侧退化（如细鳞胡瓜鱼、银汉鱼）的次生现象。卵巢在未成熟时呈透明的条状，成熟时则呈长囊形。成熟的卵巢一般为黄色，但也有绿色（如鲇）、橘红色（如大麻哈鱼）或其他颜色。

鱼类卵巢有两种类型：一为游离卵巢或裸卵巢，即卵巢裸露在外，不为腹膜形成的卵巢膜所包围。如圆口类、板鳃类、全头类、肺鱼类等，属于原始结构。另一类型为封闭卵巢或被卵巢，即卵巢被腹膜所形成的卵巢膜包围。大部分真骨鱼类属此类型，为高级结构（图7-1）。

封闭卵巢的每侧卵巢外都覆盖一层腹膜，腹膜下是一层由结缔组织构成的白膜。卵巢壁向卵巢腔中突出许多横隔——产卵板，它是由生殖上皮、结缔组织和微血管组成。产卵板是产生卵子的地方，由产卵板上的微血管供给卵母细胞营养。

2. 输卵管 圆口类及某些真骨鱼没有生殖导管（包括输卵管和输精管）。成熟的生殖细胞直接落入体腔，由肛门后方的生殖孔排出体外。

软骨鱼类的输卵管（即米勒氏管）在肝前方由左、右米勒氏管延伸合一成为输卵管腹腔口，卵子由此进入，其前部较细，受精在此进行。其

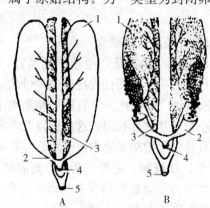

图7-1 典型雌性硬骨鱼类的生殖器官
A. 输卵管和卵巢相连 B. 输卵管和卵巢不相连
1. 卵巢 2. 输卵管 3. 肾 4. 生殖乳突 5. 泌尿乳突
（孟庆闻等．1987．鱼类学）

后有一扁平卵圆形卵壳腺，将受精卵包上几层膜。有些种类卵壳腺退化或消失，如扁鲨、电鳐。输卵管后部扩大为子宫，卵胎生和胎生种类的胚体在此发育。左、右输卵管最后分别开口于泄殖腔，个别鲨类（如猫鲨）左、右输卵管汇合后在直肠后方以一个总管开口于泄殖腔。

真骨鱼类的输卵管与卵巢连接，其发生有两个途径，有的种类由生殖嵴边缘的两个褶相接，合并围成一空腔（卵巢腔），并向后延伸为输卵管，这类输卵管称为卵巢内输卵管，如花鲈。还有一些种类生殖褶边缘卷曲向上，与体壁相接，形成卵巢腔和输卵管，这类输卵管称为卵巢侧输卵管，如花鳅。有些种类的输卵管退化或消失，如鲟、胡瓜鱼，其输卵管前端以一广阔的漏斗口开口于体腔，与卵巢不直接联系，鲑科和鳗鲡仅有极短的漏斗或消失，卵经生殖孔排出。

输卵管在尿殖窦与输尿管汇合后，以尿殖孔开口于体外，从前至后为肛门、尿殖孔，如鲤。无尿殖窦者，则输卵管与输尿管各自开口于体外，从前至后为肛门、生殖孔、泌尿孔，如罗非鱼。

各类雌鱼生殖器官构造见图7-2。

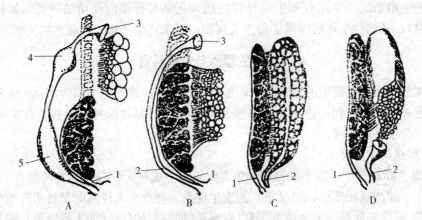

图7-2 雌鱼的生殖器官
A. 板鳃类 B. 鲟 C. 真骨类 D. 真骨类
1. 中肾管 2. 输卵管 3. 喇叭口 4. 缠卵腺 5. 子宫
（广东省水产学校．1981．鱼类学）

（二）精巢与输精管

1. 精巢 精巢是产生精子的器官，大多成对。未成熟时呈淡红色，成熟时为乳白色。真骨鱼类的精巢呈圆柱或盘曲的细带状。

圆口类（如七鳃鳗、盲鳗）精巢单个，板鳃类（如鲨类）精巢成对，精巢系膜上有许多输出小管与肾前部相通，这部分肾几乎没有肾单位，成为精子的通道。

真骨鱼类的精巢通常位于腹腔左右两侧，有的种类在腹腔的尾端彼此接触，有的则合并成Y形，如河鲈、鲤等。真骨鱼类的精巢根据组织结构可分为两种类型——壶腹型和辐射型（图7-3）。壶腹型精巢由圆形或长形的壶腹所组成，精子的发育和成熟在此进行，这些壶腹不规则地占据整个精巢内部，精巢外膜由腹膜上皮及结缔组织构成，精巢背侧有输精管。壶腹型为鲤科鱼类以及鲱科、鲑科、狗鱼科、鳕科及鳉科等鱼类所有。辐射型精巢常见于鲈形目鱼类，其腺体呈辐射排列的叶片状，精细胞在此成熟，叶片壁是由精巢膜的结缔组织中分离出来的基质所形成，精巢呈圆锥形，有纵裂凹穴，底部有输出管。

2. 输精管 软骨鱼类的中肾管兼为输精管，其前方盘曲迂回，后方膨大为贮精囊，往后注入尿殖窦。板鳃类输精管经尿殖乳头开口于泄殖腔，真骨鱼类的输精管与精巢相连，有的种类如罗非鱼、真鲷，左右两侧的输精管在后端联合在一起，通到尿殖窦与输尿管汇合，最后以尿殖孔共同开口于体外。有的种类如鲑、狗鱼的输精管与输尿管分别开口于体外，这样，在鱼体外可见 3 个开孔，由前至后为肛门、生殖孔与泌尿孔。

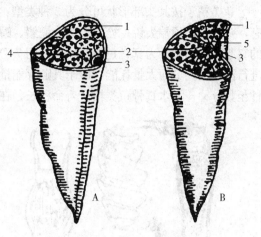

图 7-3 真骨鱼类的精巢
A. 壶腹型 B. 辐射型
1. 生精囊片 2. 固有膜 3. 输出管
4. 壶腹 5. 辐射叶片

（苏锦祥．2008. 鱼类学与海水鱼类养殖）

二、生殖细胞

(一) 卵

鱼类的卵为端黄卵，卵黄含量丰富，鱼卵的大小和形态因种类而异。

1. 卵的大小 各种鱼类的卵径差别很大，如鰕虎鱼的卵径只有 0.3~0.5mm，鼠鲨的卵径达 150~220mm。真骨鱼类的卵径一般为 1~3mm，如鲤、草鱼、鳜、鲢等的卵径为 1.0~1.4mm，鲟、鳇的卵径为 2.0~3.0mm，鲑鳟鱼类卵径为 5.0~7.5mm，海鲇的卵径为 11.7mm，矛尾鱼的卵径达 85~90mm。一般来说，产卵后不护卵、繁殖力高、发育较快的鱼类其卵较小，而卵胎生和胎生鱼类的卵粒大。

2. 卵的形状 鱼类卵形变化较多，大多数成熟的卵在水中吸水膨胀呈圆球形，能使卵子均匀地漂流和附着在目标物上。圆口类盲鳗的卵长圆形，外有角质壳，壳的一端有盖，两端顶上具有角质短钩，用于互相勾连或勾住它物。板鳃类的卵本身呈圆形或卵圆形，但它角质的外壳形状各异。鰕虎鱼卵呈圆形，但其卵膜呈延长的纺锤形。鳑鲏的卵呈梨形（图 7-4）。

3. 卵膜 成熟卵外有两层膜：一是卵黄膜，即卵细胞的原生质膜；二是初级卵膜外的次级卵膜，它由卵巢内的滤泡细胞分泌而成，多有黏性。软骨鱼类在这两层卵膜外还有一层由卵壳腺分泌的卵壳，也称为三级卵膜。

4. 卵的类型 真骨鱼类的卵依其本身比重不同，可分为浮性卵和沉性卵两大类。浮性卵的比重比水小，一经产出即浮于水面上或漂浮于水中，色泽透明，大多数海洋真骨鱼类属此类型。浮性卵的浮力通过各种方式产生：许多卵内具有油球，如鲻、鲅的卵；有的卵比重稍大于水，产出后次级卵膜吸水膨胀产生围卵间隙。这种卵在静水中下沉，稍有水流即浮于水面，如青鱼、草鱼、鲢、鳙"四大家鱼"的卵，称为半浮性卵或漂流性卵。沉性卵的比重比水大，卵黄周隙较小，一经产出即沉入水底。一些产于石砾沙底的鱼卵即如此，如海鲇、大麻哈鱼的卵。还有一些鱼卵具黏性，附于其他物体上，如鲤、鲫、团头鲂、松江鲈和一些鰕虎鱼的卵。

(二) 精子

精子是特殊的变形细胞，体积小而活力强。精子由头部、颈部和尾部组成。精子的前部膨大成为头部，具核，被稀薄的原生质所包围，前部有顶体，用来穿过卵膜钻入卵细胞；颈部连接头部和尾部，一般较短；尾部为推进器，促使精子接近卵细胞，尾部一般很长，超出头部好几倍。

鱼类精子按其头部形状可分为3种类型：螺旋形、栓塞形和圆形。螺旋形精子为板鳃类特有，头部长，顶端尖锐；栓塞形为七鳃鳗、鲟和肺鱼类特有，头部呈稍长的栓塞形，有一不大的突起；圆形精子为真骨鱼类所特有（图7-5）。精子在鱼体内活力被抑制，排到水中被激活并进行渗透压调节而大量耗能，由于其贮存能量很少而生命很短，淡水真骨鱼类精子寿命仅十几秒至数分钟，海水真骨鱼类精子寿命稍长。在等渗溶液或低温条件下可延长精子寿命。

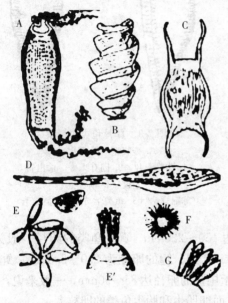

图7-4 卵子和卵壳
A. 猫鲨的卵壳 B. 虎鲨的卵壳 C. 花鳐的卵壳
D. 银鲛的卵壳 E. 加利福尼亚盲鳗的卵
E′. 一个卵子的动物极 F. 颌针鱼的卵 G. 黑鳂虎鱼的卵
（苏锦祥. 2008. 鱼类学与海水鱼类养殖）

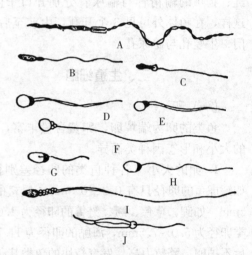

图7-5 各种鱼类的精子
A. 鳐 B. 七鳃鳗 C. 鲟 D. 狗鱼 E. 河鲈
F. 大西洋鲱 G. 虹鳟 H. 鳟
I. 虹鳉 J. 欧洲鳗鲡
（苏锦祥. 2008. 鱼类学与海水鱼类养殖）

第二节 鱼类的性征

一、雌雄区别

鱼类一般都是雌雄异体，从外形上很难分辨，但有些种类也可利用其外部特征来区分。鱼类的雌、雄通常以观察它们的第一性征来决定，所谓第一性征是指直接与本身繁殖活动有关的特征，如雌鱼的卵巢、雄鱼的精巢、板鳃类的鳍脚、鲟鳇类雌鱼的产卵管、雄鱼的交配器。有些种类以观察它们的第二性征（副性征）来区别雌雄，所谓第二性征是指与生殖活动无直接关系的特征，如以下特征：

1. 身体大小 大多数同年龄的鱼雌性比雄性大些，少数则相差悬殊，如深海的角鮟鱇，雌鱼比雄鱼大10多倍，雄鱼以口吸附在雌鱼身体上，并依赖雌鱼体液提供营养，它们的血管彼此相通，所以雄鱼除生殖器官外其余器官均退化，有时一尾雌鱼腹部有多尾雄鱼寄生。少数有护幼特点的鱼类，雄鱼稍大于雌鱼，如黄颡鱼、棒花鱼等。

2. 体形 在生殖期间，雌鱼卵巢发育较快、体积较大可使腹部膨大，与雄鱼体形有明显不同。大麻哈鱼性成熟时，雄鱼上、下颌延长弯曲成钩状，长出巨齿，背部隆起。又如鲆科的异鲆（*Bothus assimilis*），雄鱼的两眼距离比雌鱼大，吻部有刺。虹鳟雄鱼头部尖狭，雌鱼圆钝。

3. 珠星 珠星（又称追星）是表皮细胞特化而成的白色坚硬的锥状突起，常出现在生殖季节的雄鱼身上的个别部位，如鳃盖、吻部、头背部和鳍上等生殖行为时与雌鱼身体接触的部位上。

4. 体色 许多鱼在生殖季节来临时，雌、雄鱼的体色会发生不同的变化，常出现异常鲜艳或浓暗的色彩，生殖结束后即行复原，这种色彩称为婚姻色。婚姻色常见于鲑科、鲤科、攀鲈科等。如海洋中的隆头鱼（*Labrus mixtus*），雄鱼橙黄色，自眼部向后有五六条蓝色条纹，而雌鱼为红色，无条纹。

5. 鳍形 雌、雄鱼在鳍形上有明显差异。如鳉形目的许多观赏鱼类，其雄性臀鳍的部分鳍条常延长为"剑尾"；卵胎生的食蚊鱼行体内受精，其雄体臀鳍的部分鳍条特化为交接器；雄性泥鳅的胸鳍尖长，而雌性的则圆钝；大麻哈鱼雄性个体的脂鳍较雌鱼大。

6. 生殖突 生殖突是生殖孔开口的组织向外突出而成乳头状的构造，是雄鱼的标志。鳉科、鰕虎鱼、杜父鱼都有很大的肌肉质的生殖突。

7. 臀鳍 雄性银鱼臀鳍基部两侧各有一排大鳞片，称为臀鳞，而雌银鱼则无。

二、雌雄同体

在真骨鱼类的个别种类中有雌雄同体现象，即在同一鱼体的性腺中同时存在卵巢组织和精巢组织。雌雄同体分为两种情况：一种是永久性雌雄同体，两种性腺同时存在，都可发育成熟，并终身存在，如鮨科鮨属 *Serranus* 的一些种类，是永久性的雌雄同体，还能自体受精。其他如鲱、鳕、黄鲷、鲽也有类似现象（图7-6），它们的生殖腺有的一边是卵巢、另一边是精巢，或者每侧的生殖腺上半部为卵巢而下半部为精巢，如狭鳕（*Theragra chalcogramma*）。另一种是雌雄间体，即具有卵巢和精巢，但成熟顺序不同，有雄性先熟的，如鲷科、隆头鱼科；也有雌性先熟的，如合鳃科。

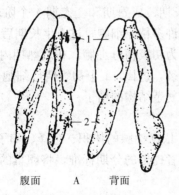
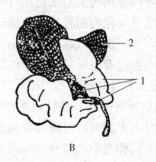

腹面　A　背面　　　　　　　　　　　　　　B

图7-6　黄鲷（A）和狭鳕（B）雌雄同体的生殖腺示意
1. 精巢　2. 卵巢
（孟庆闻．1987．鱼类学）

三、性 逆 转

在鱼类性腺发育过程中，有少数种类有两种性腺交替出现的现象，例如黄鳝，从胚胎期一直到性成熟期都是雌性，产卵后，卵巢内部发生改变，逐渐变成精巢，到下一个生殖期则变成了雄性。这种性逆转是单向的，其他如青鳉、石斑鱼也有此现象。这些现象表明，鱼类在性分化时期的一段时间内，生殖细胞保持着向雄性或雌性发展的两种可能，性分化后性别才确定。此时，外源性的性类固醇激素可诱导幼鱼的性分化，即雄激素诱导为雄性，雌激素诱导为雌性。

第三节 性腺发育与性成熟

一、性腺发育

在鱼类胚胎发育的早期，原始生殖细胞在前肾管附近，后由腹腔上皮细胞形成生殖嵴，原始生殖细胞迁移进来形成生殖腺。鱼类性腺发育是性腺（卵巢和精巢）从发生到最后成熟并释放成熟配子的过程。

（一）性腺发育过程

1. 卵子 鱼类卵子的发生要经过增殖期、生长期和成熟期。在增殖期，原始的生殖细胞经过有丝分裂形成数量很多的卵原细胞。在生长期，卵原细胞吸收大量营养物质，体积增大，发育成为初级卵母细胞。该期又分为两个阶段：一是小生长期，是卵母细胞的核与原生质的生长，卵膜由单层滤泡上皮组成，这一阶段持续时间较短；二是大生长期，是卵黄生成阶段，卵母细胞体积显著增大，卵膜由双层滤泡上皮组成，这一阶段持续时间较长。生长期对卵子的发育十分重要，所以在实际生产中要特别重视亲鱼的产前培育。在成熟期，初级卵母细胞核移向动物极，靠近卵孔，卵黄与原生质极化，核膜、核仁溶解，开始第一次成熟分裂，放出第一极体，成为次级卵母细胞。紧接着又开始进行第二次成熟分裂，此时的次级卵母细胞就变成了成熟的卵细胞，同时放出第二极体（与第一极体一样大小）。鱼类卵母细胞的第一次成熟分裂和第二次成熟分裂的初期是在体内进行的，由母体产出到受精以前正处于分裂中期，到精子进入卵中才排出第二极体，完成第二次成熟分裂。

2. 精子 精子的发育过程可分为增殖期、生长期、成熟期和变态期4个阶段。在增殖期，精巢小叶内原始的生殖细胞经过有丝分裂形成许多精原细胞，进入生长期后，精原细胞吸收营养物质并同化为细胞的原生质，体积增大成为初级精母细胞。在成熟期内连续进行2次成熟分裂，第一次为减数分裂，第二次为有丝分裂，这样，1个初级精母细胞分裂为4个精子细胞，再经过变态期后，精子细胞变成了具有复杂结构的精子。

（二）性腺发育分期

1. 卵巢的发育分期 硬骨鱼类卵巢发育过程，依据性腺的体积、色泽、卵子的成熟度，各国采用的分类方法有所不同。我国沿用前苏联学者提出的分期标准，将卵巢的发育分为6个时期，在不同种类中，划分的标准稍有差异。

Ⅰ期 性腺紧贴在鳔下两侧的体腔膜上，呈透明的细线状，卵巢腔不明显，卵巢内的结缔组织及血管的发育均十分细弱。

Ⅱ期 雌、雄可辨，卵巢与精巢的区别是卵巢背侧中央有一条很明显的粗血管而精巢没有。卵巢呈扁带状，有毛细血管分布，颜色微红，肉眼尚看不到卵粒，卵母细胞处于小生长期。经成熟产卵后退化到此期的卵巢上的血管和结缔组织更发达。

Ⅲ期 卵巢体积增大，肉眼可见卵粒但不能从卵巢隔膜上分离，卵母细胞开始沉积卵黄，卵膜变厚。

Ⅳ期　卵巢体积很大，占据腹腔大部分，卵巢多呈淡黄色或深黄色，血管和结缔组织发达。卵巢膜有弹性。卵粒内充满卵黄，大而饱满。在此期末，卵细胞核极化，可进行人工催产。

Ⅴ期　性腺发育成熟，卵巢松软，卵已排至卵巢腔中，提起亲鱼时，卵可从生殖孔自动流出或轻压腹部即可流出。

Ⅵ期　刚产完卵后的卵巢，卵巢腔缩小，组织松软，表面血管充血，呈暗红色。卵巢内还有残留的卵及空滤泡膜，很快会被吸收，然后卵巢退化，一次产卵的卵巢退化到Ⅱ期，分批产卵的卵巢退化到Ⅲ期，然后继续发育。

在实际观察中，性腺发育常介于相邻两期之间，可在两期之间用破折号表示，如Ⅱ——Ⅲ，接近哪期，就把哪期写在前面，如Ⅲ——Ⅳ，表明卵巢比较接近Ⅲ期。

2. 精巢的发育分期　精巢的发育也分为6期。

Ⅰ期　呈细线状，贴在鳔下两侧的体腔膜上，肉眼无法区分性别。

Ⅱ期　呈细线或细带状，半透明或不透明，血管不显著。

Ⅲ期　呈圆杆状，质地较硬，表面光滑无皱褶，有毛细血管分布，呈淡粉色。前段粗，越向后越细，不能挤出精液。

Ⅳ期　体积增至最大呈乳白色，表面多皱褶，有血管分布。此期末可挤出白色精液。

Ⅴ期　各精细管中充满精子，提起亲鱼头部或轻压腹部时，大量较稠的乳白色精液从泄殖孔流出。

Ⅵ期　体积缩小，呈细带状，浅红色。精巢一般退化到Ⅲ期再重新发育。

（三）成熟度

测定卵巢的成熟度，除上述的分期法外，还有组织学测定法、成熟系数测定法和卵径测定法等。

1. 成熟系数法　性腺的大小或重量是性腺发育的重要指标，性腺重量占鱼体体重的百分比称为成熟系数或性体指数，用GSI表示，即

$$GSI = (性腺重/去内脏后体重或体重) \times 100\%$$

一般地，成熟系数越大说明性腺发育越好，同种个体的成熟系数，雌性大于雄性，且与年龄成正相关。不同种类成熟系数与性腺发育分期变化基本一致。

2. 卵径测定法　处于不同发育时期的卵母细胞的卵径明显不同，因此，测定卵巢中主要卵群卵子的卵径可判断卵巢的成熟度。

（四）影响性腺发育的因素

影响性腺发育的因素很多，包括鱼类本身及外界环境等多方面原因。

1. 营养因素　鱼类在充足的饵料条件下，先是躯体的生长，躯体生长达到一定程度后，性腺才开始发育。多数春季产卵的鱼类，一般在产后有一个强烈摄食和躯体生长期，积累能量以供越冬和卵巢生长的需要；翌年春季产卵前还有一摄食高峰，以供卵巢最后发育成熟和产卵所需的能量。所以，在人工养殖时要保证亲鱼获得充分的饵料。

2. 环境因素

（1）温度。温度是性腺发育最主要的因素，在一定温度变化范围内，水温与鱼类性腺发育呈正相关。例如，适当提高水温能促进我国北方地区的鲤提早性成熟和产卵。

（2）光照。光照与鱼类性腺成熟有密切的关系，光照周期变化对生殖周期起重要作用。

按照性腺成熟与光照时间的关系，可将鱼类分为长光照型和短光照型：春季产卵的鱼类属于长光照型，延长光照可促进性腺成熟和产卵，如鲤科、罗非鱼；秋季产卵的鱼类属于短光照型，缩短光照可促进性成熟和产卵，如鲑鳟鱼类。

（3）水环境。水流、水质、盐度和透明度对性腺的发育也很重要。如"四大家鱼"需在一定的水流刺激的条件下才完成性腺发育并产卵。又如盐度对一些洄游性鱼类的性腺发育和成熟也十分重要，如溯河产卵的鲑鳟鱼类和降河产卵的鳗鲡。另外水面的大小、水草、底质、异性引诱作用等对鱼类性腺发育和成熟均有一定程度的影响。

综上所述，鱼类性腺发育是在充足的饵料条件下，主要由温度、光照和水环境综合作用的结果。这些环境因素通过神经传导到中枢神经系统，激发脑垂体释放促性腺激素来控制性腺发育。

二、性成熟

鱼类性成熟包括初次性成熟和产卵后性腺再成熟。在生产上亲鱼的成熟一般指性腺达到Ⅳ期末，即可进行人工催产。

（一）性成熟的年龄

各种鱼类初次性成熟的年龄在不同的种类有很大差异，这是由种的遗传性决定的，也是鱼类对外界环境的一种适应，以保证水域中有适当数量的群体。一般寿命长、生长缓慢的鱼类性成熟晚，寿命短、生长速度快的鱼类性成熟早些。有1龄或不足1龄就达到性成熟的，如香鱼、蓝圆鲹（*Decapterus maruadsi*），非洲鲫4个月就可性成熟；有10年或10年以上性成熟的，如鲟科鱼类，施氏鲟初次性成熟的年龄为8~10年，鳇则需17~20年；大多数鱼类3~4年为主要性成熟年龄，如鲤、鲫等。

鱼类性成熟的年龄与环境条件有密切关系，其中水温和饵料条件是最重要的因子。在较高的温度、丰富的饵料情况下，鱼类生长发育快，会加速鱼类的性成熟。一般南方地区的鱼要比北方地区的早熟1~2年，这是由性腺发育所需要的总积温决定的。例如，鲤初次性成熟年龄在海南岛为1~2龄，在黄河和长江流域为2~3龄，在黑龙江流域为3~4龄。另外，在同一世代的个体中，由于个体生长速度、性腺发育速度不同，初次性成熟的年龄也是不同的。如浙江近海大黄鱼第一次达到性成熟的年龄是2~5龄，持续时间为4年。雌、雄个体初次性成熟的年龄也不同，一般雄性比雌性成熟早1龄左右，个体也比雌鱼小些。所以在同一生殖季节里往往雄鱼先成熟进入产卵场，到后期则雄鱼少雌鱼多，在人工繁殖时应予注意。

（二）繁殖周期

有的鱼类一生只产1次卵，如生活史仅为1年的银鱼、香鱼等，洄游性的大麻哈鱼、鳗鲡等。有的2年或2年以上才产卵1次，如大多数鲟类。大多数鱼类每年产卵，包括1年1次产卵和1年多次产卵。高纬度水域的鱼类一般1年产卵1次，其卵母细胞同步发育，同时成熟，成熟时卵子一次产出（可能留有少数卵子，这些卵在此生殖季节不会成熟），如"四大家鱼"；也有的种类卵子分批成熟，成熟一批产一批，在整个生殖季节里分批产卵，如真鲷、鲐。分批产卵这样可以提高幼鱼的食物保证度，另外也可以在不利的环境条件下减少损失，维护种群的生存。一年多次产卵的鱼类多分布于低纬度水域，其卵母细胞发育不同步，如罗非鱼等。根据产卵季节的不同，又可分为春、夏季产卵和秋、冬季产卵。春、夏季产卵的种类其性腺发育在秋、冬季和春季进行，产卵季节持续时间短、胚胎发育快、仔鱼摄食期与水域浮游生物丰盛期相配合，如鲤、鲫、鲢、鳊、鳜等鱼类。秋、冬季产卵的种类性腺发育在春、夏季进行，秋季成熟，卵粒较大，多埋于沙砾下，孵化期长，春季孵出育肥，多分布于寒带和亚寒带，如虹鳟、大麻哈鱼、白鲑、大银鱼等冷水性鱼。

第四节 生殖群体和繁殖力

一、生殖群体

一个鱼类种群的兴衰主要取决于它的生殖群体的产卵数。生殖群体是指性腺已经发育成熟，在即将到来的生殖季节参加繁殖活动的群体。

（一）鱼类生殖群体类型

鱼类的生殖群体（P）包括两部分，一是过去已经产过卵的群体，称为剩余群体（D），二是初次性成熟的群体，称为补充群体（K）。按照这两部分的比例，生殖群体分为3种基本类型。

1. 第一类型 $D=0$，$K=P$。即参加产卵繁殖活动的全部是初次性成熟的个体，没有重复产卵的鱼类。这一类型的鱼类一部分是寿命很短的鱼类，当年成熟，产后死亡，如银鱼；香鱼虽然有极少个体可以越冬后参加第二年繁殖，也基本属于这一类型。另一部分是洄游性鱼类，如大麻哈鱼，2～4龄后即溯河产卵，产卵后亲体全部死亡。一般来说，这一类型类型群体结构简单，个体数量变化剧烈，但恢复能力强，能经受较大损失。由于这种类型的生殖群体中没有剩余群体，因此对产卵亲鱼的捕捞要有一定的限制。

2. 第二类型 $D>0$，$K>D$，$K+D=P$。这种类型的生殖群体中既有补充群体，又有剩余群体，但剩余群体的数量少于补充群体。其中一类是性成熟早、个体小、生命周期短、繁殖力强的种类，如罗非鱼、斗鱼、麦穗鱼等；另一类是年龄在7～8龄，或10龄以上的种类，如红鲌类、鳅、鲌亚科、鳀、沙丁鱼等。这种类型的生殖群体不太复杂，能适应环境的频繁而剧烈的变化，种群的恢复能力较强。

3. 第三类型 $D>0$，$K<D$，$K+D=P$。这种类型的生殖群体也是由补充群体和剩余群体组成，但剩余群体的数量多于补充群体。这种鱼一生中多次重复产卵，寿命长，体形较大，但世代更新慢，增殖潜力小，如"四大家鱼"、鲇、大黄鱼、鲟、鳇等。这种群体年龄结构最为复杂，数量一般较稳定，但遭受损失后，恢复缓慢，要注意保护其资源。

需要指出的是数量变动是种群的特征，生殖群体的类型在同一种类不同种群也有不同，如欧洲胡瓜鱼，有两个生物种群，定居型的寿命只有2～3年，一生只生殖1次属于第一类型；而洄游型的寿命达6～9年，一生繁殖2～3次属于第二类型。还有生殖种群是非常易变的，特别是受环境的变化的影响，如饵料条件恶化会使原第二类型的种群变为第三类型。

（二）性比

鱼类种群内雌雄性别的比例称为性比。许多鱼类生殖群体的性比几乎相等，如黑龙江的鲟和鳇、北里海的拟鲤等。

但有些鱼类性比很不一致，有些种类雄鱼占优势，如大黄鱼；另一些种类雌鱼占优势，如繁殖力低的鱼类，雌鱼的数量占优势。在雄鱼多次生殖而雌鱼一次生殖的鱼类中雌鱼数量也多，如小黄鱼的一尾雄鱼能与几尾雌鱼一起生殖。银鲫因雌核发育的缘故，雌鱼数量远高于雄鱼；黄鳝个体发育过程中有性逆转，由产卵前的雌性变为产卵后的雄性，因而其性比异常。

在生殖过程中许多鱼类的性比呈规律性的变化,在开始阶段雄鱼较多,此后可能接近1∶1,后期雌鱼占多数。当环境条件发生变化时,尤其是饵料条件的改变,能够改变生殖群体的性比结构。如驼背大麻哈鱼生殖群体数量少时,一般雌鱼多于雄鱼,生殖群体数量多时则雄鱼多于雌鱼。当有强大的补充群体出现时,性比向有利于雄性的方向改变,因为雄鱼性成熟比雌鱼早。在环境条件不利时,由于一些雌鱼不参加生殖活动可使生殖群体的性比发生剧烈变化。

二、繁 殖 力

鱼类的繁殖力是物种与种群对外界环境的一种适应性。繁殖力越高就越能适应较高的死亡率。繁殖力的研究对种群数量的变动、种群的增殖与补充都很重要,并可以作为估计种群状况、预报产量的指标之一。

(一)繁殖力的基本概念

1. 绝对繁殖力 是指1尾雌鱼在产卵前卵巢中的成熟卵粒数。对于一年多次产卵的鱼类则是一个生殖季节中各批成熟卵的总数。由于鱼类所怀的卵并不是一起发育到同一等级,因此不同学者的计算标准不同。一般成熟卵以Ⅳ期卵巢中开始积累卵黄的卵母细胞和充满卵黄的卵母细胞为标准。

2. 相对繁殖力 是雌鱼在一个生殖季节中,单位体重或单位体长所具有的成熟卵子数。其中体重多用去内脏重,以免消化道中食物的影响。相对繁殖力用来比较不同大小鱼或不同种群鱼的繁殖力。

3. 种群繁殖力

①种群绝对繁殖力,是指种群在生殖季节内可产出的卵子的总数,即种群绝对繁殖力=生殖群体中雌鱼平均繁殖力×繁育雌鱼总数。

②种群相对繁殖力,是各年龄组绝对繁殖力之和,即种群相对繁殖力=∑(某年龄组雌鱼平均繁殖力×该年龄组雌鱼总数)。

(二)繁殖力的变动

1. 种间变动 各种鱼类怀卵量极不相同。怀卵量最大的翻车鲀有3亿粒左右,而怀卵量少的只有几粒或几十粒,如软骨鱼类的宽纹虎鲨只产2~3粒卵。一般产卵后不护卵、受敌害和环境影响较大的鱼类怀卵量都较大,如鳕290万~720万粒,真鲷100万~234万粒,鳗鲡700万~1 500万粒。鱼类中怀卵量在几十万到几百万的种类很多,如带鱼、大黄鱼、鲫、鲤、鲂等。那些产卵后进行护卵、后代死亡率较小的鱼类怀卵量一般较少,如海马、黄鳝、罗非鱼等,而胎生或卵胎生种类的怀卵量更少,如鲭鲨等一些软骨鱼类。

2. 种内变动 生活在不同环境中的同一种鱼的不同种群的繁殖力也不同,原因是水环境、饵料保障度及敌害等综合影响的结果。

(三)繁殖力与体长、体重、年龄的关系

鱼类繁殖力是随着体长和体重的增加而增加。繁殖力与体长的关系为:$F=aL^b$(式①),其中F繁殖力,L为体长,a为常数,b为指数(在3左右)。对一种鱼来说a、b是确定的,繁殖力与体重的关系为:$F=a+bW$(式②),W为去内脏重,其余同式①(图7-7)。鱼类繁殖力与体重的关系随着繁殖季节的到来而有所改变。如一些长途洄游鱼类(鲑科)沿途停止进食,性腺不断发育而体重逐渐下降。

同一年龄组鱼的怀卵数量是随着体重、体长的增长而增加的。但在不少鱼类中，同一长度组或同一体重组的怀卵数量一般不随年龄而增加或减少。因此，鱼类繁殖力与年龄的关系不如与体长和体重的关系密切。

此外，鱼类的繁殖力与营养条件及栖息水域有一定关系。营养条件恶化时怀卵量减少，同一水域的不同生态群及同一生态群的不同世代繁殖力也不同，生殖季节不同其繁殖力也有差别，如秋大麻哈鱼的繁殖力高于夏大麻哈鱼的40%。

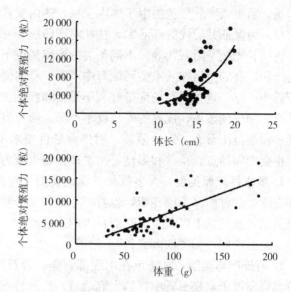

图 7-7　千岛湖大眼华鳊个体绝对繁殖力与体长、体重的关系
（刘国栋等）

第五节　繁殖习性

鱼类长期适应环境条件而形成各种鱼类特有的繁殖习性，包括生殖方式、产卵场及亲体护幼等。

一、生殖方式

鱼类的生殖方式多种多样，归纳起来主要有3种类型。

1. 卵生　鱼类把成熟的卵直接产在水中，在体外进行受精和发育，绝大多数鱼类属于这种类型。也有少数鱼类如猫鲨，卵在雌鱼生殖道内受精后排出体外。

2. 卵胎生　其特点是卵子不仅在体内受精，而且受精卵在雌体的生殖道内发育，发育成幼鱼后才从母体产出。其胚胎所需的营养是自身的卵黄而与母体无关，或母体生殖道提供部分营养物质，主要是水和矿物质，其胚胎呼吸依靠母体，如软骨鱼类的白斑角鲨、日本扁鲨、日本蝠鲼、许氏犁头鳐，硬骨鱼类的鳉形目的一些种类及海鲫、黑鲪等。鳉形目卵胎生雄鱼的臀鳍的鳍条特化为交接器。

3. 胎生　行体内受精且体内发育，胚胎与母体发生循环上的联系，其营养不仅依靠自身的卵黄，而且也靠母体提供。如板鳃类的灰星鲨，胎儿在母体里的营养依靠类似于胎盘衍生物来供给。鸢鲼的子宫壁有许多突起，经胎儿的喷水孔伸入其口中分泌营养物质。

在鱼类中还有一种单性生殖称为雌核发育，如银鲫，这种鱼类种群中雄鱼很少，生殖时，同种或近源种雄鱼的精子只起到刺激卵子发育的作用，精子与卵子的细胞核并不结合，育出的后代均为雌性，只表现母本的遗传性。如黑龙江银鲫在生产上用异源精子（兴国红鲤）刺激卵子得到异育银鲫，表现出良好的生长性能。

二、产卵类型和产卵场

鱼类性腺发育成熟后，就会到环境条件适宜的水域中产卵，这一水域就成为这种鱼类的产卵场。胎生或卵胎生鱼类由于体内受精、体内发育，一般不需选择产卵场，而卵生鱼类体外发育，为保证其后代的存活率，往往对产卵场有一定的要求。这些环境条件包括水温、水流、底质、光线及附着物等。不同鱼类的产卵场也不相同：有的生活在海洋中要到达江河上游去产卵，有的生活在淡水要到深海中产卵，有的要在一定的水层中产卵，有的却在植物丛或石砾中产卵。这些产卵场都是有利于受精和胚胎发育的，也是鱼类长期适应环境的结果。一旦产卵场遭到破坏，成熟的雌鱼就不产卵，卵粒将逐渐被吸收。对产卵条件要求严格的种类其产卵场范围常有一定的限制，对产卵条件要求不十分严格的种类则产卵场的分布较广阔。根据产卵地点、条件和习性，鱼类产卵场可分为以下几种类型：

1. 敞水性产卵类型 大多数鱼类属此类型。它们在水层中产卵，在水中卵处于悬浮状态并发育，这种卵多为浮性卵，也有半浮性卵。产卵场水层的深浅与鱼类经常栖息的水层有一定关系，如鲐是上层鱼类，它们在水的表层产卵。有的种类还要有一定的水流，多在江河的中、上游产卵，如"四大家鱼"、鳡等。

2. 石砾产卵类型 这类鱼在水底部石砾、岩石间产卵，产沉性卵或黏性卵。产沉性卵的鱼类将卵埋于水底石砾中，如大麻哈鱼；产黏性卵的鱼类将卵黏附于石砾上孵化，如鲟、麦穗鱼、鳅科部分鱼类。

3. 水生植物产卵类型 主要是产黏性卵的鱼类，它们将卵产在水草茎上或海藻上，避免卵子落入水底死亡，如燕鳐、鲤亚科、鲇形目的一些种类。

4. 营巢产卵类型 亲鱼在产卵前先筑巢，在巢中完成产卵行为，并由亲体之一守护，驱赶敌害、清除巢内杂物和通气。筑巢的材料多种多样，有石砾、沙土、植物茎叶及所吐的气泡等。如刺鱼用植物碎片与肾分泌的黏液混在一起筑成椭圆形鱼巢；黄鳝在水面上吞气后沉入水中，将气泡呈泡沫状吹出筑成浮巢；大麻哈鱼用身体在石砾质的河底挖坑筑巢等。

5. 体表产卵型 受精卵附于亲鱼体表、皮肤、额前或口腔、鳃腔、育儿囊内发育。如雌性的丘头鲇把卵埋在躯体腹面皮肤和鳍皮肤内；雌性洞鲈用鳃携带卵；罗非鱼、天竺鲷、海鲇等将受精卵含在口腔内孵化；海龙、海马类的受精卵在雄鱼腹部的育儿囊中孵化。

6. 喜贝性产卵类型 如淡水鳑鲏将卵产在河蚌的鳃片内；生活在海边的一些鰕虎鱼、鰤等将卵产在贻贝、牡蛎的空壳内；管吻刺鱼科产卵于海鞘的围鳃腔中。

三、亲体护幼

凡有亲体护幼习性的鱼类大多数营筑巢产卵，且淡水鱼多于海水鱼。这种行为可以是简单的，如以沙砾或其他物质覆盖巢；也可以是复杂的，如携带或守卫鱼卵乃至鱼群的幼体，从而提高卵和幼鱼的成活率。如罗非鱼的受精卵在雌鱼的口中孵化，仔鱼具有一定的游泳能力后离开口腔，一遇敌害又返回，直到同成鱼一样摄食后才离开雌鱼。又如绵鳚（*Pholis gunnellus*）是沿岸小型鱼，它的卵聚成球状，之后雌鱼用身体将卵块包围保护起来。

复习思考题

1. 叙述鱼类生殖系统的基本结构，并举例说明不同种类性腺的特点。
2. 鱼类的精子和卵子的结构、特点如何？
3. 如何判断鱼类性腺发育的成熟度？影响性腺发育的因素有哪些？

4. 怎样区别鱼类的性别？
5. 举例说明鱼类生殖群体的结构及其特点。
6. 鱼类的繁殖力是如何确定的？
7. 鱼类产卵场的类型与其繁殖习性之间有何关系？

实验八　泌尿器官与生殖器官的解剖及性腺发育观察

【实验目的】

1. 认识鱼类泌尿和生殖器官的位置、形态和结构，了解鱼类尿殖系统结构和功能相统一的规律。
2. 比较硬骨鱼类和软骨鱼类尿殖系统的异同，了解常见种类的尿殖系统结构。
3. 通过观察不同鱼类两性个体的外部特征来鉴定雌雄。

【工具与材料】

1. 工具　解剖盘、解剖剪、解剖刀、镊子、放大镜等。
2. 材料　新鲜鲤。
示教材料：麦穗鱼或马口鱼、鳑鲏、黄颡鱼、虹鳟或大麻哈鱼、罗非鱼、鲟、鲨或鳐、七鳃鳗的尿殖系统解剖固定标本。

【方法与观察内容】

（一）性征的观察

1. 第一性征　性腺——解剖观察鲤的卵巢或精巢的结构；鳍脚——观察雄性鲨或鳐腹鳍内侧特化成的指状交接器；产卵管——观察雌性鳑鲏从泄殖孔伸出体外的产卵管。

2. 副性征　珠星——观察成熟雄性麦穗鱼或马口鱼颌部、颊部及头部其他部位和胸鳍上的白色锥状物的分布、结构与大小，并用手摸（顺、逆方向）的粗糙感；婚姻色——观察处于繁殖期新鲜的雄鳑鲏或麦穗鱼等体色的变化。

（二）尿殖系统的解剖观察

1. 解剖方法　首先观察鲤的泄殖窦的构造，注意泄殖窦的形态及其与肛门之间的关系，然后再进行解剖。左手握住鱼体，右手持解剖剪在肛门剪一小的横口，再沿腹部正中线向前直至胸鳍基部（注意剪刀不要向内插入过深，以免损坏内脏）。剪开后用刀柄或镊子小心地将左侧的腹膜与体壁分离。接着，自臀鳍前缘向左侧背方体壁剪上去，一边剪一边分离腹膜，沿脊柱下方向前剪至鳃盖后缘（注意不要破坏性腺），将左侧体壁剪下，露出整个内脏，最后用剪刀把围心腹腔隔膜的背缘除去，露出头肾。

2. 观察　首先观察肾和性腺的位置、形态和颜色，然后小心地剔出其他系统的器官，只留下尿殖系统，以利观察。

（1）中肾。真骨鱼类成体有头肾和中肾，其泌尿器官为中肾。鲤的肾位于鳔的背上方、脊柱的腹面两侧，外有一层腹膜覆盖，为一对暗红色长形扁平的相对松散器官。每叶肾前端为头肾，往侧面扩展。头肾后方为中肾，两叶中肾分隔不明显，向后延伸直至尾部。两肾各有一根输尿管。在左右两叶中间嵌有背大动脉。

（2）输尿管。由中肾引出的一对白色细管，源于中肾的中部，沿外侧向后行，然后在近末端处合二为一，开口于膀胱。

（3）膀胱。由左右输尿管合并而成的薄壁囊状结构，内有纵褶，用于贮存尿液。

（4）泄殖窦（又称尿殖窦）。由输尿管和输卵管或输精管末端联合形成一段短而粗的管道。

（5）生殖腺。大多数鱼类生殖腺左右各一，位于鳔腹面两侧，消化道的背方。由于发育时期不同，性腺变化较大。未成熟者性腺为透明的细长条状，雌雄难辨。Ⅲ期以后的卵巢呈黄色或橙黄色，肉眼可见卵粒及血管。Ⅲ期以后的精巢呈乳白色，血管不明显。

（6）生殖导管。大部分真骨鱼类为封闭卵巢（又称被卵巢），其生殖导管由生殖腺的末端通出，雌性称为输卵管，雄性称为输精管。两侧生殖腺发出的导管在靠近泄殖窦处合二为一，开口于泄殖窦前方。

3. 不同鱼类尿殖系统的形态、结构的比较

（1）软骨鱼类的尿殖系统（示范）。

①雄性鲨类的输精小管连接精巢与输精管，分布于精巢系膜上。输精管后端膨大成为贮精囊，在其末端又突出一盲囊状管，紧贴在贮精囊的腹面，称为精囊。雄性泄殖腔内肛门背方的突起是尿殖乳突，其开孔为尿殖孔，为输尿管和贮精囊的开口。

②雌性鲨类成体的输卵管粗大，在肝前端的腹面中央，左右输卵管汇合，形成一共同漏斗形开口，即输卵管腹腔口。输卵管后方逐渐变细，再后膨大为子宫。肛门背面为泌尿乳突，其开口为泌尿孔，泌尿乳突基部有输卵管开口。

（2）鲈形目的尿殖系统。其肾前部左右分开，后面约1/3处合并；输尿管与生殖导管分别以生殖孔和泌尿孔开口于体外。

（3）各种较原始种类的雌性生殖器官的比较。圆口类的卵巢不成对，呈带状，无输卵管，成熟的卵直接落入体腔，由腹孔排出体外。观察七鳃鳗雌性生殖系统示教标本。

板鳃类的卵巢大多成对，呈长串形，成熟卵落入体腔，经肝前方由左、右米勒氏管延伸合一的输卵管腹腔口进入输卵管。输卵管前部稍细，受精在此进行；其后有一卵圆形膨大的卵壳腺；输卵管后部扩大成子宫，卵胎生和胎生种类的胚体在此发育。观察鲨或鳐雌性生殖系统示教标本。

全头类、肺鱼类及硬鳞类的卵巢成对，成熟卵落入体腔后经输卵管腹腔口进入输卵管，硬鳞类的输卵管开口为大的喇叭状，是腹膜褶形成的漏斗状短管。观察鲟雌性生殖系统示教标本。

【作业】
1. 绘出鲤或鲈或鲨尿殖系统的观察图。
2. 简述鲤形目、鲈形目和软骨鱼类的尿殖系统的结构和机能是如何统一的。
3. 比较雌、雄两性的性征。

第八章 鱼类的年龄与生长

鱼类的年龄和生长是其生活史中的生命特征，也是研究鱼类生活习性的重要组成部分。鱼类的生长特点表现为体长和体重的增加，是在新陈代谢过程中物质和能量不断积累的结果。生长是鱼类与环境相统一的一种适应属性，所以环境因素对鱼类的生长有较大的影响，并会在鳞片、骨骼和其他硬组织上留下痕迹，可用来鉴定鱼类的年龄。研究鱼类的生长状况和规律，确定年龄，在渔业生产和资源保护方面具有重要意义，可为掌握鱼类的资源蕴藏量、预测资源的变动、科学放养和合理捕捞提供理论基础。

第一节 鱼类的年龄

一、鉴别鱼类年龄的方法

（一）年轮的形成

1. 年轮的形成原理 鱼类的生长有季节变化和快慢节奏，除从鱼体长度和重量上表现出来以外，还从某些组织构造上反映出来。其中最明显的就是鳞片、脊椎、鳃盖骨和耳石等一些硬组织。鳞片及这些硬组织随着鱼体的生长而生长，并随着生长快慢的差异出现构造上的不同，形成年度的标志，即年轮。年轮形成是以鱼类在一年四季中生长速率的不均衡性为基础，受到季节等环境因素及性腺发育等鱼体的生理活动变化的影响。

春夏季节随着水温升高，饵料生物逐渐丰富，鱼类摄食强度增大，代谢旺盛，生长十分迅速且均衡，在鳞片上形成许多宽而疏的同心圈状环片（宽带或疏带），称为夏轮；而秋冬季节水温降低，饵料生物贫乏，鱼类代谢程度降低，摄食强度减小，生长减慢或停滞，形成的环片窄而密（窄带或密带），称为冬轮。一年中形成的夏轮和冬轮合称为一个生长年轮。鉴定鱼类年龄时，一般以秋冬季形成的窄带和翌年春夏季形成的宽带之间的分界线为年轮标志。同理，在耳石、脊椎骨、匙骨和鳃盖骨等其他硬组织上存在宽层、狭层（相当于鳞片上的宽带和窄带），当年的狭层与翌年的宽层之间的分界线即为年轮（年层）标志。除了温度以外，其他环境条件的变化也可导致年轮的形成。如洄游的鲑科鱼类，在江河中生长较慢，环片较窄，在海洋中生长较快，环片较宽。

2. 年轮形成的时期 通常，大多数鱼类每年形成一个生长年轮，但是鱼类年轮形成的时间和周期也不尽相同，如生活在东海的黄鲷一年中可以形成两个年轮，这与其在一年中产两次卵有密切关系；雅罗鱼第一年生长不形成年轮；老年黄鲈的年轮形成无规律性，有时一年形成一轮或两三年出现一轮。

鱼类年轮的形成不只是由于季节性水温变化所致，而是鱼类生长过程中外界环境周期变化通过内部生理机制产生变化的结果，也就是遗传作用与生活环境共同作用的表现。一般广温性鱼类在春夏季开始摄食生长，年轮形成的时间以早春开始至夏季中旬为止，性未成熟个体的年轮多在春季3~4月形成，而性成熟鱼多在产卵后形成（产前积累营养以供性腺发育），如蛇鲻未成熟个体11月至翌年3月形成年轮，成熟个体的年轮形成于4~7月。一般低龄组（1~2龄）年轮形成时间较早且较集中，随着年龄增长，年轮形成时间推迟，时间的先后差异也加大。观察鳞片或其他材料边缘状况的周年变化，可确定年轮的出现的周期和时间，现以汉江的鳊为例说明（表8-1）。

表 8-1 汉江鳊年轮形成时期

（叶富良.1993.鱼类学）

年龄	2龄			3龄			4龄		
	形成新轮尾数	未形成新轮尾数	形成新轮（%）	形成新轮尾数	未形成新轮尾数	形成新轮（%）	形成新轮尾数	未形成新轮尾数	形成新轮（%）
4月下旬	8	0	100	5	4	55.6	0	9	0
5月	32	0	100	51	29	63.8	6	23	20.6
6月	16	0	100	17	2	89.5	6	16	37.5
7月	—	0	—	18	1	94.8	14	7	66.7
8月							26	2	92.9

由表8-1可见，鳊1年形成1个年轮，年轮形成的时间主要在5~7月。低龄鱼年轮形成时间稍早，2龄鱼在4月下旬已经形成年轮，持续到6月，而4龄鱼到5月才有少数个体形成年轮，持续到8月。

（二）年龄的鉴定分析方法

1. 用鳞片鉴定年龄 大多数鱼类都具鳞片，用鳞片鉴定鱼类的年龄，具有取材方便、不需特殊加工、容易观察的好处。

（1）鳞片上的年轮的类型。鱼类鳞片上的年轮形态因种类的不同而不同，即使是同一种类也因栖息环境、食饵条件、年龄和捕捞强度不同引起生长的变化，导致环片生长和排列的差异。真骨鱼类中常见年轮标志的主要类型有：

疏密型：鳞片上环片的宽带与窄带相间排列，当年秋冬季形成的窄带与翌年春季形成的宽带的交界处即为年轮标志。疏密型常伴随其他年龄标志以复合型出现，这是最常见的年轮类型，多见于某些海水鱼类，如大黄鱼、小黄鱼、牙鲆、鲴和刀鲚等，以及部分淡水鱼类，如鲑鳟类、青海湖裸鲤及泥鳅等（图8-1A）。

切割型：由于同一年形成的环片走向相同（平行），而不同的年份形成的环片群走向不同，导致的环片群出现切割现象，切割相即为年轮（图8-1B）。切割型又分为：

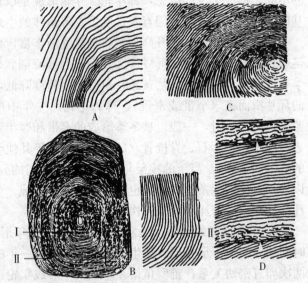

图 8-1 几种鱼类鳞片上年轮的标志
A. 疏密型（小黄鱼，局部放大示意图） B. 切割型（鲢）
C. 疏密切割型（鳊） D. 疏密破碎型（吻鮈）
Ⅰ、Ⅱ示年轮；箭头所指示年轮
（叶富良.1993.鱼类学）

①普通切割型。切割相在侧区明显，主要表现为翌年的环片群和当年的环片群在侧区呈切割，有时也伴随有环片断裂、稀疏、缺少等现象同时出现。见于草鱼、赤眼鳟、细鳞斜颌鲴、鲤和鲫等。

②闭合切割型。当年形成的U形环片与翌年形成的O形环片在后侧区相切，同时环片也由密变疏。此型为鲢、鳙所特有。

③疏密切割型。疏密与切割同出现在一个年轮处，切割相内缘为密带，外缘为疏带（图8-1C）。见于蒙古鲌、长春鳊等。

碎裂型：在一个生长年代即将结束时，因生长缓慢而常有2～3个环片变粗、断裂，并形成短棒状突出物（图8-1D），如吻鮈和圆筒吻鮈。

间隙型：在两个生长年代处因1～2个环片消失而形成间隙，因而形成年轮，如鳜。

其他类型：如年轮处环片不规则分支（如石首鱼科和鲷科的一些种类），或环片中断、变细、变向、增厚、变粗及合并等，均可以成为年轮标志。

再生鳞片不能作为年龄鉴定的材料，因其中心部位的大小就是脱落时的大小，只有纤维质的基片，无年轮标志，从再生后的部分开始才有环片。

(2) 副轮、幼轮和生殖轮。鱼类鳞片或其他硬组织上除了年轮以外，还存在一些其他年轮纹，可干扰和妨碍年轮的正确鉴别，一般有以下几种：

副轮：副轮是鱼类在生活史中由于饵料不足、疾病、意外伤害及水温突变等原因，造成其生长速度减慢或停滞而在鳞片或其组织上留下的痕迹。一般可以根据以下几点区别副轮与年轮：

①副轮通常是鱼体的少数鳞片出现。

②副轮只出现于鳞片的某一区域。

③与前后年轮的距离较近，且疏密带的比例不协调，副轮的内缘为疏带，外缘为窄带，与年轮正好相反。

幼轮：在第一个年轮之内，往往会有一个具有疏密结构的小环圈，出现于鳞焦附近，幼轮又称零轮，一般是鱼苗期因食性转变、摄食不均、幼鱼入河或降海因环境突变而致，在洄游的鱼类中常见，如大麻哈鱼。幼轮的疏密排列或切割特征易与第一年轮相混淆。

生殖轮：在鱼类繁殖期由于生殖活动剧烈，鳞片因摩擦受损或断裂，同时多因停食而生长受阻，往往恢复生长时在鳞片上留下痕迹，好似年轮，实质是生殖痕，又称产卵标志。生殖轮不是所有的鱼类都具有，在溯河的鲑鳟鱼类中最常见，此外也可以出现于鲟、欧鳊、拟鳊和鳊等少数鱼类的鳞片上。

有些鱼类的鳞片上看不出有生长的规律，或者是没有鳞片的鱼类，其年龄的鉴定不宜使用鳞片，可采用耳石或其他骨组织来鉴定年龄，或用做鳞片鉴定时的对照。

2. 用鳍条、鳍棘、支鳍骨鉴定年龄 如鲢、带鱼、鲇科、鲟科及鲑科等鱼类，可取背鳍、臀鳍和胸鳍的鳍棘或粗大的鳍条以及支鳍骨作为鉴定年龄的材料，取新鲜材料比浸制标本效果为好。

(1) 鳍条和鳍棘。在离鳍条基部0.5～1.0cm处截下2～3mm的一段，磨制为厚0.2～0.3mm透明薄片。也可先浸于明胶的丙酮浓稠液中，再取出晾干后切锯。处理后，较大的样本可直接用肉眼观察，较小的材料可加1～2滴苯或二甲苯使之透明，然后在解剖镜下观察。仍不清晰的样本，还可用烘箱加热数分钟或用酒精灯灼烧。在鳍条和鳍棘的切面上，宽、狭层相间排列，通常以狭层为年龄标志。

(2) 支鳍骨。在支鳍骨最膨大处用钢锯横断，磨成0.5～1.0mm薄片，用放大镜观察，较大者可直接用肉眼观察。支鳍骨切面上宽、狭层相间，呈同心圆排列，以狭层为年龄标志（图8-2）。

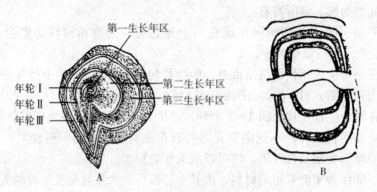

图8-2　鳍条和支鳍骨上的年轮
A. 鲢胸鳍第一鳍条断面轮纹　B. 沙鳢胸鳍支鳍骨（示2个年轮）
（仿集美水产学校. 1990. 鱼类学）

3. 用耳石鉴定年龄　有些鱼类的耳石是重要的年龄鉴定材料，如鳕、梭鲈、石首鱼科和鲽科鱼类，用耳石鉴定的结果准确性较高。最好用新鲜标本的耳石，浸制标本的耳石质地脆，轮纹模糊不清，一般不使用。

(1) 耳石的摘取。耳石位于头骨后部内耳的球囊内，中小型鱼类可从头颅背面中央剖开取耳石，也可从颅骨底面切开球囊，用镊子挑取；大型鱼类，则切开鱼头后枕部，在脑后两侧找取，也可从鳃盖下方切破球囊取出。

(2) 耳石的加工与观察。耳石用沥青包埋后，沿中轴将其锯开，将其断面用细油石磨光，在二甲苯中浸泡后，或固定在松香中，用放大镜观察。在透射光下，宽层（夏带）为暗黑，而狭层（冬带）为亮白，以狭层为年轮标志。小而透明的耳石，如鳀、鲱、鳕、鲐和带鱼等，可以直接浸于二甲苯中观察，或用酒精灯灼烧后观察；大而不透明的耳石，如大、小黄鱼，必须加工后观察（图8-3）。

4. 用鳃盖骨、匙骨、脊椎骨等骨片鉴定年龄　鳜、鲈、鲟和狗鱼等种类适于用鳃盖骨、匙骨等扁平骨片鉴定年龄。取新鲜材料为好。小的材料用开水烫1～2次或稍煮片刻，肉眼观察即可。大的材料要将不透明部分用刀刮薄或用锉刀锉薄，再用乙醚、汽油或两者混合液（1：2）脱脂数周，期间要多次更换脱脂液。如仍不清楚可染色，或浸于甘油中10～15min煮沸，用肉眼观察即可。用入射光观察，宽层呈乳白色，狭层暗黑；用透射光

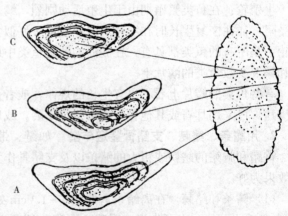

图8-3　大西洋鳕耳石横切面，示不同切面显示出的不同年层
（易伯鲁. 1982. 鱼类生态学）

观察，宽层暗黑，狭层透明（图 8-4）。

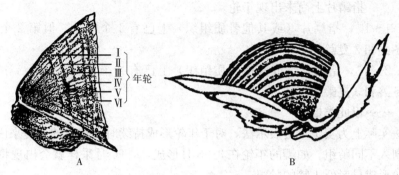

图 8-4　鳃盖骨和匙骨上的年轮
A. 鲈的鳃盖骨（示 6 龄）　B. 中华鲟匙骨（示 9 龄）
（集美水产学校. 1990. 鱼类学）

许多鱼类脊椎骨上也能见到年轮，鱼类脊椎骨是年龄鉴定常用材料，通常在颅后椎体 10 余节处取材，此处椎骨的年轮较为清晰。材料取出后，将其浸在 2%（冬季取样可浸在 0.5%）KOH 液中 1~2d，再放置在酒精或乙醚中脱脂，然后放置在蜡盘里，关节臼向上，用肉眼或放大镜观察。或将其纵向剖开，观察其凹面上的年轮。脊椎骨前后凹面上出现宽窄交替的同心圆，白色的宽纹与暗色的狭纹组成一个生长年带，内侧暗纹与外侧白色宽纹的交界处即为年轮（图 8-5）。

二、年轮的数目与年龄的表示方法

鱼类的年龄，一般情况下可根据鳞片上的年轮来确定，因为大多数鱼类都是一年形成一个年轮。鱼类的繁

图 8-5　脊椎骨上的年轮
示 3 个年轮
（叶富良. 1993. 鱼类学）

殖季节不一致，肥育和生长特点不尽相同，或捕捞起水的时间不同，在鳞片上显示的生长状况也不一样，所以把生长状况较为相近的个体归纳起来，合并成一个年龄组来表示鱼类的年龄。记载年龄时，一般将鳞片（或其他骨组织）上观察到的年轮数用阿拉伯数字来记录，如鳞片上没有年轮，用 0 表示；有 1 个年轮，用 1 表示；以此类推。年轮形成后，在轮纹的外侧新增生的部分，可在年轮数的右上角加上"＋"号表示，如 1^+、2^+、3^+……。但少数种类如黄鲷、黄鲈等，年轮并非一年形成一个，或者年轮的形成不规则，其年龄的计算要具体分析。

常见年龄组记载方法将鳞片（或其他骨组织）上年轮数和年龄的关系表示为：

1 龄组：0^+~1，指大致度过了 1 个生长季节，鳞片上无年轮或仅有 1 个刚刚形成的年轮。包括当年鱼和 1 周龄的鱼。

2 龄组：1^+~2，指大致度过 2 个生长季节，鳞片上有 1 年轮并在该年轮外还有部分环片，或第 2 个年轮刚刚形成。包括 1 周龄多及 2 周龄的鱼。

3 龄组：2^+~3，……以此类推。

另一种表示方法是完全按照鳞片（或其他骨组织）上年轮数目来记载年龄：

0龄组：0^+，指鳞片上尚未出现年轮。

Ⅰ龄组：$1\sim1^+$，指鳞片（或其他骨质组织）上已有1个年轮，但第2个年轮尚未形成，包括1冬龄和2夏龄的鱼。

Ⅱ龄组：$2\sim2^+$，指鳞片（或其他骨质组织）上已有2个年轮，但第3个年轮尚未形成，包括2冬龄和3夏龄鱼。

Ⅲ龄组：……以此类推。

这种方法实际上为实足年龄表示法，对于年轮形成持续时间较长的鱼类来说，易将同一年出生的鱼划入不同龄组。如鲫的年轮在3～8月形成，4～6月采样就会出现将年轮形成晚者划入比年轮形成早者低1龄的龄组。

也可用鱼类的出生年代来表示其年龄，如2012年出生的鲤，可用2012世代称之。一般，只要把捕捞时的年份减去年龄，即为其出生世代。

三、鱼类的寿命

寿命是指鱼类整个生活史所经历的时间，可分为生理寿命和生态寿命。生理寿命是指在最适条件（理想状况）下的寿命；生态寿命即实际寿命，大多数鱼类生态生命远小于生理寿命。

不同鱼类的寿命长短不同，差异极大。一般来说，寿命长，个体大；寿命短，个体小。欧鳇长可达9m，重1.5t，寿命可达100多龄；长江白鲟又称"万斤象"，最长达7m，重超1t，一般为20～30龄，最大寿命可达100多龄；达氏鳇最大可达5～6m，重1t多，也可达100龄。鲤、鲫一般可以活到20～30龄。青鳉、大银鱼、公鱼等鱼类，寿命仅为1年。大多数淡水鱼的寿命为2～4龄，如鮊、蛇鮈、银鮈、黄颡鱼等鱼类，较大型者一般7～8龄，如青鱼、草鱼、鲢、鳙和鳡等鱼类。海水鱼类寿命一般较短，如鳀，一般为3龄；而我国沿海的大黄鱼，最大寿命可达29龄。由于环境的影响，同种鱼类不同地理种群寿命也有差异。在人工饲养条件下鱼类的寿命，比野外生活延长的报道较多。

第二节　鱼类的生长

生长是鱼类机体在遗传基础与环境条件共同作用下新陈代谢积累的结果。生长是鱼类物种延续的保证。每一种鱼类机体生长的方式和过程都有各自的特点，鱼类的生长特点既有共性，也有其种类特性。

一、鱼类的生长特点

1. 相对不限定性　高等脊椎动物一般在达到性成熟以后，身体就停止生长，为确定性生长。而鱼类生长的则不同，如果给予合适的环境条件，大多数鱼类在其一生中几乎可以连续不断的生长，只是在生长过程中，速度有时快有时慢，随着年龄的增长生长率趋于下降，即鱼类的生长有相对不限定性和延续性。

2. 阶段性　鱼类在不同时期的生长速度不同。通常把鱼类的生长分为性成熟前、性成熟后和衰老期3个阶段。性成熟前是生长的旺盛阶段，主要因为性腺还未达到发育，所吸收的营养物质除维持日常活动所必需外，剩余部分都用于躯体生长，此阶段生长最快，这有利于摆脱其他动物捕食、降低死亡率、尽快达到性成熟，是一种维持种群数量的重要适应；性成熟后生长进入稳定阶段，吸取的营养部分用于性腺发育和性成熟，因而生长速度减慢，许多鱼类体重增长最快的阶段，往往是在初次性成熟后的 1~2 年；进入衰老阶段，生长缓慢，性机能衰退，所摄取的食物主要用于维持生命和越冬。

掌握鱼类生长的阶段性规律，可作为确定最适捕捞规格与生产周期，资源保护与合理利用的理论依据。

3. 可变性　同种鱼在不同的环境条件下，生长差异很大，一般来说，低纬度水域中的个体比高纬度的生长迅速，这与低纬度水域生长季节长、饵料生物丰富有关。如青鱼在长江、珠江和黑龙江 3 个水系生长速度的顺序是：长江种群＞珠江种群＞黑龙江种群，这是生长适温期与饵料等因素及性成熟时间综合作用的结果。珠江水系虽然水温比长江水系高，但使青鱼等鱼类的性成熟时间提早，生长速度的减慢也提前，再加上饵料生物等其他因素的综合影响，长江水系的青鱼生长速度优于珠江水系；黑龙江水系水温低，生长期太短，因而生长速度最慢。

4. 周期性或季节性　鱼类一年四季中的生长速度不一致，一般有周期性的变化，这是由于水温、饵料生物、鱼体生理活动、代谢强度和摄食强度等内外因素的影响。温水性鱼类，在春夏季水温高，饵料生物增多，鱼的新陈代谢旺盛，生长迅速，秋冬季生长减慢甚至停滞；冷水性鱼类，冬春季生长率较高，夏秋季生长缓慢或停滞；热带鱼类的生长季节性不明显，但在内陆水域有雨季和旱季之分。

此外，鱼类的生长也受性周期的影响。一般性成熟后，繁殖季节前生长缓慢，而繁殖期过后生长速度加快。

5. 性别相异性　一般雌性个体比雄性大，这是因为雄性个体先成熟，生长速度提前下降。有护幼特性的鱼类，往往是雄性个体大，如黄颡鱼。

二、影响鱼类生长的环境因子

影响鱼类的生长因素较为复杂，除了受到种的遗传性和生理特性决定外，还受到水温、食物和水质等环境因子影响。

1. 水温　水温是鱼类生长的控制因素。水温通过改变机体的代谢速度影响鱼类的生长和活动。在适温范围内，鱼体的生长与水温呈正相关；过高、过低的水温均会导致生长降低、停滞或死亡。此外，水温变化还是改变鱼类生长的信号因子。

2. 饵料　饵料是影响鱼类生长的主要因子。鱼类是变温动物，其维持耗能较恒温动物低且较为稳定，故食物对生长的影响更为明显。在适宜的环境条件下，只要食物的数量充足，质量合适，鱼类可以达到最大的生长速度。当营养条件恶化时，鱼类生长受阻，生长速度减慢甚至停滞，而且种群内出现个体的生长差异加大，即生长离散现象。

3. 水质　水质是鱼类生长的限制因子，它对鱼体内某些生化反应产生和变化速率加以限制。由于鱼类的遗传性、生活习性及生活水层等状况不同，不同鱼类对水质的需求不同。溶解氧对鱼生长影响十分显著，在其他生存条件适宜时，充足的溶解氧能加快鱼类生长，氧气不足则会导致生长缓慢，甚至死亡。此外，盐度、pH 和水流等理化因子对鱼类的生长也有直接的影响。

鱼类的生长速度多以年增长量、年增积量、生长比速及生长常数等生长指标来表示。鱼类的生长速度，用直接法、年龄鉴定统计法和退算法这三类方法来测定。不同的研究对象和研究目的，采用的方法往往也不一样，但一般都是互相参照，配合使用。

鱼类的体长与体重之间有一定的相关关系。鱼长度相同，体重越大，表明鱼体越丰满，其营养状况和生境条件较好。通过研究体长与体重的关系，可以了解鱼类的生长规律及其营养状况和环境条件，用以指导渔业生产。

复习思考题

1. 鳞片上年轮的类型有哪几种？各有何特征？
2. 如何区别年轮与假年轮？
3. 除了用鳞片，还可以用哪些材料来鉴定鱼类的年龄，说明用鳞片等硬组织鉴定鱼类年龄的方法和步骤。
4. 怎样表示鱼类的年龄？
5. 鱼类生长有什么特点？
6. 简述影响鱼类生长的因素及其作用机制。

实验九　鱼类的年龄鉴定和生长测定

【实验目的】
1. 通过实验观察，明确鱼类硬组织上年轮形成的基本原理。
2. 掌握鱼类鳞片上几种常见的年轮特征和年龄鉴定的方法；明确鱼类生长的基本特性。

【工具与材料】
1. 材料　鲤、鲫、草鱼、鲢、鳙、鳊、大麻哈鱼、小黄鱼、鲚、吻鮈等鱼类的鳞片制片；耳石、脊椎骨、鳃盖骨、鳍棘或鳍条等其他年龄鉴定的材料；鲜活鲤（或鲫、鲢）。

2. 工具　台式投影仪、解剖镜或低倍显微镜、直尺、目测微尺、培养皿、镊子、载玻片、胶布、标签纸、纱布或吸水纸等。

【方法与观察内容】

（一）年龄的鉴定

1. 观察若干种鱼类鳞片的年轮特征　用各种鱼类鳞片制片，在解剖镜或低倍显微镜或投影仪下观察其年轮特征。

普通切割型：以鲤、鲫、草鱼为代表。其年轮标志在侧区与前区或后区的交界处最为明显；

闭合切割型：以鲢、鳙为代表。在后侧区可见切割相，其他区域疏密带清晰可见；

疏窄切割型：以鳊为代表；

疏窄型：以大麻哈鱼、鲚及小黄鱼为代表。

2. 用鳞片鉴定年龄

（1）测定所选取标本鱼的体长和体重。

（2）鳞片的采集。选择背鳍或第一背鳍前半部分下方、鱼体正中或侧线上方中间的鳞片，大麻哈鱼、鲈科鱼类采自胸鳍后上方。采鳞数目一般5～10片（注意：不要取再生鳞、侧线鳞及受损伤的鳞片）。用来鉴定年龄的鳞片应选择鳞片较大、鳞形正规、轮纹清晰、不易受伤或脱落的区域。

（3）鳞片的处理。将所采集的鳞片放入鳞片袋中（事先在鳞片袋上标明鱼名、规格、采集地点及性别等项目），并做记录，带回实验室中，用清水或肥皂水清洗，如还未洗净可用淡氨水、4％的 NaOH 或 KOH 溶液或硼酸水浸洗数分钟或 1~2d；为便于观察，可染色处理。用硝酸银溶液浸泡鳞片，然后暴于日光下，再用清水洗涤。大型鳞片还可用没食子酸染色，小型鳞片可用红墨水、印台用墨水、苦味酸及红色素染色，阴干后平夹在载玻片中待测。

（4）制片。将处理完的鳞片自然干燥后（最好不要完全干透，以免卷曲），夹于两个载玻片中，贴上标签，写上鱼名、编号、体长和体重，然后用胶带在两端封好。

（5）年龄的鉴定。用解剖镜、低倍显微镜、投影仪和幻灯机等设备观察鳞片上年轮的类型和其数目，选择适当的放大倍数，最好能在一个视野中观察到整个环片群的大小和排列情况，以便能更清楚的辨别年轮与假年轮。要观察所取的所有鳞片，以进行比较对照。记录观察结果。

3. 观察其他年龄鉴定的材料　用已制备好的耳石、鳃盖骨、脊椎骨、鳍棘或鳍条等材料，直接用肉眼或者用放大镜观察其年轮特征；如无制备好的材料，可以从新鲜鱼体上采集样本，按本章第一节中介绍的方法进行加工，然后进行观察。

【作业】

绘制各年轮类型代表鱼的鳞片图（或部分图），表示出其年轮标志。

第九章 神经系统

鱼体内各器官、系统的功能不是孤立的,它们之间互相联系、互相制约;同时,环境的变化随时影响着鱼体内的各种功能,这就需要对体内各种功能不断做出迅速和完善的调节,使鱼体适应内外环境的变化,实现这种调节的功能系统除了体液调节外,还有起着主导和决定作用的神经系统。

鱼类神经系统包括中枢神经系统、外周神经系统和植物性神经系统3个部分。中枢神经系统由脑和脊髓组成;外周神经系统由与脑相连的脑神经和与脊髓相连的脊神经组成;植物性神经系统又称为自主神经系统,由交感神经系统和副交感神经系统组成。

第一节 神 经 元

神经元或称神经细胞是神经系统的基本结构和功能单位。神经元能感受刺激和传递神经冲动,完成神经系统的功能。每一神经元由细胞体和突起两部分组成。细胞体包括细胞核和细胞质。突起是细胞体向周围伸出的分支,可分为两种,即树突和轴突。树突多呈短而多支的树枝状,其功能是传递神经冲动到细胞体;而轴突却只有一突起,细而长,分支少,直到末端才分成细支,其功能是将神经冲动传递离开细胞体(图9-1)。轴突本身末端分成细支,与另一神经元的相接触处,称为突触。神经冲动经过突触从一个神经元的轴突传递到另一神经元,神经冲动朝一个方向传递。

神经纤维是神经元的突起,主要是指轴突,是组成神经的基本单位。通常一根神经是由许多神经纤维聚合而成。各组织或器官内部都有神经纤维末梢的分布。按功能的不同,这些神经末梢可以分成两类:一类分布于感受器内,借以感受刺激和传递冲动至中枢,具有该类神经末梢的神经元为感觉神经元;另一类分布于肌肉内而引起肌肉的收缩,或分布于腺体内引起腺体的分泌,具有该类神经末梢的神经元为运动神经元。

反射是机体在中枢神经系统的参与下,对内外环境刺激所发生的规律性的反应。反射的结构基础是反射弧。由两个或两个以上的神经元组成一个反射弧。

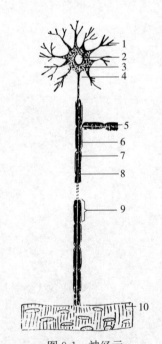

图9-1 神经元
1. 树突 2. 细胞核 3. 细胞质 4. 轴突
5. 侧支 6. 神经膜 7. 髓鞘
8. 郎飞氏结 9. 节间 10. 骨骼肌
(孟庆闻等.1989.鱼类学)

反射弧是神经系统的生理单位。简单的反射弧只包含两个神经元，即感觉神经元和运动神经元。一个复杂的反射弧包括5部分：①感受器；②感觉神经元；③中间神经元；④运动神经元；⑤反应器。

有时一个复杂的动作会带动一连串神经元。

第二节　中枢神经系统

鱼类的中枢神经系统由脑和脊髓组成的一中空管状构造。此管状构造是由胚胎发育过程中的神经管所形成，脑的内腔为脑室，脊髓的内腔为中心管。由脑颅包藏着脑，椎骨的髓弓内则容纳着脊髓。

一、脑的构造及机能

脑被包在脑颅内，外被结缔组织的脑膜。脑和颅腔壁间有透明的脑髓液，脑髓液在脑室和中心管内也有分布。因为脑和脊髓都浸泡在脑髓液中，从而得到很好的保护。另外，脑髓液还具有维持脑组织的渗透压、营养脑组织、运走部分代谢产物等作用。鱼类的脑虽然较低等，但已分化为端脑、间脑、中脑、小脑和延脑等5个部分（图9-2、图9-3、图9-4）。

1. 端脑　端脑是位于脑的最前端的部分，由嗅脑和大脑两部分组成。

不同种鱼类的嗅脑结构有较大差异。软骨鱼类的嗅脑由嗅球、嗅束和嗅叶组成，嗅球与嗅觉器官的嗅囊紧密相接，嗅球后方有细的、长短不一的嗅束连于嗅叶上。硬骨鱼类的嗅脑通常有两种情况：一类是嗅叶分化为嗅球及嗅束，圆球状的嗅球紧靠嗅囊，嗅球以细长的嗅束连接于大脑，如鲤、鲢等鲤形目鱼类；另一类是嗅脑仅由一圆球状的嗅叶构成，嗅叶紧连

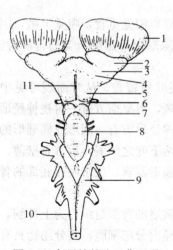

图9-2　灰星鲨的脑（背面观）
1. 嗅囊　2. 嗅球　3. 嗅束　4. 嗅叶
5. 大脑　6. 间脑　7. 中脑　8. 小脑
9. 延脑　10. 脊髓　11. 脑上腺
（孟庆闻等.1989.鱼类学）

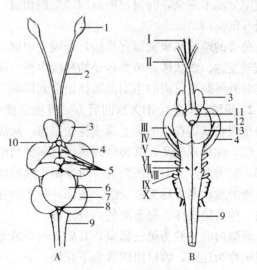

图9-3　鲤脑的结构
A. 背面观　B. 腹面观
1. 嗅球　2. 嗅束　3. 大脑　4. 中脑　5. 小脑瓣
6. 小脑　7. 迷叶　8. 面叶　9. 延脑　10. 脑上腺
11. 脑垂体　12. 血管囊　13. 下叶　Ⅰ～Ⅹ. 脑神经
（孟庆闻等.1989.鱼类学）

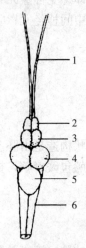

图 9-4　花鲈脑的背面观
1. 嗅神经　2. 嗅叶　3. 大脑
4. 中脑　5. 小脑　6. 延脑
(集美水产学校.1998.鱼类学)

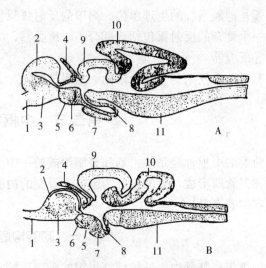

图 9-5　板鳃类和真骨鱼类脑的纵切面模式
A. 板鳃鱼类　B. 真骨鱼类
1. 嗅束　2. 大脑　3. 基神经节　4. 脑上腺　5. 视神经及视束
6. 间脑　7. 脑垂体　8. 血管囊　9. 中脑　10. 小脑　11. 延脑
(苏锦祥.2008.鱼类学与海水鱼类养殖学)

在大脑前方，嗅叶前方有细长的嗅神经与嗅囊发生联系，如鲈、带鱼等鲈形目鱼类。

嗅脑后方紧接大脑。鱼类大脑多呈球状，大脑中央有纵沟将其分为左、右两部分，即大脑半球。大脑背壁没有神经组织，而大脑腹壁上有由许多神经细胞集中而形成的纹状体，为真正脑组织所在。大脑半球内各有一脑腔，称为侧脑室，或分别称为第一、第二脑室，左、右脑室分隔不完全，向前与嗅脑内的空腔相通，每一侧脑室后方借室间孔与间脑的第三脑室相通（图 9-5）。

鱼类的端脑和嗅觉器官连接，是嗅觉中枢。软骨鱼类主要靠嗅觉觅食，嗅觉灵敏，因而嗅脑较发达。纹状体是鱼类运动的高级中枢。实验证明，切除端脑可影响鱼类的合群游泳，鱼类对外界刺激反应的主动灵活性也受到影响。

2. 间脑　间脑位于大脑的后方，背面常被中脑的一对视叶所覆盖。从背面观可见中央突出细线状或颗粒状的脑上腺或称松果腺。从腹面观察最清晰，可见前方有一对视神经形成交叉状，称为视交叉，其神经纤维经过间脑与中脑相连。视神经后方有一圆形或椭圆形的隆起部，称为漏斗。漏斗两侧有一对半圆形或椭圆形的下叶。两下叶之间漏斗后方有壁薄、富含血管的囊状器官称为血管囊。在漏斗的下面连接一个白色圆形器官，位于颅腔底部的骨凹窝内，称为脑垂体，是重要的内分泌腺。

间脑内的空腔为第三脑室，其后方与中脑室相连。第三脑室的背部组织称为上丘脑，侧壁组织称为丘脑，腹壁组织称为下丘脑。下丘脑具有一些神经内分泌细胞，其分泌物具有温度调节、心血管活动调节和摄食调节效应，并能控制脑垂体的激素分泌作用，间接地影响鱼类的繁殖等活动。

间脑对于色素细胞的影响很明显，鱼类除了有延脑引起皮肤变白的神经中枢外，在间脑还有与之对抗的神经中枢，它能使鱼体变黑。间脑还与视觉、嗅觉、味觉等感觉兴奋的调节有关。间脑的一个重要功能是调节内分泌活动。

3. 中脑　中脑又名视叶，是位于大脑后方、间脑上方的一对半球形或椭圆形的结构。

中脑内的空腔称中脑室，它与第三、第四脑室相通。将硬骨鱼类的中脑纵切后，可以见到中脑腹面有小脑瓣伸入。

中脑与其他脑部联系紧密。中脑是鱼类的视觉中枢，视神经纤维将视觉神经冲动从视网膜传递到中脑细胞，如切除中脑顶盖的上部，鱼类只丧失它后面的一部分视觉，切除中脑顶的一侧时，则与此相应的一侧即变为盲眼。中脑与小脑、延脑有神经联系，中脑对鱼体的运动和平衡有调节作用。

4. 小脑　小脑是位于中脑后方的单个的圆形或椭圆形体，软骨鱼类小脑上有明显的纵沟和横沟，显得较大，硬骨鱼类小脑的表面则一般光滑。硬骨鱼类小脑的前部向前方伸出小脑瓣突入中脑。有些硬骨鱼类的小脑瓣（为鱼类所特有）特别发达，把中脑的一对视叶挤向两侧，如鲤。有些硬骨鱼类小脑的两侧有耳状的突起，称为小脑鬈，如大黄鱼、花鲈等。小脑内的空腔为第四脑室，向后延伸到延脑。

小脑是鱼类运动的主要调节中枢。小脑能维持鱼体平衡，协调运动，节制肌肉的张力。切除小脑会使游泳活动变得不平稳，运动失去平衡及协调作用。切除小脑耳部则鱼类会失去肌肉紧张，出现身体向一侧弯曲的现象。小脑的大小随鱼类的活动能力而有所不同。运动活泼、激烈的鱼类小脑特别发达，如鲨、鳕；运动不活泼的鱼类小脑不发达，如比目鱼类。小脑鬈与内耳及侧线器官有密切联系，所以，鱼类的小脑兼为听觉、前庭及侧线的会合中枢。

5. 延脑　延脑是脑的最后部分，延脑穿出头骨枕孔后即为脊髓，两者无明显的分界。延脑内部背面有一个菱形的腔，即为第四脑室，背部有脉络膜丛遮盖，向后与脊髓的中心管相通。有些硬骨鱼类如鲤等在延脑前部有面叶和迷走叶。面叶是单独个体，从背面观察，它的前部被小脑遮住，只能见到其后部。迷走叶左右成对，在小脑的后两侧，将面叶夹在当中。面叶和迷走叶的后方为延脑的本体，略呈长管状，前宽后狭。有些硬骨鱼类如鲢的延脑没有分化出面叶和迷走叶，只有延脑本体，呈长三角形，前宽后狭。

延脑是脑的非常重要的部分，它有多个神经中枢。

（1）味觉中枢。延脑的面叶及迷走叶是味觉中枢，味蕾发达的鱼类这两部分特别显著，如鲤、鲇等。迷走叶司口内味觉，而面叶司皮肤表面的味觉。

（2）听觉中枢。鱼类的听神经从延脑发出分布到内耳。

（3）呼吸中枢。破坏延脑会使呼吸即刻停止。

（4）侧线感觉中枢。延脑发出的神经到达侧线内，与侧线功能相联系。

（5）调节色素细胞中枢。延脑的这个中枢作用与间脑的色素调节中枢的作用正好相反，它使鱼体色素细胞内色素颗粒集中，引起皮肤变白。

（6）皮肤感觉中枢。延脑能使鱼类的皮肤具有触觉、痛觉和冷热等多种感觉。

6. 鱼脑形态与生活习性的关系　不同生态类群的鱼类脑的构造有下列一些生态适应性特征：

（1）中上层鱼类。主要依靠视觉觅食，视叶发达，纹状体不发达，小脑大或侧叶发达，延脑不大分化。如鲐、带鱼、鳙、飞鱼等。

（2）底栖鱼类。常具有发达的纹状体，有的大脑有沟纹。小脑通常较小，这一特点与底栖鱼类不大活动有关。延脑发达常分化，这与具触须和其他与捕取底层饵料有关的触觉和侧线器官发达有关，如鲤、鲫、泥鳅、黄颡鱼、黑鮟鱇等。

(3) 浅海活泼游泳鱼类。介于中上层鱼类与底栖鱼类之间，小脑不如中上层鱼类发达，但比底层鱼类发达，有时小脑虽不大，但发育得相当好。浅海鱼类的视叶比底层鱼类发达，而嗅叶又比上层鱼类发达，如花鲈、鲳等。

二、脊髓的构造及机能

鱼类的脊髓位于椎体上方的髓弓内，是一条扁椭圆形的长柱状管子，紧接延脑后方，往后延伸到最后一个脊椎骨。脊髓一般由脑后逐渐由粗变细，但在肩带胸鳍所在部位和腰带腹鳍所在部位的两个区域略有膨大。

鱼类的脊髓背面有一个纵沟向内凹入，为背中沟；腹面有一个不甚显著的浅沟，为腹中沟。脊髓外面包有脊髓膜。由横切面观察，脊髓中央是中心管或称髓管，中心管周围是神经元的细胞体构成的灰质，呈蝶状，灰质的背方延伸为背根，是传入纤维的通路，腹方延伸为腹根，是传出纤维的通路，两侧是低级中枢所在。灰质周围称为白质，里面只有神经纤维，其中包括上行至脑及自脑发出的下行纤维。

鱼类脊髓发达程度因种类而异。圆口类脊髓的灰白质没有分化；板鳃类的脊髓呈管状，灰质集中于中央呈蝶状，有背、腹中沟；硬骨鱼类的脊髓有背中沟但无腹中沟，灰质向中心管集中（图 9-6）。

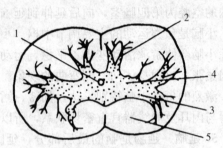

图 9-6 鲑的脊髓横切面
1. 髓管 2. 背角 3. 腹角 4. 灰质 5. 白质
（苏锦祥．2008．鱼类学与海水鱼类养殖）

脊髓的机能主要有两个：一是鱼类的低级的反射中枢，支配不经过脑的反射运动；二是在脑和外周神经系统之间起传导和联络的作用。

第三节　外周神经系统

外周神经系统由中枢神经系统发出的神经与神经节（神经元的细胞体集中的部位）组成，包括脊神经及脑神经。中枢神经借外周神经与皮肤、肌肉、内脏器官等联系，其作用是传导感觉冲动到中枢神经系统，以及由中枢向外周传导运动冲动。

一、脑　神　经

脑神经由脑发出，通过头骨孔而达身体外周。鱼类的脑神经一般都有 10 对，其中有些仅包括感觉神经纤维，成为感觉性神经；有些仅包括运动神经纤维，成为运动性神经；有些包括感觉神经纤维和运动神经纤维，成为混合神经。现将各对脑神经分别描述如下（图 9-7）。

1. 嗅神经（Ⅰ）　是嗅囊与嗅脑相连的神经，细胞本体在嗅黏膜上。嗅叶分化为嗅球和嗅束的鱼类，如鲤等鲤形目鱼类，嗅神经很短，在嗅球和嗅囊之间；嗅叶不分化的鱼类，如鲈等鲈形目鱼类，嗅神经较长，在嗅叶和嗅囊之间。为感觉性神经，专司嗅觉。

2. 视神经（Ⅱ）　细胞本体在视网膜上，视神经纤维向内延伸到间脑，在间脑腹面前端形成视交叉，即左侧一根视神经进入中脑的右视叶，右侧一根视神经进入中脑的左视叶。为感觉性神经，专司视觉。

第九章　神经系统

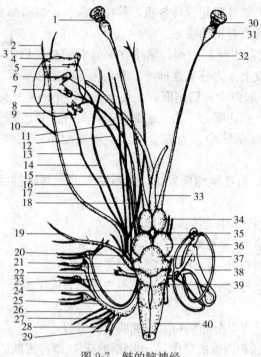

图 9-7　鲢的脑神经

1. 嗅神经　2. 下颌支　3. 上颌支　4. 内直肌　5. 下斜肌　6. 上斜肌　7. 上直肌　8. 下直肌　9. 外直肌　10. 浅颜面支　11. 动眼神经　12. 滑车神经　13. 外展神经　14. 深眼支　15. 浅眼支　16. 口部支　17. 颌支　18. 口盖支　19. 舌颌支　20. 三叉神经　21. 面神经　22. 听神经　23. 舌咽神经　24. 迷走神经　25. 鳃支　26. 鳃盖支　27. 内脏支　28. 内脏支　29. 侧线支　30. 嗅囊　31. 嗅球　32. 嗅束　33. 视神经　34. 大脑　35. 脑上腺　36. 中脑　37. 小脑　38. 内耳　39. 延脑　40. 脊髓

（孟庆闻. 1960. 白鲢系统解剖）

3. 动眼神经（Ⅲ）　发自中脑腹面两侧，到达眼球的上直肌、下直肌、内直肌和下斜肌，为运动性神经，支配眼球的运动。

4. 滑车神经（Ⅳ）　发自中脑后背缘的背面，分布到眼球的上斜肌上。为运动性神经，支配眼球的运动。

5. 三叉神经（Ⅴ）　发自延脑前腹面两侧，为一对较粗大的神经。分出有 4 个分支：浅眼支、深眼支、上颌支、下颌支。浅眼支与面神经的浅眼支在基部并合，分布到头顶及吻端的皮肤上。深眼支分布到鼻部黏膜、吻部皮肤上。上颌支分布到吻部腹侧的皮肤及上颌。下颌支分布到颌部肌肉、鳃弓肌肉。为混合神经，支配颌部的动作，同时接受来自皮肤、唇部、鼻部及颌部的感觉刺激。

6. 外展神经（Ⅵ）　发自延脑腹面靠近中线外，分布到外直肌。为运动性神经，支配眼球的运动。

7. 面神经（Ⅶ）　由延脑侧面发出，基部与第Ⅴ及第Ⅷ对脑神经接近，是一对较粗大且分支较多的脑神经。其主要分支有：

（1）浅眼支，与第Ⅴ对脑神经的浅眼支合并在一起，到达吻部。

（2）口部支，较大，穿过脑颅，分布到上颌。

（3）口盖支，沿眼眶内缘分布到口咽腔前部的口盖黏膜及上颌顶部。

（4）舌颌支，分布到舌弓、第一鳃弓或鳃盖的肌肉及上、下颌。

为混合神经，支配头部各肌与舌弓各肌，并司皮肤、舌根前部及咽部等处的感觉，与触须上的味蕾和头部感觉管也有密切联系。

8. 听神经（Ⅷ） 起源于延脑侧面，紧接在第Ⅶ对脑神经后方，分布到内耳的椭圆囊、球状囊、瓶状囊及各壶腹上。为感觉性神经，专司传导听觉和平衡。

9. 舌咽神经（Ⅸ） 起源于延脑侧面，主要分布于鱼类的第一鳃弓。其主干上有一神经节，节后分出两支，一支到达咽部、第一鳃裂之前，另一支到达第一鳃裂之后，它们分布到口盖、咽部以及头部侧线系统中。为混合神经，可支配第一鳃弓运动，并司口盖等部的感觉。

10. 迷走神经（Ⅹ） 由延脑侧面发出，是最粗大的一对脑神经，因其分支复杂，故称"迷走"。分出四大分支：

（1）侧线支，分布到达身体两侧的侧线器官。

（2）鳃支，分布到第1~4对鳃弓。

（3）内脏支，分布到心脏、消化器官以及鳔等。

（4）鳃盖支，在鳃支与内脏支之间发出，沿主鳃盖骨向下伸展，分布到鳃盖内缘的鳃盖收肌及鳃盖膜上。

此外，还有许多小分支，分布到口咽腔黏膜及肩带等。

为混合神经，支配咽区和内脏的动作，并司咽部的味觉、躯部皮肤的各种感觉以及侧线感觉。

二、脊神经

脊神经在结构上呈分节排列现象。每对脊神经包括1个背根和1个腹根。背根连于脊髓的背面，腹根发自脊髓的腹面。背根主要包括感觉神经纤维，具有感觉作用，负责传导周围的神经冲动至中枢神经系统；腹根主要包括运动神经纤维，具有运动作用，负责传导中枢神经系统发出的神经冲动到各效应器。

脊神经的背根和腹根在穿出椎骨之前合并为1支，穿出椎骨后随即分为3支：背支、腹支、内脏支，这3支都含有感觉神经纤维和运动神经纤维。第一支为背支，分布到鱼体背部的肌肉与皮肤上，负责背部皮肤和肌肉的感觉与运动；第二支是腹支，分布到腹部的肌肉与皮肤上，负责腹部皮肤和肌肉的感觉与运动；第三支是内脏支，分布到胃、肠和血管等内脏器官上，负责各内脏器官的感觉和运动（图9-8）。

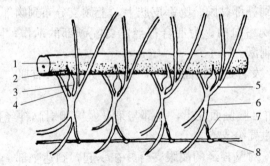

图9-8 脊神经
1. 脊髓 2. 背根 3. 背根神经节 4. 腹根 5. 背支 6. 腹支 7. 交通支 8. 交感神经干
（孟庆闻等.1989.鱼类学）

第四节　植物性神经系统

植物性神经系统又称为自主性神经系统,是专门管理内脏平滑肌、心肌、内分泌腺和血管扩张收缩等活动的神经,与内脏的生理活动和新陈代谢有密切的关系。它也由中枢神经系统发出,然而在发出后并不直接到达所支配的器官,中间要经过神经节交换神经元后再到达各器官。植物性神经系统在机能上不完全受命于中枢神经,而具有一定的自主性。

植物性神经系统包括交感神经系统和副交感神经系统,这两组神经同时分布到各内脏器官,产生相颉颃作用,即一组兴奋而另一组受到抑制。在正常情况下,两组神经的作用维持平衡,保持协调。

一、交感神经系统

圆口类和软骨鱼类的交感神经节是分散的,没有交感神经干,腹部的器官由3个内脏神经节支配。真骨鱼类有沿脊柱两侧排列的主要由神经纤维组成的交感神经干,其上有按节分布的交感神经节。交感神经干向前延伸至头部,与三叉神经、面神经、舌咽神经和迷走神经等脑神经联系,头后交感神经节与脊神经的交通支相连(图9-9)。交感神经分为节前纤维和节后纤维两段,自脑和脊髓到神经节的部分称为节前纤维,由神经节到内脏平滑肌、内分泌腺和血管等的部分称为节后神经纤维。

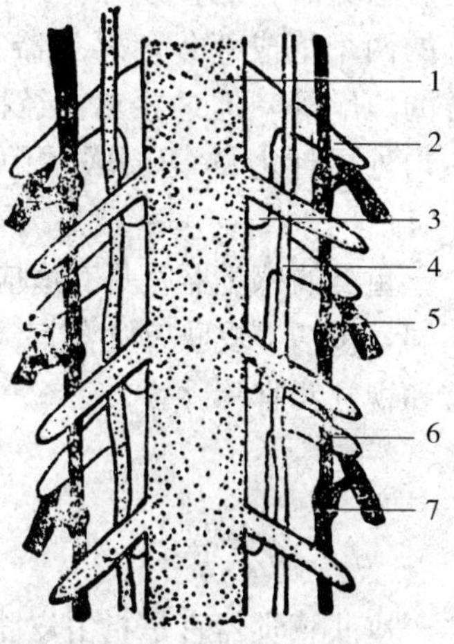

图9-9　鲢的交感神经与脊神经
1. 背主动脉　2. 肋骨　3. 椎骨
4. 血管　5. 脊神经腹支
6. 交感神经干　7. 交感神经节
(孟庆闻等．1989．鱼类学)

二、副交感神经系统

副交感神经系统包括在动眼神经(Ⅲ)及迷走神经(Ⅹ)等脑神经中,发出后分布至前部器官。硬骨鱼类的副交感神经在脊椎部分缺乏,所以生殖腺、肾和膀胱等处仅仅分布交感神经系统的神经纤维,相反,鳃部只有来自迷走神经的副交感神经纤维。副交感神经纤维循第Ⅲ对脑神经而达到眼球的睫状神经节,分布到眼球睫状体的平滑肌和虹膜上;另一重要的副交感神经纤维循第Ⅹ对脑神经的内脏支分布到食道、胃、肠以及附近的一些器官上,另外还有分布到静脉窦和鳔上的。副交感神经也具有节前和节后纤维,与交感神经不同的是,它的神经节位于其所作用的器官的壁中或其紧邻处,与交感神经的作用相颉颃。

复习思考题

1. 下丘脑指脑的哪部分?有何功能?
2. 试述鱼脑的基本结构,并说明各部分脑的主要机能。
3. 试述鱼类的脑神经及其起至点和功能。
4. 简述鱼类脊髓的构造及其机能。
5. 植物性神经有何特点?

第十章

感 觉 器 官

感觉器官是直接与外界相联系，接受外界刺激的器官。感觉器官与神经系统是不可分割的两个组成部分，感觉器官将外界环境的各种刺激（如敌害的到来、水压的变化、异常的声响等）通过感觉神经将信息传递到中枢神经，从而使鱼能做出适当的反应，因此鱼与外界环境的复杂联系中，神经起着主导的作用，感觉器官则是它必不可少的外围器官。

鱼类的感觉器官具有适应水栖生活的构造和机能，与陆生脊椎动物的感觉器官有明显的不同，包括：皮肤感觉器官（如侧线感觉器官、罗伦瓮等）、嗅觉器官、味觉器官、听觉器官和视觉器官等。

第一节 皮肤感觉器官

皮肤感觉器官是指由皮肤的感觉细胞与支持细胞所形成的不同器官，包括感觉芽、丘状感觉器和侧线器官等。最简单的感觉器是极细小的芽状突起，称感觉芽；较为复杂一些的构造呈丘状，称为丘状感觉器；最高度分化的结构是侧线系统及其变形结构罗伦瓮。

皮肤感觉器官具有触觉、感觉水流、水温和测定方位等功能。

这些感觉器官结构的共同特点是由两种细胞组成的小体：一种是感觉细胞，它的一端具有一些不动毛和一枚能动的感觉毛，另一端与神经纤维的末端相联系；一种是柱状的支持细胞。

一、感觉芽和丘状感觉器

(一) 感觉芽

感觉芽是突出在鱼体表面的一些芽状结构，是最简单的皮肤感觉器，具有触觉和感觉水流的功能。

1. 感觉芽的结构　它由分散在表皮细胞间的若干梨形的感觉细胞和周围的支持细胞所组成，这也是皮肤感觉器官的基本构造。感觉细胞具有感觉和分泌双重机能。上方由感觉细胞分泌一胶状物质凝结在感觉器外表，称为胶质顶（感觉顶），突出于身体表面。感觉细胞顶端生出感觉毛进入顶中，每一感觉细胞上都有一根粗而长的动毛和多而细短的不动毛（其数目可达120～150枚），这些感觉毛感受刺激的方向是一定的，从不动毛向动毛传导。在胶质顶的上端分布有神经末梢（舌咽神经、迷走神经的分支），外界刺激通过胶质顶到达感觉细胞。感觉顶越细长，感觉越敏锐，反应也越快。当水流冲击鱼体时，引起感觉顶的倾斜，感觉细胞所接受的刺激通过神经纤维传递到神经中枢。与感觉细胞联系的神经纤维来自第Ⅶ对、Ⅸ对和Ⅹ对脑神经（图10-1、图10-2、图10-3）。

第十章 感觉器官

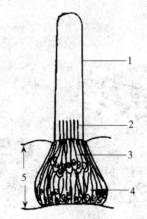

图 10-1　鲼感觉芽构造模式
1. 顶　2. 感觉毛　3. 感觉细胞
　　4. 支持细胞　5. 表皮
（孟庆闻．1987. 鱼类比较解剖）

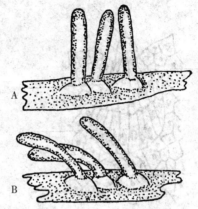

图 10-3　鲼的感觉芽
A. 正常状态　B. 倾斜状态
（孟庆闻．1987. 鱼类比较解剖）

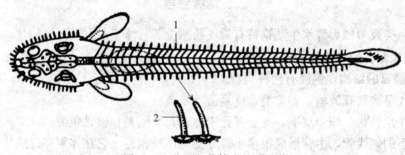

图 10-2　花鳉鱼苗体表的感觉芽
1. 感觉芽　2. 顶
（孟庆闻．1987. 鱼类比较解剖）

2. 感觉芽的分布　感觉芽分散在鱼的表皮细胞之间，一般位于体表、口腔黏膜、须、鳍的上面，通常难以看到，用低倍镜或解剖镜观察刚孵化的透明鱼苗时则清晰可见。

（二）丘状感觉器（陷器）

1. 丘状感觉器的结构和功能　这种感觉器的特点是感觉细胞低于其周围的支持细胞，因而形成了中央凹陷的小丘状构造。它在发生的早期也呈芽状突起，后来才从皮肤表面下陷为穴状，故又称为陷器。其与感觉细胞联系的神经纤维来自侧线神经的分枝。作用是感觉水流、水压及感受盐度变化，由第Ⅶ、第Ⅸ对脑神经分支所支配。栖息于水底的鱼类陷器发达。

2. 丘状感觉器的分布　丘状感觉器分布在板鳃类和硬骨鱼类的头部和躯干部，头部较多，如鲢、鳙，日本扁鲨、泥鳅和鲇的躯干部有很多的陷器（图10-4）。丘状感觉器的排列方式随种类而异，如白鲟的陷器是一簇簇地分布在长吻的背腹面、上下颌、鳃盖上以及头的其他部分，好似花朵一般（图10-5）。七鳃鲨的陷器在喷水孔和胸鳍前之间按节成行排列。

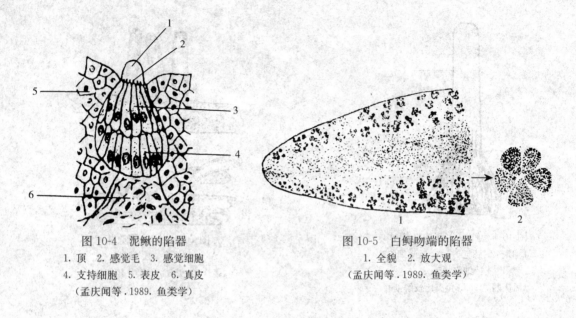

图 10-4 泥鳅的陷器
1. 顶 2. 感觉毛 3. 感觉细胞
4. 支持细胞 5. 表皮 6. 真皮
(孟庆闻等.1989.鱼类学)

图 10-5 白姆吻端的陷器
1. 全貌 2. 放大观
(孟庆闻等.1989.鱼类学)

二、侧线器官

侧线是鱼类及两栖类等水生动物特有的皮肤感觉器,埋于皮下且高度特化。

(一)侧线器官的结构和分布

1. 侧线器官的结构 侧线有两种类型。

(1) 侧线呈沟状开放的,如鲨类,这是低等表现。

(2) 侧线呈管状,埋于皮下,支管开孔于体表,如鳐类和硬骨鱼类。

埋在皮下的侧线管,主管形成很多小管分支与体外相通(它在体侧穿过鳞片,鳞片上有一个个小孔与外界发生联系),为侧线孔。侧线管内有许多感觉器,管内充满黏液,当水流冲击身体时,水的压力通过小孔进入管内,引起黏液的流动,并使感觉顶发生倾斜、摇动,这样外来的刺激就可以由感觉细胞感受后由神经传导到中枢。侧线受第Ⅶ和第Ⅹ对脑神经的侧线神经支配(图 10-6)。

2. 侧线器官的分布 侧线无论是沟状或管状,一般其分布形式基本相同,主要分布在身体两侧及头部。主支分布在头后身体的两侧,由侧线神经所支配。体侧的侧线一般为身体两侧各 1 条,少数鱼类每侧有 2 条(如中华舌鳎、宽体舌鳎)或 3 条(半滑舌鳎)甚至更多(六线鱼每侧 5 条),但鲱科鱼类无侧线(图 10-7)。

头部侧线分布较复杂,以鲢为例,在头部分成若干支,每侧主要有:

(1) 眶上管。位于眼眶的背面,向前达鼻部的前端,管道埋在鼻骨、额骨及顶骨中。

(2) 眶下管。位于眼眶后方并绕围眼球的腹面,再向前背方弯到鼻孔的前腹缘,管道埋在 8 块眶下骨中。

(3) 前鳃盖下颌管。位于眶下管的后方与其并列,经舌颌骨、前鳃盖骨向前至下颌的前端,管道埋在舌颌骨、前鳃盖骨、关节骨及齿骨中。

(4) 眶后管。位于眶下管与前鳃盖下颌管间的一段侧线管,管道埋在翼耳骨前部。

(5) 颞管。连接着眶后管和前鳃盖下颌管,管道埋在翼耳骨后部及鳞片骨中;头部侧线

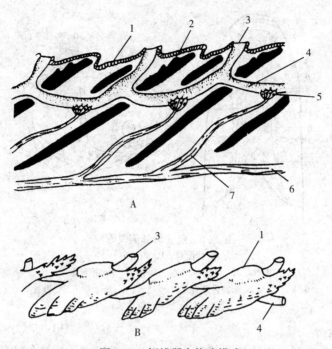

图 10-6 侧线器官构造模式
A. 纵断面 B. 鳞片和侧线管的侧面观
1. 表皮 2. 鳞片 3. 侧线孔 4. 侧线管 5. 感觉器 6. 侧线神经 7. 侧线神经分支
(集美水产学校.1990.鱼类学)

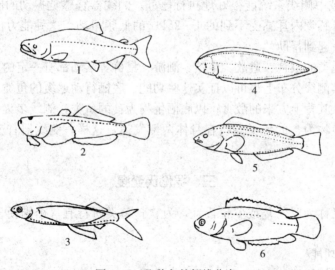

图 10-7 几种鱼的侧线分布
1. 大麻哈鱼 2. 瞻星鱼 3. 飞鱼 4. 三线舌鳎 5. 六线鱼 6. 攀鲈
(集美水产学校.1990.鱼类学)

器官由颜面神经和三叉神经分支控制。

(6) 横枕管。为一条短的横管，横过头的后部背方，连接着两侧的侧线管，管道埋在鳞片骨、上耳骨、顶骨、上枕骨中，接受舌咽神经的支配（图10-8）。

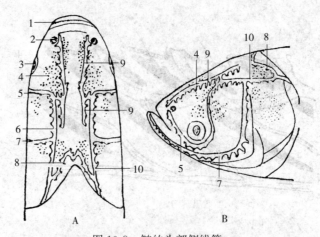

图 10-8 鲢的头部侧线管
A. 背面观 B. 侧面观
1. 口 2. 鼻孔 3. 眼 4. 陷器 5. 眶下管
6. 眶后管 7. 鳃盖舌颌管 8. 横枕管 9. 眶上管 10. 颞管
(孟庆闻等.1989.鱼类学)

(二) 侧线功能

1. 感觉水流 鱼类利用侧线器官感觉水流的方向和强度。如鱼能依着水流的方向来确定游泳的方向,在逆流游泳时,能根据水流的速度来调节自己的游速。

2. 测定方位 鱼类通过侧线器官对振动的感觉来协同视觉测定物体的位置。在水生环境中单凭视觉定向的准确率较低,侧线可以辅助视觉定向,确定远距离物体的位置,特别是黑暗或混浊的水域中侧线系统能很好地执行任务。侧线器官感觉振动的能力为 1～600Hz,如鲫的侧线器官可感觉内耳感受不到的 1～25Hz 的低频振动,这种能力往往在鱼类的结群洄游和生殖活动中起到帮助。

侧线器官对鱼类的摄食、避敌、生殖、洄游、集群等活动都有一定的关系。具有不同生活习性的鱼类从其侧线分布上也可以证实这些功能:底栖行动迟缓的鱼类,其侧线器官在背部集中,以警戒从其背上方来的敌害;以底栖生物为食的鱼类,侧线多集中于头部和躯干部的腹面;以浮游生物为食的鱼类侧线在身体两侧发达,这样,侧线器官就可以弥补视觉的不足。

三、罗伦氏壶腹

罗伦氏壶腹又称为罗伦瓮或罗伦氏瓮,为软骨鱼类所特有(个别硬骨鱼类如鳗鱼也具有)。

(一) 结构和功能

罗伦氏壶腹是侧线管的变形构造,呈管状或囊状,内有黏液,主要由 3 部分构成:
(1) 罗伦瓮。为基部膨大的囊,有第Ⅶ对脑神经末梢分布。
(2) 罗伦管。由囊状基部衍生出的管道,长短不一,个别分散,一般集合成群。
(3) 开孔。罗伦管开口于皮肤外表的通孔。瓮和管内都充满透明的黏液,故又称为黏液管(图 10-9)。

与侧线管不同的是每一单元各不相连通,常集成罗伦瓮群。

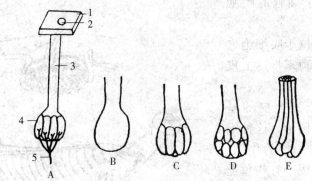

图 10-9 罗伦氏壶腹的类型
A. 一个罗伦瓮，管道和开孔 B. 单囊型
C. 单列多囊型 D. 多列多囊型 E. 六鳃鲨型
1. 皮肤 2. 开孔 3. 罗伦管 4. 罗伦瓮和小囊 5. 神经
（孟庆闻等.1989.鱼类学）

罗伦氏壶腹主要功能是感受电与温度的变化，能检测出低限到 $0.01\mu V/cm$ 的电压。具电感受器的鱼类对地震前的反应异常灵敏，现已成为研究鱼类地震预报机制的重要课题。

（二）分布

罗伦氏壶腹主要分布在软骨鱼类的吻端与头部的背腹面、鲳的皮肤上（图 10-10）。

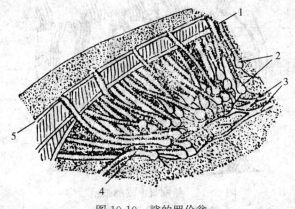

图 10-10 鲨的罗伦瓮
1. 开孔 2. 罗伦瓮 3. 神经 4. 管道 5. 表皮
（孟庆闻等.1989.鱼类学）

第二节 嗅觉器官

一、嗅觉器官的形态结构

鱼类的嗅觉器官是鼻腔内一对内陷的嗅囊，以外鼻孔与外界相通，一般不与口腔相通（部分软骨鱼类及肺鱼类除外）。嗅囊因为鼻腔的形状不同而有圆形、椭圆形或不规则形。

嗅囊内衬以嗅黏膜，黏膜褶皱的发达程度及形状各种鱼类也有不同。嗅黏膜由嗅觉上皮和固有膜所构成。嗅觉上皮上分布有嗅觉细胞、支持细胞和基细胞。

（1）嗅觉细胞。为梭形、杆状或线状，具有两个突起，一个突起伸至上皮表面，突出许多能运动的纤毛，另一端的突起细长，伸向后下方，基部后端有嗅神经纤维末梢分布，最后汇总而成嗅神经达于端脑的嗅脑上。

（2）支持细胞。位于嗅细胞之间，细胞长柱状，其顶端抵达上皮表面。

（3）基细胞。位于上皮的基部，细胞呈锥形或椭圆形，这种细胞有支持和补充上皮细胞的作用。固有膜由结缔组织构成，有些鱼类还有分泌黏液的杯细胞和棒形细胞（图10-11、图10-12）。

一般来说，视觉好的鱼视觉器官大、嗅觉器官小，嗅觉迟钝。嗅觉好的鱼视觉器官小、嗅觉器官大，或视觉器官、嗅觉器官都发达，嗅觉灵敏。

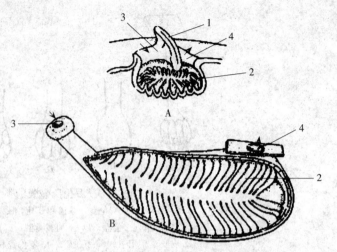

图10-11 鳕和鳗鲡的嗅觉器官
A. 鳕 B. 鳗鲡
1. 鼻瓣 2. 嗅黏膜褶 3. 前鼻孔 4. 后鼻孔
（集美水产学校.1990.鱼类学）

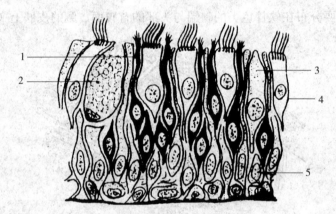

图10-12 鳗鲡嗅上皮的细胞结构
1. 嗅觉细胞 2. 杯状细胞 3. 棒状细胞 4. 纤毛细胞 5. 支持细胞
（集美水产学校.1990.鱼类学）

二、嗅觉器官的功能

由于在嗅囊外壁的嗅膜形成成排的皱褶，因此鱼类嗅觉的灵敏度极高，尤其是鲨。有人测定1m长的鲨其嗅膜总面积达 $4.842cm^2$。嗅觉器官主要有以下功能：

（1）能感受食物的气味，帮助鱼类寻找食物。鱼类依靠纯化学的嗅觉来寻找和辨别食物的能力很强，特别是底栖生活的鱼类主要依靠嗅觉觅食，曾有试验将死的沙丁鱼投入饲养有鲨的水族箱内，这时伏于水底的鲨马上寻找并把它吃掉，如将鼻腔塞住，这种寻找食物的动作也随之终止；如将一侧的鼻腔塞住，则发现鱼不断向未塞孔的一侧转向，并转向有食物的一侧。

（2）能嗅觉水中低浓度化学物质来鉴别水质。鱼类的嗅觉上皮对乙醇、酚和许多其他化合物的敏感性阈值范围和哺乳类相似，如虹鳟能感受浓度 1×10^{-9} mol/L 的 β-苯乙醇，红大麻哈鱼能感受浓度为 1.8×10^{-7} mol/L 的丁子香酚。

（3）能帮助、辨认同种鱼类和异种鱼类。鱼类以嗅囊感知敌害的存在和威胁，所以对集群、生殖行为和防御敌害侵袭也有一定作用。如罗非鱼的幼鱼对受伤鱼体皮肤所放出的某些警戒物质，有强烈的恐惧和趋避反应。

（4）与鱼类的洄游识途有密切联系。鲑能回到它出生的河流繁殖，是因为它习惯了这条河流的味道，它对这一河流的气味比其他河流有特殊的反应，这是因为这种化学的刺激，引导鲑做回归性洄游。

第三节 味觉器官

一、味觉器官的结构和分布

鱼类的味觉器官是味蕾，是由感觉细胞和支持细胞集合而成的椭圆形体。味蕾很小，肉眼看不见，需要借助显微镜才能看到。味蕾是由上皮分化形成的味觉感受器，它的基部和周围的上皮同在基膜上，顶端有味孔通于消化管腔或体表。味蕾的感觉细胞呈梭形，细胞核椭圆形，位于细胞的中部，细胞顶端有纤毛，由味蕾孔伸出外面，基部有神经末梢的分布；支持细胞也呈梭形，细胞较大，顶端无纤毛，细胞数目较多，与感觉细胞平行排列（图 10-13、图 10-14）。

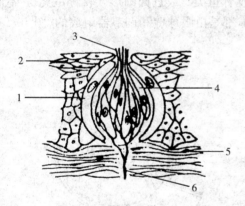

图 10-13 味蕾的模式构造
1. 支持细胞 2. 上皮细胞 3. 感觉毛
4. 感觉细胞 5. 结缔组织 6. 神经纤维
（集美水产学校．1990．鱼类学）

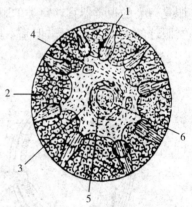

图 10-14 泥鳅须上的味蕾
1. 味蕾 2. 表皮 3. 真皮
4. 血管 5. 肌肉层 6. 软骨
（苏锦祥．2008．鱼类学与海水鱼类养殖）

鱼类的味觉器官分布很广，除在口咽腔、舌、鳃弓和鳃耙等口腔内器官有分布外，还可以分布到须、鳍膜及头部到尾部的皮肤上。在不同鱼类，味蕾分布的部位并不完全相同，如鲤、鲇和泥鳅在口咽腔内以及吻、须、唇上都有丰富的味蕾。口腔的味蕾是由第Ⅴ及第Ⅶ对脑神经支配，咽部由第Ⅸ对脑神经支配，躯干部味蕾接受第Ⅶ或第Ⅹ对脑神经支配。味觉中枢在延脑。口部味觉发达则迷走叶发达，体表味觉发达则面叶发达。

二、味觉器官的功能

鱼类的味觉功能由味蕾来完成。鱼类的味蕾能辨别出甜、苦、酸、咸等食物的味道。尤其对甜和咸更敏感，如根据对鲃的研究，其味蕾对糖的敏感性阈值是 $2×10^{-5}$ mol/L，对盐是 $4×10^{-5}$ mol/L，这比人对糖和盐的阈值分别低 512 倍和 184 倍。鱼类对于苦味，感觉比较迟钝。鱼类可以感觉水中二氧化碳和盐分的存在，并且具有很高的敏感性。另外，研究鱼类的味觉特点和喜爱的味道，对于提高饲料的适口性、引诱鱼类对饲料的喜爱和提高饵料利用率都有重要意义。

鱼类的味敏感性具有种类特异性。罗非鱼的味蕾对谷氨酸、天冬氨酸和精氨酸最敏感。东方鲀的味蕾对丙氨酸、甘氨酸和脯氨酸最敏感。真鲷的味蕾对丙氨酸、甘氨酸、精氨酸、脯氨酸和甜菜碱最敏感。虹鳟对脯氨酸最敏感。这与鱼类的摄食习性有关。不同鱼类食以不同的饵料，饲料化学成分在质和量上的差异，就形成了鱼对嗜好饵料的某些成分具有特殊的味敏感性。同种鱼类对不同化学物质的味敏感性不同，如罗非鱼对精氨酸、谷氨酸和天冬氨酸最敏感，对半胱氨酸、丝氨酸、丙氨酸的敏感性次之，对脯氨酸最不敏感。

某些化学物质可以破坏味蕾的结构和功能，如水体被洗涤剂、酚和油类污染后，鲤的嗅觉和味觉都受到破坏。

第四节 视觉器官

一、鱼眼的构造及各部机能

眼是鱼类的视觉器官，鱼类的眼球呈球形（硬骨鱼类）或近椭圆形（软骨鱼类）。不同的鱼类眼球的大小虽有差异，但基本构造是一样的，都是由眼球壁和调节器组成的（图 10-15、图 10-16）。

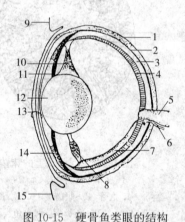

图 10-15　硬骨鱼类眼的结构
1. 巩膜　2. 脉络膜的银膜　3. 脉络膜的血管膜和色素膜
4. 视网膜　5. 视神经　6. 血管　7. 镰状突
8. 晶体缩肌　9. 皮肤　10. 悬韧带　11. 虹膜
12. 晶状体　13. 角膜　14. 环韧带　15. 结膜
（苏锦祥.2008.鱼类学与海水鱼类养殖）

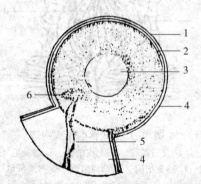

图 10-16　带鱼的眼球背腹垂直剖面，示后眼房内面观
1. 巩膜　2. 脉络膜　3. 晶状体
4. 视网膜　5. 镰状突　6. 铃状体
（孟庆闻等.1989.鱼类学）

(一) 眼球壁

眼球壁是包裹在眼球外面的膜，眼球壁从外向内由 3 层膜构成，即巩膜、脉络膜和视网膜。

1. 巩膜　在眼球的最外层，软骨鱼类及鲟鱼类的巩膜是软骨质的，而硬骨鱼类大多为纤维质。巩膜能抵抗眼内压的增加及软骨包围而引起眼球的变形，具有保护眼球的作用。6条动眼肌附着在巩膜上。

巩膜在眼球前方透明的部分是角膜。角膜呈透明状，它的密度几乎近似于水的密度，故无折光作用，光线可通过角膜落到晶状体上。鱼类的角膜比较扁平，可以减少因摩擦而遇到的损伤，这与其水生生活相适应。

2. 脉络膜 为紧贴在巩膜内的一层，位于巩膜和视网膜之间，富含血管和色素，能供给眼球的营养，又能吸收眼内的光线以防止散射。由银膜、血管膜及色素膜3层组成。

（1）银膜。紧贴巩膜内表面，具有银色光泽，含有许多鸟粪素结晶的反光体，能起反射光线作用，深海鱼类很少发现此层。

（2）血管膜。银膜内层为血管膜，主要有一些血管分布。

（3）色素膜。第三层为色素膜，由色素细胞所组成，呈黑褐色，可防止内部反射，色素膜紧贴血管膜，颜色相仿，难以分辨。

脉络膜向前延伸到眼球外侧方部分即为虹膜，虹膜中央的孔即为光线通过的瞳孔。通常鱼类瞳孔的收缩能力较弱。部分鱼类的瞳孔宽，能够收缩或放大，如鳗鲡、眼镜鱼、鲽形目鱼类。许多鱼类在脉络膜的银膜与血管膜之间有一围绕视神经形成的脉络腺，呈马蹄形，是由许多微血管聚集而成的，与鳔的红腺相似。脉络腺在软骨鱼类中及软骨硬鳞鱼类、硬骨硬鳞鱼类中通常不存在。它对心脏来的血液的压力起缓冲作用，能减少对视网膜的机械损伤，另外，具有发达脉络腺的硬骨鱼类，视网膜正前方玻璃体的氧分压非常高，可达33～109kPa，而没有脉络腺的鱼类，氧分压只有1.33～2.66kPa，所以，脉络腺和氧的主动分泌有密切联系。

3. 视网膜 位于眼球的最内层，是产生视觉作用所在的部位，是感光的场所，视神经末梢就分布在视网膜中，视网膜主要由4层复杂的细胞组成：色素上皮细胞、视锥细胞和视杆细胞、两级细胞、神经节细胞。除色素上皮细胞外其余3层细胞都是神经细胞和一些神经胶质细胞。

（1）色素上皮细胞。紧贴于脉络膜，由矮六角形细胞组成，细胞质中充满色素颗粒，并形成突起伸入视杆和视锥之间，将它们隔开，受强光刺激时，上皮细胞的色素颗粒便向胞突移动，使每个视杆和视锥均被色素所包围；当外界光线减弱时，色素颗粒又从胞突胞缩回胞体内。具有提高脉络膜吸收光线的作用，以保护视杆细胞不受过度光线的照射。

（2）视锥细胞（圆锥细胞）及视杆细胞。鱼类含有两种视觉细胞，这些细胞能感受光的刺激，其结构与神经细胞相似。视杆细胞感受弱光的刺激，不感强光，在黄昏或微弱的光照下能辨别黑白物体，因此行光觉作用；视锥细胞可感受光波长短的刺激，具有分辨颜色的能力，司色觉作用。这两种细胞的比例与鱼类的生活环境有关。在光亮环境中生活的鱼类，视杆细胞数略多于视锥细胞，如狗鱼、鲈等，其比例约为3∶1；喜欢在昏暗环境中生活或夜间出来觅食的鱼类，视杆细胞数大大超过视锥细胞，如鳊的视杆细胞与视锥细胞之比为20∶1，江鳕为90∶1，深海鱼类的视细胞全部都是视杆细胞。视锥细胞和视杆细胞均与视神经的纤维相联系。

（3）两级细胞。是两级神经元构成的中间神经元。

（4）神经节细胞。这是最内层，神经节细胞的神经为轴突，汇合后成为视神经而进入脑。

（二）调节器

除眼球壁外，鱼的眼睛内还有调节器，是由晶状体、充满眼球腔中的液体和悬系晶状体的一些构造组成。

1. 晶状体 晶状体为眼球内无色透明的坚实球体，由无色透明成群的细胞组成，无血管和神经，由角膜和虹膜包围，起透镜的作用。晶状体与角膜之间的空腔称为眼前房。晶状体与视网膜之间的空腔称为眼后房。

2. 水状液和玻璃液 水状液位于眼前房中，是一种透明而流动性大的液体，能让光线穿过而射到晶状体，并起润滑角膜的作用。玻璃液位于眼后房，是视网膜分泌的一种黏性很强的胶状物，为蛋白性组织，能阻止晶状体移到后室，并能固定视网膜的位置。

3. 镰状突、晶状体缩肌和悬韧带 镰状突位于眼后方腹面视网膜上，呈镰刀状的透明薄膜，向前伸达晶状体的后下方，是由脉络膜进入视网膜而形成的鞍状突起，内富含血管和肌肉，其前端与膨大成钟形的铃状体或称晶体状缩肌相连。

晶体状缩肌是镰状突前端以韧带与晶状体腹面相连的一块平滑肌，收缩时拉晶状体向后，以调节视觉。

悬韧带一端连着虹膜，另一端与晶状体背面相连，来固定晶状体。

鱼类的镰状突和晶状体缩肌用来移到晶状体的前后位置，而不能改变晶体的凸度，这种视觉调节称单重调节，这与鸟类视觉的双重调节不同。

二、鱼眼的视觉作用及其特点

（一）视觉的产生

视觉的产生是光线透过水进入角膜，经眼前房到达晶状体，后通过晶状体的折射作用，光线再透过眼后房而到达视网膜，被圆锥细胞或视杆细胞接受，圆锥细胞及视杆细胞兴奋，发出神经冲动，形成视像，经中间神经元、两极细胞和神经节细胞由视神经而传达到视叶，最后综合为视觉。

（二）视觉特点

1. 可视距离小 由于鱼眼的晶状体为球形，缺乏弹性，水的密度比空气大，水中存在悬浮物质，因此，大多数鱼类是近视的，只能看到距离很近的物体，最大距离一般不超过 $10 \sim 12m$，而能看清楚的就更小，如淡水鲢只能看清楚不超过 $30 \sim 40cm$ 距离远的物体。鱼类在水中虽然近视，但却能看得见空气中的物体，这是由于光线的折射规律，岸上物体的影像传到水面后，必定先经过折射才落到鱼眼里，使鱼眼所感觉到的物体的距离要比实际物体的距离近得多，位置也较高些。所以，当人还没有靠近水边时，鱼就已感觉到人在它的头上而躲开了。因此，在岸上的人站的越低，就越不容易被发现，故有经验的钓鱼者，常常是蹲着钓鱼的（图 10-17）。

2. 单眼视觉范围大 鱼类的晶状体大而呈球形，因此鱼眼是潜望镜式，不仅能直视，而且能接受斜的光线。每个眼的视野称单眼视野，单眼能看到的区域比较大，单眼水平视角可达到 $160° \sim 170°$，垂直视角可达 $150°$。两侧视野有一部分重叠区域称为双眼视野，大多数鱼的双眼视野不大，甚至没有，这取决于头的形状和眼在头部的位置，同时也取决于鱼眼在眼眶内的活动性。在双眼视野内，鱼类对物体有最清晰的感觉，尤其对外界物体的距离有正确的判断。如鱼类在紧靠吻的前面有一小块地方是眼所不能看到的，称为无视区。淡水鲢在垂直面上的视野达150°（人眼为134°），水平面上的视野为160°～170°（人眼仅为154°），双眼视野为20°～30°，最大为40°，最小为5°，而人眼为120°（图10-17）。

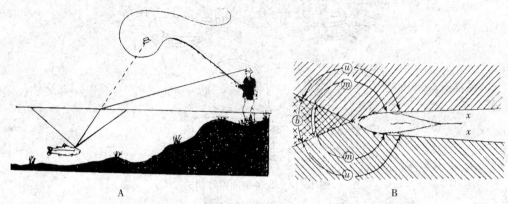

图10-17　鱼类的视觉和视野
A. 鱼类的视觉　B. 鱼类在水平面上的视觉
b. 双眼视野　mm. 视野　uu. 单眼视野　xx. 前后盲区
（孟庆闻等. 1989. 鱼类学）

3. 视觉存在差异　鱼眼一般既可感光，也可感色，但由于不同鱼的视网膜结构不同，因而它们的视觉也存在差异。有的鱼类适宜在弱光下生活，如鳡；而有的则喜欢在白昼下觅食，如鲢；不过这两类鱼类在黎明时往往视觉都比较差，因而此时用网捕鱼效果好。鱼类在不同季节，不同生长阶段，对光线的反应也不一样，如鳗鲡的幼苗就喜弱光而惧怕强光。

第五节　听觉器官

鱼类的听觉器官仅有内耳，包藏在头骨的听囊内，没有中耳与外耳。

一、内耳的构造

内耳通常称为膜迷路，由上、下两部分构成，包括椭圆囊、球状囊、半规管和耳石。上部中央是椭圆囊，它的前后及水平方向各有一细管状的半规管，它们相互垂直排列，分别称为前半规管、后半规管及侧半规管（或称水平半规管），两端开口于椭圆囊，每个半规管的末端与椭圆囊相接处有一个由管壁膨大而成的球状壶腹。内耳的下部为球状囊。在板鳃类，球囊通出一条内淋巴管在头顶以内淋巴管孔开孔与外界相通，即脑颅背面之内淋巴窝；圆口类及硬骨鱼类的内淋巴管退化，末端封闭而不与外界相通。球状囊的后方有一个圆形突起为瓶状囊（听壶，瓶状体），鱼类的瓶状囊不发达，左、右两球囊之间有横向的内淋巴管相连。各囊内部相通。这一完整结构十分复杂，故有膜迷路之称（图10-18）。

鱼类内耳的感觉细胞分布在内耳各腔的内壁，在壶腹内的感觉上皮（由感觉细胞和支持细胞组成）形成听嵴，在椭圆囊和球状囊的感觉上皮称为听斑，其基本结构与侧线的感觉器官相类似。听嵴的顶很长，可以达到壶腹的对壁，而听斑的感觉顶稍短。听神经纤维分布于听嵴和听斑上（图10-19）。

内耳腔内充满淋巴液，对内耳起保护作用。内耳的3个囊都是相通的。每个囊内有固体

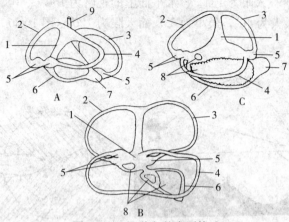

图 10-18　几种鱼的内耳构造
A. 鲨　B. 鲤　C. 花鲈
1. 椭圆囊　2. 前半规管　3. 后半规管　4. 侧半规管　5. 壶腹
6. 球囊　7. 瓶状囊　8. 耳石　9. 内淋巴管
（集美水产学校．1990．鱼类学）

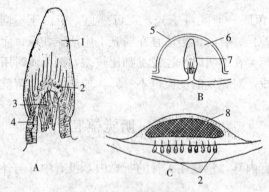

图 10-19　听嵴和听斑模式
A. 听嵴　B. 壶腹内的听嵴　C. 耳石与听斑
1. 感觉器顶　2. 感觉细胞　3. 神经　4. 支持细胞　5. 壶腹　6. 壶腹内腔　7. 听嵴　8. 耳石
（苏锦祥．2008．鱼类学及海水鱼类养殖学）

物质，称为耳石。板鳃鱼类的耳石是石灰质的小颗粒，由黏液粘成块状，真骨鱼类的耳石是坚硬的石灰质堆积物。在椭圆囊中靠近前半规管和水平半规管的壶腹处有一块，称为小耳石；在球囊内的为矢耳石，为最大的耳石；在瓶状囊的较小，称星耳石。耳石有纤维性物质与内耳腔壁相联系，并悬浮于内淋巴液中。各种鱼类耳石的大小、形状因种类而异，并随年龄的增加、生长的继续，耳石也成层地增大。耳石上一般有同心圆排列的环纹，与鱼类的年龄有关，可借此与其他构造（如鳞片、鳍条、脊椎骨、鳃盖骨、匙骨等）对照研究鱼类的年龄和生长。耳石和听斑紧密相贴，当身体改变位置时，耳石对感觉器压力发生变化，内淋巴也发生改变，感觉的信号通过听神经传递到中枢引起身体肌肉反射性的运动。

二、内耳的功能

内耳的主要功能是听觉和平衡。

1. 平衡功能 鱼类对平衡反射的效应器官是眼睛、鳍以及躯干肌肉系统；而平衡反射是由内耳的半规管和椭圆囊的感受器调控，平衡功能是通过耳石和半规管的相互作用完成的。半规管内充满淋巴液，每一个壶腹内有听嵴，其内有以支持细胞和神经细胞所构成的神经上皮。侧半规管负责鱼体背腹方向的平衡，前、后半规管负责前后方向、左右方向和背腹方向的平衡。椭圆囊为控制总中心。耳石和神经末梢有固定联系，在内淋巴液的协助下，耳石对于听斑的张力会随着身体平衡情况发生改变，平衡信号就可以通过和耳石相连的听神经传递到中枢神经系统。据报道，一些板鳃鱼类的球状囊和听壶也和椭圆囊一样参与身体平衡的调节。总之，鱼类在水中保持一定的姿势，主要靠内耳的平衡功能。

2. 听觉功能 鱼类能感受声波的振动，但大多数鱼类的听觉能力很弱，所感受的频率也比较低。这可能和鱼类的听觉器官结构简单、并被骨骼所包围有关。鱼类的听觉中心在球囊和瓶状囊。从侧线或外界传来的水波振动，通过头部耳区薄的骨片传导到内耳，使内耳内的内淋巴液发生同样的振荡，这种振荡刺激了内耳的感觉细胞，再借助听神经传递到脑部，产生听觉反应，同时鳔在声的感应中具有近似共鸣器的作用，能辅助听觉。据测定，鱼类能听到每秒 2～2 800 次（人类 16～20 000 次）的振动，但每秒 16 次以下的低音是由侧线器官所感受的。

鱼类听觉的生物学意义，不仅在于能预告危险或预告食物存在，而且通过某些鱼类的发声而加以识别和集群。这在生殖季节中对选择异性也有一定的意义，如大、小黄鱼。鱼类在摄食、产卵集群时会发出一定频率的声波，鱼类虽能听到声音，但辨别声音方向的能力，是靠皮肤感受器来协助完成。在捕捞渔业中利用这些特点，可以研制一种声响诱鱼器，人为发出一定的模拟声波，来诱集或驱赶鱼群，从而提高效果。在养鱼场可用一定的声音刺激（如铃声、哨子声等）和投饵结合形成条件反射，达到驯化鱼类定时、定位摄食的习惯。

三、内耳的辅助机构

不少鱼类的鳔与平衡听觉器官（内耳）之间有联系，大致有 3 种联系方式：

鳔的前方形成盲囊状突起，与听囊外壁结缔组织膜相连接，当外界压力变化可通过鳔传到内耳，如深海鳕、大眼鲷及鲷科鱼类等。

有些鱼鳔的前方有一条或一对细管状的鳔分支，向前伸达内耳，声波通过鳔可很快传到内耳，如鲱科鱼类；

鳔通过韦伯氏器与内耳联系，如鲤形目、鲇形目鱼类。

复习思考题

1. 什么是感觉芽、陷器、罗伦氏壶腹？
2. 侧线的构造及其功能？
3. 鱼类视觉的特点？
4. 鱼类内耳的结构与功能？
5. 简述鱼类嗅囊的结构和生理功能，及其在渔业生产上的应用？
6. 鱼类的感觉器官与中枢神经系统的关系？

第十一章 内分泌系统

内分泌系统是由内分泌腺分泌出的特殊物质经由循环系统运送到机体的器官、组织和细胞,与神经系统密切联系,相互配合,共同调节鱼体的新陈代谢、生长、发育、生殖等功能活动,维持鱼体内环境的相对稳定。

腺体分为外分泌腺和内分泌腺两类。外分泌腺是通过专门的导管或直接将其分泌物运送到某些管腔或体表,如肝、胃腺等;内分泌腺为无导管的腺体,腺细胞分泌物通过血液或其他体液途径运送到作用的部位,如脑垂体、甲状腺等。由内分泌腺或散在的内分泌细胞所分泌的高效能活性物质称为激素。接受激素信息的细胞、组织或器官分别称为靶细胞、靶组织、靶器官。

鱼类的内分泌腺和组织包括脑垂体、甲状腺、性腺、肾上腺、胸腺、胰腺、尾垂体、后鳃腺等。它们在鱼体中的分布位置是固定的(图11-1)。在机能上,它们有的是专司一职的,如甲状腺只产生甲状腺激素;有的是综合性的,如脑垂体能产生多种激素。在激素的作用时间上因种类而异,肾上腺素1~2min可起作用,胰岛素需要几个小时起作用,甲状腺素需要几天才起作用。

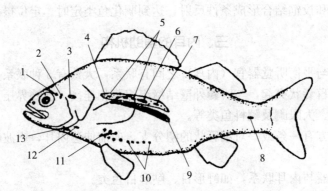

图11-1 鱼类内分泌腺的分布

1. 脑上腺 2. 脑垂体 3. 胸腺 4. 肾 5. 肾上腺肾上组织 6. 肾上腺肾间组织
7. 斯坦尼斯小体 8. 尾垂体 9. 性腺间隙组织 10. 肠组织 11. 胰岛 12. 后鳃腺 13. 甲状腺

(苏锦祥.2008.鱼类学与海水鱼类养殖)

第一节 脑垂体

脑垂体是鱼类最重要的内分泌腺。脑垂体分泌的激素种类多,而且作用广泛,不仅对鱼体的一系列生理活动有重大作用,且能调节其他内分泌腺的活动。

一、脑垂体的位置和形态构造

脑垂体位于间脑腹面,视神经交叉的正后方,嵌藏在颅腔底部,前耳骨内侧缘的小凹窝内。脑垂体包括两部分,即神经垂体与腺垂体,神经垂体由脑腹面突出部分形成,而腺垂体是由口腔顶壁向上突起形成。神经垂体直接与间脑相连,主要由神经纤维等组成,为神经组织,其神经纤维常伸展到腺垂体。腺垂体为腺组织,又分成前腺垂体、中腺垂体、后腺垂体3部分。硬骨鱼类的脑垂体呈半圆形,也有呈心脏形、纺锤形的,并且无垂体腔。大的垂体干重可达4～5mg,小的干重1～2mg(图11-2)。

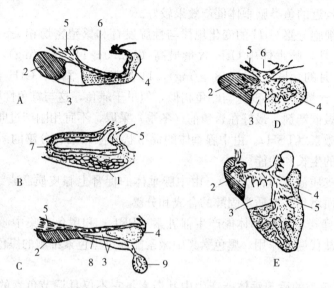

图11-2　圆口类、鱼类脑垂体断面模式
A. 日本七鳃鳗　B. 副盲鳗　C. 角鲨　D. 拟沙丁鱼　E. 鲈
1. 腺垂体　2. 前腺垂体　3. 中腺垂体　4. 后腺垂体
5. 神经垂体　6. 第三脑室　7. 血管　8. 垂体腔　9. 腹叶
(苏锦祥. 2008. 鱼类学与海水鱼类养殖)

二、脑垂体的机能

鱼类脑垂体的机能为多样化,既影响鱼类的生长、体色变异,也可控制性腺、甲状腺和肾上腺的发育等。鱼类脑垂体可分为腺垂体和神经垂体两部分。

(一) 腺垂体

腺垂体由具有分泌功能的腺细胞组成,按分泌颗粒的不同和所在的位置可分为:

1. 中腺垂体　鱼类中腺垂体能分泌多种激素,这些激素来自各种腺细胞,其功用各不相同,几种主要激素及其功用如下:

(1) 生长激素(GH)。生长激素是由中腺垂体的生长激素细胞产生的激素。除神经组织外,生长激素几乎对所有组织的生长都有刺激作用,能增加细胞的数量和体积。除此之外,还影响蛋白质、糖和脂肪的代谢。

(2) 促性腺激素(GtH)。促性腺激素是由中腺垂体的促性腺激素细胞分泌的激素,一般认为鱼类也含有促卵泡激素(FSH)和促黄体激素(LH)两种促性腺激素。有的学者认为鱼类比其他高等脊椎动物含有较多的促黄体激素，而含促卵泡激素较少，并认为促黄体激素可以在脑垂体分泌细胞中大量积累起来，到生殖季节时集中分泌，而促卵泡激素则一经生成立即分泌出去。总之，GtH 具有促进鱼类性腺发育、性激素的分泌，而且对排卵和产卵有着直接关系。

GtH 对生殖细胞发育成熟的调节主要是通过性激素间接起作用。GtH 作用于雌鱼卵巢促进卵母细胞发育成熟，进一步诱导排卵。对雄鱼也具有类似雌鱼的生物活性，直接作用于精巢小叶，促进精子的形成，更作用于精巢的间质细胞而刺激雄激素的合成和释放。

水产养殖中常用鱼类脑垂体作为人工繁殖的催产剂。但是，GtH 具有明显的系统发生特异性，亲缘关系较近的鱼类脑垂体催产效果较好。

鱼类中腺垂体细胞分泌 GtH 的变化规律与性腺发育和繁殖密切相关。研究发现，雌鲤亲鱼产卵前（2、3 月）脑垂体中 GtH 含量最高（$152.0 \sim 145.0 \mu g/mg$），产卵后 3~4 月 GtH 含量下降，10 月的含量最低（$3.8 \mu g/mg$），11 月起，脑垂体中 GtH 含量又逐渐回升。雄鱼脑垂体中 GtH 含量的周年变化与雌鱼相似，但早于雌鱼，这与雄鱼性腺先成熟相一致。如果用鱼类脑垂体做催产剂，最好在繁殖前（冬季）采取，不宜用刚产过卵的鱼的脑垂体。

(3) 促甲状腺激素（TSH）。由中腺垂体的促甲状腺激素细胞分泌的激素，其生理功能是全面促进甲状腺的生长和功能。

(4) 促肾上腺皮质激素（ACTH）。由中腺垂体的促肾上腺皮质激素细胞分泌的激素。主要作用是促进皮质增生、皮质类固醇的合成和分泌。

2. 前腺垂体 鱼类的前腺垂体能产生催乳素（PRL）和黑色素集中激素。催乳素主要起调节渗透压和水盐代谢的作用。黑色素集中激素能促进黑色素细胞的黑色素合成及其在细胞内的散布。

3. 后腺垂体 鱼类的后腺垂体能产生中叶激素，它不仅具调节色素的作用，而且能抑制新的黑色素细胞的形成。

(二) 神经垂体

硬骨鱼类的神经垂体常有许多经纤维伸入到腺垂体部分，这说明神经垂体在机能上具有控制腺垂体分泌活动的作用。神经垂体在产生激素方面不如腺垂体重要，不具有腺细胞，不能合成激素，只能贮存与释放由下丘脑的神经内分泌细胞产生的抗利尿激素和催产素。抗利尿激素能促使血管收缩，血压升高，促进肾小管更好地重吸收水分，以维持水盐平衡，催产素能促进排卵。

第二节 甲 状 腺

甲状腺是由包藏在一层上皮细胞中的滤泡及滤泡间组织所组成。滤泡是无管的小囊，内含胶状物质，滤泡与滤泡之间是血管、淋巴液、结缔组织等滤泡间组织。

软骨鱼类的甲状腺位于腹大动脉的前端与下颌之间，呈新月形或不整齐的团块状，外有结缔组织被膜。硬骨鱼类的甲状腺多为弥散性的，分布于腹大动脉周围，有时也有随着入鳃动脉进入鳃，如鲢的第一、二对入鳃动脉的基部有两块主体，甚至某些鱼类可弥散分布到眼、肾、头肾和脾等处，也有少数种类呈坚实的块状组织，如鲐等（图 11-3、图 11-4）。

第十一章 内分泌系统

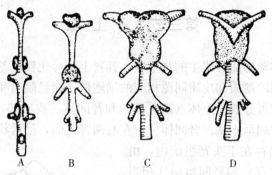

图 11-3　几种硬骨鱼类的甲状腺
A. 鲈　B. 鲐　C. 石鲷（背面观）　D. 石鲷（腹面观）
（叶富良．1993．鱼类学）

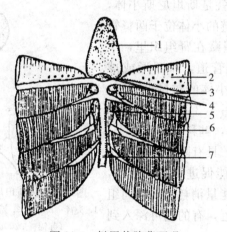

图 11-4　鲢甲状腺背面观
1. 舌（内为基舌骨）　2. 鳃耙　3. 第一入鳃动脉　4. 甲状腺
5. 鳃弓连肌　6. 鳃丝　7. 腹侧主动脉
（叶富良．1993．鱼类学）

滤泡是甲状腺的结构和功能单位。甲状腺滤泡形态随着甲状腺活动状态而显著改变，在甲状腺机能增强时，滤泡上皮呈柱状。反之，在腺体机能减退时，滤泡上皮则呈扁平状。甲状腺是一种贮存腺体，它的分泌物首先集中和贮藏在滤泡内，其中部分分泌物可以直接进入血液以应急需，当需要大量激素时，它流入血液输送到身体各组织。

甲状腺由血液中吸收碘，合成含碘的甲状腺激素。其主要生理作用包括：

①促进鱼体的生长发育。
②促进鳍条及鳞片的形成。
③与鱼类变态有密切关系。
④在渗透压调节上有一定作用。

用甲状腺激素刺激发育中的鲟幼鱼，鱼体生长及鳍条形成都明显加速。当鳗鲡从柳叶鳗变态时，或比目鱼从两侧对称转变到两眼移向一侧时，甲状腺活动显著增强，许多洄游性鱼类从淡水游向海水，或从海水游向淡水时，甲状腺都出现了明显的活动状态。

第三节 肾上腺

鱼类没有高等脊椎动物那样集中的肾上腺，其肾上腺分化程度差，无固定的形状，只有与高等脊椎动物肾上腺的髓质和皮质同源相应的细胞群，而且髓质和皮质是分开的。

板鳃鱼类的肾上腺可分成肾上体（髓质部）和肾间体（皮质部）。肾上体位于脊椎两侧的交感神经节附近，排列呈索状。肾间体位于左右两肾之间，呈索状（鲨类）或呈椭圆形。

硬骨鱼类的肾上腺存在于头肾组织内，由肾上组织（相当于髓质部）和肾间组织（相当于皮质部）组成。肾上组织能够制造肾上腺激素；肾间组织能够制造肾上腺皮质激素。硬骨鱼类的肾间组织比较复杂，分为后肾间组织和前肾间组织。后肾间组织就是斯坦尼斯小体，位于中肾后端背侧（鲫、鲢的小体位于两肾管间的肾组织腹面），有时埋藏在肾组织里，小体为实心，呈粉红色，无管道，卵圆形或球形。各种鱼类的斯坦尼斯小体的数目也不同，多数为2个，胡子鲇在肾后1/3部位的腹面分散着3～7个斯坦尼斯小体，鲑科有6～14个。斯坦尼斯小体分泌低钙素，具有降低血钙的作用，还与生殖活动有关，能促进能量的释放，保证鱼类产卵或洄游时的能量消耗。前肾间组织多数分布在后主静脉附近，有的则可深入到头肾或肾附近（图11-5）。

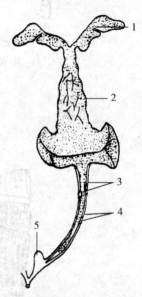

图11-5 鲤斯坦尼斯小体的位置（肾背面观）
1. 头肾 2. 肾 3. 斯坦尼斯小体 4. 输尿管 5. 膀胱
（苏锦祥. 2008. 鱼类学与海水鱼类繁殖）

硬骨鱼类的肾上组织分泌的激素为肾上腺素，一般认为能促进心跳，扩大鳃血管，导致黑色素细胞里黑色素粒集中等作用。肾间组织分泌的肾上腺皮质激素能抑制糖类代谢，调节无机盐及水分的平衡。

第四节 胰 岛

许多鱼类胰的胰细胞之间夹了一些内分泌组织，这就是胰岛或称兰氏岛。板鳃鱼类的胰是结实的腺体，胰岛埋在其中，常与胰小管密切相关，胰岛细胞包围在胰小管周围。硬骨鱼类的胰岛组织存在于胆囊、脾、幽门盲囊及小肠的周围。这种组织通常与胰分开，一般胰岛组织有一个或几个肉眼可见的、较大的主岛，附着在胆囊上或于胆囊附近，也有位于肝区，另一些副岛分布在肠系膜上。

胰岛组织由胰岛细胞和其周围丰富的微血管组成。胰岛细胞中最主要的胰岛细胞为B细胞和A细胞。B细胞分泌胰岛素，A细胞分泌胰高血糖素。胰岛素具有调节碳水化合物、脂肪和蛋白质的机能，主要是调节体内糖代谢的作用，它能增加外周组织中糖的贮存，促进外周组织对糖的利用，抑制糖原异生作用，从而降低血糖浓度。胰高血糖素可以使血糖浓度升高及促进脂肪的动用和分解，是体内促进能量动用的一个十分重要的激素，它与胰岛素促进能量储存的作用是矛盾的统一，对维持体内的能量平衡起着重要的作用。

第五节 其他内分泌腺

一、性　　腺

性腺作为生殖器官除产生精子和卵子外，也是一种内分泌腺，能产生性激素（甾体激素或性腺类固醇激素）。精巢分泌雄性激素，卵巢分泌雌性激素。

鱼类性激素对鱼类的影响是多方面的，它既能影响原始生殖细胞的性别分化，也能对性腺的发育、生殖行为产生影响。

①对性分化的影响。在原始生殖细胞进入生殖嵴但尚未出现性分化的一段时间内，雄性激素或雌性激素占优者可诱导分化的发育趋向。大量的理论研究和生产实践也证明了这一点。对刚孵化出膜处于仔鱼期的尼罗罗非鱼苗喂以混有雄性激素的饲料，可使遗传上的雌性鱼性逆转为生理上的雄性鱼。

②对卵巢和精巢发育的影响。雌性激素对未成熟的鱼类个体，能促使脑垂体 GtH 细胞发育，并合成 GtH，使脑垂体 GtH 含量增高，也即具有正反馈作用。雌性激素对成鱼能诱导其卵母细胞的生长、卵黄发生和积累，但对脑垂体 GtH 的产生具有负反馈作用。孕激素和皮质类固醇激素常在产卵季节达到最高峰，这两类激素在卵母细胞的最后成熟和排卵过程中都有明显的作用。与雌性激素一样，雄性激素对早期未成熟鱼类个体脑垂体中的 GtH 细胞的发育和 GtH 的积累具有促进作用。对成鱼性腺的发育影响较大的雄性激素是睾酮（T）和 11-酮基睾酮（11-KT），它们有利于精巢的发育和成熟，但对脑垂体 GtH 的分泌具有负反馈作用。

二、胸　　腺

硬骨鱼类胸腺一般位于鳃腔背侧，如鲢的胸腺位于第四、第五鳃弓的背方，翼耳骨之下。胸腺在鱼类生长发育中起着明显的作用，性成熟时，胸腺出现衰退倾向，如幼鱼时胸腺体积大，而后则趋于退化。鲑的胸腺在鱼成长到 2~2.5 年就完全消失了。

三、后鳃腺

后鳃腺是鱼类后鳃部咽上皮的衍生物，呈囊状的构造。软骨鱼的腺体内含有长而相连通的囊，其内有黏液。硬骨鱼类的后鳃腺位于腹腔壁和静脉窦之间的间隔上，正好在食道腹面，是单个或成对腺体。硬骨鱼腺体组织内有颗粒状物质及退化的细胞核混杂在一起。后鳃腺的激素是降钙素，其作用抑制骨钙的分解和释放，降低血浆钙浓度，帮助骨质钙化，维持血钙的平衡。

四、尾垂体

鱼类脊髓末端腹面增厚膨大的特殊构造称尾垂体。尾垂体为鱼类特有，被认为具有内分泌作用。尾垂体可能与渗透压的调节和鱼体的浮力有关。

复习思考题

1. 试述鱼类脑垂体的基本结构和主要机能。
2. 试述鱼类甲状腺的构成和主要机能。
3. 试述鱼类胰岛的构成和主要机能。

实验十　鱼类神经系统、感觉器官和内分泌器官的解剖与观察

【实验目的】

通过对鱼类的解剖与观察，进一步掌握鱼类神经系统、感觉器官和内分泌器官的分布位置、形态特征和生理功能，并分析其形态构造与鱼类生态类型的相互关系。

【工具与材料】

1. 工具　解剖盘、解剖剪、尖头镊子、圆头镊子、解剖刀、眼科解剖剪、解剖针、解剖镜、棉球等。

2. 材料　鲤（或鲢），示范解剖观察花鲈和灰星鲨（或尖头斜齿鲨）。

【实验方法与观察内容】

（一）神经系统

1. 解剖方法　观察硬骨鱼类的脑时，先将新鲜标本用剪刀在脑颅背后方横剪一条切口，用剪刀一端插入切口，除去部分头骨，再用剪刀和镊子将脑颅背面骨片（额骨和顶骨）一小块一小块地除去。用脱脂棉花吸去颅腔内的脑髓液和脑上面的脂肪及血液，直到脑各部暴露为止。先观察脑背面和脑神经，然后切断脊髓和脑神经，将整个脑翻转以便观察脑腹面，注意嵌藏在前耳骨凹窝内的脑垂体。

观察鲨类的脑时，用解剖刀将脑颅背面皮肤去掉，然后将脑颅背面的软骨小心削去，当软骨削得较薄时，就镊子慢慢将残余软骨及脑膜除去，待脑全部暴露后即可观察。

2. 观察内容　重点观察鲤的神经系统。

（1）中枢神经系统。

Ⅰ．脑的背面观。

①端脑。位于脑的前端，包括嗅脑和大脑。

嗅脑在脑的最前部，由嗅球和嗅束组成。在嗅觉器官的嗅囊后方有一圆形嗅球，后接细长的嗅束连于大脑。花鲈等高等鱼类为嗅叶，位于大脑前方，1对，稍有膨大，前面有细长的嗅神经与嗅囊联系。

大脑是一对椭圆形的大脑半球，内有公共脑室。背壁较薄，无神经组织。腹壁较厚，有许多神经细胞集中形成的纹状体。

②间脑。位于端脑后面，因被中脑覆盖，故背面不易看到，顶壁中央突出有脑上腺。内有第三脑室。

③中脑。位于间脑背后方，由左、右两个椭圆形视叶组成。因小脑瓣发达，将一对视叶挤向两侧。

④小脑。位于中脑后方，呈单个椭圆形隆起，前面有3个小脑瓣伸入中脑内部，两侧各

有一小脑鬈。

⑤延脑。是脑的最后部位，中央有一个较小的半月形面叶，前部被小脑后缘所遮盖，其两侧突出呈半球形的迷叶，把面叶夹在中央。后部延长呈管状，前宽后窄，后部通出枕骨大孔即为脊髓。延脑内有第四脑室，向后与脊髓中心管相通。

Ⅱ．脑的腹面观察。此项观察应在脑的背面观察和10对脑神经观察之后进行，用解剖刀切断脊髓和脑神经，提起脑的前部，用圆头细镊子轻轻拉起脑垂体，然后取出整个脑，腹面朝上观察。

由前向后观察，前面是端脑的腹面，其后是间脑，该处有一对视神经形成视交叉，视神经后方有一椭圆形的隆起部，称为漏斗。漏斗两侧有一对半圆形的下叶。两下叶之间有红色的血管囊。脑垂体位于间脑腹面，呈球形，其基部为漏斗。中脑被间脑遮盖中央部分，仍可见两侧突出的视叶。最后方为延脑腹面。

Ⅲ．以灰星鲨为代表对板鳃鱼类脑与硬骨鱼类脑进行比较。板鳃鱼类的脑也分为5个部分，不同点为端脑特别发达，端脑前部的嗅脑具嗅球、嗅束及嗅叶3部分。嗅球较宽大，紧接嗅囊之后，嗅束较短，嗅叶也特别发达。大脑具有很不明显的纵沟，将其分为左、右两部分。间脑上的脑上腺呈细长线状。小脑也特别发达，表面上有沟纹。延脑也较发达，在前端两侧有一对大型的绳状体。相比之下，灰星鲨的中脑较小。

（2）外周神经系统。

Ⅰ．脑神经。从脑部发出10对脑神经，其中位于端脑部位有1对，即嗅神经（Ⅰ）；中脑部位有3对，即视神经（Ⅱ）、动眼神经（Ⅲ）、滑车神经（Ⅳ）；延脑部位有6对，即三叉神经（Ⅴ）、外展神经（Ⅵ）、面神经（Ⅶ）、听神经（Ⅷ）、舌咽神经（Ⅸ）、迷走神经（Ⅹ）。用镊子从各脑神经基部追寻，除去有关骨骼和肌肉，观察其分布情况。

Ⅱ．脊神经。剪去鲤轴上肌和轴下肌及一侧脊椎骨的髓弓，可见椎管内乳白色的脊髓，由此发出约36对脊神经。每对神经包括1个背根与1个腹根。背根连于脊髓的背面，腹根发自脊髓的腹侧。背根在未出髓弓前形成膨大的脊神经节。每对脊神经的背根与腹根是前后交互排列，在穿出脊椎之前相互合并，通出后就分为两支：第一支为背支，分布到体背部的肌肉与皮肤上；第二支为腹支，分布到体侧及腹部肌肉和皮肤上。腹支腹面的小支发出交通支与交感神经干的交感神经节相连。

（3）交感神经系统。除去消化管、消化腺及鳔等，然后小心地去除肾，可见体腔背面，背主动脉两侧有两条灰白色前后纵行的交感神经干，并有按节排列的交感神经节，观察时要把鱼体背部肌肉剪去一部分，同时将体腔侧壁的肌肉去除，将鱼体分段放入盛水的玻璃盘内，在解剖镜下观察。

（二）感觉器官

1. 侧线器官　鲤的侧线主支分布在鱼类头后鱼体两侧，每侧一条，其侧线管分布于皮下，贯穿在侧线鳞内，通过侧线小孔与外界相通。而头部侧线管埋藏在膜骨内，其分支较复杂，包括：

①眶上管。位于眼眶背上方，前达鼻部前端。
②眶下管。位于眼眶的下方和后方，管道穿过6块眶下骨。
③鳃盖舌颌管。位于眶下管的后方，管道穿过舌颌骨、前鳃盖骨，向下向前经关节骨至齿骨前部。

④眶后管。位于眶下管与鳃盖舌颌管之间，管道主要穿过翼耳骨。

⑤颞管。自眶后管和鳃盖舌颌管相交之后，管道穿过翼耳骨、鳞骨和后颞骨，后部稍下弯与体侧侧线相连。

⑥横枕管。位于头顶后部的横行管，两端连接两侧的侧线管。

2. 罗伦瓮 用手压挤鲨头部（吻部最明显），有黏液从皮肤上多个小孔中流出，此孔为罗伦瓮体外开口，称为管孔，除掉一块皮肤，可见内有半透明的管子，为罗伦管，管子长短不等，每一管的终端膨大部分为罗伦瓮，常集群分布。

3. 嗅觉器官 鱼类的嗅觉器官是嗅囊，嗅囊位于鼻孔的下方。鲤的前鼻孔和后鼻孔之间具鼻瓣膜。除去鼻孔周围的皮肤及鼻骨，可见带黄色的内凹的嗅囊。取出嗅囊，放在解剖镜下观察时，见囊内有一中轴，周围有33～34片嗅板。鲨类的头腹面每侧各有2个鼻孔，其下有长椭圆形的嗅囊。

4. 视觉器官 除去眼周围的皮肤和围眶骨使眼球露出，剪掉眼肌和眼神经，去掉周围脂肪和结缔组织，取出眼球，纵剖或水平剖开观察。

（1）巩膜与角膜被膜。巩膜在眼球的最外层。巩膜伸达到眼球的外侧方透明的部分为角膜，较平扁。

（2）脉络膜。紧贴在巩膜内面。伸达到眼前方部分为虹膜，其中央孔为瞳孔，为光线入眼内的通道。脉络膜的外层为银白色的银膜。内层呈黑色，分布着丰富的血管，也称血管膜。在银膜和血管膜之间有一围绕视神经的脉络腺，有缓冲入眼血液压力作用。在脉络膜内有很薄的一层，称为色素膜层。

（3）视网膜。为眼球最内一层，前达虹膜后缘，内层有感觉细胞分布，外层分布神经细胞，其神经纤维组成视神经。

（4）晶状体。位于虹膜及瞳孔后方透明球状体，无神经与血管分布。以此为界将眼球内腔分为前后两室，分别为眼前房和眼后房。

（5）水状液。是充满眼前房的透明液体使角膜紧张而平滑。

（6）玻璃液。是充满眼后房的黏性很强的胶状液，能固定视网膜的位置。

（7）镰状突。位于眼后房腹面视网膜上，呈镰刀状的透明薄膜，向前伸达晶状体的后下方。

（8）晶状体缩肌或称铃状体。镰状突起前端以韧带与晶状体腹面相连。

（9）悬韧带。位于视网膜背方最前端，连接视网膜和晶状体的薄膜状结缔组织，借此悬系晶状体。

5. 听觉器官——内耳 硬骨鱼类的内耳位于脑颅的后面两侧，被耳囊的骨骼包围着，内充有淋巴液，可分为上、下两部分。

（1）上部。先用尖镊子慎重剔除顶骨，即可见到前后半规管的上端，顺沿半规管除去周围骨骼后观察。

①椭圆囊。此囊呈长椭圆形，位于小脑的外侧，前部有一小耳石，连有3根半规管。

②半规管。与椭圆囊相连，位于前方的为前半规管，位于后方的为后半规管，另有一水平方向生长的水平半规管（或称侧半规管），每一半规管一端有一管壁膨大的球形壶腹。

（2）下部。沿椭圆囊往下除掉部分前耳骨、后耳骨、外枕骨和基枕骨上部后观察。

①球囊。位于椭圆囊腹面，后部入基枕骨内的一对凹窝内。内有耳石，称矢耳石，球囊

与椭圆囊内部相通。

②瓶状囊。位于球囊后端突出部位，在基枕骨之内。内具一较小耳石称星耳石。

鲤的内耳后方有一管腔，通过韦伯氏器与鳔联系。

（三）内分泌器官

1. 脑垂体 摘取硬骨鱼类鱼类的脑垂体，可从脑颅的背面入手，先将脑颅顶部的骨片（额骨、顶骨等）用剪刀剪除或用刀削掉，使颅腔暴露，然后用吸湿性强的材料（如纱布、棉花或卫生纸等），把脑组织上方和周围的油性组织吸去，使脑清晰地展现出来，再用镊子夹住脑的前端并向后翻转，把脑翻开，此时脑垂体与脑脱离关系，可在与间脑腹面对应的颅底副蝶骨的骨窝中寻找。脑垂体在凹窝中呈现乳白色，与周围组织显然不同，形状与大米粒相似。脑垂体组织柔软，取出时要谨慎，防止弄破脑垂体，散失掉部分有效成分而影响使用效果。

脑垂体可用丙酮脱水脱脂，以便长期保存备用。如无丙酮，用无水酒精也可，方法是：新鲜脑垂体与丙酮体积比为1∶15，浸泡6h后取出，换入新的丙酮中，体积比为1∶10，经过24~36h浸泡后，取出风干或用吸水纸吸干密封于有色瓶中备用。新鲜脑垂体脱水后制成的干品重量为新鲜的13%~17%。在1尾鲤脑颅中取出50mg的脑垂体，制成干品后的重量大约为8mg。

尖头斜齿鲨的脑垂体位于脑腹面，视神经后方中央椭圆形突出部分为垂体前叶，其后方突向腹面为垂体腹叶。

2. 甲状腺 鲤的甲状腺分布在腹侧主动脉两侧，呈一群分散的透明腺体。鲨类甲状腺为圆形扁平体，外包有结缔组织被膜，位于基舌软骨腹面凹窝内。

3. 肾上腺 鱼类肾上腺的肾上组织（皮质）和肾间组织（髓质）是分开的两种不同类型的组织。鲤的肾上腺在肾后端背侧，呈球形或卵圆形粉红色的一对小体，也称斯坦尼斯小体。鲨类的肾上组织在肾背面分节排列，肾间组织位于两肾之间，呈不规则条状。

4. 胸腺 鲤的胸腺位于第四鳃弓背面，鳃腔背部，被鳃盖骨遮盖，在上耳咽匙肌上部的前腹面，除去部分翼耳骨可见扁平椭圆形腺体。

5. 胰岛 鲤的胰岛埋藏在肝中，故称肝胰。鲨类的胰岛细胞埋藏在胰组织内，外观看不见，只能从胰组织切片中方能见到胰岛细胞。

【作业】

1. 绘出鲤（或花鲈或鲢）脑的背面观和腹面观图。
2. 绘出鲤（或花鲈或鲢）脑腹面观时10对脑神经的简图。
3. 绘出硬骨鱼类的侧线、嗅囊、眼及内耳的构造简图。

第十二章

鱼类与环境

鱼类生活的水环境由非生物环境（温度、溶解氧、二氧化碳、盐度、pH、光照等）和生物环境（鱼类自身的各种动物、植物和微生物）相互联系形成的。

水环境与鱼类之间是一对矛盾的对立与统一的关系，既相互影响，又相互联系。鱼类必须适应所生活的环境，各种环境因子及变化均对其生存、生长、繁殖与运动等一切生命活动具有明显和特定的影响，同时，鱼类自身作为环境的一部分，其生命活动也影响生活的水环境。

第一节 鱼类与非生物环境的关系

一、鱼类与水温的关系

鱼类是变温的脊椎动物，其体温基本随着环境温度的变化而变化，因而水温对鱼类生存和生活及分布的影响十分重要。同时，水温也会通过影响其他水环境因子间接影响鱼类生活。一般鱼类体温略高于水温 0.5～1.0℃，鲤高于水温 1.7℃。金枪鱼在一定温度范围内的水域中急游时体温可高于水温 10℃，这是因为其皮下"血管网丛"发达，脂肪氧化产生的热量被保存所致。还有少数鱼类，如太阳鱼、鲈等，受到惊吓时体温也略有升高。幼鱼由于鳃表面积与身体表面积之比大于成鱼，体温随外界温度变化的速度极快，因此其体温与水温基本相同。

（一）鱼类对水温变化的适应

1. 根据鱼类对水温变化的适应性分类 根据鱼类对温度变化适应范围的不同，可以将鱼类划分为：

（1）热带性鱼类（暖水性鱼类）。如鲮、罗非鱼和须鲅等鱼类，这些鱼要求生活在热带或亚热带水域，适应低限温度较高，一般要求 20℃以上水温。罗非鱼生存的水温高限为45℃，低限为 12℃；鲮生活水温必须高于 7℃。

（2）温水性鱼类。常见的如鲤、鲫和"四大家鱼"等鱼类，适温范围在 0.5～38℃，我国大部分淡水鱼类属温水性鱼类。

（3）冷水性鱼类。大部分只能生活在水温 20℃以下，如虹鳟、大麻哈鱼和江鳕等。

2. 根据鱼类对水域温度变幅适应力大小分类 可将鱼类分为广温性鱼类和狭温性鱼类。

（1）广温性鱼类。广温性鱼类大多数生活在温带和沿海近岸水域，它们能经受较大的水温变化，我国大多数温水性鱼属于此类。鲤的分布范围非常广泛，是典型的广温性鱼类。尽管许多广温性鱼类可适应较大范围的温度变化，但需要一定的适应时间，在适温范围内急剧的温度变化也会引起鱼类的死亡。因此，在换水、运输等生产环节上一定要注意温差不能过大，并要有一定的适应时间。

(2) 狭温性鱼类。狭温性鱼类则适应水温变化的范围狭窄，经受不住温度的骤然变化，如热带、亚热带、两极及深海鱼类，如果水域温度变化过大会导致死亡。

某些鱼类能忍受的极限温度十分惊人。如生活于加利福尼亚温泉中的斑鳉，能忍受52℃甚至更高的温度；北极的北鳕在-2℃的水中仍能存活。高温引起死亡的重要原因是蛋白质凝固；低温引起死亡的原因则多是由于冰晶的形成破坏了细胞内和细胞间的细微结构，使代谢失调。

鱼类常常会以生理性变化（如越冬前鱼体脂肪的积累）、休眠（包括夏季的蛰伏和冬季的半休眠）及温度性回避（包括洄游）等生理、生态及形态上方式，进行调节适应水环境的温度变化。

（二）水温与鱼类摄食和营养

特别是分布在温带地区的鱼类，摄食强度存在着明显的季节性变化，也就是在适温范围内，随着水温的升高，鱼类的摄食量增加，消化速度加快，在春夏季摄食强烈，冬季减少或停食。相反，冷水性鱼类则随着水温的升高摄食强度下降甚至停食。虹鳟在水温3℃时即开食，15～17℃时摄食量最大，20℃以上则减少；鲤的摄食温度一般在8℃以上；草鱼在20℃时日粮为体重的50%，22℃时激增为100%～120%；鳗鲡在水温10℃时开始摄食，25～27℃时摄食量最大，超过28℃则减少摄食。摄食量的变化实际上是鱼类的消化、吸收和代谢速度的反应。当温度改变时，饵料的消化率也随之改变，如拟鲤处在水温16℃时，干物质的消化率为73.9%，若水温提高到22℃，干物质的消化率上升为81.8%，鲫在15～20℃时的食物消化率为1～5℃时的2倍。

（三）水温与鱼类的生长

水温是影响鱼类生长的主要因素之一。水温通过改变鱼体代谢速度及摄食量的大小，主要对鱼类代谢反应速率起控制作用，对鱼类生长产生重要的影响。

每种鱼都有其生长的适温范围，在此范围内，水温越高，持续时间越长，生长就越快，低于或超出这一范围，会使生长减慢或造成生长停滞，甚至引起死亡。一般温水性鱼类生长适温大多在20～30℃，低于15～10℃时食欲不振，生长缓慢。在适温范围内，每升高10℃，鳗鲡的日增长率增大1倍；罗非鱼在22～32℃时摄食量、同化量和生长率都随水温的上升而增高，在32～36℃则随水温的升高而降低。同种温水性鱼类，生活在温度较高的低纬度地区水域，其生长较高纬度地区要快，如长江地区2龄和3龄鲢的平均体长为298mm和482mm，但黑龙江流域只有123mm和266mm。

多数鱼类的生长适温是连续的，但冷水性鲑鳟类比较特殊，它们一般有两个最适生长温度：7～9℃和16～19℃。在7～9℃时，水温低，鱼类活动少，摄食后用于维持耗能和活动耗能少，有多余能量用于生长，且生长效率大；当水温达到10～15℃时，对冷水性鱼类特别适宜，特别活跃，摄食后用于活动耗能多，没有多余或较少多余能量用于生长；16～19℃时，鱼类强烈摄食，但活动相对10～15℃时要减弱，因而摄食后也有较多多余能量用于生长，但生长效率低。低于7℃或高于19℃，鲑鳟类摄食活动减弱，大多停止生长。

（四）水温与鱼类繁殖和发育

各种鱼类繁殖有季节性，繁殖活动与水温变化有密切关系。鱼类繁殖要求的温度范围要比营养和生长的适温狭窄得多。同种鱼类生活于水温不同的水域，其性成熟年龄和繁殖季节不同，在低纬度地区的通常早熟。鲢在长江流域性成熟年龄为3～4龄，鳙、青鱼都是4～5

龄，而珠江流域的都要提早一龄。

在适温范围内温水性鱼类精、卵形成速度和水温呈正相关。鱼类可按照产卵季节水温变化的情况而提早或延迟产卵。"四大家鱼"在春季水温上升到18℃以上时才能产卵，鲫产卵水温一般要在15℃以上，鲮需25~26℃，大麻哈鱼的产卵水温在12℃以下，虹鳟在6~13℃，细鳞7~8℃，而狗鱼则是3~6℃。一定的水温变化对鱼类产卵是一种信号，春季产卵的鱼类需要升温，而秋季产卵的鱼类则要求降温。

温度对鱼类胚胎发育的影响也是显著的。各种鱼类胚胎发育要求有一个适合水温范围，大多温水性鱼类胚胎发育的适温范围10~30℃，在适温范围内，随着水温的升高，胚胎发育速度加快，超出这一范围，对胚胎发育都能产生不同程度的损伤或破坏作用，抑制胚胎发育，甚至导致死亡。如鲢的孵化温度必须在16~32℃，从原肠中期到破膜，在18℃时需要53h，在25℃时只需24h，而在28℃时，只需18h。

二、鱼类与溶解氧的关系

水中的溶解氧是鱼类赖以生存的重要物质条件之一。鱼类在水中不断吸取氧气，用于氧化和分解从外界摄取并贮藏在机体组织内的营养物质，从而释放出能量和CO_2，能量用于维持鱼类的生长、发育和繁殖等一切生命活动，而CO_2排出体外。水中的溶解氧源于大气溶解和水生植物的光合作用。水中溶氧量一般为7mg/L左右，易变而不稳定。因此，生活在水中的鱼类，往往有各种各样的反应和适应溶氧量的变化方法。

（一）鱼类对溶氧量变化的适应

内陆水域溶氧量一般变化较大，不同水域溶解氧量有较大差异，而海水的溶解氧能力比较稳定，故淡水鱼类往往表现出对溶解氧变化较强的适应能力。在溶解氧充足时，鱼类一般保持较稳定的呼吸频率，其耗氧率基本不变。当水体缺氧时，鱼类会通过提高呼吸频率来维持一定的呼吸强度，如鲤、鲫、青鱼和草鱼在水体溶氧量6mg/L时，呼吸频率60~80次/min，溶氧量降至3mg/L时，呼吸频率提高到80~107次/min。当水体溶氧量低于临界溶氧量时，尽管鱼体继续增加呼吸频率，但已经起不到调节作用，此时鱼要游向溶氧量丰富的水域（如进水口附近），或是游向水面直接吞取空气，这种现象俗称为"浮头"。"浮头"时水体的溶氧量可视为维持鱼体正常呼吸强度的临界溶氧量，如果溶氧量继续下降，鱼类的呼吸作用受阻，会导致窒息死亡，此时水体的溶氧量称为"窒息点"。窒息点与鱼的种类、大小、水温、CO_2分压及pH等相关。养殖鱼类鱼种在夏季（27~28℃）的窒息点分别为：鲢0.72~0.34mg/L，鳙0.68~0.34mg/L，草鱼0.51~0.30mg/L，鲤0.34~0.30mg/L，鲫0.13~0.11mg/L。一些野杂鱼的窒息点通常高于养殖鱼类，据此我国长江一带生产商常采用"挤鱼法"，将家鱼和野杂鱼混杂的鱼苗短时间高密度盛放在一个容器中，当溶氧量降至0.6~0.7mg/L时，野杂鱼苗因窒息几乎死尽，而家鱼苗存活下来。夏季放养密度很高的养殖水域常会有鱼类缺氧窒息的情况，渔民称为"泛塘"，会造成重大的经济损失。

（二）溶氧量与鱼类呼吸

鱼类主要呼吸器官是鳃。少数鱼类由于其特殊的生活习性或所生活的水域常处于低氧状态，除了鳃以外，还可以利用身体上的其他组织进行气体交换，用以辅助呼吸。

鱼类血液中的红细胞具有较强的摄氧效能，它能携带比同体积水所能溶解的氧量大15~25倍的溶解氧。红细胞携带、转运和释放溶解氧的过程中，所能达到饱和程度与外界氧分压有关,这种情况随着鱼类不同而有差异。鳗鲡在较低氧分压的条件下,血液携氧很快就可以达到饱和(95%),说明鳗鲡的血液对氧具有较高的亲和力,所以能生活于低氧水域中;鲭由于不断从血液中向组织输送氧,使血液中常常有一半的红细胞处于未携氧状态,只有在较高的氧分压条件下才能达到较高的饱和度,活泼善游的鲭必须生活在溶解氧充足的水域。

(三) 耗氧量与耗氧率

鱼类耗氧量是指鱼在单位时间内的耗氧数值,常用耗氧率来表示,耗氧率指单位时间(h)内单位体重(g 或 kg)所需的耗氧量(mL 或 mg)。在鱼类安静状态下的耗氧率为基础耗氧率,它与鱼类的遗传及生理生态特性有关。不同种类代谢强度不同,其耗氧量和耗氧率也不同。根据对溶解氧的要求,可将鱼类分为以下四类:

1. 需氧量低的鱼类 对溶解氧要求不严格,甚至可以在溶氧量 0.5~1.0mg/L 的水体中生活。鲤、鲫及一些热带鱼类属于这一类群。

2. 需氧量较低的鱼类 对溶解氧的变化耐受力较强,可在流水和静水中生活,夏季适宜溶氧量 4.0~4.5mg/L,冬季 1~2mg/L。温水性鱼类属于此类,如"四大家鱼"。

3. 需氧量高的鱼类 在江河等流水中生活的鱼类,适宜的溶氧量为 5~7mg/L。主要包括喜冷性或介于冷水性和温水性鱼类之间的类群,如江鳕、白甲鱼及一些鮈属鱼类。

4. 需氧量很高的鱼类 这一类鱼对溶解氧的要求严格,通常在急流或冷水环境中生活的鱼类,要求溶解氧夏季达到 6.5~11.0mg/L,冬季大于 5mg/L。寒带的冷水性鲑鳟类属于此类。

鱼类耗氧率受到许多因素的制约,如水温、水流经鱼鳃部的速度、血液循环的速度、细胞氧代谢水平、体重、营养状况、发育状况、生殖情况、病害、神经与激素调节机制、pH 及盐度等因素都可引起耗氧率的改变。在适温范围内,耗氧量与水温呈正相关,温度越高耗氧率越大,超出临界范围,耗氧率则随之下降。如规格为 0.33kg/尾的草鱼,水温 3℃时耗氧率为 10.48mg/(kg·h),19℃时为 88.8mg/(kg·h),30℃时为 189.30mg/(kg·h),32℃时耗氧率最高,为 165.01mg/(kg·h),超过 32℃耗氧率则降低;温水性鱼类的耗氧率有明显的季节变化,夏季高于冬季,可达 5~10 倍,因而夏季更要重视防止水体缺氧。一般情况下,随着个体的增长,鱼类的耗氧率会逐渐减小,即幼鱼的耗氧率往往高于成鱼(表 12-1);在不适的环境条件下及疾病状态下,鱼类的耗氧率会降低;当盐度发生变化时,最初耗氧率会暂时下降,经一段时间达到稳定,然后重新上升甚至超过原来的水平;此外,鱼类耗氧率还有昼夜变化,这种变化有种属的特异性。

表 12-1 香鱼苗种耗氧率与鱼体大小的关系(水温 17.7℃)

(叶富良.1993.鱼类学)

平均体长(cm)	平均体重(g)	尾数	平均流量(mL/h)	平均耗氧量 [mg/(h·尾)]	平均耗氧率 [mg/(g·h)]
5.33	21	14	4 250	0.833	0.554
8.11	40	8	5 350	2.386	0.474
10.54	70	6	5 570	4.137	0.357

三、水中 CO_2 和其他气体对鱼类的影响

CO_2 在水中的溶解比 O_2 更容易。CO_2 在水中有游离和结合两种存在形式。天然水体中游

离的 CO_2 量不高，一般不超过 20~30mg/L。一般情况下，水体中的 CO_2 量不会引起鱼类的死亡，但水体 CO_2 量过高时，对鱼类有毒害作用，尤其是封闭式水体（如鱼类运输容器），由于 CO_2 升高，会伴随 pH 和溶解氧的下降。在溶解氧充足条件下，鲢、鳙鱼种在 CO_2 含量为 14~21mL/L 时，生活正常，当 CO_2 含量升至 56mL/L 时，鱼种感到不适，达到 94mL/L 时鱼种失去平衡，继续升至 196mL/L 时，鱼种呼吸困难，失去游泳能力，昏迷，不久就出现死亡。在游离 CO_2 浓度较高的水体中，血液中 CO_2 向水中的扩散受阻，使血液 pH 下降，从而影响了血红蛋白和 O_2 的亲和力，导致鱼类因缺氧死亡。

H_2S 是一种具恶臭的无色气体，可溶于水，对鱼类有毒害作用。一般是在水体极度污染、缺氧或无氧的情况下，含硫有机物经嫌气性细菌分解产生，或是在富含硫酸盐的水体中，经硫酸盐还原细菌的作用而生成。H_2S 可以通过鱼的鳃和口腔黏膜渗入鱼的循环系统，与血红蛋白中的铁结合使之失去载氧能力。H_2S 对不同鱼类所起的毒害作用也不相同，把鲫放在 H_2S 含量 10mg/L 的水体中 3h，在 8~10d 后会死亡，而鳟在 H_2S 含量 1mg/L 的水体中放置 15min 就会死亡。一般在小型肥水或静水水体，夏季缺氧时会导致 H_2S 的产生，因此，控制水体的肥度和增氧是防止 H_2S 毒害的重要措施。

此外，水体缺氧时，也易产生 NH_3。NH_3 对鱼类和其他水生生物有极毒作用，即使浓度很低，也会抑制鱼类的生长发育。NH_3 含量高于 8mg/L 即对大多水生生物有致命的影响。

四、鱼类与盐度和溶解盐的关系

盐度是表示水中含各种盐类的总浓度。水体根据盐度可划分为四类：盐度在 0.01~0.5 的为淡水，0.5~16 的为半咸水，16~47 的为海水，超盐水的盐度是 47 以上。盐类主要通过水的渗透压来影响鱼体。首先盐度是影响鱼类分布的重要因素，不同盐度的水体渗透压不同，因而绝大多数海水鱼和淡水鱼不能交换彼此生活的水体。盐度对鱼类的繁殖也有较大的影响，不同鱼类繁殖时需要不同的盐度，尤其是洄游性鱼类。"四大家鱼"在盐度超过 3 以上即不能正常繁殖。

水中溶解盐类的成分对鱼类的生长、发育也有影响。某些盐类，当其含量较低时为营养盐类，而含量过高时则会成为有害因素。鱼类能直接从水中吸收部分营养盐，而且营养盐较多的水，有利于鱼类饵料生物的繁殖和鱼类的生长。

鱼类之所以能够在不同盐度的水体中生活，是因为它们具有完善的渗透压调节机制，但这种机制有一定的限度。按照鱼类对盐度变化的适应能力的大小，可将鱼类分为广盐性和狭盐性两类：广盐性鱼类可生存在盐度变幅较大的水域，包括河口性鱼类，如鲻、刀鲚、银鱼等；过河口性洄游鱼类，如大麻哈鱼、鳗鲡、鲥等。狭盐性鱼类只能适应较小的盐度变化，盐度突变会引起死亡，包括各种纯淡水鱼和海水鱼类。各种鱼类成体较其幼体耐盐性高。

许多广盐性鱼类对于盐度的缓慢变化，有较强的耐受性，常能通过一定时间的盐度驯化而适应盐度变化了的水域，在生产上广为利用。如鲻、梭鱼、尖吻鲈、花鲈和黄鳍鲷等鱼苗，可经过逐步的淡水驯化在淡水中养殖；罗非鱼、虹鳟等淡水养殖鱼类，驯化移殖到咸淡水或海水中进行养殖并获得成功。

五、鱼类与酸碱度的关系

酸碱度是指水中氢离子浓度，一般用 pH 表示。它是水环境的一个重要指标，不仅可以表示氢离子的浓度,还可反映出水体CO_2、溶解氧、溶解盐类和碱度等水质状况,是水的化学性质和生物活动综合作用的结果。一般海水的pH较为稳定,通常在7.85～8.35,内陆水的pH变幅较大,尤其是池塘等小型水体,变动往往在4.5～9.5,而且还有季节和昼夜变化。

酸碱度能够直接影响鱼体的生理状况。各种鱼类都具有其最适宜的pH范围,大多喜中性或弱碱性环境,pH为7.0～8.5,丰产鱼池pH大多在此范围内。弱碱性的水体有利于鱼类的生长发育,但超出极限范围,会破坏鱼类的皮肤和鳃组织,最终导致鱼类的死亡。在酸性水体中鱼类的血液pH下降,导致血红蛋白携氧能力受阻而下降,鱼类会出现"浮头",在此水域中鱼类活动力较差,食欲低落且消化吸收率较低,生长受到抑制。此外,酸性水体的物质循环速度慢,也间接影响到鱼类的生长。许多鱼类能够适应较大幅度的pH变化,如我国西部地区由于干旱少雨,蒸发量大,其pH、碱度和盐度往往较高,雅罗鱼、鲫等耐盐碱性鱼类可正常生活。但鱼类对pH的适应有一定极限。

六、鱼类与光、声、电的关系

(一) 光

光是鱼类的重要环境因子之一,主要来源于太阳照射。它是水生植物的光合作用能源,对鱼类行为、体色、生长、发育、繁殖和分布等具有重要影响。

1. 光与鱼类的行为 根据鱼类对光的不同反应,大致可分为趋光运动和背光运动。一般生活于水体表层及中上层的鱼类,多表现为趋光运动,如蓝圆鲹、银色小沙丁鱼和鲲等均具有显著的趋光性,这一特点目前已被应用到灯光捕鱼上;而鳗鲡、大麻哈鱼等底层鱼类及产沉性卵的鱼类,大多数表现为背光或趋弱光运动。同一种鱼类在不同时期的趋光性也有变化,幼鱼对光的反应往往较成鱼强烈;鱼类饥饿时比饱食时的趋光性要明显;鱼类生殖前后趋光反应大多也不相同。

不同光照度下鱼类的趋光性存在差异,如在0.1～1 000lx,尼罗罗非鱼的趋光性随光照度的增加而增强,并在10～1 000lx达到最大值。避光性鱼类一般只在0.1～0.01lx光照度时才活动,而后则随着光照度增加而活动减少,如黄鳝、江鳕和鳗鲡等鱼类。光谱的组成也会影响鱼类行为,如鲟在红色和紫色光线下极为激动,在黄、绿、蓝色光线下则较为平静;鲐对紫色光的趋光率最高,红色次之,白色最低。多数鱼类对蓝色和绿色不敏感,因而网具多采用蓝绿色的材料。

光与视觉及摄食有关,从而影响鱼类的摄食行为。一般鱼类多在白天特别是清晨和傍晚索饵,在夜晚停止进食。也有习惯于夜间摄食者,如黄鳝等。

2. 光与鱼类的体色 生活水域光线的强弱与鱼类体色的明暗程度有密切关系,这是因为光照影响鱼类皮肤色素细胞的分布。在光线较强的水中生活的鱼类,往往较有亮丽的底色。一般上层鱼类的背部呈灰色、深蓝、浅绿与灰黑等色泽,腹部及体侧均为银白色,有利于保护自己。生活于光线较暗深水中的鱼类其体色也较深暗,一般具有棕色或紫黑色的体色,一般没有斑纹。生活在不同强度光照下的同种鱼类,常可形成不同的体色。

3. 光对鱼类生长发育的影响 光对鱼类生长和发育的影响,是通过视觉器官将光照刺激传入中枢神经系统,影响到内分泌器官特别是脑垂体的活动,从而对鱼类的生长和发育进行调控。各种鱼类的生长都有其要求的适宜光周期,如鳟在11.5℃下,每天光照12h或

18h，反而比光照6h的生长缓慢。

光照对性腺发育也有密切关系，通过调节光周期可以控制鱼类的产卵期。用控制光照和温度的方法，可控制鲻的生殖腺发育，使它的卵巢在在非繁殖季节能很好地发育，可使其提前产卵，大多数鱼都可采用此方法；而虹鳟则是在缩短光周期的情况下性腺能够提前成熟。

鱼类胚胎发育需要其特定的光照条件（光照度、光谱等），否则会因代谢失调使胚胎发育速度减慢，甚至死亡。一般浮性卵要求在光照充足的条件下才能正常发育，而沉性卵则要求在无光或弱光照条件下孵化。如大麻哈鱼、虹鳟等鲑科鱼类将受精卵埋于泥沙中完成发育，在有光处发育会产生发育延缓、孵化率降低的结果，如果光照过强，则会死亡。此外，光谱组成对胚胎的发育也有一定的影响，如鳟的卵子在紫光下发育最快，绿光下最慢；鲢胚胎孵化率在白色和淡黄色光照下高于绿色、蓝色和红色的光照。

（二）声

声波不易从空中传入水中，但声在水中的传导速度比空中要快。鱼类利用侧线器官来感受水流、机械振动和次声振动，利用内耳来感知超声振动。

不同种类的鱼感受振动的能力不同，对声响的强弱反应也不同，有些声响对鱼类有吸引作用，有一些则起恐吓作用，即鱼类有正趋音性和负趋音性。利用沙丁鱼、鲐、金枪鱼及鲨等鱼类的正趋音性进行声诱捕鱼，已成为国内外广泛研究的课题之一。在养殖水体中进行的驯化养鱼，也是利用鱼类对声音形成的条件反射，用颗粒饲料进行定点、定时的投喂，以提高饲料利用率。强烈的噪声如轰鸣的马达声会使鲢、鲤的鱼类跳出水面。

许多鱼类可以用鳔、肌肉及一些骨骼发声。利用鳔发声的鱼类有石首鱼科、隆头鱼科等。如大黄花鱼、小黄花鱼等在生殖季节，由于鳔的声肌（鼓肌）收缩与鳔壁发生摩擦，使鳔共振而发出"沙沙""呜呜""咕咕"的声音，在水面即可听到，可作为发现鱼群和判断鱼群大小的依据。有些鲇形目鱼类的发声是利用胸鳍鳍条与肩带的摩擦，如黄颡鱼；鲀科鱼类借助于咽喉齿和颌齿发声。石首鱼科的鱼类发声，通常与个体间联络、集群繁殖和索饵有关。黄颡鱼有护卵习性，它在繁殖期发声有吓阻的意义，起到领域防卫作用。还有的鱼在被惹恼或遭到攻击时，发出明显的警告、警报或逃走的声音。一些深海鱼类的发声，可通过回声仪探测。

（三）电

1. 电对鱼类行动的影响 各种较大的水体中，都存在着微弱的大地电流。各种鱼类对电刺激的反应不同。鱼类在直流电场中的反应可分为3个阶段。

（1）感电阶段。鱼类进入电场后，受电刺激惊恐不安、四处逃逸，力求使其体轴与电流方向平行，并表现为呼吸频率加快。不同种类对电流反应的敏感度不同，一般皮肤感受器发达的鱼类比较敏感，同种鱼类中个体大者对电流反应快。

（2）趋阳反应。身体微颤，肌肉紧张，头部朝向阳极游去，且水的导电率越高趋阳反应越明显。因而，有的学者推测，海洋洄游鱼类是以大地的微弱电流来定向的。

（3）昏迷反应。电场强度增高，超过鱼类的耐受极限，则出现呼吸微弱或停止，发生电麻痹导致死亡。因而目前电捕鱼已被禁止使用。但较弱的电流和脉冲电可用于拦鱼装置。

鱼类在电场中的行为不仅随种类而不同，还受体长、代谢强度、水温及电场作用时间等因素的影响。

2. 鱼类的放电 许多鱼类具有发电器官可以放电，还能在身体周围形成电磁场。发电鱼类一般属于底栖或近底栖种类，它们在夜间活动或在可见度低的混浊水中生活，而且运动缓慢，眼大多数退化。这些鱼类的发电通常和弥补视力不足、在特定生态环境中进行摄食、御敌、攻击、定位通信及求偶等相关。如电鳗放电的电压可达550~800V，有效作用范围达3~6m，可将大型动物击倒。电鳐放电电压可达200V以上，并可连续数次放电，并在短时间内失去放电能力。

七、鱼类的洄游

鱼类运动是其生命的基本特征之一，是由刺激所产生的反射性运动。由饵料生物、异性个体、敌害和不利水文条件等外部因素，或由饥饿、缺氧及性激素分泌等内部刺激所引起直接反射作用而产生的简单运动，如避敌、索饵等，属不定向运动。在不定向运动的基础上，又发展形成了定向的洄游。

洄游是指某些鱼类在其生活史中，出于对某种环境条件（营养、繁殖和越冬）的要求，在一定季节集群，从一个生活场所出发沿一定的路线向另一生活场所作有规律的大规模迁徙。这种运动是主动的、定向的、定时的、有周期性的，并具有遗传的特性，是某些鱼类或种群存活、扩散和增长中固定的、不可或缺的行为特征。

整个生活史期间都在其出生地附近生活的鱼类，称为定居性鱼类；在生活史某个阶段要穿越不同类型或性质的水域进行长距离洄游的鱼类，称为洄游鱼类。某些洄游鱼类由于外界条件或内部生理因素的变化，改变其洄游特性并定居在某一内陆水体中，称为陆封型或淡水残留型。

（一）洄游的类型

关于洄游的类型，从不同的研究角度有不同的划分方法。有的学者按照洄游的动力将其分为被动运动和主动运动。有的依照洄游的方向分为水平洄游和垂直洄游，水平洄游又有离陆洄游和向陆洄游之分。还有一种分法是依据鱼类洄游的目的来分为生殖洄游、索饵洄游和越冬洄游。目前通常是按洄游的生态类群，将洄游鱼类划分为海洋洄游鱼类、淡水洄游鱼类和过河口性洄游鱼类。

1. 海洋鱼类的洄游 产卵、索饵和越冬洄游3个环节都发生在海洋中的鱼类称为海洋洄游鱼类。这种洄游具有季节周期性，且洄游距离长。如黄海鲐鱼群的洄游距离在2 000km左右，外海为其越冬场，近岸为产卵和索饵场所。越冬洄游方向一般是从北到南，由浅水到深水，鲱、鳕、金枪鱼、鲐、黄鱼和带鱼等均属于这种类型。

2. 过河口性鱼类的洄游 在海、淡水之间进行洄游的鱼类称为过河口性洄游鱼类。这种洄游是典型的洄游，主要是产卵洄游，具有定时、距离长、规模大与规律性强的特点，一旦受到阻碍则影响其生命周期。洄游中要经过海、淡水两种完全不同环境的变化。又可分为：

（1）溯河洄游。生活在海洋，性成熟后溯水而上到淡水产卵的鱼类。七鳃鳗科、鲟科、鲱科、鲑科、胡瓜鱼科及鲀科鱼类属于溯河洄游类型，以鲑科的鲑属和大麻哈鱼属最为典型。

（2）降海洄游。生活于淡水，性成熟后顺流而下降海产卵，其幼体再溯河进入江河育肥。鳗鲡属是降海洄游鱼类的典型代表。

3. 淡水鱼类的洄游 生殖、索饵和越冬3个洄游环节都发生在淡水中的鱼类称为淡水洄游鱼类，也称江河洄游鱼类。这种洄游具有季节性、周期性，但距离、规模、集群程度和规律性远不如海洋鱼类，也称为半洄游。可分为河湖洄游和河口干流洄游。如"四大家鱼"为河湖洄游，一般在江河中下游或湖泊中栖息育肥，繁殖时成熟个体溯河而上，到中上游产卵繁育，亲鱼和仔幼鱼洄游到中下游或湖泊育肥；青海湖裸鲤平时栖息于湖内，3～7月进入沿湖的河流中产卵；中华鲟一般在东海岸、长江三角洲育肥，上溯到干流上游产卵，属于河口到干流的溯河洄游。

（二）洄游的原因

洄游的原因十分复杂，可能与历史（如冰川及海域的变化）、环境及鱼类内在（生理和遗传）因素等有关。鱼类洄游是有遗传性的，在其物种发展历史上就决定了它们洄游的一系列特性，不断进行选择加之历史环境影响而被后代继承下来。影响洄游的环境因素很多，其中以水温、水流、水化学（主要是盐度）等非生物因素以及饵料生物等生物因素最为重要。水温变化往往是生殖洄游和越冬洄游的信号，水温对饵料生物分布和数量影响，也会间接地影响鱼类的索饵洄游；鱼类具有感受水流速度和方向的能力，这种感受被鱼类作为洄游时的"信号"。水流既支配被动洄游的方向、路线和距离，也是成鱼的溯河洄游及降河洄游的根源；水中的化学因子通过鱼类的嗅觉和渗透压，会引起其行为反应。对河口性鱼类来说，盐度是触发其洄游的重要因素。水中的特殊气味、pH、溶解氧和二氧化碳等均可不同程度影响鱼类的洄游；索饵洄游是鱼类追随饵料生物的结果；避敌是垂直洄游的重要原因之一。鱼类自身因素对于洄游的影响也是非常复杂的，性激素水平对于产卵洄游的影响巨大。除此之外，鱼类的肥满度等生理指标也是影响洄游的重要因素。鱼类的洄游应是内在因素与环境条件相互统一结果的反映。

（三）洄游的研究方法

1. 标志放流法 此方法是将在天然水域捕获的鱼类做上标记放回原水域，一段时间后回捕，通过统计回捕标志鱼的时间、地点，可推测其洄游路线、方向、范围和速度。这是研究鱼类洄游最常用的方法。主要的标识方法有：

（1）剪鳍标志法。此法适合于幼鱼。从鳍基部剪掉在运动中所起作用不大的鱼鳍，如胸鳍、腹鳍或脂鳍，可有不同的组合加以记录和区别。

（2）挂牌标志法。此法较方便并常用。将有编码的金属或塑料制成小型标志牌钩或挂在鱼体的鳃盖、背鳍或尾柄等处。此方法的缺点是标志牌易脱落。

（3）超声波和无线电标志法。用超声波发射器，小型无线电发射器或应答器，植于鱼体外或体内，然后用超声波接收仪对标志鱼进行追踪观察，可较为精确地得到鱼类的洄游资料。此法的缺点是需要建立接收系统，标志物对鱼的运动有一定的影响，而且只能用于大鱼。

（4）同位素标志法。这是近年采用的新方法。所采用的同位素是放射周期较长（1～2年）对鱼体无害的 P^{31}、P^{32} 及 Ca^{46} 等，可混于饵料中直接饲喂或外部感染标志，然后用示踪原子探测器跟踪发现标志鱼。

（5）染色。用生物无害彩色染料注射于皮下，可持续数月或数年，或将染料喷洒于鱼鳍或腹部，小鱼可用颗粒荧光颜料喷洒标志，此法多用于较短期的标志放流。

（6）低温印迹法。用装有丙酮和干冰（−78℃）或液氮（−96℃）的超低温烙铁，在鱼体侧烙1～2s，留下一个有日期的标志，一般可保持数月。

2. 生物学法 对洄游鱼类进行年龄、体长、体重、性腺发育等级、胃肠饱满度、肥满度和含脂肪量等生物学指标的测定，可推知鱼群的洄游路线、目的和持续时间；调查鱼类的分布情况，包括卵、仔幼鱼、幼鱼和成鱼期的分布水域和水层等，进行渔获物分析，可知鱼类的分布范围、洄游速度、方向及其洄游规律；有时根据鱼体寄生虫和摄食饵料生物的情况，也可推断鱼类的分布情况和洄游路线。

研究鱼类洄游的方法多种多样，要根据情况和研究要求加以采用，不论采用什么方法，必须考虑标志过程和标志物对鱼类的伤害和影响，而且对回捕标志鱼的检测要方便。标志放流的成功与否，关键在于重捕回收工作，一般能回收 1%～2% 即被认为是正常。

第二节　鱼类与生物环境的关系

水中的微生物、植物和包括鱼类在内的各种动物构成了鱼类的生物环境。鱼类与生物环境之间的关系包括种内和种间关系，它们或为鱼类的饵料，或为鱼类生活的必需条件，或为捕食鱼类，或可成为鱼类的病原生物，或者与鱼类有着更为复杂的关系。这种关系是在进化过程中逐渐建立起来的，彼此相互影响、相互制约。

一、鱼类的种内关系与种群结构

(一) 鱼类的种内关系

1. 集群 集群是指鱼类个体集合成鱼群的一种行为，是鱼类种内关系的一个明显特点。约有 80% 的鱼类在其生活史中有阶段性的集群行为，海洋鱼类较为明显。鲱、沙丁鱼和鳀等以浮游生物为食的小型上层鱼类，终生集群生活；有的种类在繁殖、越冬、索饵或洄游时呈现出阶段性集群，如长江中的"四大家鱼"。集群对鱼类的生活影响是双面的，既有利也有弊。鱼类除了在生殖、摄食和越冬洄游时集群，在防御、减少游泳阻力及逃逸等方面集群的作用也是不可取代的，当鱼类遇到其他动物袭击时，立刻集群进行防御，往往单独活动的鱼被凶猛动物捕食的速度比在鱼群中要快得多；鱼类在集群游动时，相互利用彼此的游动漩涡来减小游动的阻力；被捕捞时，由于领头鱼的反应，鱼群可在瞬间逃逸。鱼类是依靠视觉、嗅觉、听觉、侧线感觉以及化学信息素等途径，进行信息传递和保持群内个体间联系，以完成集群行动的高度一致性。集群也存在着不利的方面，一是过于集中，目标过大，容易引来捕食者；二是集群鱼类比单独生活的鱼类能更快地消耗饵料生物，时常会因饵料的不足造成生长缓慢。

2. 食物关系 种内关系的另一重要方面是食物关系。随着鱼类数量的增加，种内对食物竞争加剧，当营养条件恶化时，会产生生长离散（即个体差异加大），许多凶猛鱼类甚至会同种相残，如鲈、带鱼等，会出现吞食同种鱼卵、大个体吞食同种小个体的现象。这种现象可认为是鱼类对生存环境的一种适应，有利于本种的进化、防止种群密度过盛和种族的延续。

3. 寄生 鱼类中有真正的种内寄生现象，如角鮟鱇鱼类的一些种类，雄鱼个体远较雌体小，除了生殖器官外各个器官、系统基本退化，用口吸附于雌鱼的鳃部、腹部或头部，以雌鱼血液为营养。种内寄生对繁殖中不易找到异性的种类有着积极的意义。

(二)种群结构及其数量变动

1. 种群的结构特点 种群是指在一定时期内占有一定空间的同种生物个体的自然集合体,是种内关系的一种表现形式。种群不同于一般的集群,它是具有一定程度的自我调节机制的有机单元,具有3个特征:

(1)空间特征。种群占有一定的分布区域和形式,与其他种群基本是隔离的。

(2)数量特征。种群的数量随时间而变动。

(3)遗传结构。种群是一个在时间上连续的基因库,有一定的遗传性。

描述种群结构主要特征包括种群密度、出生率、死亡率、年龄组成及性别比例等变量。种群结构变化是在环境条件的作用下,通过生长、性成熟年龄、寿命以及迁入、迁出的调节而自动实现的。

2. 种群数量变动 种群数量变动是种群适应性与环境因素相互作用的结果。种群数量由出生率、死亡率、迁入率和迁出率4个因素决定,总是在不断的变化中。种群数量动态的形式多种多样,从理论上大致可分为如下几种形式:种群的增长、种群的动态平衡、种群的周期性波动、种群的不规则波动、种群数量的下降、种群大发生和种群崩溃、种群的消亡和种群灭绝。

一个在不受资源、空间等条件限制的无限环境中的种群,即生活在理想状态下,其种群呈指数增长即J形增长。但在自然条件下,对于现实种群来说,生存环境的空间和资源都是有限的,一定会受时间、空间、食物、气候及天敌等环境因素的影响,所以不可能持续无限制的增长。现实种群在有限环境中的增长的一种最简单方式是逻辑斯蒂增长,即S形增长(图12-1)。环境条件所允许的种群数量的最大值,这个数值称为环境容纳量或负荷量,通常用 K 表示;环境条件对种群增长的阻滞作用,随着种群中个体数量的增加而逐渐按比例增加。逻辑斯蒂增长与指数增长的差距,是由种内竞争所引起的"拥挤效应",它反映了种群数量增长的环境阻力。逻辑斯蒂曲线呈一条向环境容纳量 K 逼近的S形曲线,可分为以下几个阶段:

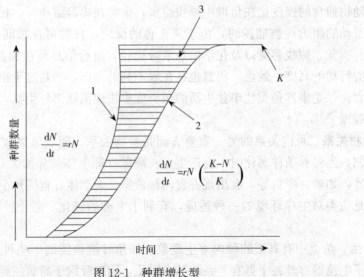

图12-1 种群增长型
1. 指数增长 2. 逻辑斯蒂增长 3. 环境阻力

(1) 增长期。种群数量增加阶段。

(2) 平衡期。种群数量达到 K 值而饱和，虽然有时还会有些波动，但基本保持稳定。

(3) 衰落期。是种群数量在保持一段时期的稳定后，逐渐下降的阶段。

二、鱼类的种间关系

在一个水体或水系内的鱼类组成有一定的特点，形成了该环境的鱼类群落，在群落内鱼类相互作用、相互影响，存在着各种不同的紧密关系，即为鱼类的种间关系，错综复杂、形式多样，主要表现为种间竞争、捕食、寄生与共生等几种形式。

（一）种间竞争

种间竞争是指具有共同生态位（如饵料、水层）的不同种鱼之间所产生的竞争关系。竞争的激烈程度与食谱及生态位相同的程度有关。竞争会向两个方向发展：一是一种占绝对优势，完全排挤掉另一种，如云南星云湖与杞麓湖在 20 世纪 60 年代引进鲌，与当地特有的大头鲤发生竞争，竞争的结果是导致我国这一独有种类濒临灭绝；二是迫使其中一种占有不同空间，改食不同食物，产生食性分化，这在高年龄组鱼类中时有发生。

（二）捕食与被捕食

捕食者与被食者的关系十分复杂，是在长期进化过程中逐渐形成的。捕食者的数量常取决于被食者的数量，而捕食者又可调节被食者的种群大小。由于捕食者的存在，对于被捕食者调节丰度、适应环境极为重要；对于放养水体的鱼类群落来说，捕食鱼将破坏合理的放养，严重影响水体鱼产力，是造成减产、低产的重要因素。

（三）寄生与共栖

寄生在很多情况下是捕食的一种特殊形式。种间寄生在鱼类中很少见。七鳃鳗利用口吸盘吸附在其他鱼体身上，啄食吸吮寄主鱼的血肉体液为食；盲鳗的寄生是通过咬破寄生主的体壁或鳃部钻入其体内，吸食内脏和肌肉，最终导致寄主的死亡。南美的寄生鲇，常寄生在平口鲇的鳃腔内，吸吮其血液，影响鱼类的正常生长。

共栖是指两种鱼类生活在一起，而相互间不构成危害甚至形成对一方或双方有利的关系。通常又分为偏利共生和互利共生两种。偏利共生现象如䲟与鲨，䲟以第一背鳍变异形成的吸盘吸附于鲨的体上，即受鲨的保护，又随其到处遨游，还拾取鲨的残饵，而对鲨无害。互利共生较为典型的例子是清洁鱼专门啄食病鱼体表外寄生虫及黏液，帮助病鱼解除痛苦，自己也获得美餐。

三、鱼类与其他水生生物的关系

鱼类与其他水生生物的基本关系是营养关系，通过这种营养关系，使鱼类和其他水生生物之间构成了一个相互依存、相互制约的有机整体，还实现了所存在生态系统的物质和能量的运转，其主要表现形式是食物链和食物网。

（一）食物链和食物网

食物链是在生态系统中生物之间形成的一连串的食物关系，食物中的物质和能量沿着一定途径依次传递。最初是表示食物关系间的一种直线关系，如鳡吃银鲴，银鲴吃水生昆虫，水生昆虫吃浮游动物，浮游动物又吃浮游植物，这一系列的物质和能量传递关系可用浮游植物→浮游动物→水生昆虫→银鲴→鳡来表示。

在自然水域中，单一的食物链几乎是不存在的。生物间的营养关系，实际并非单向的食物链，而是由多个长短不一的食物链彼此交叉、纵横联系构成一个复杂的网状关系，即食物网（图12-2）。一般情况下食物链（网）相对稳定、平衡，但并非固定不变，食物链或食物网中任何一个环节发生变化，都不可避免地影响整个食物链或食物网。因而，进行鱼类引种、移殖饲养必须谨慎，仔细分析考虑群落中各种鱼类相互间的营养关系，以免破坏食物链（网）的平衡，甚至引起生态灾难。

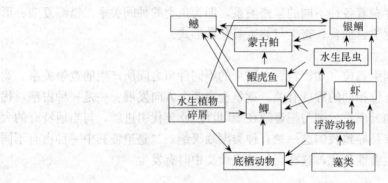

图12-2 食物网示意（以能量流动为顺序）

（二）敌害关系

鱼类以各种水生生物为食，但也常被其他水生生物所食。水生爬行动物、哺乳动物和一些水鸟大多是鱼类的敌害，如海蛇、虎斑游蛇、鳖、江豚、水獭、海豹、苍鹭、鹈鹕、海鸥和军舰鸟等；蛙类能捕食鱼卵及幼鱼；部分水生昆虫如蜻蜓幼虫、龙虱幼虫等能以鱼卵和鱼苗为食。有的水生生物是鱼类的病原生物，影响鱼类生长，危害其生命，如一些病毒、细菌、真菌、孢子虫及车轮虫等。

鱼类与水生生物之间还有一些其他关系，大部分水生植物除了做鱼类的饵料外，又是水中重要的初级生产者和溶氧的来源，还可作为产黏性卵鱼类卵的附着基质。鱼类与生物环境之间的关系是极其复杂的，而且在不断的变化，因而在分析鱼类与生物环境的关系时，要用全面、联系的观点，将其视为一个完整的有机联系的统一体。

 复习思考题

1. 试分析水温对鱼类的生态作用。
2. 鱼类耗氧率的变化有什么规律？
3. 归纳出较适宜鱼类生长发育的非生物环境因素指标有哪些？
4. 鱼类种内关系有何特点？
5. 分析鱼类集群的利弊。
6. 举例说明鱼类的种间关系有哪几种类型？
7. 鱼类为什么要进行洄游？洄游具有什么意义？
8. 举例说明鱼类的洄游类型。
9. 研究鱼类的洄游有哪些方法？

第十三章

鱼类分类概述

地球上现存鱼类有2万多种，物种之间有明确的界线，存在着生殖隔离。如何将它们区别开来并加以认识，必须按照系统演化的规律加以分门别类，进行鉴定和分类工作。鱼类的分类和其他动物一样，是以形态、生理、生态、胚胎发育、遗传等各方面的异同之处，并根据发生、演化关系等知识，找出它们的亲缘关系，然后再给每一个类群一个分类位置和适当的名称，这样排列成一个自然系统，这就是所谓的鱼类自然分类法。

目前鱼类分类的主要依据是鱼的形态结构，包括鱼体外部和内部结构的主要特征，如体型、可数性状和可量性状、口的位置、形状、齿的形状，幽门垂、鳔的形态数量、骨骼的构造等。为了避免片面性和主观性，还要了解鱼类的生理特点、生活习性、分布等方面内容，进行综合考虑。随着科学技术的发展，在分类方面还出现了一些新的方法，如细胞分类法、化学分类法、分子分类法等。但各种新技术、新方法并非尽善尽美，因此，在分类上应以传统的形态比较法与新技术进行综合比较，相互印证。

鱼类的分类有不同的理论。20世纪三四十年代分类学界首先形成了进化系统分类学理论，50年代初形成了数值分类学理论，60年代又出现支序分类学（又称分支分类学或称系统发育分类学）。贝尔格分类系统、拉斯和林德贝格分类系统是依据进化系统学理论（或称综合系统学派）创立的。纳尔逊分类系统属于分支系统学派，该系统目前为大多数鱼类学者所接受。

第一节　鱼类分类的基本单位、分类阶元和命名法

鱼类分类阶元和其他生物一样，在脊索动物门下分为纲、目、科、属、种6个基本分类阶元。

一、种的概念

种又称物种，它是鱼类分类的基本单位，也是最重要的分类阶元。它是由种群组成的生殖单元，在自然界占有一定的生境地位。

1. 种的特点

（1）同一个种具有相同并相对稳定的形态特征。即种与种之间在形态上有明显的界限，种内个体形态特征相同而且相对稳定。因而鉴定物种时，一是要求特征分明，没有中间类型，即具有间断性；二是要求特征相对稳定，即具有不变性，变化无常的特征不能据以分类。有些种个体的形态结构会因性别、年龄等不同而有一定的个体差异，如胭脂鱼、马口鱼、大麻哈鱼、鮟鱇等，在鉴别时要特别注意。

（2）在自然状态下，同种个体能够或可能交配繁殖，所产生的后代具有繁殖能力，其固有的特性能够遗传给后代，即同种个体具有生理相似性。而在自然状态下不同种的鱼类通常

不能自由繁殖,即使偶然机会或是通过人工方式促使杂交,一般也不能产生后代,即便能够产生后代通常也是无繁殖能力的。分类地位相差愈远,杂交的可能性愈小。对于有性生殖的生物,杂交不育或生殖隔离是公认的物种标准。

(3) 物种是以种群形式存在,并占有一定的分布区域,即同种个体具有相同的生态特性。

2. 种的定义 综上所述,物种的定义可以概括为:物种是由既连续又间断的种群所组成的生殖单元(与其他单元有生殖隔离),在自然界占有一定的生境地位。

亚种是种下的分类阶元,它是由于种内个体在地理分布上和生殖上充分隔离后所形成的一些种群的集合体。种内不同亚种在形态结构上有明显的差异,但不存在生殖隔离。各亚种由于地理上或生态上的不同,又有地理宗和生态宗之称,可认为是亚种的同义词。如银鲫是鲫的一个亚种。

品种也是种的存在形式,但不是分类阶元,而是一个育种学名称。品种是经过人工选择、培育而成,通常具有符合人类要求的特定品质,如兴国红鲤、异育银鲫等均是人工培育的养殖品种。

二、种以上的分类阶元

种以上的分类阶元由下至上为属、科、目、纲、门、界。为了更好地确定种的分类地位,在一些阶元之前或之后增设总级和亚级,如总纲和亚纲、总目和亚目、总科和亚科、亚属等。现以鲤为例,将其分类阶元和地位列举如下:鲤属于动物界,脊索动物门,脊椎动物亚门,鱼纲,辐鳍亚纲,骨鳔总目,鲤形目,鲤亚目,鲤科,鲤亚科,鲤属。

1. 属的概念 它是一个聚合的分类阶元,是包括了一个种或一群在系统发育上来自于共同祖先的物种,它们具有共同的形态特征即属的特征。分布局限于一个水系或相邻的水系,属与属之间有明显的间断。属以一特定的模式种为依据。如鲤属 *Cyprinus* 是以鲤 *Cyprinus carpio* Linnaeus 作为模式种定名的。

2. 科的概念 科是比属更高一级的分类阶元。它由一个属或一群在系统发育上来自共同祖先的属组成。科有它的共同特征,科与科之间有明显的间断。它的分布是世界性的。在国际命名法规上,科是各阶元中在命名法上受到实际的属、种和模式标本所限制的最高一级阶元。科以其下一特定的模式属为依据。

3. 目、纲、门的概念 它们是科以上的分类阶元,它们不依据模式属和模式种,是分类系统中最稳定的分类阶元,在这些阶元之间也有明显的特征差异。相关的科归为一个目,相关的目归为一个纲,相关的纲归为一个门。

三、命 名 法

由于各地区的语言和方言不同,会出现同物异名和同名异物的现象。为了知识交流以及避免文字上的误会,所以国际上采用了瑞典生物学家林奈(1707—1778)提出的生物命名法。

1. 双名法 对每一种生物的名称采用拉丁文的双名法,即每一种生物的学名,都由一个属名和一个种名所组成。属名在前,第一个字母要大写,种名在后,全部小写,另外在学名后面加上定种人的姓名,第一个字母也是大写。如果两个人合定一种,则在两个人的名字之间写一个 et 或 & 表示"和"的意思。如鲤的学名为 *Cyprinus carpio* Linnaeus。新种的学名后面应加 "n. sp." 或 "sp. nov."(species nova)等省略字以表明新种。种名有不能确定者，则在属名后加"sp."，如鳑鲏 *Rhodeus* sp.。

2. 三名法 即亚种的定名法，由属名＋种名＋亚种名＋定名人姓氏。

记载第一亚种名时，由种名作为亚种名，如鲫 *Carassius auratus auratus*（Bloch），其他亚种则另起一与种名不同的名字，如银鲫 *Carassius auratus gibelio*（Bloch）。

如果为亚属，则亚属名用括号写在属名后面。如刺鲃 *Barbodes（Spinibarbus）caldwelli*（Nichols）。

3. 单名法 即种以上阶元的命名法。它们均由一个词组成，在书写时，门、纲、目、科、属之第一个字母用大写。另外，科与目等分类阶元均用一定的字尾来表明，通常采用贝尔格的意见。

  目-formes   如鲤形目 Cypriniformes
  亚目-oidei 或 oidea   鲤亚目 Cyprinoidei
  总科-oidae   鲈总科 Percoidae
  科-idae   鲤科 Cyprinidae
  亚科-ini 或 inae   鲤亚科 Cyprininae

4. 优先律 定种人是按照优先律，谁先创立就用谁的名字，如鲤为林奈所鉴定，则标明 *Cyprinus Carpio* Linnaeus。如果新种命名的发现者误将某新种列为另一属，或是某一属后来又分成若干属，甚至把该种移入另一属，这种原定名仍保留，但要将原建种人的名字放在括弧内。例如梭鱼 *Mugil haematocheila* Temminck et Schlegel 改为 *Liza haematocheila*（Temminck et Schlegel）。

四、分类的主要性状和术语

纲、目等较高级的分类阶元，以骨骼的性质及特化状况、脑颅的类型、胃的有无、螺旋瓣的有无、鳔管的有无等内部结构作为分类的主要依据；对于目以下较小的分类阶元，其外部形态特征为主要的分类依据。鱼类分类的主要性状包括以下3个方面：

1. 可量性状 鱼类的可量性状包括全长、体长、体高、头长、吻长、眼径、眼间距、尾柄长、尾柄高等。通过测量鱼类的各项可量性状，并计算其比值，可以反映出鱼类的形态特征及各种鱼类之间的差异。

2. 可数性状 即鱼体上可以计数的性状，包括鳃耙、背鳍条和臀鳍条、侧线鳞、齿、须、鳔室、幽门垂、脊椎骨等数目。

3. 可辨性状 指的是鱼体外部和内部构造的某些特征，也称为描述性状，如口形与位置、须的位置与长短、腹棱的有无与长短、腹膜颜色、鳔形、齿形、肛门位置、鳍形、尾型、腹鳍的位置、鳞片的类型等。

在进行鱼类分类鉴定时，不仅要根据鱼类的形态结构，而且要调查了解它们的生活习性和地理分布，不能片面地孤立地进行。

第二节 鱼类分类鉴定的步骤和方法

一、标本的采集和保存

标本采集和保存是鱼类分类鉴定的基础工作，主要要求如下：

（1）数量以 25～50 尾为宜。
（2）采集的个体大小，♂、♀ 都应兼顾。
（3）作为标本鱼要求体形完整而标准，鳞鳍无损，发育正常。
（4）采集后，将标本洗净后用打上编号的标签布编上号码。
（5）在采集本上登记编号，并做采集记录，如记录采集地点、时间、网具、渔法，以及鱼类的生活习性、体色等主要特征。
（6）最后将鱼体洗干净，除去体表黏液，然后用福尔马林固定标本。鱼体固定时要平直，切忌弯曲，要将标本鱼鳍展开、姿态端正地摆放于盘中，用浓度为 6%～15% 的福尔马林防腐液进行浸泡固定，第二天将鱼体翻身再固定。夏季或对于大型鱼类标本，应向腹腔和肌内注射防腐液。长期保存时，中小型标本可装入标本瓶，外贴标签；大型标本可贮藏于密封的标本箱（硬塑质可较好地防锈）、标本缸或标本槽中，避免挥发。标本室要有遮光措施，以免标本褪色。

二、标本的分类鉴定

根据鱼类的分类特征，参考有关鱼类分类书籍来进行标本鉴定和定种。一般从目开始鉴定，因为纲的特征很明显区分。最常用、最简便的分类工具是检索表。从目开始一级级往下查，查到种为止。检索表是分类鉴定的工具，它是将各种性状分离分档，用成对的并严格分歧的一系列对比性状构成简短扼要的表格，为鉴定与分类提供捷径。

检索表的应用和编制要求如下：
（1）检索表中所列的特征应该是有用和最明显的特征，对种的所有个体都适用，最好是选择外部特征。
（2）列举的特征必须严格双歧，对选的性状必须清楚明确，不能有模棱两可的情况。
（3）检索表中的文字要简洁，尽量采用电报式。

常用的检索表有 3 种类型：

（一）对选并靠检索表

它的优点在于对选性状互相靠拢，便于比较；缺点在于各单元的关系并不明显。如我国产鲟属 *Acipenser* Linnaeus 种的检索表：

```
1 体侧骨板少于 58 ……………………………………………………………………………… 2
  体侧骨板多于 58 ……………………………………………………………………………… 5
2 下唇中央中断 ……………………………………………………… 西伯利亚鲟 A. baeri Brandt
  下唇完整 ……………………………………………………………………………………… 3
3 背鳍条少于 40 ……………………………………………………… 施氏鲟 A. schrenckii (Brandt)
  背鳍条多于 40 ………………………………………………………………………………… 4
4 鳃耙三角形，薄片状，排列紧密（20～36）；幼鱼皮肤粗糙
   ………………………………………………………………… 达氏鲟 A. dabryanus Dumeril
  鳃耙短柱状，排列稀疏（13～24）；幼鱼皮肤光滑 ……………… 中华鲟 A. sinensis Gray
5 下唇完整 ……………………………………………………… 裸腹鲟 A. nudiventris Lovetzky
  下唇中央中断 ………………………………………………… 小体鲟 A. ruthenus Linnaeus
```

（二）逐项退格检索表

其优点在于各不同单元的关系醒目；缺点在于对选性状相离很远，尤其是较长的检索表中较浪费篇幅，较适用于短的或较高级阶元的检索表。

如骨鳔总目各目的检索表：

A1　体披鳞或裸露，不披骨板，第三、四脊椎不愈合。
　　B1　下咽骨正常，口不突出，口一般具齿
　　　　C1　体不呈鳗形，被鳞，具腹鳍 ·· 脂鲤目
　　　　C2　体呈鳗形，无鳞，无腹鳍 ··· 电鳗目
　　B2　下咽骨扩大，无颌齿，口多少能伸缩 ··· 鲤形目
A2　体裸露或披骨板，第 2～4 椎骨愈合 ··· 鲇形目

（三）连续检索表

也称双歧括号检索表。优点是节省篇幅，且次序容易自由编排，便于应用，适用于冗长的检索表；缺点是对选性状相距较远。它是最常用的检索表，本教材采用这种检索表。

如侧孔总目 4 个目的检索表：

1（2）　鳃孔 6～7 个，背鳍 1 个 ··· 六鳃鲨目
2（1）　鳃孔 5 个，背鳍 2 个
3（6）　具臀鳍
4（5）　背鳍前方有一硬棘，无吻软骨 ·· 虎鲨目
5（4）　背鳍前方无一硬棘，有三根吻软骨 ·· 鼠鲨目
6（3）　无臀鳍，有一吻软骨 ·· 角鲨目

在检索过程中，必须循检索表顺序号自第一条开始检索，若发现标本与检索表条文不附时，应返回查对高一级分类阶元的检索表。

当发现某一物种，在历史上尚没有人记载时，就可定为新种，但在定为新种之前，要查考《动物学记录》（Zoological Record）。由此书找出某一类群的文献题目，再找原文核对鉴定。当确定新种时，同时要选择模式标本，即新种描述所确定的标本。这种模式标本一般有正模标本（holotype）、副模标本（paratype）、综模标本（syntrpe）、选模标本（lectotype）、补模标本（neotype）等。当提出发现新种报告的时候，一定要注明模式标本保存的地点、模式标本的种类，以便核对。

第三节　鱼类的分类系统

一、分类历史简介

对鱼类进行科学的分类研究，一般认为从希腊学者亚里士多德（Aristotle，前 384—前 322）开始，他记录了 115 种生活在爱琴海的鱼类。17 世纪由于地理学的进步，大大扩充了鱼类学的领域，在分类上，从人为分类法进入了自然分类法。18 世纪瑞典科学家林奈（Linnaeus. C.）著有《自然系统》一书，确定了双名法，记录了 2 600 种鱼，奠定了鱼类分类学的基础。19 世纪中叶对鱼类形态学研究的进展，以及 19 世纪末由于渔业生产需要加深对鱼类的洄游、生殖、发生和生长的研究，鱼类分类学迅速发展起来，一百多年来陆续形成了许多学派。

1844年穆勒第一次将鱼类列为脊椎动物的一个纲，以下分为6个亚纲、14个目。此后，雷根、古德里奇、琼丹又先后用自己的方法对鱼类进行了分类。1955年贝尔格在《现代和化石鱼形动物及鱼类分类学》一书中，将现生和古生鱼类分为12个纲、119个目，每一个纲、目、科都有特征描述。1966年格林伍德、罗逊等人依据胚胎发育、稚鱼是否变态、内部形态解剖，将真骨鱼分成3大类、8个总目、30个目和82个亚目。1971年拉斯和林德贝尔格在《现生鱼类自然系统之现代概念》一书中，以贝尔格系统为基础，对鱼类分类系统提出了新的见解，将鱼类分成软骨鱼纲和硬骨鱼纲，下分4亚纲13总目53目。拉斯分类系统曾被国内外鱼类学者广泛应用。

纳尔逊（Nelson.J.S）所著的《世界鱼类》（1976、1984、1994、2006），在归纳分析比较大量分类资料的基础上，根据骨骼学、系统发育学、胚胎学、形态学、比较解剖学、古生物学及比较生物化学的原理，提出了更为完善合理的新的鱼类分类系统，这一系统目前已为大多数鱼类学者所接受。本书中采用了纳尔逊分类系统（2006年）。

二、现生鱼类分类系统

按照纳尔逊2006年《世界鱼类》（第四版）的分类系统，将现生鱼类分62目515科4 494属27 977种。将脊椎动物亚门的现生鱼类分为：无颌总纲和有颌总纲。属于无颌总纲里的鱼最大特点是口无颌，全世界现存2纲，即盲鳗纲、七鳃鳗纲；有颌总纲的鱼类最早是出现于早志留纪的棘鱼类，包括软骨鱼纲（分为2亚纲、14目）、肉鳍鱼纲（2亚纲、2目）、辐鳍鱼纲（2个亚纲、2个下纲、14个总目、44个目）。

无颌总纲
  盲鳗纲
    盲鳗目
  七鳃鳗纲
    七鳃鳗目
有颌总纲
  软骨鱼纲
    全头亚纲
      银鲛目
    板鳃亚纲
      翅鲨总目
        虎鲨目
        鲭鲨目（鼠鲨目）
        须鲨目
        真鲨目
      角鲨总目
        六鳃鲨目
        锯鲨目
        角鲨目
        扁鲨目

笠鳞鲨目
　鳐形总目
　　锯鳐目
　　鳐形目
　　鲼形目
　　电鳐目
肉鳍鱼纲
　腔棘鱼亚纲
　　腔棘鱼目
　肺鱼亚纲
　　肺鱼目
辐鳍鱼纲
　软骨硬鳞亚纲
　　多鳍鱼目
　　鲟形目
　新鳍鱼亚纲
　全骨下纲
　　弓鳍鱼目
　　雀鳝目
　真骨下纲
　　骨舌鱼总目
　　　月眼鱼目
　　　骨舌鱼目
　　海鲢总目
　　　海鲢目
　　　北梭鱼目
　　　鳗鲡目
　　　囊鳃鳗目
　　鲱形总目
　　　鲱形目
　　骨鳔总目
　　　鼠鱚目
　　　鲤形目
　　　脂鲤目
　　　鲇形目
　　　裸背鱼目（电鳗目）
　　原棘鳍总目
　　　水珍鱼目
　　　胡瓜鱼目

鲑形目
　　狗鱼目
巨口鱼总目
　　巨口鱼目
辫鱼总目
　　辫鱼目
圆鳞总目
　　仙女鱼目
　　灯笼鱼总目
　　灯笼鱼目
　　月鱼目
须鳂总目
　　须鳂目
副棘鳍总目
　　鲑鲈目
　　鳕形目
　　鼬鳚目
　　蟾鱼目
　　鮟鱇目
　　鲻形目
银汉鱼总目
　　银汉鱼目
鲱形总目
　　颌针鱼目
　　鳉形目
鲈形总目
　　奇金眼鲷目
　　金眼鲷目
　　海鲂目
　　刺鱼目
　　合鳃目
　　鲉形目
　　鲈形目
　　鲽形目
　　鲀形目

第四节　现生鱼类主要类群简介

　　鱼类是脊椎动物中种类及数量最大的一个类群，其中软骨鱼类约占3.6%，硬骨鱼类约占96.1%。海水鱼类约占58.2%，淡水鱼类约占41.2%，溯河鱼类约占0.6%。我国有辽阔的海洋和广大的内陆水域，鱼类资源极为丰富，现知鱼类有3 166种和亚种（孟庆闻，1995），其中圆口类8种，软骨鱼类203种，硬骨鱼类2 955种（包括引进8种）。海水鱼类约占72%，淡水鱼类约占28%，为1 010种（朱松泉，1995）。

一、无颌总纲

无颌总纲是现存脊椎动物最原始的类群，又称圆口类。体裸露无鳞，呈蛇形。无上下颌。无偶鳍，无肩带和腰带。鳃呈囊状（称囊鳃类）。鼻孔1个。软骨，无椎体，脊索终生存在。世界现存2目2科，我国有2目8种。目的区别如下：

1（2）口呈裂孔状，具口须；无背鳍；眼埋于皮下 …………… 盲鳗目 Myxiniformes
2（1）口呈漏斗状吸盘，无口须；背鳍2个；成体眼发达
  …………………………………………………… 七鳃鳗目 Petromyzontiformes

盲鳗目鱼类均为海产，对渔业有危害，各大洋及我国的东海和黄海等水域均有分布；七鳃鳗目鱼类海、淡水均有，为半寄生性鱼，吸食其他鱼体血肉。七鳃鳗肉味鲜美，富含脂肪，有滋补健身之效，日、俄、美、法、英等国多进行渔业利用。我国有日本七鳃鳗 *Lampetra japonica* (Martens)（图13-1）、东北七鳃鳗 *L. morii* (Berg)、雷氏七鳃鳗 *L. reissneri* (Dybowski) 3种。

图13-1　日本七鳃鳗 *L. japonica*（Martens）

二、有颌总纲

有颌总纲具上、下颌，偶鳍一般存在；鳃非囊状，有分离的鳃弧；内骨骼发达，成体脊索常退化，绝大多数有脊椎骨。包括软骨鱼纲、肉鳍鱼纲和辐鳍鱼纲，其中肉鳍鱼纲和辐鳍鱼纲属于硬骨鱼类。

（一）软骨鱼纲 Chondrichthyes

软骨鱼纲的主要特征：内骨骼均为软骨，常有大量的钙盐沉积以加固。脑颅为一整体无接缝；体被盾鳞或光滑无鳞；鳍条为角质鳍条，雄性具有由腹鳍内侧特化而成的交配器，称为鳍脚；有鳃孔5～7对，各自开口于体外，或具4对鳃孔外覆一膜状假鳃盖；歪尾型；无鳔，肠短并具螺旋瓣，心脏有动脉圆锥。体内受精，卵大而数少，卵生或卵胎生。

软骨鱼类具有很高的经济价值，其肉可食用，皮可制革，肝富含维生素A，可提炼鱼肝油等药物。鲨鱼鳍可加工成名肴"鱼翅"。脊柱等软骨可制硫酸软骨素、人工合成皮肤，治疗烧伤。但多年来因捕捞强度过大，使鲨资源日益减少。目前我国已采取系列管理措施，以保护濒危的鲨资源；并严格执行《濒危野生动植物种国际贸易公约》（CITES）的规定，对鲸鲨、姥鲨、大白鲨等进行严格保护，禁止捕捞。同时，相关部门也倡导消费者应转变消费方式，尽量少食用鱼翅。

软骨鱼类广泛分布于印度洋、太平洋和大西洋，仅个别种类生活于淡水。我国沿海均有

分布，以南海种类最多。共分2亚纲、2总目、14目。我国有200余种，我国朱元鼎先生对软骨鱼的分类做出了卓越贡献。

软骨鱼纲目的检索见分类实验十一。

（二）肉鳍鱼纲 Sarcopterygii

为古老的硬骨鱼类，从志留纪晚期至今基本没有进化，它们具有被覆鳞片的肉质桨叶状偶鳍，偶鳍为原鳍型。具内鼻孔。我国南方是肉鳍鱼类的起源地和早期辐射中心，但我国已无现存种类。本纲有2个亚纲，即腔棘鱼亚纲和肺鱼亚纲。

1. 腔棘鱼亚纲　仅腔棘鱼目，只有矛尾鱼一种。原以为矛尾鱼已经灭绝，但1938年非洲渔民捕鱼时发现了活体，故被称为"活化石"。矛尾鱼鱼体呈长梭形，躯体粗壮，体长可达1.5 m。头大，口宽，牙齿锐利。躯体覆盖大圆鳞。肠内具螺旋瓣。背鳍2个，偶鳍长，并具有肉质柄，外有鳞片，内骨骼的排列近似陆生脊椎动物的肢骨。尾鳍中间叶状突出呈矛状，故称矛尾鱼（图13-2）。为肉食性鱼类。卵胎生。栖息在200～400m的深海中。1982年，科摩罗政府将一条珍贵的矛尾鱼浸制标本

图13-2　矛尾鱼 *Latimeria chalumnae*

赠送给中国。这是国内第一条矛尾鱼标本，现保存并陈列在中国古动物馆的一层展览大厅内。

2. 肺鱼亚纲　有肺鱼目（澳洲肺鱼、美洲肺鱼、非洲肺鱼）1个目，包括澳洲肺鱼、美洲肺鱼和非洲肺鱼。肺鱼是一种和腔棘鱼类相近的淡水鱼，也是一种"活化石"，叶状偶鳍内的支持骨为原鳍型。肺鱼脑颅骨化程度低，脊椎为软骨，鳞退化为骨质圆鳞（图13-3）。鳔在生理构造上类似于肺，内部是分枝繁多的血管网和螺旋瓣状气室，有短的鳔管与食道交通，可以在缺氧时用鳔吸收氧气并排出二氧化碳。肺鱼在河流完全干涸时在河床淤泥中做洞，以休眠状态度过长达6个月的干旱季节，完全脱离水，在空气中存活。生活于澳洲、美洲和非洲热带河流、湖泊、浅水水域中，体长可达1～2 m。食性狭窄，以小型无脊椎动物与植物碎屑为主。

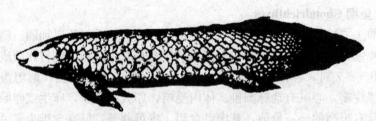

图13-3　澳洲肺鱼 *Neoceratodos forsteri*

（三）辐鳍鱼纲 Actinopterygii

辐鳍鱼纲是脊椎动物中种类最多的类群，广布于地球各个水域，种类多，数量大，约占世界鱼产量的90%。

辐鳍鱼纲内骨骼或多或少骨化，头骨具骨缝，有膜骨的加入。骨质鳍条呈放射状（辐射状）排列，故得其名。体被硬鳞或骨鳞，少数有骨板或裸露。鳃裂5对，外覆一骨质鳃盖，

鳃孔1对，鳃间隔退化。无肉质浆叶状偶鳍，无内鼻孔，绝大多数正尾型。肠内一般无螺旋瓣。心脏一般无动脉圆锥。雄鱼无鳍脚。多数体外受精，卵小而数量多。

分为软骨硬鳞鱼亚纲和新鳍鱼亚纲。

1. 软骨硬鳞鱼亚纲 包括多鳍鱼目和鲟形目。

（1）多鳍鱼目 Polypteriformes。为中小型淡水鱼，有2科10余种，分布在非洲中部的浅淡水区域。我国不产，现有引进作为观赏鱼类，俗称恐龙鱼。多鳍被认为是和肺鱼或腔棘鱼一样，具有长久历史而保存下来的"活化石"。内骨骼为软骨，肠有螺旋瓣，眼睛后面有喷水孔。胸鳍有柄，但鳍内不具中轴骨骼。鳔与肺鱼的一样发达。幼鱼有外鳃。体延长，近圆筒形，略宽。口大，上下颌均具细齿。鼻孔1对，有较长的鼻管。眼小。鳃孔大。背鳍由5～18个分离的特殊小鳍组成。性凶猛，成鱼主要捕食鱼类（图13-4）。

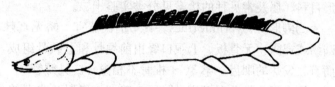

图13-4 多鳍 *Polypterus delhezi*

（2）鲟形目 Acipenseriformes。内骨骼为软骨，中轴骨骼为非骨化的弹性脊索，无椎体。体被5行骨板或裸露，仅在尾鳍上叶有棘状硬鳞。歪尾型。背鳍和臀鳍鳍条多于支鳍骨数。具螺旋瓣和动脉圆锥。

本目鱼类分布于北半球，俄罗斯、美国和伊朗等国产量较高。多为大型经济鱼类，肉和卵为珍贵的食品，皮可制革，鳔为名贵的"鱼肚"，鳔与脊索均可制胶，现已推广养殖。全世界有2科6属28种，我国有2科4属9种，其中中华鲟 *Acipenser sinensis* Gray 为国家一类保护动物，黑龙江的鳇 *Huso dauricus*（Georgi）最大个体可达1 000kg，被誉为"淡水之王"。

鲟形目中各科、属及种的检索见分类实验十一。

2. 新鳍鱼亚纲 包括全骨鱼下纲和真骨鱼下纲。

（1）全骨鱼下纲 Holostei。为古老的鱼类，有雀鳝目 Lepisosteiformes（半椎鱼目 Semionotiformes）和弓鳍鱼目 Amiiformes。

①雀鳝目。产于北美或中美。1990年我国由美洲引入的雀鳝 *Lepidosteus osseus*（Linnaeus），属于雀鳝目雀鳝科，为大型淡水鱼类，体长可达1 m。体长筒形，嘴部前突，上下颌有骨板，具锐利牙齿，酷似鳄嘴，故称鸭嘴鳄。体青灰色，体表有暗黑色花纹。皮肤粗糙，覆盖硬鳞。背鳍后移，尾鳍圆形。性凶猛，肉食性，为养殖水体有害鱼类，现作为观赏鱼。雀鳝肉可以食用，但卵有剧毒。饲养水温20～26℃，水质要求不严，容易饲养。

②弓鳍目。只有弓鳍 *Amia calva* 一种。为北美缓流水体淡水鱼。体色绿褐斑驳，具橙色环的黑色尾斑，背鳍长。雌体长达75 cm，雄鱼较小。春季产卵，雄鱼在植物中营造粗糙的巢穴，守卫受精卵和新孵化的仔鱼。弓鳍的牙齿粗壮而锐利，是贪婪的捕食者（图13-5）。

（2）真骨鱼下纲 Teleostei。包括14

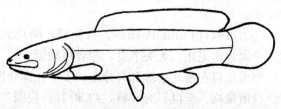

图13-5 弓鳍 *A. calva*

个总目，40个目。主要经济鱼类各目简介如下。

①鲱形目 Clupeiformes。体长而侧扁。各鳍均无棘，腹鳍腹位，背鳍1个。体被圆鳞，常具棱鳞，偶鳍基部有腋鳞。上颌口缘由前颌骨与上颌骨组成。无侧线或侧线不完全。具鳔管。

鲱形目鱼类广泛分布于寒带、温带和热带的水域中，大多为海洋鱼类，也有淡水和溯河性种类。全世界有4科近400种和亚种，我国有3科19属49种和亚种。鲱形目是世界渔业中产量最高的一个类群，占总产量的30%，其中著名的有鲱鱼类、沙丁鱼类、鳀鱼类。鲱形目科、属及常见种的检索见分类实验十二。

②鲤形目 Cypriniformes。具韦伯氏器官。鳍无真棘，若有则为假棘，腹鳍腹位。体被圆鳞或裸露，无骨板。上颌口缘由前颌骨和上颌骨组成，或仅由前颌骨组成。一般无颌齿，而有较发达的咽齿。第3、4椎骨不相愈合。具鳔管。

鲤形目鱼类分布极广，除了南美洲、澳洲及非洲的马达加斯加岛外，全世界均有分布。绝大多数分布于热带和亚热带的淡水中，是淡水鱼的主要类群。根据加拿大鱼类学家纳尔逊（Joseph S. Nelson）于2006年的鱼类分类学专著《世界鱼类》的统计，现今全世界共有6科（family），321属（genus），约3 268种和亚种。我国有6科163属651种，以鲤科为主；伍献文先生对中国鲤科鱼类做了细致的分类研究，在世界上卓有影响。鲤科鱼类中许多为常见的养殖鱼类，如有名的"四大家鱼"、鲤、鲫、团头鲂等。各科常见属及种的检索见分类实验十二～十五。

③鲇形目 Siluriformes。具韦伯氏器官。体光滑无鳞或有骨板。背鳍和胸鳍一般具硬刺，通常有脂鳍。上颌骨退化仅余痕迹，用以支持口须，口须1～4对。常有呈带状排列的绒毛状颌齿。第2、3、4或5椎骨彼此固结。无肌间骨。侧线完全或不完全。

本目大多为淡水鱼类，海水种类很少。广泛分布于亚洲、欧洲、非洲和南美。生活习性多种多样，为了适应环境，有的种类形态发生了特殊的变异，如辅助呼吸器官、附着器官等。

鲇类种类多，产量高，其中部分种类具有较高的经济价值，如鲇、胡子鲇、黄颡鱼、鲖等。全世界31科，约2 400种，我国有12科28属98种和亚种。常见科、属及种的检索见分类实验十六。

④鲑形目 Salmoniformes。各鳍均无棘，腹鳍腹位，背鳍1个，有脂鳍。体被圆鳞，鳞片较细小，部分种类偶鳍基有腋鳞。有侧线。上颌口缘由前颌骨和上颌骨组成。头骨和脊柱不完全骨化。有幽门盲囊。最后椎骨向上弯。

鲑形目鱼类在南北半球都有分布，多半在北极和高纬度地区。通常称为鲑鳟类，在世界渔业中占有重要地位，经济价值很高。全球有2科，约70种，我国有2科8属16种及亚种（其中2种为引进）。著名的有大麻哈鱼、虹鳟、白鲑、茴鱼等。常见科、属及种的检索见分类实验十七。

⑤胡瓜鱼目 Osmeriformes。有脂鳍，鳞片无辐射沟，无基蝶骨、眶蝶骨，最后椎骨正常，中翼骨齿退化，无关节骨，犁骨后轴短。

胡瓜鱼目在南北半球都有分布，多半在高纬度地区。以香鱼、池沼公鱼、毛鳞、银鱼等经济价值最高。全世界有6科，约80种，我国产3科，10属，21种。

⑥鳕形目 Gadiformes。体延长。各鳍均无棘（近长尾鳕科 Macrouridae 有棘），腹鳍胸

位或喉位，背鳍1～3个，胸鳍位置较高。体被圆鳞、栉鳞或裸露。等尾型。无鳔管。颏部通常有1根须。

鳕形目鱼类广泛分布于南半球和北半球的海洋中，淡水中只有鳕科 Gadidae 的江鳕 *Lota lota* (Linnaeus) 一种。在世界渔业总产中，鳕形目仅次于鲱形目列于第二位。鳕鱼类属寒带鱼类，多分布于太平洋和大西洋的北部海区。具有经济价值的种类多，肝富含脂肪，用以制取鱼肝油。世界有8科，近500种和亚种，我国有4科18属51种和亚种，详见分类实验十七。

⑦鳉形目 Cyprinodontiformes。各鳍无棘，腹鳍腹位，胸鳍位高，背鳍1个。体被圆鳞。

鳉形目为小型鱼类，多分布于热带及亚热带的淡水中。食用价值不高，但许多种类体色艳丽、体形奇特，有较高的观赏价值，如孔雀鱼、剑尾鱼等。世界有13科，约900种，我国有6科20属57种和亚种（包括引进的1属1种），详见分类实验十八。

⑧鲉形目 Scorpaeniformes。第二眶下骨后延为一骨突与前鳃盖骨相连，形成眶下骨架。头部常具棱、棘或骨板。背鳍与臀鳍有硬棘，背鳍1～2个，胸鳍宽大，腹鳍胸位或亚胸位。体被栉鳞或圆鳞、细刺、骨板或无鳞。颌齿细小，具犁骨齿、腭骨齿。

本目鱼类主要为海洋鱼类，少数分布到淡水中，如松江鲈。不少种类是重要的经济鱼类，有的种类有刺毒。世界有22科，约1 200种，我国有14科89属171种和亚种。常见科、属及种的检索见分类实验十八。

⑨鲈形目 Perciformes。腹鳍通常胸位，也有喉位或亚胸位。背鳍一般2个，第一背鳍全部由鳍棘组成，第二背鳍主要由鳍条组成，如1个背鳍，则前部为鳍棘后部为鳍条。无脂鳍。多被栉鳞，少数种类被圆鳞或裸露。口裂上缘由前颌骨组成。无眶蝶骨，后颞骨常分叉，无韦伯氏器，大多有上、下肋骨，无肌间骨，鳃盖骨发达且常有棘。鳔无管。

鲈形目是硬骨鱼纲中最大的一个目，海淡水都有分布，低纬度的水域比高纬度种类多。我国海产经济鱼类有一半以上隶属本目，以石首鱼类和金枪鱼类为主，其次是鲭科、鲹科，其中不乏名贵种类。海洋中的大黄鱼、石斑鱼，淡水中的鳜、乌鳢、罗非鱼等都是重要的养殖鱼类。还有许多是著名的观赏鱼类，如神仙鱼、地图鱼等。世界共有25亚目，150多个科，近8 000种和亚种，我国有20亚目98科，约1 200种。常见亚目、科、属及种的检索见分类实验十九～二十一。

⑩鲽形目 Pleuronectiformes。体侧扁，成体左右不对称，两眼位于身体的一侧，故称比目鱼。有的种类口、齿、偶鳍等也不对称。肛门不在腹部正中线上，两侧体色也不同。各鳍均无棘，腹鳍胸位或喉位，背鳍和臀鳍基底较长。无眶蝶骨。成鱼一般无鳔。幼鱼身体左右对称，个体发育中有变态。

本目鱼类几乎都是海洋底栖鱼类，是我国海洋渔业中重要的经济类群。其中许多种类已有养殖，如牙鲆、大菱鲆（多宝鱼）等。世界有6科，约550种，我国有6科46属120种和亚种。常见科、属及种的检索见分类实验二十一。

复习思考题

1. 陈述物种的特点和定义。
2. 双名法的基本含义是什么？

3. 简要说明鱼类分类的基本步骤与方法。
4. 简要叙述现生鱼类的分类系统（叙述到总目）。
5. 简述真骨鱼下纲各主要目的分类特征及地理分布。

实验十一　软骨鱼纲、鲟形目、雀鳝目、骨舌鱼目、海鲢目分类

【实验目的】

通过实验，正确区分软骨鱼类与硬骨鱼类；掌握软骨鱼纲的分类概况及各目的重要特征，识别主要种类；掌握鲟形目、雀鳝目、骨舌鱼目与海鲢目的分类要点以及各目主要科、属特征；了解各代表种的分类地位，学会使用检索表，掌握鱼类分类的方法。

【实验工具与标本】

（一）工具

解剖盘、钝头镊子、大镊子、放大镜、分规、直尺。

（二）标本

1. 软骨鱼类　黑线银鲛、扁头哈那鲨、宽纹虎鲨、狭纹虎鲨、欧氏锥齿鲨、条纹斑竹鲨、灰星鲨、黑印真鲨、锤头双髻鲨、白斑角鲨、日本锯鲨、日本扁鲨、尖齿锯鳐、许氏犁头鳐、中国团扇鳐、孔鳐、赤魟、双吻前口蝠鲼。

2. 硬骨鱼类　中华鲟、长江鲟、施氏鲟、俄罗斯鲟、匙吻鲟、鳇、雀鳝、双须骨舌鱼、美丽硬尾鱼、象鼻鱼、海鲢、大海鲢。

若标本不全，可结合附图及相关辅助资料识别。

【实验方法与内容】

浸制标本用清水冲洗片刻，置于解剖盘中。仔细观察鱼体的外部形态特征，根据检索表，先将实验鱼分为软骨鱼纲和硬骨鱼纲两组，然后再对每组标本逐级进行目、科、属的细分，直至识别到具体鱼种。

（一）软骨鱼纲与硬骨鱼纲的区分

1. 软骨鱼纲主要外部分类特征　鳞片为构造类似于齿的盾鳞或棘刺，少数退化消失。鳍条为角质鳍条。无鳃盖骨，鳃裂各自开口于体外或外被一膜质假鳃盖。雄性腹鳍内侧特化成生殖器，称为鳍脚。

2. 硬骨鱼纲的主要外部分类特征　体外被骨鳞或硬鳞或裸露无鳞。鳍条为鳞质鳍条。有鳃盖骨组成的鳃盖。雄性无鳍脚。

（二）软骨鱼纲鱼类的分类与识别

软骨鱼纲分为全头亚纲和板鳃亚纲2个亚纲，检索表为：

1（2）每侧鳃孔1个，有一膜质假鳃盖 ………………………………………………… 全头亚纲
2（1）每侧鳃孔5~7个，无膜质鳃盖 ………………………………………………… 板鳃亚纲

1. 全头亚纲的分类与识别　鳃孔4对，外被一膜状鳃盖。成体光滑无盾鳞。本亚纲仅银鲛目 Chimaeriformes 1个目，我国有2科。

1（2）吻短圆或圆锥形；雄鳍脚2~3分支 ………………………………………………… 银鲛科
2（1）吻长而尖；雄鳍脚棒状不分支 ………………………………………………… 长吻银鲛科

(1) 银鲛科 Chimaeridae 主要属与代表种。体侧扁，尾细小而尖；齿愈合成齿板。雄性鳍脚分 2 叉或 3 叉。我国有 3 属，代表种有银鲛属 Chimaera 的黑线银鲛 C. phantasma Jordan et Snyder。

黑线银鲛：口腹位，吻短圆。臀鳍低小，与尾鳍下叶缺刻相隔。体侧有 2 条黑色纵纹。雄性眼前上方具一柄状额脚，能竖垂。温水性底层鱼类，以贝类、甲壳类和小鱼为食，体长一般 600～800mm。主要分布于我国的黄海、东海和南海（图 13-6）。

图 13-6　黑线银鲛 C. phantasma
（朱元鼎、孟庆文，1984）

(2) 长吻银鲛科 Rhinochimaeridae 主要属与代表种。吻长，吻端尖突。我国有 2 属 2 种，代表种为长吻银鲛属 Rhinochimaera 的长吻银鲛 R. pacifica（Mitsukuri），主要分布于东海和南海。

2. 板鳃亚纲的分类与识别　鳃孔 5～7 对，各开口于体外。上颌不与脑颅愈合。体被盾鳞或光滑。雄性无腹前鳍脚和额上鳍脚。分为侧孔总目和下孔总目。

侧孔总目目的检索表

眼与鳃孔位于头侧；胸鳍前缘游离，与体侧和头侧不愈合；舌颌软骨具鳃条软骨；肩带的左半部与右半部背面分离。共分 8 目，我国均产。

1（2）鳃裂 6～7 对；背鳍 1 个 ·· 六鳃鲨目
2（1）鳃裂 5 对；背鳍 2 个
3（10）有臀鳍
4（5）背鳍前方有一硬棘 ·· 虎鲨目
5（4）背鳍前方无硬棘
6（9）眼无瞬膜或瞬褶
7（8）无鼻口沟，鼻孔不开口于口内 ·· 鲭鲨目
8（7）有鼻口沟或鼻孔开口于口内 ·· 须鲨目
9（6）眼有瞬膜或瞬褶 ·· 真鲨目
10（3）无臀鳍
11（14）吻短或中长，不呈剑状突起
12（13）体亚圆筒形，胸鳍正常，背鳍一般有棘 ··· 角鲨目
13（12）体平扁，胸鳍扩大，向头侧延伸，背鳍无棘 ··· 扁鲨目
14（11）吻很长，呈剑状突出，两侧有锯齿 ·· 锯鲨目

下孔总目目的检索表

体平扁，眼位于头背；鳃孔位于头腹面；胸鳍前缘与头侧和体侧愈合；舌颌软骨无鳃条软骨；肩带的左半部与右半部背面相连。共分 4 目，我国均产。

1（6）头侧与胸鳍间无大型发电器官
2（3）吻特别延长，作剑状突起，边缘具坚大吻齿 ·· 锯鳐目

3（2）吻正常，边缘无坚大吻齿
4（5）尾部粗大，具尾鳍，无尾刺 ··· 鳐形目
5（4）尾部细小呈鞭状，尾鳍退化或消失；如尾部稍粗短，则具尾鳍；有尾刺
·· 鲼形目
6（1）头侧与胸鳍间有大型发电器官 ··· 电鳐目

（1）侧孔总目 Pleurotremata 各目主要科与代表种。

①六鳃鲨目 Hexanchiformes。鳃孔 6~7 个，眼无瞬膜或瞬褶。我国有 1 科 3 属，代表种有六鳃鲨科 Hexanchidae 哈那鲨属 *Notorhynchus* 的扁头哈那鲨 *N. platycephalus*（Tenore）。

扁头哈那鲨：头稍平扁。体侧有不规则的黑褐色斑点。卵胎生。近海底栖性鱼类。我国主要分布于黄海和渤海，产量较大（图 13-7）。

图 13-7　扁头哈那鲨　*N. platycephalus*
（朱元鼎等，1963）

②虎鲨目 Heterodontiformes。体前部较粗大。头高，有眼窝上棱。背鳍 2 个，各具一枚硬棘，棘基有毒腺。我国产 1 科 1 属 2 种，即虎鲨科 Heterodonttidae 虎鲨属 *Heterodontus* 的宽纹虎鲨 *H. japonicus*（Dumeril）和狭纹虎鲨 *H. zebra*（Gray）。

宽纹虎鲨：体前部粗大，后部细小，有暗色黄宽纹。胸鳍大；臀鳍距尾基为臀鳍基底长的 1.25~1.27 倍。卵生。我国主要分布于黄海和东海（图 13-8）。

狭纹虎鲨：头高大，略呈方形。体背面稍圆凸，腹面平坦，有暗色横狭纹。臀鳍距尾基约为臀鳍基底长的 2 倍。卵生。属暖水性近海底栖鱼，不活泼，以贝类和甲壳动物为食，我国主要分布于东海和南海（图 13-9）。

图 13-8　宽纹虎鲨 *H. japonicus*　　　　　图 13-9　狭纹虎鲨 *H. zebra*
（成庆泰等，1987）　　　　　　　　　　（朱元鼎，1962）

③鲭鲨目 Isuriformes。体纺锤形或圆柱形；背鳍 2 个，无硬棘。我国有 5 科 6 属 11 种。常见的有 3 科。

锥齿鲨科 Odontaspididae　背鳍 2 个，形状相同，第一背鳍略大。齿尖长如锥。我国有 1 属 3 种，代表种为锥齿鲨属 *Carcharias* 的欧氏锥齿鲨 *C. owstoni* Garman（与后鳍锥齿鲨同物异名）（图 13-10）。

鲭鲨科 Isuridae　背鳍2个，第二背鳍和臀鳍远小于第一背鳍。我国有2属4种，代表种为噬人鲨属 Carcharodon 的噬人鲨 C. carcharias（Linnaeus）。

噬人鲨：眼无瞬膜。尾柄具侧突。牙宽扁三角形，边缘具小齿。卵胎生。最大体长可达12m，分布于热带、亚热带和温带海洋中，为大型凶猛性鲨，有袭击人和渔船的记录。

姥鲨科 Cetorhinnidae。本科只有姥鲨属 Cetorhinus 的姥鲨 C. maximus（Grunner）。

姥鲨：鳃孔宽大，延伸近背侧。尾柄具侧突。姥鲨是除鲸鲨外的世界第二大鱼类，体长可达15m，为大型温和性鱼类，主食小鱼和浮游生物。卵胎生。姥鲨肝占体重的15%～20%，含油量达60%。因过度捕捞及过低的繁殖率，姥鲨正面临灭绝的危险（图13-11）。

图 13-10　欧氏锥齿鲨 C. owstoni
（朱元鼎等，1963）

图 13-11　姥鲨 C. maximus
（朱元鼎等，1963）

④须鲨目 Orectolobiformes。鼻孔具鼻口沟开口于口内，前鼻瓣常具一鼻须，喉部具一对皮须。眼小，无瞬膜。我国有3科，主要有：

须鲨科 Orectolobidae。具鼻须或喉侧具皮须。我国有5属9种，代表种为斑竹鲨属 Chiloscyllium 的条纹斑竹鲨 C. plagiosum（Bennett）。

条纹斑竹鲨：有一鼻须。喷水孔与眼等大。臀鳍低平，近尾鳍，尾鳍短小。体具淡色斑点，背侧有12～13条暗条纹。卵生。为温水性小型底栖鲨类，最大不过1m。卵生。我国分布于东海和南海（图13-12）。

鲸鲨科 Rhincodontidae。本科只有鲸鲨属 Rhincodon 的鲸鲨 R. typus Smith 1种。

鲸鲨：为大洋性大型鲨类，是世界上最大的鱼，体长最大可达20m。口巨大，前位。鳃耙角质，分成许多细枝，并交结成密筛状滤食器。性温和，以食浮游生物和小型鱼类等为主食。卵生。分布于大西洋、太平洋温热带海域（图13-13）。

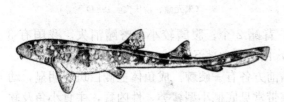

图 13-12　条纹斑竹鲨 C. plagiosum
（伍汉霖等，2002）

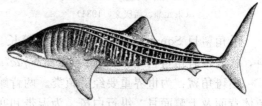

图 13-13　鲸鲨 R. typus Smith
（朱元鼎、孟庆文，1984）

⑤真鲨目 Carcharhiniformes。眼有瞬膜或瞬褶。我国有6科，是软骨鱼类中种类最多的一个类群，常见有3科。

皱唇鲨科 Triakidae。眼具瞬褶。齿细小而多。第一背鳍位于腹鳍之前、胸鳍之后。我国有7属11种。代表种为星鲨属 Mustelus 的灰星鲨 M. griseus Pietschmann。

灰星鲨：上、下颌口隅有唇褶。喷水孔小。为暖水性近海底栖的普通小型鲨，底栖生物食性。胎生。我国主要分布东海和南海（图13-14）。

图 13-14　灰星鲨 *M. griseus*
（朱元鼎、孟庆文，1984）

真鲨科 Carcharhinidae。喷水孔细小或消失。尾鳍上方或下方具凹洼。齿侧扁而大。真鲨科是鲨类中数量最多也是最重要的一科，我国有12属31种。主要属为真鲨属 *Carcharhinus*，该属是鲨类中最大的一属，我国有13种，都是较重要的经济鲨类。较常见的有黑印真鲨 *C. menisorrah*（Müller et Henle）、阔口真鲨 *C. latistomus*（Fang et Wang）等。

黑印真鲨：喷水孔消失；唇褶不发达。第二背鳍与臀鳍相对；尾鳍上、下方各具一凹洼。为暖水性底层鲨类，主食小鱼、头足类等。卵胎生。为一般经济鱼类，我国沿海均有分布（图13-15）。

双髻鲨科 Sphyrnidae。头颅额骨区向左右两侧突出，使头部呈T形；眼位于突出的两端。本科只有双髻鲨属 *Sphyrna*，我国产5种，代表种为锤头双髻鲨 *S. zygaena*（Linnaeus）。

锤头双髻鲨：体延长，稍侧扁。第一背鳍高大，第二背鳍小。为暖水性沿岸大中型鱼类，卵胎生。我国分布于渤海、黄海和东海，为经济鲨类（图13-16）。

图 13-15　黑印真鲨 *C. menisorrah*　　　　图 13-16　锤头双髻鲨 *S. zygaena*
（朱元鼎、孟庆文，1984）　　　　　　　　（朱元鼎、孟庆文，1984）

⑥角鲨目 Squaliformes。吻短或中等长。背鳍2个；腹鳍较小；臀鳍消失。我国有3科，代表种有角鲨科 Squalidae 角鲨属 *Squalus* 的白斑角鲨 *S. acanthias* Linnaeus。

白斑角鲨：为世界重要经济鱼类。两背鳍前方各有一硬棘。成鱼体上侧白斑不明显，幼鱼体背面及上侧面具2纵行白斑。为温带和寒带常见底栖小型鲨类，性凶猛，主食小鱼及软体动物等。常成大群，产量较多。卵胎生。我国主要产于黄海和东海，其肉质鲜美，为经济食用鱼（图13-17）。

⑦锯鲨目 Pristiophoriformes。吻长，剑状突出，边缘具锯齿。腹面在鼻孔前方有一对皮须。我国仅产锯鲨科 Pristiophoridae 锯鲨属 *Pristiophorus* 的日本锯鲨 *P. japonicus* Günther。

日本锯鲨：为生活在沿岸的底栖性鱼类，用长吻感觉和掘食。肉质很好，但产量不高。

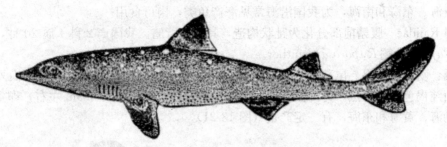

图 13-17　白斑角鲨 S. acanthias
(成庆泰，郑葆珊等. 1987. 中国鱼类系统检索)

卵胎生。我国分布于渤海、黄海和东海。

⑧扁鲨目 Squatiniformes。体平扁，胸鳍扩大，前缘游离。仅扁鲨科 Squatinidae 1 科，我国产 1 属 4 种。代表种为扁鲨属 Squatina 的日本扁鲨 S. japonica Bleeker。

日本扁鲨：喷水孔间隔大于眼间隔。眼上位，口宽大。栖于近海底层，常埋于泥沙中，露出头部。行动缓慢。卵胎生。分布于我国黄海、东海及台湾东北海域（图 13-18）。

(2) 下孔总目 Hypotremata 各目主要科与代表种。

①锯鳐目 Pristiforme。吻平扁狭长，呈剑状突出，边缘具坚大吻齿。背鳍 2 个。尾柄粗大，尾鳍发达。本目仅锯鳐科 Pristidae，我国产 1 属 2 种，代表种有锯鳐属 Pristis 的尖齿锯鳐 P. cuspidatus Latham。

尖齿锯鳐：分布于热带和亚热带各近岸海区以及各大河口。卵胎生。其肉味鲜美，皮可制革，鳍可制鱼翅，经济价值很高。我国主要分布于东海南部及南海（图 13-19）。

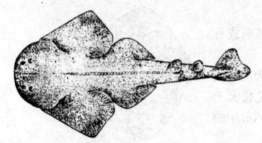

图 13-18　日本扁鲨 S. japonica
(成庆泰，郑葆珊等. 1987. 中国鱼类系统检索)

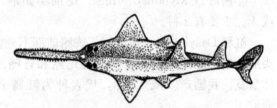

图 13-19　尖齿锯鳐 P. cuspidatus
(朱元鼎、孟庆文，1984)

②鳐形目 Rajiformes。吻三角形，突出或稍尖突。胸鳍扩大。主要有 3 科。

犁头鳐科 Rhinobatida　体盘呈犁形，胸鳍前缘不达吻端，腹鳍接近胸鳍，第一背鳍位于鳍后方。腹鳍前部不分化为趾状构造。我国产 1 属 5 种，代表种为犁头鳐属 Rhinobatos 的许氏犁头鳐 R. schlegelii Müller et Henle。

许氏犁头鳐：体盘宽明显小于体盘长；吻突出，腹面具黑斑。栖息于海底，游动迟缓。常见于南海沿岸，长约 1 m，卵胎生。经济价值颇高（图 13-20）。

团扇鳐科 Platyrhinidae　腹鳍前部不分化为趾状构造，体盘宽大于体盘长。胸鳍前延伸达吻端。我国产 1 属 2 种，代表种有团扇鳐属 Platyrhina 的中国团扇鳐 P. sinensis (Bloch et Schneider)。

中国团扇鳐：体背和尾部背面正中具 1 行结刺；每侧肩区也有 2 对结刺。卵胎生。我国分布于黄海、东海和南海，为我国沿海常见海产鱼类，肉可食用。

鳐科 Rajidae　腹鳍前部分化为趾状构造，具两个背鳍。我国产2科4属20种，代表种有鳐属 *Raja* 的孔鳐 *R. porosa* Günther。

孔鳐：吻显著突出。尾部有3或5行结刺，腹面接近胸鳍基底处，各有一横列黏液孔群。背面纯褐色，无斑点。为冷温性近海底栖中小型鱼，一般体长0.5m左右，卵生。我国分布于渤海、黄海和东海，有一定产量（图13-21）。

图13-20　许氏犁头鳐 *R. schlegelii*

（朱元鼎、孟庆文，1984）

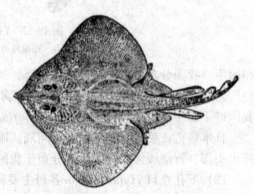

图13-21　孔鳐 *R. porosa*

（成庆泰，郑葆珊等. 1987. 中国鱼类系统检索）

③电鳐目 Torpediformes。体扁圆或椭圆形，头侧与胸鳍间有发达的发电器官。中小型鱼类。卵胎生。肉松软，味不佳，无经济价值。我国有2科5属8种。代表种有鳐科 Torpedinidae 双鳍电鳐属 *Narcine* 的黑斑双鳍电鳐 *N. maculata* (Shaw)。

④鲼形目 Myliobatiformes。尾细小如鞭。尾刺或有或无。主要有2科。

魟科 Dasyatidae　体盘阔。胸鳍前部不分化为吻鳍或头鳍，后缘圆凸。鳃孔5对。无尾鳍和背鳍。尾长大于体盘宽。我国产3属17种，代表种为魟属 *Dasyatis* 的赤魟。

赤魟：体极扁平；体盘近圆形，体盘宽不超过体盘长的1.3倍。眼小，突出，约与喷水孔等大。尾部有尾刺，体背正中有1行结刺。卵胎生。尾刺有剧毒（图13-22）。

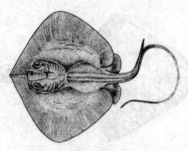

图13-22　赤魟 *D. akajet*

（王文滨，1955）

南海和东海，长江口咸淡水中都有分布。我国纯淡水赤魟仅见于广西左江上游的南宁和龙州，在古代当海水退出广西之后便存留于内陆水体，约在新生代上第三纪上新世末期以后才逐渐被"陆封"定居于广西境内的。

蝠鲼科 Mobulidae　蝠鲼是鳐中最大的种类，胸鳍前部分化为头鳍，位于头前两侧。我国产2属4种，代表种有前口蝠鲼属 *Manta* 的双吻前口蝠鲼 *M. birostris* (Walbaum)。卵胎生。为近海大型底栖鱼类（图13-23）。

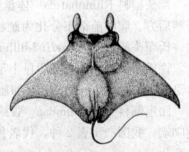

图13-23　双吻前口蝠鲼 *M. birostris*

（朱元鼎，1960）

（三）鲟形目、雀鳝目、骨舌鱼目、海鲢目的分类与识别

各目的检索表

1（4）体一般被硬鳞或裸露；尾为歪形尾
2（3）有须；体被 5 列骨板或裸露，仅在尾鳍上叶具棘状硬鳞 ………………………… 鲟形目
3（2）无须；体被菱形硬鳞，无骨板 ………………………………………………… 雀鳝目
4（1）体被圆鳞或裸露；尾为正形尾
5（6）舌上具齿（或基舌骨上有发达齿）………………………………………… 骨舌鱼目
6（5）舌上无齿（或基舌骨上无齿）…………………………………………………… 海鲢目

1. 鲟形目 Acipenseriformes 的分类与识别 体呈梭形，具 5 纵行骨板；或裸露，仅在尾鳍上叶有 1 行棘状硬鳞。吻尖长或呈平扁匙状。歪尾型。口位于头腹面，能伸缩。该目是硬骨鱼纲中唯一现存的大型软骨硬鳞鱼，属溯河洄游性或淡水定居性鱼类，春季或秋季产卵。因栖息水域日渐受到人为各种因素影响，一些鲟的资源量已锐减，中华鲟、长江鲟、白鲟已列为国家一级保护动物。

鲟类是重要的经济鱼类，肉味鲜美，卵加工成的鱼子酱为名贵食品，有很高的经济价值和药用保健价值，我国南北方均已开展商品化养殖。主要有施氏鲟、欧洲鳇、小体鲟、俄罗斯鲟、西伯利亚鲟等，有的养殖场还将不同的鲟进行杂交，以获取生长速度更快，经济价值更高的杂交品种。

本目分鲟科和白鲟科（匙吻鲟科）2 科，区别如下：

1（2）体具 5 行骨板；口前吻须 2 对 ………………………………………………………… 鲟科
2（1）体裸露，仅尾鳍上叶具刺状硬鳞；口前吻须 1 对 ……………………………… 匙吻鲟科

（1）鲟科 Acipenseridae 主要属与代表种。体被 5 行骨板，口下位，口前吻须 2 对。歪尾。我国有鲟属 *Acipenser* 和鳇属 *Huso* 2 属。

1（2）左右鳃膜分离；口裂小，不达头侧 …………………………………………………… 鲟属
2（1）左右鳃膜愈合；口裂大，可达头侧 …………………………………………………… 鳇属

鲟属主要种的检索表

1（8）体侧骨板不多于 50
2（3）骨板之间体表分布许多小骨板 ………………………………… 俄罗斯鲟（移入种）
3（2）骨板之间体表无小骨板
4（5）吻部腹面在须前方的正中线上有数个瘤状突起 ………………… 施氏鲟（黑龙江鲟）
5（4）吻部腹面在须的前方无突起
6（7）鳃耙为近三角形的薄片，排列紧密，36 枚以上（16 cm 以下幼体除外）
　　　………………………………………………………………………… 达氏鲟（长江鲟）
7（6）鳃耙粗短呈棒状，排列疏松，28 枚以下 ……………………………………… 中华鲟
8（1）体侧骨板多于 50
9（10）骨板间体表分布有小骨板；下唇中央中断 ………………………………… 小体鲟
10（9）骨板间体表无小骨板；下唇不中断 ………………………………………… 裸腹鲟

Ⅰ. 鲟属主要种类介绍：

①中华鲟 A. sinensis Gray。俗称腊子。体长，呈梭形。骨板间皮肤在幼体时光滑，随个体长大则有不同程度的粗糙状态。为大型溯河洄游性鱼类，性成熟个体可溯河到江河上游产卵，生殖期在10月至11月上旬。在生殖群体中，雄鱼年龄一般为9～22龄，雌鱼为16～29龄。中华鲟主要分布于我国长江干流金沙江以下至入海河口，其他水系如闽江、钱塘江和珠江水系也有出现。中华鲟生长较快，12月龄平均可达3.5～4.0kg。

中华鲟在天然水体摄食各种动物性食物，人工养殖驯食后可摄食配合饲料（图13-24）。

中华鲟是我国一级保护动物，近年由于对中华鲟采取了全面保护的对策，开展了人工养殖和在长江进行人工放流，延缓了中华鲟的资源衰退进程，基本保护了溯河产卵亲体，中华鲟数量有一定回升。

②达氏鲟（长江鲟）A. dabryanus Dumenl。俗称沙腊子。外观与中华鲟极相似，但鳃耙较多（17 cm以下的幼鱼鳃耙18～30，17 cm以上的个体鳃耙多于28），为近三角形的薄片状。骨板间皮肤遍布颗粒状的幼小突起，触摸粗糙，幼小个体粗糙感更为明显。吻部腹面光滑。体侧骨板26～28（图13-25）。为中型鱼类，平均体重10～20kg。主要以底栖无脊椎动物为食。生长快，2龄体重达1.8 kg。春季繁殖。分布于长江上游干支流，在深水区生活，成熟个体在长江上游繁殖。为我国一级保护动物。

图13-24 中华鲟 A. sinensis
（湖北水生所鱼类研究室．1976．长江鱼类）

图13-25 长江鲟 A. dabryanus
（湖北水生所鱼类研究室．1976．长江鱼类）

③施氏鲟 A. schrenckii (Brandt)。又称黑龙江鲟、七粒浮子。体梭形，头略呈三角形。吻下面须的基部前方中线上有数个突起。体侧骨板32～47。

施氏鲟为淡水定居性鱼类。以底栖动物及小型鱼类为食，生长快，2龄可达2.5 kg，有较好的经济价值。因适温范围广，已在全国各地广泛开展养殖，是人工养殖的主要鲟类，可摄食配合饲料。5～7月产卵（图13-26）。

④俄罗斯鲟 A. gueldenstaedti Brandt。1993年从俄罗斯引进养殖的一种淡水定居性鲟。体呈纺锤形。在骨板行之间体表分布许多小骨板，常称小星。侧骨板24～50。在养殖条件下，一般2龄可达2.5 kg。春季产卵。适温范围小，为18～25℃，低于10℃停止生长，超过32℃则不适（图13-27）。

图13-26 施氏鲟 A. schrenckii

图13-27 俄罗斯鲟 A. gueldenstaedti

⑤小体鲟 A. ruthenus Linnaeus。体表骨板行之间有大量小骨板分布，侧骨板56～71。个体小，生长慢，2龄仅0.25 kg。我国分布在额尔齐斯河。

⑥裸腹鲟 A. nudiventris Lovetzky。体表骨板行之间无小骨板分布，侧骨板51～74。生长较慢，2龄约0.35 kg。原产黑海、里海等流域，前苏联在1933年将其引入巴尔喀什湖（现属哈萨克斯坦共和国），后引入我国新疆伊犁河水系。

Ⅱ．鳇属主要种类介绍：

鳇 *H. dauricus* Georgi。也称达氏鳇，黑龙江水系的大型纯淡水鲟，体重 50~150 kg。口大呈半月形。2 对须呈"八"字型排列。左右鳃膜向腹面伸展彼此愈合。5~7 月产卵。近年来，由于江河污染和枯水等原因，该鱼自然资源严重衰退，已列为国家二级保护动物。目前多地已有商品化养殖。

（2）匙吻鲟科 Polyodontidae 主要属与代表种。体裸露。须 1 对，极小，吻长呈剑状或平扁桨状。有 2 属：

1（2）吻呈宽扁匙柄状；口不能伸缩 ………………………………………… 匙吻鲟属
2（1）吻呈剑突状；口可伸缩 …………………………………………………… 白鲟属

①白鲟属 *Psephurus*。只有白鲟 *P. gladius*（Martens）1 种。

白鲟：俗称象鱼，为我国特有的大型珍贵鱼种。吻呈剑状，特别延长，前端狭而平扁，基部阔且肥厚，其上布有梅花状的陷器。体光滑无骨板，口可伸缩。为半溯河洄游性鱼类，栖息于长江干流的中下层，偶也进入沿江大型湖泊中。大的个体多栖息于干流的深水河槽，幼鱼则常到支流、港道、甚至长江口的半咸水区觅食。生殖季节在 3~4 月。白鲟是我国一级保护动物，有"水中熊猫"之称（图 13-28）。

②匙吻鲟属 *Polyodon*。我国不产，有引入种匙吻鲟 *P. spathula*（Walbaum）。

匙吻鲟：原产于美国密西西比河流域，我国 1989 年从美国引进。因长吻形如匙柄，故得名匙吻鲟。皮肤光滑无骨板；口不能伸缩，鳃盖形如"象耳"。适温范围广，生长快，1 龄可达 1.0~1.5 kg。以浮游生物为食，人工养殖可摄食配合饲料，投喂时，喜腹部朝上，仰游索饵。现在一些地区已有规模养殖（图 13-29）。

图 13-28　白鲟 *P. gladius*
（湖北水生所鱼类研究室．1976．长江鱼类）

图 13-29　匙吻鲟 *P. spathula*

2. 雀鳝目 Lepidosteiformes 的分类与识别　雀鳝是一类古老的鱼种，现只有雀鳝科 Lepisosteidae，主要产地是北美洲和加勒比海岛的淡水河流湖泊，代表种是雀鳝属 *Lepidosteus* 的雀鳝 *L. oculatus*。

雀鳝：我国不产，1990 年从美国引入做观赏鱼养殖。体延长，亚圆筒形。上、下颌延长，具锐齿。无间鳃盖骨。侧线完全，沿侧线有厚的菱形硬鳞 50~65 枚。背、臀鳍相对并位于体后部。主要生活于淡水中，偶入咸淡水。适宜水温 18~28℃，喜单独生活。雀鳝肉可以食用，但卵有毒，呈绿色，黏附于水草或砾石上孵化。做观赏鱼养殖时，幼鱼时期可喂食鱼糜及水丝蚓等，体长超过 5cm 时改食小鱼（图 13-30）。

图 13-30　雀鳝 *L. oculatus*

雀鳝为大型凶猛肉食性鱼类，生长速度快，适应环境能力强。在我国，除生活水温这一个限制因素外，目前还未发现雀鳝的"天敌"，因此它是对我国地区性渔业有害的外来物种，观赏鱼爱好者不要将其放生到野外去。近几年,广东、广西、湖南、上海、江苏等省市陆续报道在自然水域发现有被市民所弃养的雀鳝。

3. 骨舌鱼目 Osteoglossiformes 的分类与识别　　本目我国不产,均为国外引入。本目为分布在热带淡水中的古老大型鱼类,有美丽而大型的鳞片,一些种类体态雍容华美,可做观赏鱼养殖。我国引入主要有骨舌鱼科和长颌鱼科的种类。

(1) 骨舌鱼科 Osteoglossidae 的引入种。作为观赏鱼而引入我国的主要有骨舌鱼属 *Osteoglossum* 的双须骨舌鱼 *O. bicirrhosum* Vandelli 和硬尾鱼属 *Scleropages* 的美丽硬尾鱼 *S. formosus* (Muiier et Schlegel)。

①双须骨舌鱼。又称银龙鱼,游态高雅而美丽,为名贵观赏鱼。体延长,侧扁,背缘平直。吻端有须1对。被圆鳞,鳞大,体侧排列5行大鳞片。侧线鳞37~38。吻尖突,口上位,上颌有齿。背鳍较长且显著后位,与臀鳍相对。尾鳍圆扇形。体色银白,鳍绿色,在光照下,银光闪闪,并略带蓝绿色(图13-31)。

双须骨舌鱼原产地为亚马孙河,又称为亚马孙腰带鱼,是一种古老的鱼类,有活化石之称。其生长快,食量大。性凶,以小鱼等动物性饵料为食。适宜水温在22℃以上,最佳生活水温24~28℃,易饲养。雌鱼产卵后雄鱼口衔鱼卵孵化直至小鱼出膜。

②美丽硬尾鱼。又称亚洲龙鱼、金龙鱼、红龙鱼、红骨舌鱼,为名贵观赏鱼。吻端具须1对,侧线鳞21~24。体具5行鳞片。背鳍条少,约为20根。

美丽硬尾鱼原产于东南亚,数量少,古老,有活化石之称。在产地为一类保护动物。以小鱼为食。该鱼易于饲养,但繁殖难,卵在雄鱼的口内孵化(图13-32)。

龙鱼很受华人的喜爱,香港及东南亚把其当作"神鱼""风水鱼"。目前已人工培育出不同色泽的龙鱼品种,如辣椒红龙、血红龙、过背金龙等,在观赏鱼市场价格昂贵。目前新加坡、马来西亚等国,都有专门的龙鱼养殖场。

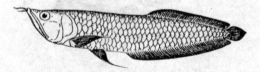 

图 13-31　双须骨舌鱼 *O. bicirrhosum*　　　　图 13-32　美丽硬尾鱼 *S. formosus*
　　　　　　(陈素芝)　　　　　　　　　　　　　　　　(陈素芝)

(2) 长颌鱼科 Mormyridae 的引入种。作为观赏鱼而引入我国的主要是锥颌鱼属 *Gnathonemus* 的鹳嘴锥颌鱼 *G. petersi* (Günther)。

图 13-33　鹳嘴锥颌鱼 *G. petersi*

鹳嘴锥颌鱼:又称象鼻鱼,原产于非洲尼罗河流域,也是古老的鱼种。以体形奇特著称,远看像一把弯刀,尾部像刀柄,体像刀刃,极具观赏价值。

象鼻鱼的种类繁多,不同品种在体形、头型、口型和尾柄长短等方面不同,颜色和条纹也有不同。但其似管状的"长鼻",令人一看就知道是象鼻鱼。是非洲特产的珍稀鱼类。

象鼻鱼有昼伏夜出习性，通常在夜间游动摄食。适宜水温为 22~28 ℃，幼鱼喜食小型甲壳动物，成鱼喜小杂鱼为饵，必须是活饵（图 13-33）。

4. 海鲢目 Elopiformes 的分类与识别 体呈纺锤形。被圆鳞。偶鳍基部有数片腋鳞；尾鳍深叉形。主要分布于热带及亚热带海域。我国产 2 科 2 属 2 种，即海鲢科 Elopidae 海鲢属 *Elops* 的海鲢和大海鲢科 Megalopidae 大海鲢属 *Megalops* 的大海鲢。两者区别：

1（2）上颌向后延伸超过眼后缘；背鳍最后鳍条正常 ·· 海鲢
2（1）上颌向后延长接近眼后缘；背鳍最后鳍条延长为丝状 ································· 大海鲢

（1）海鲢 *E. machnata* (Forskál)：颏部有喉板，体侧扁延长，尾鳍深叉状，背鳍最后鳍条不延长。牙小而尖锐，肉食性。侧线鳞 97~107。仔鱼体透明，柳叶状，和鳗鲡幼鱼相像。为我国东南沿海常见食用经济鱼类，可进入河口生活（图 13-34A）。

（2）大海鲢 *M. cyprinoides* (Broussonet)：背鳍的最后一根鳍条延长；突出的下腭两侧之间有一骨质喉片。喜生活于浅海区域，在海湾或海河交汇处皆能捕到。以浮游生物及小虾为食。肉味丰美，是著名游钓鱼（图 13-34B）。

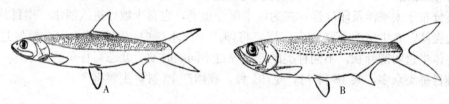

图 13-34　海鲢目
A. 海鲢 *E. machnata*　B. 大海鲢 *M. cyprinoides*
（成庆泰，郑葆珊等 . 1987. 中国鱼类系统检索）

【作业】
1. 软骨鱼类与硬骨鱼类有何区别？
2. 怎样区分中华鲟与长江鲟、双须骨舌鱼与美丽硬尾鱼？
3. 根据所观察的软骨鱼类标本，任选其中 5~6 种，编写出检索表。
4. 列出软骨鱼类分类所用的主要外部形态特征。
5. 列出硬骨鱼类分类所用的主要外部形态特征。
6. 本次实验列举了哪些我国引入的鲟类和观赏鱼类？各有何特点？

实验十二　鳗鲡目、鲱形目、鼠鱚目、鲤形目（一）的分类

【实验目的】

通过实验，了解鳗鲡目、鲱形目、鼠鱚目与鲤形目的区别；掌握 3 个目的各主要科、属的分类特征，识别代表种并熟悉其分类地位；学会使用检索表，掌握鱼类分类的方法。

【实验工具与标本】

1. 工具　解剖盘、大镊子、钝头镊子、放大镜、分规、直尺。
2. 标本　鳗鲡、海鳗、星康吉鳗、脂眼鲱、金色小沙丁鱼、斑点沙瑙鱼、鲱、鰶、美国鲥、斑鰶、鳓、鲲、黄鲫、凤鲚、短颌鲚、刀鲚、宝刀鱼、遮目鱼、双孔鱼、胭脂鱼。
若标本不全，可结合附图及相关辅助资料识别。

【实验方法与内容】

浸制标本用清水冲洗片刻，置于解剖盘中。仔细观察每种鱼的外部分类特征，根据所列出的各阶元检索表，先将标本分为鳗鲡目、鲱形目和鼠䱋目3组，再分别对每组标本逐级进行科、亚科、属的细分，直至识别到具体种。

各目的检索表

1（6）前部脊椎骨正常，不形成韦伯氏器
2（3）体呈鳗形，发育过程有叶状幼体；无腹鳍 ·· 鳗鲡目
3（2）体不呈鳗形；一般具腹鳍
4（5）无侧线；体被圆鳞 ·· 鲱形目
5（4）有侧线；体被圆鳞或栉鳞 ·· 鼠䱋目
6（1）前部第1至第3脊椎骨部分特化为韦伯氏器 ··· 鲤形目

（一）鳗鲡目 Anguilliformes 的分类与识别

主要分布于太平洋及印度洋，多为深水海洋鱼类，也有少数可进入淡水。本目鱼类体型延长，无腹鳍。在生殖季节常游离海岸，将卵产于深水层中。卵浮性。发育要经过变态阶段，仔鱼体半透明柳叶状。不同种类的变态经过不同的时期，变态后仔鱼游向近岸。

鳗鲡目种类众多，共18科141属791种，我国产13科，主要有3科。

鳗鲡目主要科的检索表

1（2）体被细鳞，埋于皮下，呈席纹排列 ·· 鳗鲡科
2（1）体裸露无鳞
3（4）舌较宽阔，前侧部游离；两颌不显著延长 ··· 康吉鳗科
4（3）舌狭窄，附于口底；两颌显著延长 ·· 海鳗科

1. 鳗鲡科 Anguillidae 主要属与代表种 体延长呈蛇形。鳞细小，埋于皮下，呈席纹状排列。我国只有鳗鲡属 *Anguilla*，代表种为鳗鲡 *A. japonica* Tenmminck et Schlegel。

鳗鲡：也称日本鳗鲡，俗称白鳝。体无斑纹。体延长，尾部侧扁。舌游离。有胸鳍；背鳍、臀鳍长且与尾鳍相连。躯干长为全长的26.9%。分布于我国沿海及通海江河中，为降河性洄游鱼类。在海洋深处产卵，刚孵出后的幼鳗呈柳叶透明状，称柳叶鳗。柳叶鳗随海浪向沿岸漂移。在春季柳叶鳗发育成线鳗，并成群自海进入到通海江（河）口，然后上溯到在江河湖泊中生长，昼伏夜出，以各种动物性饵料为食，4～5龄成熟（图13-35）。

图13-35　鳗鲡 *A. japonica*
(伍汉霖等，1978)

鳗鲡是重要的经济鱼类，现在已经广泛进行人工养殖。其肉质细嫩，味美，营养价值高，为上等食用鱼。鳗鲡也有重要药用价值，从鱼体中提取的鳗鱼油精和鳗降钙素已有商品销售。

鳗鲡血液含血清毒素，必须经加热烹煮后毒性才消失。为预防中毒，除不生吃鳗外，口

腔黏膜、眼黏膜和体外伤处均应避免接触鳗血，以免引起不适。

目前我国还有鳗鲡属的欧洲鳗 A. anguilla，系 1995 年从欧洲引入我国福建进行养殖。欧洲鳗与鳗鲡极相似，主要区别在于欧洲鳗主上颌骨齿带无纵走凹沟；躯干长为全长的 30.1%～30.2%。

2. 康吉鳗科 Congridae 主要属与代表种 尾部长大于头部与躯干部的合长。舌端阔，游离。我国产 11 属，代表种有康吉鳗属 Conger 的星康吉鳗 C. myriaster（Brevoort）。

星康吉鳗：体无鳞；肛门至鳃孔的距离大于头长。两颌不显著延长，后鼻孔位于上唇上方。有胸鳍；背鳍、臀鳍与尾鳍相连。有侧线。体侧有白斑。我国分布于渤海、黄海和东海，为近海底层常见的经济食用鱼类，肉肥美（图 13-36）。

星康吉鳗的血液也含有血清毒素。

图 13-36　星康吉鳗 C. myriaster

（伍汉霖，2002）

3. 海鳗科 Muraenesocidae 主要属与代表种 吻长突出。上颌较长，齿尖锐。舌较狭窄，附于口底。我国有 4 属，代表种有海鳗属 Muraenesox 的海鳗 M. cinereus（Forskál）。

海鳗：体裸露无鳞。口裂大，达眼后方。下颌外行齿不外斜。后鼻孔位于眼前方吻侧，前鼻孔具短管。背鳍、臀鳍与尾鳍相连。背侧色暗，腹侧色白。海鳗为暖水性底层鱼类。性凶猛，3 龄成熟，春季产卵。肉细味美，浙江的风干海鳗尤其有名。其鳔干制后称为"鱼肚"，也为名贵食品。我国沿海均有分布，以东海为主产区（图 13-37）。

图 13-37　海鳗 M. cinereus

（张春霖、张有为，1962）

除上述介绍的 3 科外，鳗鲡目海鳝科 Muraenidae 裸胸鳝属 Gymnothorax 的一些种类也较常见，如黄边裸胸鳝、斑点裸胸鳝等。特征是无胸鳍；无鳞，无侧线；鳃孔呈小圆孔状；体侧具颜色美丽的斑带或网纹。此类鱼肌肉含有雪卡毒素，经干制或烹煮仍带毒性，食用后中毒严重者可引起死亡。

（二）鲱形目 Clupeiformes 的分类与识别

鳍无棘。背鳍 1 个。偶鳍基部有腋鳞。口裂上缘由前颌骨和上颌骨组成。体一般被圆鳞。无侧线。正尾。具鳔管。

鲱形目是目前世界渔业产量最高的一个类群，许多种类有很高的经济价值，世界十大高产鱼中有 5 种为鲱形目鱼类，如秘鲁鳀、大西洋鲱等，主要生产国是秘鲁、智利及日本。鲱形目鱼类除食用及生产饲料原料外，近年有国外制药公司用鲱鱼油加工制成系列营养剂，用以防治心血管疾病。

鲱形目鱼类大多喜集群，有昼夜垂直移动的习性，白天在水深处，夜晚浮出水面。许多种类为世界性分布，多数为海洋鱼类，也有淡水及溯河性鱼类。本目鱼类共分为5科84属，我国产4科，检索如下：

鲱形目科的检索表

1 (6) 背鳍通常位于臀鳍的前方
2 (5) 上颌骨短，口裂末端只达眼前方或下方
3 (4) 臀鳍条15～18枚 ······ 鲱科
4 (3) 臀鳍条30以上 ······ 锯腹鳓科
5 (2) 上颌骨长，口裂末端达眼后方 ······ 鳀科
6 (1) 背鳍与臀鳍相对 ······ 宝刀鱼科

1. 鲱科 Clupeidae 主要属与代表种 体侧扁。体被圆鳞；无侧线，或仅见于前端2～5枚鳞片上。腹部通常有棱鳞。主要分布于印度洋及太平洋的热带水域，多以浮游性的无脊椎动物为食。在世界20种主要海洋捕捞经济鱼类中，鲱科鱼类占了4种。我国产4亚科，检索如下：

我国鲱科4亚科的检索表

1 (2) 腹部圆，无棱鳞 ······ 圆腹鲱亚科
2 (1) 腹部通常侧扁，有棱鳞
3 (6) 口前位；辅上颌骨2块
4 (5) 下颌骨后端只达眼前方或下方 ······ 鲱亚科
5 (4) 下颌骨后端达眼后缘的后方 ······ 鰶亚科
6 (3) 口下位；辅上颌骨1块 ······ 鳓亚科

(1) 圆腹鲱亚科 Dussumieriinae 主要属与代表种。腹圆，无锯齿状棱鳞。我国产脂眼鲱属 *Etrumeus* 和圆腹鲱属 *Dussumieria* 2属，代表种有脂眼鲱属的脂眼鲱 *E. micropus*（Temminck et Schlegel）。

脂眼鲱：体长侧扁，腹部圆。眼大，为脂眼睑所遮盖。口裂位于眼的前下方，有辅上颌骨。鳞极易脱落，无棱鳞。腹鳍在背鳍基底之后方；偶鳍基有腋鳞。

为近海暖水性中上层小型鱼类。白天结群。以小型甲壳动物为食。为食用经济鱼类，多晒干或腌渍出售。我国分布于黄海南部、东海、南海（图13-38）。

(2) 鲱亚科 Clupeidae 主要属与代表种。口前位，下颌后端通常达眼后缘的前方或下方。有棱鳞，较弱。我国产6属18种，主要有鲱属、小沙丁鱼属、沙瑙鱼属。3属的区别如下：

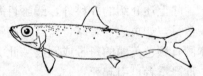

图13-38 脂眼鲱 *E. micropus*
（成庆泰，郑葆珊等.1987.
中国鱼类系统检索）

1 (2) 犁骨有齿 ······ 鲱属
2 (1) 犁骨无齿
3 (4) 鳃盖骨无辐射沟 ······ 小沙丁鱼属
4 (3) 鳃盖骨有辐射沟 ······ 沙瑙鱼属

①鲱属 *Clupea*。犁骨齿发达；棱鳞弱。背鳍起点位于腹鳍起点前方。代表种为太平洋

鲱 *C. pallasi* Cuver et Valenciennes，为重要经济鱼类。

太平洋鲱：纵列鳞52～54，体被圆鳞，极易脱落。腹部圆钝，腹部中央自腹鳍至肛门有一不明显的棱突。口小，前位，上颌无缺口。臀鳍条15～17（图13-39）。

我国所产鲱称黄海鲱，主要分布于渤海、黄海以及北太平洋，为冷温性中上层鱼类，有洄游和结群习性。主食浮游动物和鱼、虾幼体。黄海鲱渔业在我国北方沿海有悠久历史，是当地重要海洋经济鱼类之一，但渔获量不稳定，变动幅度大。其肉味鲜，鱼子食用价值高，并有一定药用价值。

②小沙丁鱼属 *Sardinella*。犁骨无齿。鳃盖骨无辐射沟。代表种是金色小沙丁鱼 *S. aurita* Cuvier et Valenciennes。

金色小沙丁鱼：纵列鳞46～49。体被圆鳞；腹部棱鳞弱。背部青绿色，体侧和腹部银白色，体侧上方有一条体金黄色纵带。为近海暖水性中上层鱼类，喜集群，夜间趋光性强。以浮游生物为食。分布于我国东海、南海和台湾海峡，是闽、粤近海重要经济鱼类之一（图13-40）。

图13-39 太平洋鲱 *C. pallasi*
（张春霖，1955）

图13-40 金色小沙丁鱼 *S. aurita*
（王文滨，1962）

③沙瑙鱼属 *Sardinops*。犁骨无齿。鳃盖骨有辐射沟。我国仅产斑点沙瑙鱼 *S. melanosticta*（Temminck et Schlegel）1种。

斑点沙瑙鱼：又称远东拟沙丁鱼。纵列鳞50～53。有弱棱鳞。体侧有7～9个黑色圆斑点。暖水性中上层小型鱼，喜结群洄游。浮游动物食性。为食用经济鱼类（图13-41）。

该鱼体富含组胺酸，若保存不够新鲜极易分解为组胺，食后会引起过敏性食物中毒。

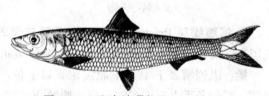

图13-41 斑点沙瑙鱼 *S. melanosticta*
（伍汉霖，2002）

(3) 鲥亚科 Alosinae 主要属与代表种。上颌中间有显著缺口，下颌骨后端通常伸达眼后缘后方。共7属31种，我国产1属2种。代表种有鲥属 *Tenualosa* 的鲥 *T. reevesii*（Richardson）。

鲥：体侧扁，纵列鳞43～46；棱鳞强，偶鳍基部有腋鳞。脂眼睑发达。两颌无齿。为我国近海洄游性中上层鱼类，主食浮游生物。平时栖息于近海，每年春季溯河做生殖洄游，生殖后亲鱼归海，幼鱼进入江河支流及湖泊中肥育，至秋季入海。分布于我国沿海以及长江、钱塘江、闽江、珠江水系。为鱼中珍品，初入江时体丰腴肥美，富含脂肪（图13-42）。

从20世纪80年代始，长江鲥的种群数量已处于濒危状态。1996年，有关部门在鲥繁殖的江西赣江峡江段试捕一个月，毫无所获。在鄱阳湖湖口进行幼鲥监测，也难觅踪迹。江苏、安徽江段也已多年未发现鲥。

长江鲥近于枯竭的主要原因，是因为长江生态环境的日益恶化和对鲥（尤其是幼鲥）的过度捕捞。赣江万安水电站大坝的建成，使赣江鲥产卵场的流速、水位、水温等生态条件发生变化，严重影响了鲥的正常繁殖。

目前江浙一带人工养殖的鲥为美国鲥 Alosa sapidissima，隶属于鲥亚科、西鲱属，为广温性洄游鱼类，主要分布于北美洲大西洋西岸。2002年由美国引入。美国鲥与我国鲥的主要区别是：美国鲥眼后上方有一个大的黑斑，后续有或多或少的小黑斑，以近似直线排列，一直到背鳍下；（中国）鲥眼后无黑斑。美洲鲥经人工驯养后，可摄食人工配合饵料。

（4）鲦亚科 Dorosomatinae 主要属及代表种。口下位或亚下位。有棱鳞。我国有6属22种，代表种有斑鲦属 Konosirus 的斑鲦 K. punctatus (Temminck et Schlegel)。

斑鲦：纵列鳞52～58。口下位。鳃盖后上方有一明显黑斑。背鳍最后一枚鳍条延长为丝状。体侧上方有8～9行纵列的绿色小点。为暖水性近海中上层鱼类，喜光，集群性强。以底栖生物、浮游生物为食。适盐范围广，有时进入河口区甚至淡水中，我国沿海均有分布。一般体长110～240 mm，为小型食用鱼，可进行人工港养与池养（图13-43）。

图13-42 鲥 T. reevesii
（王文滨，1963）

图13-43 斑鲦 K. punctatus
（湖北水生所鱼类研究室．1976．长江鱼类）

2. 锯腹鳓科 Pristigasterinae 主要属与代表种 腹部棱鳞强。近海中上层洄游性鱼类。我国产2属，代表种为鳓属 Ilisha 的鳓 I. elongata Bennett。

鳓：纵列鳞多于46。下颌突出，口上位，两颌、腭骨及舌上有许多细小齿。腹鳍小，背鳍起点在腹鳍之后，臀鳍条44～52。体背灰黄，腹侧银白（图13-44）。

鳓是我国海产四大经济鱼类之一，以浮游动物或小鱼为食。我国沿海各地均产，以江浙沿海产量最高。鳓游泳迅速，有垂直移动现象。光照不足时或夜间喜栖息于水体中上层，

图13-44 鳓 I. elongata
（王文滨，1963）

光照足时活动于中下层。春末夏初集群游向近海产卵，产卵后分散于水的上层。肉味鲜美，鲜食或制成干品，经济价值高。

3. 鳀科 Engraulidae 主要属与代表种 体长形，稍侧扁。口较大，下位。上颌骨长，向后延伸远超眼后缘。齿细小，犁骨、腭骨、翼骨及舌上均有生长。无侧线。

本科为热带、亚热带及温带中小型海洋鱼类，有少数种类可进入淡水。数量多，产量较大，是沿海常见经济鱼类，以鳀属产量最高，尤以凤鲚、刀鲚和鳀最为重要。我国产5属

19种，主要有鳀属、黄鲫属和鲚属。

鳀科主要属、种检索表

1（4）尾鳍中等长；尾鳍与臀鳍分离，胸鳍上部无游离鳍条
2（3）腹部圆，无腹棱和棱鳞……………………………………………………………… 鳀属（鳀）
3（2）有腹棱及棱鳞…………………………………………………………………… 黄鲫属（黄鲫）
4（1）尾鳍延长；尾鳍与臀鳍相连，胸鳍上部有游离鳍条 ……………………………………… 鲚属
5（6）胸鳍上部游离鳍条7枚 …………………………………………………………………… 七丝鲚
6（5）胸鳍上部游离鳍条6枚
7（8）臀鳍条73～86 ……………………………………………………………………………… 凤鲚
8（7）臀鳍条90以上
9（10）上颌骨长，向后伸达胸鳍基部 …………………………………………………………… 刀鲚
10（9）上颌骨短，向后伸不超过鳃盖 …………………………………………………………… 短颌鲚

（1）鳀属 *Engraulis*。上颌骨后端不伸达鳃孔。无腹棱。本属是世界性分布的近海中上层小型经济鱼类，以产于智利、秘鲁近海的秘鲁鳀 *E. ringens* 产量最高，主要用于制鱼粉和鱼油。我国沿海所产的为鳀（日本鳀）*E. japonicus* Temminck et Schlegel。

鳀：纵列鳞40～42。上颌长于下颌。鳞大，易脱落。背部蓝黑，腹部银白。分布于我国的渤海、黄海和东海。有趋光、结群习性，以浮游生物为食。含脂肪多，味鲜，为常见食用鱼。干制品称"海蜒"，负有盛名（图13-45）。

鳀曾经是黄、东海单种鱼类资源生物量最大的鱼种，但从20世纪90年代开始，因过度捕捞，使鳀资源严重衰退，目前我国近海的鳀几乎不能形成渔汛。

（2）黄鲫属 *Setipinna*。我国只产黄鲫 *S. taty* (Cuvier et Valenciennes) 1种。

黄鲫：上颌稍长于下颌。腹缘具棱鳞。臀鳍基底长；胸鳍上方有一延长鳍条。无侧线。背部灰黄，体侧银白，吻端橘黄。为近海小型食用鱼，我国南北各海区都有分布，有洄游习性。白天常栖于泥沙底质的海区，晚上上浮水体表层摄食浮游甲壳类。1龄成熟。味鲜美，但肉薄，刺较多，可鲜销或加工成干制品（图13-46）。

（3）鲚属 *Coilia*。体延长侧扁。尾部长而尖细。臀鳍基底长，与尾鳍相连。胸鳍上部有游离鳍条。本属鱼类经济价值较高。我国产4种：

①凤鲚 *C. mystus* (Linnaeus)。地方名凤尾鱼、刀鱼。纵列鳞53～65。臀鳍条73～86。体呈淡黄色。其吻端和各鳍条均呈黄色，鳍边缘黑色。属河口性洄游鱼类，平时栖息于浅海，每年春夏季从海中洄游至江河口半咸淡水区域产卵，产后亲鱼归海。主食虾、桡足类和幼鱼。是长江、珠江、闽江等江河口的主要经济鱼类，加工后所制成的凤尾鱼罐头久享盛名

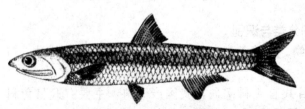

图13-45　鳀 *E. japonicus*
（张春霖，1955）

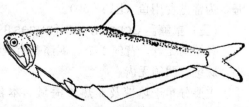

图13-46　黄鲫 *S. taty*
（成庆泰，郑葆珊等.1987. 中国鱼类系统检索）

（图 13-47）。

②短颌鲚 *C. brachygnathus* Kreyenberg et Pappenheim。俗称毛花鱼。上颌骨短，向后不超越鳃盖骨后缘。为江湖纯淡水鱼类，多栖居于长江的中下游水域，在长江口地区偶有出现。平时游弋于水的中上层，冬季则在深水层中越冬。主要摄食桡足类、枝角类和昆虫幼虫，幼鱼则以浮游动物为主要食料（图 13-48）。

 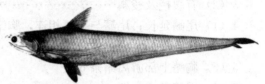

图 13-47　凤鲚 *C. mystus*　　　　　　　图 13-48　短颌鲚 *C. brachygnathus*
（湖北水生所鱼类研究室．1976．长江鱼类）　　（湖北水生所鱼类研究室．1976．长江鱼类）

③刀鲚 *C. nasus* Temminck et Schlegel。又名长颌鲚。上颌骨长，向后伸达胸鳍基部。臀鳍条 95～113。分布广，在钱塘江、长江、黄河、辽河等与东海、黄海、渤海相通的江河中均有。主食浮游动物、小型鱼虾，平时生活于海洋，成熟个体由海入江进行生殖洄游，长江洄游最远的可达洞庭湖。太湖有体型较小的陆封型刀鲚（图 13-49）。

图 13-49　刀鲚 *C. nasus*
（湖北水生所鱼类研究室．1976．长江鱼类）

刀鲚曾是长江中下游的重要经济鱼类，因高强度捕捞和水质污染等原因，刀鲚资源逐年减少，到 20 世纪 90 年代已不能形成鱼汛。为了保护和恢复刀鲚渔业自然资源，农业部 2002 年颁布了《长江刀鲚凤鲚专项管理暂行规定》，并对长江流域实施了禁渔制度。

④七丝鲚 *C. graryi* Richardson。胸鳍上部 7 根鳍条呈丝状游离，末端达臀鳍起点。体型与凤鲚极相似。分布于东海南部（福建）和南海沿海。福建闽江、九龙江，广东韩江、珠江等河流的河口区全年都可捕捞。

4. 宝刀鱼科 Chirocentridae 主要属与代表种　体延长，侧扁。眼小，有脂眼睑。该科仅宝刀鱼属 *Chirocentrus* 1 属 2 种，代表种有短颌宝刀鱼 *C. dorab* (Forskál)。

短颌宝刀鱼：俗称刀鱼、海刀。口大，前颌骨和下颌骨有齿。下颌突出。无棱鳞。腹鳍很小。偶鳍基部有腋鳞。暖水性中上层鱼类，主摄食虾类与小鱼。我国产于东南沿海，为常见食用鱼（图 13-50）。

图 13-50　宝刀鱼 *C. dorab*

（三）鼠鱚目 Gonorhynchiformes 的分类与识别

各鳍均无棘，背鳍 1 个。偶鳍基有腋鳞。臀鳍条 9～12。有侧线，体被圆鳞或栉鳞。口小，腹位。两颌无齿。

主要分布于热带及亚热带海域。本目共有 4 科 7 属，我国产 2 科，主要有遮目鱼科 Chanidae，代表种有遮目鱼属 *Chanos* 的遮目鱼 *C. chanos* (Forskál)。

遮目鱼：又称虱目鱼。圆鳞。背鳍 1 个。口小，无齿，有咽上器官。为暖水性海洋经济鱼类，我国产于南海和东海南部。广盐性，可在咸淡水、淡水中生活。水温低于15 ℃不适，低于10 ℃将死亡。有耐低氧、抗病力强、摄食广泛和生长快等优点（图13-51）。

遮目鱼适合于人工养殖，是高产易养的优良养殖品种，可作为南方沿海发展港养的重要对象。在东南亚遮目鱼是重要的海水养殖对象，为菲律宾的"国鱼"。我国台湾地区养殖遮目鱼也有近400年的历史。

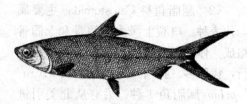

图13-51 遮目鱼 *C. chanos*
（王文滨，1962）

少数自然栖息于珊瑚礁附近的个体，因食物链关系，内脏会累积珊瑚礁毒素，食后有腹痛、口唇麻痹等症状。食用该鱼时要注意渔获来源，不食内脏。

（四）鲤形目 Cypriniformes 的分类与识别

鲤形目是仅次于鲈形目的第二大目，所有种类均生活于淡水，终生不入海，因而也是现生淡水鱼类中最大的一目，共有6科321属3 268种（Nelson，2006）。本目鱼类分布很广，除南美洲、澳洲及非洲的马达加斯加岛外，全世界均有分布。该目许多种类具有重要的经济价值，是淡水养殖的主要对象。

主要特征：体被圆鳞或裸露无鳞，头部无鳞。两颌无齿。下咽骨扩大呈镰刀状，有齿1～4行（双孔鱼科无咽齿）。第1～3椎骨特化成与内耳联系的韦伯氏器。须有或无。无脂鳍，有肌间刺。鳔如存在，则具鳔咽管与肠相通。

鲤形目科的检索表

1（8）口前吻部无须或仅有1对吻须
2（7）偶鳍前部仅有1根不分支鳍条
3（4）无咽齿；头侧有2对鳃孔 ………………………………………………………… 双孔鱼科
4（3）有咽齿；头侧仅1对鳃孔
5（6）下咽齿1行，数目达数十个；背鳍分支鳍条50以 ……………………………… 胭脂鱼科
6（5）下咽齿1～4行，每行齿数不过7个；背鳍分支鳍条30以下 …………………… 鲤科
7（2）偶鳍前部有2根以上不分支鳍条 …………………………………………………… 裸吻鱼科
8（1）口前部具2对或更多吻须
9（10）头部和身体前部侧扁或圆筒状；偶鳍不扩大，位置正常 ………………………… 鳅科
10（9）头部和身体前部平扁；偶鳍扩大，并向腹面两侧平展 …………………………… 平鳍鳅科

1. 鲤形目科的分类与识别

（1）双孔鱼科 Gyrinocheilidae 主要属与代表种。体细长，口下位。头侧有两对鳃孔，在主鳃孔上角具一入水孔，水由此进入鳃腔，然后从通常的鳃孔流出。鳃耙细小，排列紧密。本科只有双孔鱼属 *Gyrinocheilus* 1属，我国仅产双孔鱼 *G. aymonieri*（Tirant）1种。

双孔鱼：上、下唇连合形成一个碗状的吸盘，其上密布环状排列的乳状突。无须。体长一般100～150 mm，喜栖于山区河溪底质多石的河流中，以附着藻类、植物碎屑为食。适宜水温为23～28 ℃，生殖期6～7月。我国仅分布于云南西双版纳澜沧江水系，属珍稀鱼类，为国家二级保护动物。目前已开发作为观赏鱼养殖（图13-52）。

(2) 胭脂鱼科 Catostomidae 主要属与代表种。口裂上缘由前颌骨和上颌骨组成。体侧扁而高，背部隆起。咽齿一行，齿数多。我国只产胭脂鱼属 *Myxocyprinus* 胭脂鱼 1 种。另有从北美引进的亚口鱼属 *Ictiobus* 的大口胭脂鱼。

图 13-52　双孔鱼 *G. aymonieri*

① 胭脂鱼 *M. asiaticus*（Bleeker）：俗称黄排、火烧鳊。头小，口下位。唇厚，具很多小乳突。背鳍起点处特别隆起。背鳍长，分支鳍条 52～57。常栖息于水的中下层，主摄食底栖无脊椎动物。性成熟 6 龄以上，产卵期 3～4 月。自然分布于长江的干支流及其附属湖泊和闽江中、上游，以长江中、上游数量较多，近年来已开展人工繁殖和养殖。为国家二级保护动物（图 13-53）。

图 13-53　胭脂鱼 *M. asiaticus*
A. 幼体　B. 成体
（谢从新. 2010. 鱼类学）

② 大口胭脂鱼 *I. cyprinellus* Valenciennes：又名巨口胭脂鲤、牛鲤。是原产于北美洲密西西比河流域的大型淡水经济鱼类，1993 年由湖北水产研究所从美国引入。体纺锤形。吻部较钝，端位，无颌齿。无须。背鳍较长，呈 V 形。尾鳍叉形。雌、雄个体在外部形态上无明显特征区别。

杂食性，主食浮游动物、底栖生物、有机碎屑等，人工养殖条件下可食配合饲料。该鱼在生活习性上与鲤、鲫相似，对环境适应能力强。在很多国家作为鲤的替代种而引入池塘、水库养殖。经我国华中地区多年试养情况表明，其生长速度快、易饲养，当年鱼苗下池，年底最大个体可达 600g，是一个值得推广和饲养的养殖新品种（图 13-54）。

图 13-54　大口胭脂鱼 *I. cyprinellus*

(3) 裸吻鱼科 Psilorhynchidae 主要属与代表种。口小，亚下位。偶鳍前部具 2 根以上不分支鳍条。咽齿一行，4/4。我国只产裸吻鱼属 *Psilorhync* 平鳍裸吻鱼 *P. homaloptera* 1 种，仅分布于雅鲁藏布江下游。

【作业】
1. 如何区分鳗鲡、海鳗、星康吉鳗？怎样区分凤鲚、刀鲚、短颌鲚？
2. 分别列出脂眼鲱、鲥、遮目鱼、双孔鱼、胭脂鱼的分类地位。

3. 根据本次试验所观察的标本，任选8～10种，编写出检索表。
4. 列出并简要描述本次实验中所用的主要分类特征。

实验十三　鲤形目（二）分类

【实验目的】
通过实验，了解鲤形目鱼类的分类概况及各科的分类特征；掌握鲤科鮈亚科、雅罗鱼亚科、鲌亚科的重要分类特征，识别常见鱼类，了解各代表种的分类地位；学会使用检索表，掌握识别鱼类的方法。

【实验工具与标本】
1. 工具　解剖盘、放大镜、钝头镊子、分规、直尺。
2. 标本　斑马鱼、宽鳍鱲、马口鱼、唐鱼、丁鱥、青鱼、草鱼、鳡、瓦氏雅罗鱼、赤眼鳟、鳈、鳠、鲨、似鲚、银飘鱼、红鳍原鲌、翘嘴鲌、蒙古鲌、鳊、三角鲂、鲂、团头鲂。

若标本不全，可结合附图及相关辅助资料识别。

【实验方法与内容】
浸制标本用清水冲洗片刻，置于解剖盘中。认真观察各标本的外部分类特征与相关解剖结构，依据科的检索表，将实验标本按科区分开；鲤科鱼类根据所列亚科检索表，将标本以亚科为单位分成3组。然后再分别根据属、种检索表及特征介绍，识别到具体种。

（一）鲤科 Cyprinidae 的分类与识别

口裂上缘仅由前颌骨组成，咽齿1～3行，具咽磨。鳔大，游离。腹鳍腹位。鲤科是鲤形目中最大的一科，共有220属2 420种（Nelson，2006）。属温水性鱼类，是北半球温带和热带地区淡水捕捞和淡水养殖的重要对象，在我国具有重要的经济意义。鲤科鱼类的胆均有毒，不可食用。

本科共分12亚科，检索表如下：

鲤科亚科的检索表

1（2）有螺形咽上器官；眼位于头纵轴的下 ……………………………………… 鲢亚科
2（1）无咽上器官；眼位于头纵轴的上方
3（4）臀鳍基部和肛门两侧具大型 ……………………………………………… 裂腹鱼亚科
4（3）臀鳍基部和肛门两侧无大型臀鳞
5（6）口须4对（个别为3对）……………………………………………………… 鳅鮀亚科
6（5）无口须，或有口须1～2对
7（8）臀鳍和背鳍均具有后缘带锯齿的硬刺（个别的臀鳍硬刺无锯齿）……… 鲤亚科
8（7）臀鳍无硬刺，如有硬刺，则背鳍硬刺的后缘无锯齿
9（18）臀鳍分支鳍条通常7根以上，如只有5～6根，则背鳍起点位于腹鳍起点之后
10（11）臀鳍起点位于背鳍基部之下；下咽齿1行 …………………………… 鳙鲅亚科
11（10）臀鳍起点常在背鳍基部之后，咽齿1～3行；如臀鳍起点在背鳍基部之下，则咽齿2～3行

12（13）下颌前缘具锋利的角质缘；下咽齿主行 6~7 枚 ·· 鲴亚科
13（12）下颌前缘无锋利的角质缘；咽齿主行 4~5 枚
14（15）具腹棱；侧线完全，贯穿尾柄中部；背鳍一般具硬刺 ······································ 鲌亚科
15（14）通常无腹棱；侧线不完全或贯穿尾柄的下方；背鳍无硬刺
16（17）下颌前端具突起与上颌的凹口相嵌；如下颌无突起，则背鳍起点位于
　　　　 腹鳍起点之后，侧线鳞少于 40 枚 ·· 鮈亚科
17（16）下颌前端无突起；背鳍起点与腹鳍起点相对，如背鳍位置较后，则侧线鳞
　　　　 50 以上 ··· 雅罗鱼亚科
18（9）臀鳍分支鳍条通常 6 根以下，背鳍起点位于腹鳍起点之前或相对；如臀鳍分支
　　　　鳍条达 7~10 根，则口部具须
19（22）臀鳍分支鳍条一般 5 根；背鳍不分支鳍条 4 枚以上
20（21）上唇紧包在上颌的外表，无口前室；通常背鳍具硬刺 ·· 鲃亚科
21（20）上唇通常与上颌分离，或上唇消失，吻皮发达形成口前室，华鲮属无口前室，
　　　　 则有游离的下唇与下颌分离；背鳍无硬刺 ··· 野鲮亚科
22（19）臀鳍分支鳍条一般为 6 根（少数 5 根）；背鳍不分支鳍条 3 枚 ···························· 鲍亚科

1. 鮈亚科 Danioninae 主要属与代表种　　体长，侧扁。无棱或具半棱。多数种类下颌前端正中一般有一凸起，与上颌凹陷相嵌合。咽齿 2~3 行。本亚科多为小型鱼，但有不少种类体色艳丽而成为热带观赏鱼。主要属的检索如下：

鮈亚科主要属的检索表

1（6）下颌前端正中有 1 突起，与上颌凹陷相吻合。
2（3）背鳍起点显著在腹鳍起点之后，成熟个体臀鳍条不特别延长 ································ 鮈属
3（2）背鳍起点与腹鳍起点相对或稍前，成熟个体臀鳍条特别延长
4（5）口裂较小，上下颌侧缘较平直 ··· 鱲属
5（4）口裂较大，上下颌侧缘凹凸相嵌 ··· 马口鱼属
6（1）上、下颌前端无相吻合的突起和凹陷 ··· 唐鱼属

（1）鮈属 *Brachydanio*。臀鳍起点在背鳍基之下，咽齿 3 行。为热带、亚热带小型淡水鱼类。我国所产种类体色均较普通，而生活在印度、孟加拉、马来半岛等地淡水湖泊中的一些种类，体色艳丽，具彩色纵纹，因纵纹类似斑马条纹，故得名斑马鱼。常见的有斑马鱼、闪电斑马鱼（又名虹光鱼）、大斑马鱼。经过 30 多年的不断选育和系统发展，现已有约 20 个斑马鱼品系。

斑马鱼体型纤细，性情温和。杂食性。成体长 30~60 mm。生长适宜温度 25~31 ℃。卵孵出后约 3 个月达到性成熟，一年可多次繁殖（图 13-55）。

（2）鱲属 *Zacco*。下颌前端正中有一突起，与上颌凹陷相吻合。上、下颌侧缘较平直。雄鱼性成熟个体臀鳍前 4 根鳍条特别延长。我国产 5 种，代表种为宽鳍鱲 *Z. platypus*（Temminck et

图 13-55　斑马鱼 *B. rerio*

Schlegel)。

宽鳍鱲：口端位，上、下颌前端无相吻合的突起和凹陷。咽齿3行。侧线鳞43～45。体侧有12～13条黑纵纹，腹鳍基部有一延长腋鳞。生殖季节雄体头部、吻部、臀鳍条上出现许多珠星，全身具有鲜艳的婚姻色。以浮游甲壳类为食，兼食一些藻类等。分布极广，其肉可入药（图13-56）。

（3）马口鱼属 *Opsariichthys*。口大，端位。上、下颌侧缘凹凸相嵌。性成熟个体臀鳍鳍条特别延长。为东亚特有的小型鲤科鱼类，只分布于我国各地及日本、朝鲜半岛。我国仅产马口鱼 *O. bidens* Günther 1种。

马口鱼：侧线鳞49～53。体侧约有10余条垂直条纹。喜栖息于江河湖泊及山涧溪流等清洁的流水水体中。为小型凶猛鱼类，成鱼体长仅100～200 mm。肉食性，以昆虫、小鱼等为食。1冬龄成熟，3～6月繁殖。生殖期雄鱼体色鲜艳，头部、胸鳍及臀鳍上出现白色珠星。我国南北各水系及附属水体均有分布，在一些山区其种群数量较大，有一定经济价值（图13-57）。

 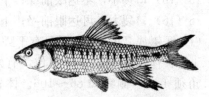

图13-56　宽鳍鱲 Z. *platypus*　　　　　　图13-57　马口鱼 O. *bidens*
（杨干荣、黄宏金，1964）　　　　　　　　（杨干荣、黄宏金，1964）

（4）唐鱼属 *Tanichthys*。上、下颌前端无相吻合的突起和凹陷。前后鼻孔无鼻瓣相隔。本属我国只唐鱼 *T. albonubes* Lin 1种。

唐鱼：我国特有的美丽小鱼。臀鳍起点在背鳍基之下，咽齿2行。成鱼体长30～40mm，色暗绿，从眼至尾有1条金红色纵纹。可以适应10～30 ℃的水温，最适生长水温18～25 ℃。杂食，喜食活饵。原产地广州白云山，为常见观赏鱼。经不断选育，已出现长鳍变种，各鳍金红色延长飘逸，故又称金丝鱼。唐鱼为国家二级保护动物（图13-58）。

图13-58　唐鱼 T. *albonubes*
A. 唐鱼　B. 唐鱼长鳍变种

2. 雅罗鱼亚科 Leuciscinae 主要属与代表种　各鳍无刺，背鳍3，7～10，臀鳍3，7～14。无腹棱。口端位或亚下位，咽齿1～3行。我国有15属，主要属的区别如下：

雅罗鱼亚科主要属的检索表

1（6）咽齿1行

2（3）须1对；尾鳍平切或微凹 ·· 丁鱥属
3（2）无须；尾鳍叉形
4（5）头的前部延长，略成鸭嘴形；侧线鳞110以上 ··· 鳡属
5（4）头的前部不延长；侧线鳞50以下 ··· 青鱼属
6（1）下咽齿2或3行
7（12）下咽齿2行
8（9）齿侧扁，齿面梳形 ·· 草鱼属
9（8）齿面不呈梳形，末端微沟
10（11）口端位，上、下颌相等或上颌稍突出 ··· 雅罗鱼属
11（10）口斜裂，下颌稍长于上颌 ·· 拟赤梢鱼属
12（7）下咽齿3行
13（14）有须，眼上有一红斑 ·· 赤眼鳟属
14（13）无须，眼上无红斑
15（16）口裂小，不达眼前缘；下颌前端无突起 ··· 鲴属
16（15）口裂大，可达眼前缘；下颌前端有1突起与上颌凹陷相嵌 ······················· 鳡属

（1）丁鱥属 *Tinca*。本属只有丁鱥 *T. tinca* (Linnaeus) 1种。

丁鱥：体侧扁而高。口前位，有短的口角须1对。侧线鳞86～106。体青黑色，各鳍灰黑色，尾鳍后缘微凹。底栖杂食性鱼类，喜在静水泥底区生活，主食底栖无脊椎动物。自然分布于我国新疆的布尔津地区，为额尔齐斯河和乌伦古河的主要经济鱼类之一。近年浙江、广东、黑龙江等省已成功从新疆引进丁鱥进行养殖（图13-59）。

图13-59　丁鱥 *T. tinca*
（伍献文等．1964．中国鲤科鱼类志：上）

（2）青鱼属 *Mylopharyngodon*。仅青鱼 *M. piceus* (Richardson) 1种。

青鱼：又称青鲩、螺蛳青。为我国特有种，是我国"四大家鱼"之一。背鳍3，7～8；臀鳍3，8～9；侧线鳞39～45。吻短稍钝，腹部圆。咽齿4/4，臼状，齿面光滑无纹。鱼体和各鳍青黑色或灰黑色，背部较深。为江河湖泊的中下层鱼类，以软体动物如蚌、蚬、螺蛳等为主要食物。生殖期4～7月，流水中繁殖。主要分布在长江以南的平原地区，是重要的经济养殖鱼类（图13-60）。

（3）草鱼属 *Ctenopharyngodon*。仅草鱼 *C. idellus* (Valenciennes) 1种。

草鱼：俗称草鲩、鲩。为我国特有种，是我国"四大家鱼"之一。背鳍3，7；臀鳍3，8；侧线鳞39～46。口前位，吻短而宽，咽齿2行，2·4～5/4～5·2，侧扁，梳状。体背部青褐带黄色，腹部灰白色（图13-61）。

草鱼为淡水养殖的主要对象，也是我国分布广泛的极重要的经济鱼类，喜生活于水体中下层或近岸多水草区域，具河湖洄游习性。是典型的草食性鱼类，生长快，4龄左右性成熟，繁殖期4～7月。因品质优良，现已移殖到亚、欧、美、非洲许多国家进行养殖。

（4）鳡属 *Luciobrama*。仅鳡 *L. macrocephalus* (Laepede) 1种。

图 13-60　青鱼 M. piceus
（宋蓓玲，1991）

图 13-61　草鱼 C. idellus
（宋蓓玲，1991）

鳡：俗称鸭嘴鳡、吹火筒。背鳍 3，8；臀鳍 3，9~11；鳞片细小，侧线鳞 140~170。口上位，头的前半部细长，稍成管状，吻平扁似鸭嘴。咽齿 1 行，5/5。生活于江河、湖泊的中上层，为凶猛性鱼类，以鱼类为食，自苗期起即大量吞食其他鱼苗。4~5 冬龄成熟，繁殖期 4~7 月。生长极快，1 冬龄体长达 450 mm，重 1 kg（图 13-62）。

图 13-62　鳡 L. macrocephalus
（杨干荣、黄宏金，1964）

鳡为我国特有种类，分布于长江、珠江、闽江等水系。近年来由于过度捕捞、江湖阻隔等原因，影响其幼鱼进入湖泊生活与肥育，导致鳡的种群个体数量显著减少。鳡肉质细嫩、少刺味鲜，为上等食用鱼，并有一定的药用价值。

（5）雅罗鱼属 Leuciscus。本属为北方特有鱼类，分布于黄河、黑龙江流域及新疆地区。口端位，咽齿 2 行。背鳍起点与腹鳍起点相对或稍后。我国产 6 种，代表种为瓦氏雅罗鱼 L. waleckii (Dybowski)。

瓦氏雅罗鱼：背鳍 3，7；臀鳍 3，9~11，侧线鳞 50~55。咽齿 2 行，内行柱状，外行侧扁，末端钩状。口前位。背部灰黑色，腹部银白色。广布于我国东北各河流、湖泊等水体，属中上层鱼类。适应性极强。喜集群，易捕捞。杂食偏动物食性。3 龄性成熟，繁殖期 4~5 月。是东北地区和黄河中游地区较重要经济鱼类，可作为池塘养殖及湖泊、水库的放养对象（图 13-63）。

图 13-63　瓦氏雅罗鱼 L. waleckii
（伍献文等．1964．中国鲤科鱼类志：上）

（6）拟赤梢鱼属 Pseudaspius。仅拟赤梢鱼 P. leptocephalus (Pallas) 1 种。

拟赤梢鱼：俗称红尾尖嘴、红尾巴梢。头细长且尖，吻部稍平扁。口小，稍上位。咽齿 2 行。鳞细小，侧线鳞 91~102。喜栖息在水流湍急的河流中，肉食性。4 龄性成熟，繁殖期 6~8 月。主要分布于黑龙江水系，生长较慢，4 龄鱼体长 250~300 mm（图 13-64）。

（7）赤眼鳟属 Squaliobarbus。仅赤眼鳟 S. curriculus (Richardson) 1 种。

赤眼鳟：俗称红眼，野草鱼。外形似草鱼，眼上有一红斑；体侧鳞片后缘有黑斑。有2对极细小口须。咽齿3行。背鳍3，7；臀鳍3，7～8；侧线鳞41～50。分布很广，多生活于江河湖泊的中层。杂食偏植物食性。2龄性成熟，繁殖期5～8月。人工养殖喜食配合饲料，可池塘单养或混养（图13-65）。

（8）鳡属 Ochetobius。仅鳡 O. elongatus (Kner) 1种。

鳡：俗称刁杆。体细长，略呈圆筒形，头小而尖，口小。背鳍3，9～10；臀鳍3，9；侧线鳞65～75。咽齿3行。分布于我国长江流域及其以南各水体，有江湖洄游习性。3～5龄性成熟，繁殖期4～6月。主食水生昆虫、枝角类，也食小鱼虾。肉质优良，味鲜美（图13-66）。

（9）鳤属 Elopichthys。仅鳤 E. bambusa (Richardson) 1种。

鳤：俗称水老虎。体细长稍侧偏，头尖，吻坚如喙，下颌前端有一坚硬的骨质突起，与上颌的凹入处相吻合。背鳍3，9～10；臀鳍3，10～11；鳞小，侧线鳞110～117。咽齿3行，齿端钩状。我国各大水系均有分布，为中上层鱼类。3～4龄成熟，繁殖期4～5月。典型肉食性鱼类，性凶猛，生长快，1龄最达体长可达500 mm，重约1.3 kg（图13-67）。

图13-64 拟赤梢鱼 P. leptocephalus
（伍献文等．1964．中国鲤科鱼类志：上）

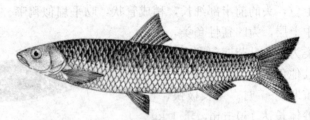
图13-65 赤眼鳟 S. curriculus
（宋蓓玲，1991）

图13-66 鳡 O. elongatus
（伍献文等．1964．中国鲤科鱼类志：上）

图13-67 鳤 E. bambusa
（杨干荣、黄宏金，1964）

近年来，因水利工程建设、水域环境恶化等原因，鳤自然资源已急剧下降，目前除长江及与长江直接相通的湖泊中尚可捕到鳤外，大部分的江河、湖泊已难寻鳤踪迹。

3. 鲌亚科 Culterinae 主要属与代表种 体侧扁，有腹棱，侧线完全。无须。背鳍3，7；臀鳍3，7～35。咽齿2～3行。多为中上层鱼类，个体较大，产量较多，为常见淡水食用鱼。本亚科我国有17属，主要属的检索如下：

鲌亚科主要属的检索表

1（10）腹棱完全（全棱）
2（3）背鳍无硬刺；胸鳍基腋鳞大，等于或大于眼径 ·· 飘鱼属
3（2）背鳍有硬刺；胸鳍基腋鳞小，呈乳突状
4（7）臀鳍分支鳍条 20 以下；侧线在胸鳍上方急剧向下弯折
5（6）背鳍最后一枚硬刺后缘有锯齿；咽齿 2 行 ·· 似鱎属
6（5）背鳍最后一枚硬刺后缘光滑；咽齿 3 行 ·· 鲦属
7（4）臀鳍分支鳍条 20 以上；侧线不显著弯曲
8（9）口前位；体长为体高 2.5～2.9 倍 ··· 鳊属
9（8）口上位；体长为体高 3.3～5.0 倍 ·· 原鲌属
10（1）腹棱不完全（半棱）
11（16）背鳍有硬刺；侧线在胸鳍上方和缓向下弯曲
12（15）体长为体高的 2.9 倍以上
13（14）口前位；鳃耙短钝，9～12；鳔 2 室 ·· 华鳊属
14（13）口亚上位或上位；鳃耙细长，15～28；鳔 3 室 ··· 鲌属
15（12）体长为体高的 1.9～2.8 倍 ·· 鲂属
16（11）背鳍无硬刺；侧线在胸鳍上方急剧 ·· 半鲦属

（1）飘鱼属 *Pseudolaubuca*。为体型极侧扁而延长的小型鱼。我国有 2 种，代表种为银飘 *P. sinensis* Bleeker。

银飘：俗称飘鱼。体延长，极侧扁。背鳍 2，7；臀鳍 2，20～26；侧线鳞 62～74。咽齿 3 行，腹棱完全。尾鳍深叉形。喜成群在水面上来往游弋，故有飘鱼之称。杂食性，一年性成熟，产卵期 5～6 月。分布较广泛，数量较多，为普通食用鱼类（图 13-68）。

（2）鲦属 *Hemiculter*。腹棱完全，背鳍最后一枚硬刺后缘光滑。本属均为小型鱼类，代表种为鲦 *H. leucisculus* (Basilewsky)。

鲦：俗称鲦条。背鳍 3，7；臀鳍 3，11～14，侧线鳞 48～57。咽齿 3 行。侧线完全，在胸鳍基部的后上方急剧下弯成一明显角度，行于体侧下半部，至臀鳍上方又向上弯至尾柄侧中部。喜栖息于水的中上层，行动迅速，在静水或流水中都能生长和繁殖。杂食性，主食浮游生物。1 冬龄成熟，5～7 月产卵。我国除西北高原外，各大水系均有分布，有一定经济价值（图 13-69）。

（3）似鱎属 *Toxabramis*。腹棱完全，背鳍最后一枚硬刺后缘有锯齿。本属为小型鱼类，常见的有似鱎 *T. swinhonis* Günther。

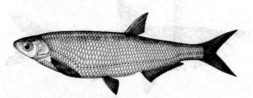

图 13-68 银飘 *P. sinensis*
（伍献文等．1964．中国鲤科鱼类志：上）

图 13-69 鲦 *H. leucisculus*
（易伯鲁、吴清江，1964）

似鲚：体极扁薄，侧线在胸鳍上方急剧向下弯折。背鳍3，7；臀鳍3，16~19，侧线鳞56~66。生活于水体的中上层，主食浮游动物等。分布于长江、黄河、辽河等水系，个体较小（图13-70）。

（4）华鳊属 Sinibrama。体高而侧扁，咽齿3行。均为小型鱼类，鉴定到属即可。代表种为华鳊 S. wui（Rendahl）。

图13-70 似鲚 T. swinhonis
（伍献文等．1964．中国鲤科鱼类志：上）

华鳊：体长为尾柄长的7.3~7.5倍，侧线鳞50~54。多栖息于江河的缓流处和湖泊中，杂食性。在产区为常见食用小杂鱼，肉质鲜嫩，有一定的经济价值。

（5）半鳘属 Hemiculterella。为体型侧扁的小型鱼。本属有2种，常见为半鳘 H. sauvagi Warpachowsky。

半鳘：体较扁薄。口端位，下颌前端中央有丘突与上颌前端中央的凹陷相嵌合。侧线鳞50~55，侧线在胸鳍上方急剧向下弯折。中上层小型鱼类，一般体长60~130 mm。分布于长江、珠江水系。

（6）原鲌属 Chanodichthys。曾用名鲌属。本属我国有2种，代表种为红鳍原鲌 C. erythropterus（Basilewsky）。

红鳍原鲌：头侧扁，头后背部明显隆起。吻短钝，口裂几与身体纵轴垂直。咽齿3行；鳔3室。自胸鳍基部至肛门有明显腹棱。背鳍3，7；臀鳍3，24~29；侧线鳞63~69。喜栖息于水草茂盛的湖泊中，2冬龄成熟，5~7月产卵。中上层肉食性鱼类。我国南北均有分布，为中小型经济鱼类，最大个体约300 mm。其肉细嫩味美。全鱼可药用，有消水肿之功效（图13-71）。

（7）鲌属 Culter。曾用名红鲌属。特征与原鲌属相近，但腹棱仅限于腹鳍基部至肛门。咽齿3行；鳔3室。鲌属鱼类分布广泛，性较凶猛，行动迅速，喜生活于水体中上层，个体较大，有较高经济价值。常见的有2种，区别如下：

1（2）口上位，口裂与体轴垂；头部、体背部几呈水平 ························· 翘嘴鲌
2（1）口端位或口亚上位，口裂斜；头后背部稍隆起 ························· 蒙古鲌

①翘嘴鲌 C. alburnus Basilewsky。口上位，体背部几呈水平。咽齿3行，2·4·5/5·3~4·2，齿端钩状。侧线鳞80~92。全国各水系均有分布，多生活在流水及大水体的中上层，主食鱼、虾类。性成熟2~3龄，繁殖期5~7月。生长较快，1龄体长可达160 mm，4龄鱼体长420 mm以上（图13-72）。

翘嘴鲌肉质细嫩、肉味鲜美，已成为名优特水产养殖新品种，尤其是兴凯湖翘嘴鲌以其

图13-71 红鳍原鲌 C. erythropterus
（伍献文等．1964．中国鲤科鱼类志：上）

图13-72 翘嘴鲌 C. alburnus
（伍献文等．1964．中国鲤科鱼类志：上）

独特的品质闻名中外。人工养殖技术已较成熟，可单养与混养。人工养殖可投喂配合饲料、冰鲜鱼块、活饵料鱼（要求活饵规格为饲养鱼体长的1/3～1/5）。

②蒙古鲌 *C. mongolicus* (Basilewsky)。口端位，下颌稍突出，口裂稍斜。头部背面平直，头后背部稍隆起。咽齿3行，2·4·5/5·4·2。侧线鳞73～79。全国各水系均有分布，喜生活在水流缓慢的河湾或湖泊的中上层。繁殖期5～7月。幼鱼以浮游动物和水生昆虫为食，成体以小鱼为主食。经济价值较高，已有人工养殖，经驯化可摄食配合饲料（图13-73）。

（8）鳊属 *Parabramis*。体高，呈菱形，体长为体高的3.5倍以下。腹棱自胸鳍至肛门，我国有2种，代表种为鳊 *P. pekinensis* (Basilewsky)。

鳊：背鳍3，7～8；臀鳍3，27～35，侧线鳞52～62。咽齿3行，齿细小而侧扁。头小，口端位。性成熟年龄因地区而异，长江流域为2龄；北方为3～4龄，生殖期5～8月。广泛分布于全国各水系的江河、湖泊中，是重要经济鱼类之一。多栖居于水的中下层，草食性。生长较快，1龄体长可达200 mm以上。鳊在人工养殖时可摄食配合饲料（图13-74）。

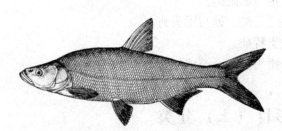

图13-73 蒙古鲌 *C. mongolicus*
（伍献文等.1964.中国鲤科鱼类志：上）

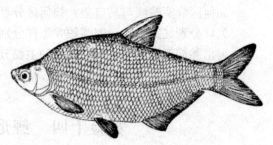

图13-74 鳊 *P. pekinensis*
（伍献文等.1964.中国鲤科鱼类志：上）

（9）鲂属 *Megalobrama*。体型与鳊相似，腹棱自腹鳍基部至肛门。头小，口端位，咽齿3行。我国有5种，常见有鲂、团头鲂和三角鲂，区别如下：

1（2）体侧鳞片中部具黑斑；侧线下鳞一般5～6枚 ·························· 三角鲂
2（1）体侧鳞片中部无黑斑；侧线下鳞一般7～9枚
3（4）背鳍刺一般长于头长；头宽为口宽的2倍以上 ·························· 鲂
4（3）背鳍刺短于头长；头宽为口宽的2倍以下 ·························· 团头鲂

①团头鲂 *M. amblycephala* Yih。口小，上、下颌具角质缘。体长为体高的1.9～2.3倍，尾柄长小于尾柄高。我国主要分布于长江中下游及其湖泊，适应与湖泊静水水体繁殖，多生活于水体中下层。2冬龄成熟，产卵期5～6月，卵黏性。草食性，生长快。其肉味佳美，已移殖到全国各水系，是淡水养殖的重要经济鱼类（图13-75）。

②三角鲂 *M. terminalis* (Richardson)。又称三角鳊。口小，斜裂，上、下颌表面角质化。分布广，喜栖息于流水或静水的水域中下层。3龄性成熟，产卵期为6～7月份，卵浮

图13-75 团头鲂 *M. amblycephala*
（伍献文等.1964.中国鲤科鱼类志：上）

性。杂食性，以水生植物为食，也吃水生昆虫等。生长较快，为淡水养殖的主要经济鱼类。人工养殖摄食配合饲料（图13-76）。

③鲂 *M. skolkovii* Dybowski。口小，两颌具坚硬角质边缘。体高而侧扁，体长为体高的2.2～2.8倍，尾柄长大于尾柄高。广布于我国南北，为淡水养殖重要经济鱼类，喜栖息于水体的中下层。一般体重1.0～1.5 kg。3冬龄成熟，4～6月产卵，卵稍带黏性。杂食性，幼鱼以淡水壳菜为主食，成鱼以水生植物为主食。人工养殖摄食配合饲料。

图13-76 三角鲂 *M. terminalis*
（伍献文等.1964.中国鲤科鱼类志：上）

【作业】
1. 编写青鱼、草鱼、赤眼鳟、鳡、鳤、鳊、马口鱼的检索表。
2. 如何区分宽鳍鱲与马口鱼？如何区分草鱼与赤眼鳟？
3. 怎样分别红鳍原鲌与翘嘴鲌？怎样分别三角鲂、鲂与团头鲂？
4. 列出并简要描述本次实验所用的主要分类特征。
5. 列出本次实验双孔鱼、胭脂鱼、草鱼、团头鲂的分类地位。

实验十四 鲤形目（三）分类

【实验目的】
通过实验，掌握鲤科鲴亚科、鳅亚科、鮈亚科、鲃亚科、野鲮亚科、裂腹鱼亚科的重要分类特征；识别各亚科的常见种类，熟悉各代表种的分类地位；学会使用检索表，掌握鱼类分类的方法。

【实验工具与标本】
1. **工具** 解剖盘、钝头镊子、放大镜、分规、直尺。
2. **标本** 细鳞斜颌鲴、银鲴、黄尾鲴、圆吻鲴、中华鳑鲏、唇䱻、花䱻、似刺鳊鮈、华鳈、黑鳍鳈、麦穗鱼、铜鱼、棒花鱼、蛇鮈、刺鲃、中华倒刺鲃、光唇鱼、白甲鱼、华鲮、露斯塔野鲮、双色野鲮、鲮、东方墨头鱼、重口裂腹鱼、厚唇裸重唇鱼、青海湖裸鲤。

若标本不全，可结合附图及相关辅助资料识别。

【实验方法与内容】
浸制标本用清水冲洗片刻，置于解剖盘中。认真观察各标本的外部分类特征与相关解剖结构，根据实验十三所列的鲤科的亚科检索表，先将实验鱼按亚科分组，然后再根据属、种的检索表及特征介绍，识别到种。

(一) 鲴亚科 Xenocyprinae 主要属与代表种

口下位，横裂；下颌前缘具锋利的角质缘。背鳍有硬刺，后缘光滑。咽齿1～3行，主行齿6～7个。腹部具不同发达程度的腹棱或无腹棱。

本亚科是一群中小型鱼类，喜栖息于水体的中下层，适应流水生活。自然条件下以附着藻类、丝状藻类、高等植物碎屑、腐殖质等为主食，也吃少量浮游动物。广布于我国的江河与湖泊，产量较大，为常见食用鱼类。我国有4属，常见2属检索如下：

1（2）下咽齿3行 ·· 鲴属
2（1）下咽齿2行 ·· 圆吻鲴属

1. 鲴属 Xenocypris 体长而侧扁。咽齿3行，2·3~4·6~7/6~7·3~4·2。我国产6种，常见有3种：

1（2）侧线鳞70以上；腹鳍至肛门有腹棱 ···································· 细鳞斜颌鲴
2（1）侧线鳞70以下；仅肛门前有很短的腹棱或腹棱缺如
3（4）侧线鳞53~64；体长为体高的3.7~4.0倍；新鲜标本尾鳍灰黑 ············ 银鲴
4（3）侧线鳞63~68；体长为体高的3.3~3.7倍；新鲜标本尾鳍黄 ············ 黄尾鲴

（1）细鳞斜颌鲴 *X. microlepis* (Bleeker)。又称沙姑子、黄尾刁。自腹鳍基部至肛门间有明显腹棱。鳃耙扁薄呈三角形。分布广，除西部高原外，南北各大水系均有，多栖息于水体宽阔、水流平缓的水体中下层。2龄性成熟，4~6月产卵，卵黏性。杂食性，常以下颌的角质缘在石块上刮食。其肉质鲜美，是常见经济鱼类，已成为新的养殖对象，经济效益较好。

（2）银鲴 *X. argentea* Günther。腹部圆，腹棱不明显或仅在肛门前可辨。鳃耙较短，排列如书页状。广布于我国南北水系，2龄性成熟，繁殖期5~7月。

个体较小，为常见食用鱼。人工养殖1冬龄平均体长130 mm左右（图13-77）。

（3）黄尾鲴 *X. davidi* Bleeker。腹棱不明显，只在肛门至腹鳍基部的1/4处。鳃盖骨后缘具一橙黄色斑块。分布于黄河以南各水系。2龄性成熟，产卵期4~6月。为常见中下层小型经济鱼类，可作为网箱或池塘养殖的混养种类（图13-78）。

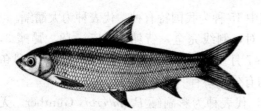

图13-77 银鲴 *X. argentea*
（伍献文等.1964.中国鲤科鱼类志：上）

图13-78 黄尾鲴 *X. davidi*
（刘成汉、刘志明，1990）

2. 圆吻鲴属 Distoechodon 咽齿2行，3~4·6~7/6~7·3~4。主要分布在长江及以南水系，我国产2种，代表种有圆吻鲴 *D. tumirostris* Peters。

圆吻鲴：腹部圆，无腹棱。下颌角质边缘发达，口呈"一"字横裂。多生活在水体的中下层，繁殖期4~6月。杂食性，主食有机碎屑、藻类等，人工养殖摄食配合饲料（图13-79）。

（二）鳑亚科 Acheilognathinae 主要属与代表种

体卵圆形，无腹棱。背鳍和臀鳍基部较长，分支鳍条7枚以上。咽齿1行，5/5。雌

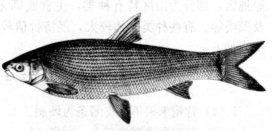

图13-79 圆吻鲴 *D. tumirostris*
（伍献文等.1964.中国鲤科鱼类志：上）

鱼生殖季节具产卵管,将卵产于蚌体中,产卵结束后产卵管萎缩。雄鱼生殖季节出现美丽的婚姻色和珠星。

本亚科为一群小型鱼类,一般体长 80 mm 以下,俗称葫芦子。主要饵料为硅藻、丝状藻类、小型甲壳类等。分布较广,产量不大,无经济价值。我国产 3 属(分到属即可),区别如下:

1(2) 侧线不完全;无口角须 ·· 鳑鲏属
2(1) 侧线完全;有口角须(个别种退化成短突状或消失)
3(4) 背鳍、臀鳍末根不分支鳍条较粗,粗于各自首根 ············· 鳈属
4(3) 背鳍、臀鳍末根不分支鳍条较细,相当于各自首根 ············· 副鳈属

1. 鳑鲏属 Rhodeus 我国产 7 种,代表种有中华鳑鲏 R. sinensis Günther。

中华鳑鲏:体侧扁,头小,体长为体高的 2.4~2.7 倍。背鳍 2,9;臀鳍 2,9~11。咽齿 1 行,齿面平滑。侧线不完全,仅分布于前面的 3~7 片鳞。个体小,一般体长 50~80 mm。1 龄性成熟,产卵期 5~7 月。全国性分布,喜生活在水流缓慢、水草茂盛的水湾、池塘和湖泊中(图 13-80)。

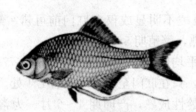

图 13-80 中华鳑鲏 R. sinensis(左图♀,右图♂)
(伍献文等. 1964. 中国鲤科鱼类志:上)

2. 鳈属 Acheilognathus 我国产 19 种,其中 15 种为我国特有种。代表种为大鳍鳈。

大鳍鳈 A. macropterus Bleeker:口角须 1 对,侧线完全。背鳍 3,15~18,臀鳍 3,10~13。第 4、5 侧线鳞上有一黑斑。产卵期 5~7 月。最大体长可达 170 mm,是鳈亚科鱼类中个体最大的一种。杂食性,我国南北水系均有分布,有一定经济价值。

3. 副鳈属 Paracheilognathus 我国产 3 种,代表种为彩副鳈 P. imberbis Günther。无须。喜集群,生活于静水或缓流水域,以浮游动物为食。

(三)鮈亚科 Gobioninae 主要属与代表种

体延长近圆筒形,口下位,须 1 对。背鳍一般无硬刺,臀鳍分枝鳍条多为 6。咽齿 1~2 行。本亚科是一群分布很广的中小型鱼类,多数体长 80~200 mm。多生活于江河平原地区,部分为山区特有种类,主食底栖无脊椎动物、水生昆虫幼虫、高等植物碎屑以及藻类等。有些种类个体较大,经济价值较高,已有人工养殖。我国有 22 属,主要 7 属检索如下:

鮈亚科主要属检索表

1(4) 背鳍末根不分支鳍条为硬刺
2(3) 肛门紧靠臀鳍起点;咽齿 3 行 ·· 鳈属
3(2) 肛门约位于腹鳍基与臀鳍起点间的后 1/4 处,咽齿 2 ············· 似刺鳊鮈属

4（1）背鳍无硬刺
5（10）唇薄，无乳头状突起；下唇不分叶
6（7）口上位；口角无须 ··· 麦穗鱼属
7（6）口端位或下位；口角须1对
8（9）下颌具角质边缘 ··· 鳈属
9（8）下颌无角质边缘 ··· 铜鱼属
10（5）唇厚，上下唇均具发达的乳突，下唇一般分叶
11（12）背鳍起点距吻端较其基底后端距尾鳍基为大或相等；侧线鳞35 ······ 棒花鱼属
12（11）背鳍起点距吻端较其基底后端距尾鳍基显著为大；侧线鳞40 ············ 蛇鮈属

1. 䱻属 *Hemibarbus* 口小，下位。唇褶较发达，下唇褶分散叶。多生活于水体中下层，以底栖动物为食。常见有花䱻和唇䱻。两者区别：

1（2）吻长显著大于眼后头长；鳃耙15～20 ··· 唇䱻
2（1）吻长小于或等于眼后头长；鳃耙6～10 ··· 花䱻

（1）唇䱻 *H. labeo*（Pallas）。唇肉质肥厚，又称重唇鱼，外形似花䱻。（成鱼）体侧无黑斑。喜生活于有流水沙砾石底的水体，杂食偏动物食性。广布于南北各水域，同龄个体较花䱻大，为经济鱼类，味鲜美，有人工养殖（图13-81）。

 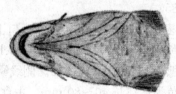

图 13-81　唇䱻 *H. labeo*

（伍献文等．1977．中国鲤科鱼类志：下）

（2）花䱻 *H. maculatus* Bleeker。体侧有7～11个大黑板，背鳍、尾鳍有黑色小斑点。广布于我国南北各水域，中下层杂食性鱼类，为常见中小型经济鱼类。人工养殖多投喂配合饲料（图13-82）。

2. 似刺鳊鮈属 *Paracanthobrama* 常见为似刺鳊鮈 *P. guichenoti* Bleeker。

似刺鳊鮈：侧线鳞50左右，体高显著大于头长。背鳍有一光滑硬刺，其长度大于头长。分布在长江中下游干流及其湖泊，主食软体动物和水生昆虫（图13-83）。

3. 鳈属 *Sarcocheilichthys* 口小，马蹄形。吻短钝，体略侧扁。为全国性分布的小型鱼

图 13-82　花䱻 *H. maculatus*

（伍献文等．1977．中国鲤科鱼类志：下）

类，1 龄即达性成熟，产卵期 3~5 月，分批产卵。我国有 8 种和亚种，常见有华鳈 S. sinensis Bleeker 和黑鳍鳈 S. nigripinnis (Günther)：

1 (2) 背鳍有细弱硬刺；须 1 对；体侧有 4 条垂直黑斑 ·································· 华鳈
2 (1) 背鳍无硬刺；无须；体侧有不规则黑斑 ··· 黑鳍鳈

(1) 华鳈：体长，侧扁，头后背部显著隆起。体侧有 4 块宽阔的黑斑块。下颌前端有发达角质。生殖时期体色及各鳍浓黑，雄鱼吻部具白色珠星，雌鱼产卵管延长。杂食性，为江河常见小型鱼类，最大个体约 200mm（图 13-84）。

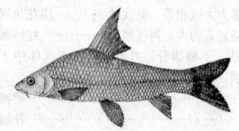 

图 13-83　似刺鳊鮈 P. guichenoti　　　　　　　图 13-84　华鳈 S. sinensis
　　　（罗云林等，1977）　　　　　　　　　　　　　　（罗云林等，1977）

(2) 黑鳍鳈：又名花花鱼。下颌前端角质缘薄。体侧有不规则黑斑。杂食。生殖期间雄鱼体色鲜艳，雌鱼产卵管延长。为江河、湖泊中常见的小型鱼类，体长 60~110 mm（图 13-85）。

4. 麦穗鱼属 Pseudorasbora　口上位，无须。杂食性，产黏性卵。我国有 3 种，代表种为麦穗鱼 P. parva (Temminck et Schlegel)。

麦穗鱼：咽齿 1 行，5/5。侧线鳞 35~38。分布极广，是河川、池塘、水田等水域常见的小型鱼类，体长 40~80 mm。主食水生昆虫、摇蚊幼虫等。1 龄成熟，4~6 月产黏性卵，孵化期雄鱼有守护的习性（图 13-86）。

 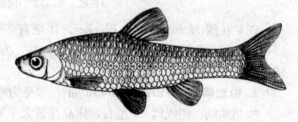

图 13-85　黑鳍鳈 S. nigripinnis　　　　　　　图 13-86　麦穗鱼 P. parva
（伍献文等．1977. 中国鲤科鱼类志：下）　　　（伍献文等．1977. 中国鲤科鱼类志：下）

5. 铜鱼属 Coreius　口下位，呈马蹄形或弧形。须 1 对，粗长。个体较大，为底层杂食性鱼类，肉肥美，有经济价值，为产区重要经济鱼类。我国产 3 种：

铜鱼属种的检索表

1 (2) 口呈弧形；胸鳍后伸远超过腹鳍基（分布：长江上游）·················· 圆口铜鱼
2 (1) 口呈马蹄形；胸鳍后伸不达腹鳍起点
3 (4) 口狭窄，头长为口宽的 7~9 倍（分布：长江、黄河）······················ 铜鱼
4 (3) 口宽阔，头长为口宽的 6 倍以下（分布：黄河）·························· 北方铜鱼

这 3 种中，以铜鱼 C. heterodon (Bleeker) 为常见。

铜鱼：体细长，前端圆棒状，后端稍侧扁。口小，马蹄形。体呈黄铜色，各鳍浅黄色。常栖息于江河流水环境的下层，性成熟 2～3 龄，生殖期为 4～6 月。杂食性，主食底栖软体动物、藻类及碎屑。铜鱼肉质细嫩，富含脂肪，为上等食用鱼（图 13-87）。

目前铜鱼自然资源总体下降趋势严重，表现为捕获个体小，渔获量低。人工养殖受苗种供应所限，发展较缓慢，远不能满足市场需求。

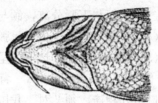

图 13-87　铜鱼 C. heterodon

（伍献文等 . 1977. 中国鲤科鱼类志：下）

6. 棒花鱼属 Abbottina　吻短，吻长等于或稍大于眼径。下唇分三叶，两侧叶发达，中叶为 1 对椭圆形突起。本属为全国性分布的小型鱼类，营底栖生活。我国有 11 种，代表种有棒花鱼 A. rivularis (Basilewsky)。

棒花鱼：上、下颌无角质边缘，唇厚而发达。体侧中轴有 8～9 个较大的黑色斑块，背鳍和尾鳍有许多波纹状的黑色斑条。臀鳍分枝鳍条 5。多生活在静水或流水的底层，主食浮游甲壳类。1 龄性成熟，4～5 月繁殖，雄鱼有筑巢和护巢习性（图 13-88）。

图 13-88　棒花鱼 A. rivularis

（伍献文等 . 1977. 中国鲤科鱼类志：下）

7. 蛇𫚉属 Saurogobio　俗称船钉子。小型鱼类，体细长。我国有 7 种，代表种为蛇𫚉 S. dabryi Bleeker。

蛇𫚉：侧线鳞 47～50，胸部无鳞。体侧中轴有 1 条浅黑色的纵带，上有 10～12 个不规则黑斑。喜栖于底质多泥沙、水质清新的水体，主食底栖无脊椎动物（图 13-89）。

图 13-89　蛇𫚉 S. dabryi

（伍献文等 . 1977. 中国鲤科鱼类志：下）

(四) 鲃亚科 Barbinae 主要属与代表种

体梭形或长形，无腹棱。口前位或亚下位。吻向前突出，吻皮一般止于上唇基部。咽齿3行（少数2行），侧线完全。鳔2室。

本亚科为一群中小型鱼类，多生活于水流较湍急的江河或山涧溪流的中下层，喜清新水域。以水生昆虫和其幼虫为主要食物。分布较广，为常见食用鱼类。我国产14属，另有从国外引入的刺鲃属 *Puntiu* 和卡特拉鲃属 *Catla*。主要有3属。区别如下：

1 (2) 下颌与下唇不分离，下唇包着下颌的前端 ································ 倒刺鲃属
2 (1) 下颌与下唇分离，颌与唇可以区分
3 (4) 口端位或亚下位，呈弧形或马蹄形，口裂宽为吻宽的2/3 ················ 光唇鱼属
4 (3) 吻向前突出，口下位呈一横裂，口裂宽几乎占吻宽的全部 ················ 突吻鱼属

1. 倒刺鲃属 *Spinibarbus* 背鳍起点前方有一平卧向前的尖刺。口端位或亚下位，上、下唇在口角处相连。须2对。我国产5种，大多为产区重要经济鱼类，常见3种检索如下：

1 (2) 背鳍无硬刺；侧线鳞20～26 ·· 刺鲃
2 (1) 背鳍有硬刺，后缘有锯齿；侧线鳞26以上
3 (4) 背鳍起点位于腹鳍起点之后上方，距吻端比距尾鳍基为远 ················ 倒刺鲃
4 (3) 背鳍起点位于腹鳍起点之前上方，距吻端比距尾鳍基为近 ············ 中华倒刺鲃

(1) 倒刺鲃 *S. denticulatus* Oshima。体稍侧扁。头较小，略尖。背鳍硬刺粗壮，后缘具锯齿。中下层鱼类，常栖于江河上游，尤喜居深水潭。草食性，主食植物碎片和丝状藻类。4～6月产卵。生长快，肉味佳，常见个体重约1 kg，为南方山区重要经济鱼类，人工养殖经济效益显著（图13-90）。

图 13-90 倒刺鲃 *S. denticulatus*
（伍献文等．1977．中国鲤科鱼类志：下）

(2) 中华倒刺鲃 *S. sinensis*（Bleeker）。又名青波、岩鲫。主要分布于长江中上游的干、支流，是产区重要经济鱼类之一。由于过度捕捞、环境污染等原因，其自然资源量日趋减少。其肉质细嫩鲜美，有一定的养殖（图13-91）。

(3) 刺鲃 *S. hollandi* Oshima。地方名军鱼、洋军。体稍呈圆筒形，吻

图 13-91 中华倒刺鲃 *S. sinensis*
（伍献文等．1977．中国鲤科鱼类志：下）

较圆钝。分布于长江以南各水系，喜生活于水流较急、砾石底质、水色清澈的江河的中下层。3～4龄成熟，产卵期5～6月，分批产卵。杂食性，主食水生昆虫等。刺鲃生长较快，抗病力强，肉质肥厚鲜嫩，现已驯化开发成为名优特养殖对象，经济效益高。

2. 光唇鱼属 *Acrossocheilus* 体延长，侧扁。有吻褶，吻皮止于上唇基部。其下唇与下颌分离，为两个瓣状结构，两者中央有间隔。光唇鱼属的鱼卵均有毒，误食会引起腹泻、腹痛、呕吐等症状。

本属我国约产 19 种和亚种，代表种有光唇鱼 A. fasciatus (Steindachner)。

光唇鱼：唇后沟间距大于口宽的 1/3，体侧有 6 条黑色垂直条纹；雄鱼沿侧线有 1 条黑色纵带，但会随年龄增大而逐渐消失。一般喜栖息于石砾底质、水清流急之河溪中，常以下颌发达之角质层铲食石块上的苔藓及藻类。繁殖期 6~8 月。小型经济鱼类（图 13-92）。

图 13-92　光唇鱼 A. fasciatus
(伍献文等. 1977. 中国鲤科鱼类志：下)

3. 白甲鱼属 Onychostoma　为山区性鱼类，下颌角质缘发达，以便刮食食物。我国有 16 种，经济价值较高的有白甲鱼和南方白甲鱼，两者区别：

1（2）尾柄长为尾柄高的 1.4~1.7 倍；上颌末端达眼前缘的下方……………… 白甲鱼
2（1）尾柄长为尾柄高的 2.0 倍以上；上颌末端达不到眼前缘的下方 …… 南方白甲鱼

（1）白甲鱼 O. simus (Sauvage et Dabry)。口小，横裂，下位。成鱼口须退化，仅在 130 mm 以下的幼体具一对极短的须。除背鳍外，各鳍红色。主要分布于长江中、上游干支流和珠江、元江水系，多栖息于水流较急、底质多砾石的江段，以下颌刮取藻类为食。产卵期 3~5 月，常见个体为 0.25~1.0 kg。肉细嫩，味鲜美，适宜在山谷水库放养，是产区经济鱼类之一（图 13-93）。

图 13-93　白甲鱼 O. simus
(伍献文等. 1977. 中国鲤科鱼类志：下)

（2）南方白甲鱼 O. gerlachi (Peters)。口宽，横裂，扩展至头腹面的两侧。成鱼无须。多栖居于清水石底河段，主食着生藻类。2 龄性成熟，4~5 月繁殖。一般体重 250~1000 g。主要分布于珠江、元江、澜沧江各水系和海南岛，产量较高，为产区主要渔获物。

4. 刺鲃属 Puntius　须 2 对，咽齿 3 行。我国有移入种银刺鲃 P. gonionetus。

银刺鲃：原产泰国、马来西亚等国，1986 年从泰国移入广东养殖。为中上层鱼类，杂食偏植物食性。适宜水温 18~34 ℃，水温降至 12 ℃停止摄食，9~10 ℃死亡。1 龄成熟，5~10 月分批产浮性卵。适合于池塘或网箱养殖，经济效益较高。

5. 卡特拉鲃属 Catla　无须，下唇褶厚。我国有移入种卡特拉鲃 C. catla。

卡特拉鲃：原产恒河流域，1983 年从孟加拉引入广东、广西进行养殖。头大，吻短，鳃耙密而长。主食浮游生物，中上层鱼类。2~3 龄成熟，产卵期 4~6 月。水温降至 7~8℃ 开始死亡。卡特拉鲃在原产区是主要养殖对象，我国引入后养殖不多。

（五）野鲮亚科 Labeoninae 主要属与代表种

腹圆，无腹棱，尾柄部扁平。口下位，弧形或横切形。吻皮向腹面下包并向后延伸，分中叶和两侧叶。背鳍无硬刺，侧线完全。本亚科多分布于秦岭以南各水系，以云南种类最为集中。我国有 20 属，主要属检索表如下：

野鲮亚科主要属的检索表

1（6）上唇存在，在口角处与下唇相连；吻皮下垂仅盖住上唇大部，上唇的两侧外露
2（3）上唇与上颌不分离，紧贴于上颌外表 ··· 华鲮属
3（2）上唇与上颌分离，两者之间有深沟相隔
4（5）上唇边缘不分裂成小叶或裂纹；唇后沟长 ··· 野鲮属
5（4）上唇边缘的中部有多数裂纹；唇后沟短，仅限于口角处 ························· 鲮属
6（1）上唇消失；吻皮下垂盖住上颌 ·· 墨头鱼属

1. 华鲮属 *Sinilabeo* 吻向前突出，下颌外露，具角质边缘。主要分布于长江上游干流及各大支流中，多为底栖性鱼类，喜集群生活。代表种有华鲮 *S. rendahli* (Kimura)。

华鲮：颌须 1 对。背鳍 3，10；臀鳍 3，5；侧线鳞 43～46。多见于川东盆地水流湍急、水质清澈的山涧溪流中。2～3 龄性成熟，繁殖期 4～6 月。草食性，主食藻类和植物碎片，生长较缓慢。其肉质鲜嫩，是产地重要食用鱼之一，已有人工养殖（图 13-94）。

图 13-94 华鲮 *S. rendahli*
（伍献文等．1977．中国鲤科鱼类志：下）

2. 野鲮属 *Leber* 吻圆钝，向前突出。上唇发达，露于吻皮之外。上唇边缘不分裂呈小叶或裂纹。本属主要有引进的露斯塔野鲮和双色野鲮。

（1）露斯塔野鲮 *L. rohita* (Hamilton)。原产印度露斯塔地区以及巴基斯坦、泰国等地，1978 年从泰国引入我国广东养殖。须 2 对，短小。唇边缘有许多明显的乳头突起。鳞上有红斑，各鳍粉红色，眼红色。属底层鱼类，杂食偏植物食性，生长较快。2～3 龄性成熟，1 年多次产卵。水温降至 6～7 ℃时会引起死亡。目前在我国南方养殖普遍，可在以草鱼、鲢、鳙等为主的鱼池内进行混养（图 13-95）。

（2）双色野鲮 *L. bicolor*。又称红尾黑鲨，是我国从泰国引入的著名热带淡水观赏鱼类。体黑色，尾鳍鲜红，黑红相配，华美鲜丽。最适生长水温 22～26 ℃。食性杂，喜吃鱼虫、水蚯蚓等活饵（图 13-96）。

图 13-95 露斯塔野鲮 *L. rohita*

图 13-96 双色野鲮 *L. bicolor*

3. 鲮属 *Cirrhinus* 口小，下位，呈一横裂，在口角处稍下弯。吻圆钝。唇的边缘布满小乳突，下颌汇合处内面有骨质突起。代表种为鲮 *C. molitorella* (Cuvier et Valenciennes)。

鲮：口下位，下唇密具细粒状乳突。须 2 对。背鳍 3，12～13；臀鳍 3，5；侧线鳞 35～37。胸鳍上方有 8～12 枚蓝黑色鳞片聚合成一菱形斑块。中下层鱼类，杂食性。生活水温须

高于 7 ℃。2～3 龄成熟，4～8 月产卵。我国自然分布于珠江水系和海南岛，是两广、海南等地区重要的养殖经济鱼类（图 13-97）。

4. 墨头鱼属 Garra 头、胸部腹面平，下唇吸盘中央有一肉质垫，四周有细小乳突。我国产 6 种，代表种为东方墨头鱼 *G. orientalis* Nichols。

东方墨头鱼：须 2 对，鼻前有一吻沟，将吻分成前后两部分。多栖息于江河、山涧水流湍急的环境中，以其唇后的吸盘吸附于岩石上，营底栖生活。主食藻类。

图 13-97　鲮 *C. molitorella*
（陈湘粦等，1991）

1～2 龄成熟，产卵期 3 月。分布我国广东、广西、福建、海南等地。其肉富含脂肪，为名贵鱼类。但因生活环境受到人为影响及破坏，墨头鱼自然资源已近枯竭（图 13-98）。

图 13-98　东方墨头鱼 *G. orientalis*
（伍献文等．1977．中国鲤科鱼类志：下）

（六）裂腹鱼亚科 Schizothoracinae 主要属鱼代表种

体延长，略侧扁或近似圆筒形。臀鳍基部和肛门两侧各具 1 纵列特化的大型臀鳞，在 2 行臀鳞之间的腹部形成一条裂缝，故得名"裂腹"鱼。本亚科为亚洲高原地区的特产鱼类，我国主要分布于青藏高原及其周围地区。因生活环境严峻，裂腹鱼亚科种类生长缓慢，个体较大的种类生长 6～9 年体重才达到 0.5kg。

裂腹鱼类的卵均有毒，必须在 100℃ 以上高温经 5min，方能破坏其毒性蛋白。

我国有 11 属，许多种类是著名的地方特产鱼类，经济价值较高。主要 3 属区别如下：

1（2）咽齿 3 行；须 2 对 ··· 裂腹鱼属
2（1）咽齿 2 行；须 1 对或无须
3（4）须 1 对 ·· 重唇鱼属
4（3）无须 ·· 裸鲤属

1. 裂腹鱼属 Schizothorax 体被细鳞或仅胸部裸露无鳞。本属种类较多，代表种有重口裂腹鱼 *S. davidi*（Sauvage）。

重口裂腹鱼：口下位，马蹄形；下颌内侧轻微角质化。须 2 对，须长大于眼径。分布在长江上游的嘉陵江、岷江、沱江水系的峡谷河流中，为上游冷水性鱼类。肉食性，主食水生昆虫等。繁殖期 8～9 月。此鱼肉质肥美，是产区重要食用鱼类，也是当地中小型水体养殖业的优良放养对象。其卵有毒，煮熟后可食（图 13-99）。

2. 重唇鱼属 Diptychus 咽齿 2 行，3·4/4·3。口角须 1 对。我国产 7 种，代表种有

图 13-99 重口裂腹鱼 S. davidi
(伍献文等．1977．中国鲤科鱼类志：下)

厚唇裸重唇鱼 D. pachycheilus (Herzenstein)。

厚唇重唇鱼：又名重唇花鱼、麻鱼。体略呈长筒形，须稍长于眼径。体裸露，仅在肩带部分有2～4行不规则鳞片。杂食性，繁殖期4～5月。生长缓慢，10龄雌鱼平均体长445 mm。我国主要分布于长江和黄河水系上游，为产区食用鱼之一（图13-100）。

图 13-100 厚唇重唇鱼 D. pachycheilus
(曹文宣，1964)

3. 裸鲤属 Gymnocypris 咽齿2行，3·4/4·3，无须。除肩带部分有少数不规则鳞外，体裸露无鳞。我国产6种，代表种为青海湖裸鲤 G. przewalskii (Kessler)。

青海湖裸鲤：又称湟鱼。体长而稍侧扁，头锥形。体侧无斑点，背鳍具硬刺，后缘锯齿发达。杂食性，主食藻类及浮游动物。主要分布于青海湖及其附属水体，已适应高原半咸水环境。平时在青海湖浅水区活动觅食，冬季冰冻期到深水区越冬。每年3～4月成鱼开始生殖洄游，进入青海湖附属河流，在淡水中产卵。生长缓慢，11～12龄鱼体重仅500g（图13-101）。

因青海湖裸鲤自然资源量急剧减少，现成为青海湖珍稀鱼类，受到当地政府保护，禁止捕捞。从2007年起，青海开始进行裸鲤的淡水全人工养殖实验，效果较好。

图 13-101 青海湖裸鲤 G. przewalskii
(曹文宣，1964)

【作业】

1. 编写细鳞斜颌鲴、银鲴、铜鱼、棒花鱼、刺鳅、重口裂腹鱼的检索表。
2. 列出并简要描述本次实验所用的主要分类特征。
3. 列出本次实验麦穗鱼、东方墨头鱼、青海湖裸鲤的分类地位。

4. 怎样区分鲴亚科、鲃亚科和野鲮亚科？

5. 如何区分露斯塔野鲮与鲮？

实验十五　鲤形目（四）分类

【实验目的】

通过实验，掌握鲤科鲢亚科、鲤亚科、鳅鮀亚科以及鳅科、平鳍鳅科的重要分类特征；识别鲤科各亚科及鳅科、平鳍鳅科的常见鱼类，熟悉各种的分类地位；学会使用检索表，掌握鉴别鱼类分类的方法。

【实验工具与标本】

1. 工具　解剖盘、钝头镊子、放大镜、分规、直尺。

2. 标本　鲢、鳙、鲫、白鲫、银鲫、金鱼（草种、文种、龙种、蛋种、龙背种）、岩原鲤、鲤、德国镜鲤、锦鲤（各类型）、鳅鮀、北鳅、中华沙鳅、长薄鳅、中华华鳅、泥鳅、原缨口鳅、多斑爬岩鳅、犁头鳅。

若标本不全，可结合附图及相关辅助资料识别。

【实验方法与内容】

浸制标本用清水冲洗片刻，置于解剖盘中。认真观察各标本的外部分类特征与相关解剖结构，先根据实验十三所列的鲤形目科的检索表，将实验鱼按鲤科、鳅科、平鳍鳅科分组。然后再根据各科亚科检索表、属、种的检索表及特征介绍，识别到种。

（一）鲢亚科 Hypophthalmichthyinae 主要属与代表种

口大，端位。眼位于体侧中轴水平线之下。头大，体侧扁，有腹棱。鳃的上方有呈螺旋形的鳃上器官，鳃膜左右相连而不与峡部相接。

鲢亚科鱼类是我国重要的大型淡水经济鱼类，广泛分布于全国各江河、湖泊等水域，我国产2属：

1（2）鳃耙细密，互不相连；腹棱自腹鳍基部至肛门 ………………………………… 鳙属

2（1）鳃耙互相连接成海绵状；腹棱自胸鳍基部至肛门 ………………………………… 鲢属

1. 鳙属 *Aristichthys*　本属仅鳙 *A. nobilis* (Ricardson) 1种。

鳙：又称花鲢、胖头鱼，我国"四大家鱼"之一。吻宽。头大，头长约占体长的1/3。胸鳍大，末端超过腹鳍基部。咽齿1行，4/4；齿面光滑。体有不规则的暗色斑块。生活于水的中上层，性较温和，主食浮游动物。繁殖期4～7月。个体大，生长迅速，1龄体重约1.0 kg。为我国特有种，是湖泊、水库等大水面放养的重要对象，也是池塘养殖的主要种类，在淡水养殖中占有极其重要的地位（图13-102）。

2. 鲢属 *Hypophthalmichthys*　本属我国有鲢和大鳞鲢2种，代表种为鲢 *H. molitrix* (Valenciennes)。

鲢：又称白鲢、鲢子，我国"四大家鱼"之一。头长约占体长的1/4。口宽，鳃耙特化，彼此联合成多孔的膜质片。胸鳍短，末端不达腹鳍基部。咽齿1行，4/4；齿面具羽状花纹。体色银白。性活泼，善跳跃，主食浮游植物，为典型滤食性鱼类。繁殖期4～7月。个体大，生长快，是内陆大水面放养及池塘养殖的重要经济鱼类（图13-103）。

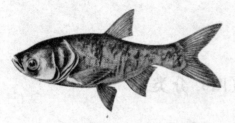 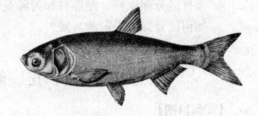

图 13-102　鳙 A. nobilis　　　　　　　　图 13-103　鲢 H. molitrix

(伍献文等.1964.中国鲤科鱼类志：上)

（二）鲤亚科 Cyprininae 主要属与代表种

体纺锤形或侧扁，无腹棱。背、臀鳍具硬刺，后缘通常有锯齿。鳃盖膜与峡部相接。臀鳍分支鳍条 5。咽齿冠面一般具沟纹。鲤亚科鱼类分布广，许多种类有着重要经济价值。

我国有 5 属，主要 3 属检索如下：

1（2）下咽齿 1 行，铲形 ………………………………………………………………… 鲫属

2（1）下咽齿 3 行（少数 4 行）

3（4）下咽齿臼形，齿式 1·1·3/3·1·1 ……………………………………………… 鲤属

4（3）下咽齿匙形，齿式 2·3·4/4·3·2 …………………………………………… 原鲤属

1. 鲫属 Carassius　我国有 4 种及亚种，其中白鲫为引入种。常见 3 种区别：

1（2）鳃耙 102～120 ……………………………………………………………………… 白鲫

2（1）鳃耙 60 以下

3（4）体长为体高的 2.1～2.8 倍；侧线鳞 27～30 …………………………………… 鲫

4（3）体长为体高的 1.9～2.4 倍；侧线鳞 29～33 ………………………………… 银鲫

（1）白鲫 C. auratus cuvieri Temminck et Schlegel。原产日本琵琶湖，1976 年引入我国养殖。体色银白，高而侧扁，背部隆起较明显。鳃耙长而密，杂食，偏浮游生物食性。个体大，生长快，生长速度明显快于普通鲫。在南方生长条件好的水体，1 冬龄可达性成熟。繁殖习性与鲤、鲫相近，分批产卵。是优质经济鱼类（图 13-104）。

（2）银鲫 C. auratus gibelio (Bloch)。体形及体色与普通鲫极相似，但体态比普通鲫显著高且宽。喜栖息于浅水、水草丛生、底质多淤泥处，为底层杂食性鱼类。我国产于黑龙江流域及新疆额尔齐斯河，近年已进行移养。性成熟 2～3 龄，产卵期 5～7 月。生长较普通鲫快，个体大，最大个体可达 4～5 kg（图 13-105）。

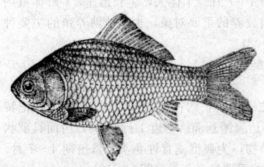 

图 13-104　白鲫 C. auratus cuvieri　　　　　　图 13-105　银鲫 C. gibelio

(伍献文等.1977.中国鲤科鱼类志：下)

银鲫是一种典型的孤雌生殖鱼类,利用银鲫这一遗传特性,中科院水生生物研究所于1976—1981年培育出了异育银鲫(用兴国红鲤异种精子刺激方正银鲫的卵雌核发育)。异育银鲫比普通鲫生长快2~3倍,具有食性广、生长快、病害少、肉质细嫩等优点,适合于湖泊、水库等大水体放养及池塘养殖,是一种经济效益较好的养殖品种。

(3) 鲫 C. auratus (Linnaeus)。分布极广,我国除青藏高原地区外,各水域均有。个体不大,1龄性成熟。鲫繁殖力高,适应性强,喜群居。杂食偏植物食性,肉甘美,是重要食用鱼之一(图13-106)。

经人工选育,鲫的养殖品种很多,常见的观赏金鱼,也是长期选择和培育的结果。

①优良地方鲫品种。

彭泽鲫:背部深灰黑色,腹部灰色,各鳍青黑色。背部较隆起,体厚。是由江西水

图13-106 鲫 C. auratus
(伍献文等.1977.中国鲤科鱼类志:下)

产科技人员自1983年起,从野生彭泽鲫中经7年6代精心选育而成的优良鲫品种。含肉率高。彭泽鲫当年个体重平均128 g,第二年体重可达300 g左右。

洞庭青鲫:青鲫原产地为湖南省澧县北民湖,2001年由湖南水产科技人员发现后,经多年选育而成,2006年通过省级鉴定。洞庭青鲫具有生长快、遗传性状稳定、味鲜美等特点,在长江和珠江流域推广养殖,当年最大个体达465 g/尾,养殖效益明显。

高背鲫:因背脊高耸而得名。是20世纪70年代中期在云南滇池及其水系发展起来三倍体鲫种群,为全雌性群体,行孤雌繁殖。其性状稳定,个体大、生长快,但不宜在内地低海拔区域饲养。

②优良杂交鲫品种。

湘云鲫:由湖南师范大学生命科学院相关课题组,应用细胞工程技术和有性杂交相结合的方法,经过多年研究培育出来的异源三倍体新型鲫品种。其自身不育。具有生长快、抗病能力强、食性广、肉嫩味美等优点。湘云鲫生长速度比普通鲫品种快3~5倍,当年鱼苗到年底最大个体可达750 g。

芙蓉鲤鲫:原名芙蓉鲫,是湖南省水利水电科学研究所和相关单位运用种间杂交、属间远缘杂交和系统选育技术而培育的新型杂交鲫,2009年通过品种审定。芙蓉鲤鲫体型像鲫,有生长快、抗逆性强、肉质好等优良特性。当年鱼苗养殖到年底,平均尾重400 g。

黄金鲫:以散鳞镜鲤为母本、红鲫为父本,采用远缘杂交育种方法获得的鲤鲫杂交新品种。其体高背厚,体色金黄,有一对吻须。黄金鲫生长快,当年水花(鱼苗)到年底体重约400 g,春片鱼种到年底可达800 g以上。

③观赏金鱼。金鱼是由鲫演变而来的。大约在晋朝,已出现有体色为红色的鲫变种,即金鲫。金鲫经人工培育,演变成尾鳍变异的草金鱼。金鲫和草金鱼再经过不断地培养和选择,而逐渐演化出品种繁多的名贵观赏鱼——金鱼。中国是金鱼的故乡。经过几百年的发展,金鱼已传布世界各地,深受人们喜爱(图13-107)。

金鱼形态特征变异大,主要表现在:

鳍的变异:尾鳍变异大,分单叶或多叶,背鳍有或无。

图 13-107 金 鱼
A. 红高头（文种鱼） B. 五花龙睛（龙种鱼）

体色变异：有红、黄、黑、白、蓝、紫色等。
眼球变异：主要有 3 类，即
龙　睛——眼球似算盘球凸出于眼眶。
望天眼——眼球除凸出外，还扭转朝天。
水泡眼——眼球不突出，但眼眶中形成半透明的泡状结构，似水泡。
鳞片变异：有 2 类，即
透明鳞——鳞呈透明状。
珍珠鳞——鳞中央外凸成半球状，外缘白色，看似珍珠。
头的变异：有 2 种类，即
鹅头型——在头顶部长有肉瘤。又称高头、帽子。
狮头型——整个头部、颊部均长有肉瘤。又称虎头。
鼻瓣变异：鼻瓣发达形成肉质小叶突出，看似绒球。
鳃盖变异：鳃盖后部外翻，鳃丝外露，俗称翻鳃。
金鱼品种多达几百种，根据金鱼的体型特征以及眼、鳍的变异，可将金鱼分为草（草金）种、文种、龙种、蛋种和龙背种 5 大类。每大类可依体色、鳞片、头、鼻瓣及鳃盖的变异又分出不同的品类。

金鱼 5 大类检索表

1（2）体侧扁，呈纺锤型，眼球正常，尾鳍至多 3 叶 ·················· 草（草金）种
2（1）体短缩而圆，眼球正常或变异，尾鳍一般 4 叶
3（6）眼球正常
4（5）头较尖，有背鳍 ·· 文种
5（4）头较钝，无背鳍 ·· 蛋种
6（3）眼球膨大，突出于眼眶之外
7（8）有背鳍 ·· 龙种
8（7）无背鳍 ·· 龙背种

草种金鱼：又称金鲫种，是金鱼的原始类型。外观体形似鲫，体纺锤型，背鳍正常，尾鳍单一。分金鲫型和燕尾型 2 类。

文种金鱼：体型短圆，各鳍较长，有背鳍，眼球不突出。其性状变异主要有体呈三角形的文鱼、头部有肉瘤的狮子头、鳞片变异的珍珠鳞等。名贵品种有鹤顶红、大红珍珠、红白花文鱼等。

龙种金鱼：龙种被视为"正宗"的中国金鱼。体型粗短，两眼高凸出眼眶，眼球形状各异。名贵品种有算盘珠眼形、五彩大蝶尾、玻璃眼龙睛、扯旗朝天龙水泡等。

蛋种金鱼：体短圆，形似鸭蛋。眼球不凸出，背部平滑呈弓形，各鳍相对短小。名贵品种有寿星头、黑虎头、碌沙泡水泡、猫狮头、五花蛋球等。

龙背种金鱼：外形与蛋种相似，不同处为眼球凸出于眼眶外且大。北部平直，尾鳍飘逸。名贵品种有朝天龙、虎头龙睛、龙背灯泡眼、蛤蟆头等。

2. 原鲤属 Procypris 体侧扁，外形似鲤，侧线鳞 42～45。我国有 2 种，即乌元鲤 P. merus Lin 和岩原鲤 P. rabaudi（Tchang）。代表种为岩原鲤。

岩原鲤：唇厚，须 2 对。头小，呈圆锥形，背部隆起。背鳍具后缘带锯齿的硬刺。喜栖息于水流大、底质多岩石的深水的中下层，杂食性。生长较慢，3 龄成熟，繁殖期 4～6 月。我国主要分布于长江中上游及各支流中。其肉质细嫩，是上等经济鱼类（图 13-108）。

图 13-108　岩原鲤 P. rabaudi
（伍献文等．1977. 中国鲤科鱼类志：下）

岩原鲤人工苗种繁育和人工饲养技术已获成功。具有个体大、病害少、适应性强、对人工配合饲料利用率高的优点，很适合池塘养殖及湖泊、水库放养，是产区重要的新特优养殖鱼类，市场发展前景好。

受各种因素影响，岩原鲤自然资源严重减退，已列为国家易危物种。

3. 鲤属 Cyprinus 咽齿 3 行，臼状。我国有 17 种及亚种，代表种为鲤 C. carpio Linnaeus，较重要的还有观赏锦鲤和引进的镜鲤。

（1）鲤。口端位，背鳍、臀鳍均具粗壮硬刺，后缘带锯齿。多栖息于底质松软、水草丛生的水体，杂食偏动物食性。2 龄成熟，繁殖期 4～6 月，分批产卵，卵黏性。广泛分布于我国各江河湖泊，为重要经济鱼类（图 13-109）。

图 13-109　鲤 C. carpio
（伍献文等．1977. 中国鲤科鱼类志：下）

鲤是我国最早养殖的鱼类，养殖历史悠久。多年来，国内不少科研单位利用新技术，已培育出不少优良品种，在各地鲤养殖生产中获得显著的成效。如目前饲养的荷包红鲤、兴国红鲤、丰鲤、建鲤、颖鲤、沅江鲤、松荷鲤、松浦鲤及观赏锦鲤等。这些品种在形态上同野生鲤有较大差别，但从分类上来说，它们属于同一物种，有相同的学名。

（2）镜鲤。又称德国镜鲤，该品种原产德国，1982 年从原西德引入我国。经过黑龙江水产研究所 20 多年的系统选育，已培育出适于我国大部分地区养殖的镜鲤选育系，其显著的特点是比原种在抗寒、抗病等方面有很大的提高。

镜鲤体形较粗壮，鳞片大，沿边缘排列。背鳍前端至头部有1行完整的鳞片，背鳍两侧各有1行相对称的连续完整鳞片，各鳍基部均有鳞，少数个体在侧线上分布有鳞。性成熟2~3龄。镜鲤生长速度快、含肉率高、肉质好，已被全国水产良种审定委员会审定为适合在我国推广的水产优良养殖品种（图13-110）。

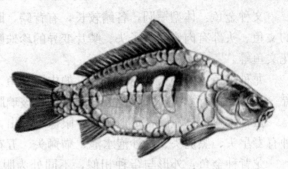

图13-110　德国镜鲤 C. carpio

（3）锦鲤。是指体色鲜艳似锦，斑纹变幻多姿，极具观赏价值的鲤，有"水中活宝石"、"会游泳的艺术品"的美称，广受人们喜爱。其形态特征与普通鲤相似，生性温和，喜群游，易饲养。锦鲤杂食性，个体较大，对水温适应性强，可生活于5~30℃水温环境，只是不能抵抗水温较大的变化，一般耐受幅度为2~3℃，水温变化过大会引起鱼不适甚至死亡。

锦鲤是从日本发展和兴盛起来的，在日本被称为"神鱼"，其原始品种为早期由中国传入的红鲤。日本文政时代，新潟县一带的养殖者对变异的鲤开始进行筛选和改良，到大正六年，选育出了真正的也是最原始的红白鲤。经过200多年的培育，目前已经有100多个品种。锦鲤象征着吉祥、幸福，并被作为亲善使者随着外交往来和民间交流，扩展到世界各地。日本为锦鲤的发扬光大做出了较大贡献（图13-111）。

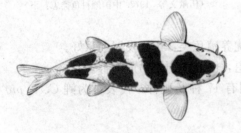 

红白锦鲤　　　　　　　　　　　　　　大正三色锦鲤

图13-111　锦鲤 C. carpio

锦鲤的遗传稳定性差，至今仍在选择培育中。目前业内将锦鲤分成13大类型，每一类型又根据色彩、鳞片的分布等情况细分为很多品种。主要类型有：

红白锦鲤：锦鲤的正宗，底纯白红斑。底色雪样纯白，红斑浓而均匀。

大正三色锦鲤：白底上有红、黑斑，头部具红斑而无黑斑。

昭和三色锦鲤：黑底上有红、白斑，头部必有大型黑斑。

乌鲤：体黑色或黑底上有白斑或全黄斑纹。

金银鳞：全身有金色或银色鳞片。

（三）鳅鮀亚科 Gobiobotinae 主要属与代表种

体长，前部圆，后部细而侧扁。头胸部腹面平坦。口下位，吻圆钝，唇发达，吻皮止于上唇基部。须4对。鳃耙退化。胸腹部平，通常无鳞。本亚科为一群生活于江河流水处的小型底层鱼类，喜沙质底，主要以底栖无脊椎动物为食。我国南北均有分布，但多数分布于长江以南各河流。有 2 属，主要为鳅鮀属。

鳅鮀属 Gobiobotia：无鳔管；鳔小，2 室，前室包在骨质或膜质囊中，后室游离。常见有 3 种，代表种有鳅鮀 G. pappenheimi Kreyenberg。3 种区别如下：

1（2）胸部裸露区止于肛门；眼径小于或等于眼间距 ……………………… 鳅鮀
2（1）胸部裸露区止于腹鳍起点
3（4）胸鳍第 1 根分支鳍条延长成丝状，口角须不达眼后缘下方 …………… 宜昌鳅鮀
4（3）胸鳍分支鳍条不延长；口角须超过眼后缘下方 ………………………… 长须鳅鮀

鳅鮀：背鳍 3，7；臀鳍 2，6。咽齿 2 行，2·5/5·2。体侧正中线上有 9～11 个黑色斑块，背鳍和尾鳍上有由不明显斑点组成的条纹。分布于黄河与海河水系。

长须鳅鮀 G. longibarba longibarba Fang et wang 和宜昌鳅鮀 G. ichangensis Fang 主要分布于长江和珠江等南方水系。

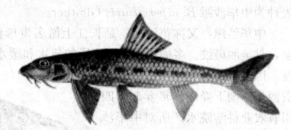

图 13-112 鳅鮀 G. pappenheimi
（伍献文等．1977．中国鲤科鱼类志：下）

（四）鳅科 Gobitidae 的分类与识别

体延长呈圆筒形，鳞细或退化。口小，下位，须 3～5 对，上颌边缘仅由前颌骨形成。咽齿 1 行。眼小，有眼下刺或无。为一类小型淡水鱼类，广布于各类型水体，但以有水流的环境分布较多。我国有 3 亚科，检索如下：

鳅科亚科的检索表

1（2）无眼下刺；须 3 对 …………………………………………………………… 条鳅亚科
2（1）有眼下刺；须 3～4 对；若无眼下刺，则须 5 对
3（4）2 对吻须聚生于吻端；尾鳍深分叉 ………………………………………… 沙鳅亚科
4（3）2 对吻须分生于吻端；尾鳍内凹、圆或截形 ……………………………… 花鳅亚科

1. 条鳅亚科 Noemachilinae 主要属与代表种 头侧扁或平扁。眼较小，侧筛骨不变形为眼下刺。我国产 15 属，主要有小条鳅属和北鳅属。

1（2）前后鼻孔不分开；侧线完全 ………………………………………………… 小条鳅属
2（1）前后鼻孔分开；侧线不完全或缺如 ………………………………………… 北鳅属

（1）小条鳅属 Micronemacheilus。头部无鳞，前后鼻孔紧邻，侧线完全，前鼻孔在管状突起中，背鳍和尾鳍之间无鳍褶。我国只有美丽小条鳅 M. pulcher (Nichols et Pope)。

美丽小条鳅：底层鱼类，栖息于溪河多沙石底的环境中。个体小，一般体长 60～120 mm。分布于珠江水系和海南岛，可做观赏鱼类养殖。

（2）北鳅属 Lefua。头平扁，体延长而侧扁，须 3 对，前鼻孔管状突起延长成须。我国产北鳅 L. costata (Kessler) 1 种。

北鳅：体侧中部有条褐色纵纹，尾鳍基有 1 黑点。个体小，多生活在水草丛生的河汊、沟渠和湖沼中。杂食性。主要分布于黑龙江、辽宁、吉林等地（图 13-113）。

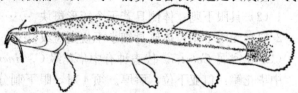

图 13-113 北鳅 L. costata
（成庆泰，郑葆珊等．1987．中国鱼类系统检索）

2. 沙鳅亚科 Botiinae 主要属与代表种　体长而侧扁，吻尖，须 3～4 对。侧线完全，尾鳍深分叉。为淡水中小型底层鱼类，我国有 3 属：

1（2）颊部裸露无鳞 ··· 沙鳅属
2（1）颊部有鳞
3（4）眼下刺分叉 ··· 副沙鳅属
4（3）眼下刺不分叉 ··· 薄鳅属

①沙鳅属 *Botia*。眼下刺分叉，末端超过眼后缘。主要分布于长江及长江以南水系。代表种为中华沙鳅 *B. superciliaris* Günther。

中华沙鳅：又称花泥鳅，是长江上游名贵珍稀鳅科鱼类。吻长大于眼后头长。体色艳丽，具美丽斑纹。多栖居于砂石底段的流水和缓水区域，杂食性。繁殖期 4～7 月，卵漂流性。因过度捕捞，中华沙鳅野生资源量急剧下降。2008 年起，四川省农业科学院水产所对中华沙鳅进行移养驯化，人工养殖取得成功。其肉质细腻，味鲜，营养价值和药用价值兼备，市场发展前景好（图 13-114）。

图 13-114　中华沙鳅 *B. superciliaris*
（湖北水生所鱼类研究室．1976．长江鱼类）

②副沙鳅属 *Parabotia*。代表种为花斑副沙鳅 *P. fasciata* Dabry，其体细长，被鳞。尾鳍基中央有一黑斑，吻长大于眼后头长，腹鳍末端后伸远不达肛门。全国性，有一定的经济开发价值。

③薄鳅属 *Leptobotia*。代表种长薄鳅 *L. elongata*（Bleeker）。

长薄鳅：为鳅科中最大种类，成鱼体重一般 1.0～1.5 kg。头尖而侧扁，尾柄高而粗壮。须 3 对，侧线完全。体表具 5～8 条垂直带纹。主要分布于长江中上游的干、支流中，喜水流较急的河滩、溪涧。肉食性，常以小鱼、虾、水生昆虫等为食，繁殖期 3～5 月。人工养殖可摄食配合饲料，是产区重要经济鱼类之一（图 13-115）。

图 13-115　长薄鳅 *L. elongata*
（湖北水生所鱼类研究室．1976．长江鱼类）

3. 花鳅亚科 Cobitinae 主要属与代表种　须 3～5 对，体和头部被细鳞或裸露。眼下刺分叉。分布广，生活在江河、湖泊、小溪、池塘和稻田里，为常见小型淡水食用鱼。我国产 7 属，主要有 2 属：

1（2）具眼下刺；体侧具若干个矩形斑块 ························· 花鳅属
2（1）无眼下刺；体侧具细小不规则斑纹 ························· 泥鳅属

（1）花鳅属 *Cobitis*。代表种有中华花鳅 *C. sinensis* Sauvage。

中华花鳅：口亚下位，唇厚。须 4 对，眼下刺分叉。侧线不完全。体侧沿纵轴有 10 余个褐色斑块，尾鳍基上方具明显一黑斑。分布于长江以南各水域，喜栖息于江河水流缓慢处，主食小型底栖无脊椎动物及藻类（图 13-116）。

(2) 泥鳅属 Misgurnus。代表种为泥鳅 M. anguillicaudatus (Cantor)。

泥鳅：体长圆柱形，尾部侧扁。须 5 对；咽齿 1 行，13/13。体鳞极细小，侧线鳞 150 枚左右，体表黏液丰富。除西部高原外，我国南北均有分布，多生活于静水底层，对

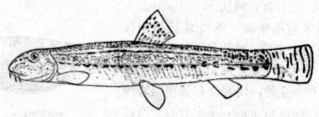

图 13-116　中华花鳅 C. sinensis
（成庆泰，郑葆珊等.1987. 中国鱼类系统检索）

环境适应性强。1 龄成熟，繁殖期 4～7 月。杂食性。具有特殊的肠呼吸功能（图 13-117）。

泥鳅肉质细嫩鲜美，为常见小型食用鱼，现已有规模化养殖。

图 13-117　泥鳅 M. anguillicaudatus
（金鑫波，1984）

（五）平鳍鳅科 Homalopteridae 的分类与识别

口下位，上颌的边缘由前颌骨形成。有 2 对吻须和 1～3 对口角须。体多平扁，腹部平坦。胸、腹鳍宽大，向左右平展，可借此吸附于岩石上，免被水冲走。咽齿 1 行，无咽磨。为一类广泛生活于在南方山涧溪流中的底栖小型鱼类，有 2 亚科：

1（2）偶鳍前部只有 1 根不分支鳍条 ……………………………………… 腹吸鳅亚科
2（1）偶鳍前部具有 2 根以上的不分支鳍条 …………………………………… 平鳍鳅亚科

1. 腹吸鳅亚科 Gastromyzoninae 主要属与代表种　我国已知有 8 属，多分布于南方各省，经济价值不大。主要有原缨口鳅属和爬岩鳅属。区别如下：

1（2）鳃孔较宽，下角延伸到头部腹面；左右腹鳍不连成吸盘 …………… 原缨口鳅属
2（1）鳃孔较小，下角止于胸鳍基部前缘；腹鳍后部左右相连，呈吸盘状 … 爬岩鳅属

(1) 原缨口鳅属 Vanmanenia。体圆筒形，口前有吻沟，吻褶分 3 叶。唇肉质，下唇边缘具 4 个分叶乳突。尾鳍凹形。本属有 9 种及亚种，代表种有平舟原缨口鳅 V. pingchowensis (Fang)，主要分布于珠江、沅江及湘江水系（图 13-118）。

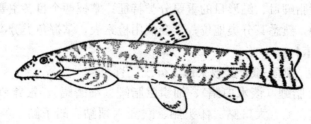

图 13-118　原缨口鳅 V. pingchowensis
（成庆泰，郑葆珊等.1987. 中国鱼类系统检索）

(2) 爬岩鳅属 *Beaufortia*。头及体前部平扁，体高显著小于体宽。唇肉质，结构简单。腹鳍左右连成吸盘状，尾鳍斜截形。本属有7种和亚种，代表种有条斑爬岩鳅 *B. pingi*（Fang），主要分布于西江水系（图 13-119）。

2. 平鳍鳅亚科 Homalopterinae 主要属与代表种 我国已知有7属，主要分布于四川、云南、贵州、广西等省（自治区），经济价值不大，主要有犁头鳅属 *Lepturichthys* 的犁头鳅 *L. fimbriata*（Günther）。

犁头鳅：头部平扁，形似犁头，尾柄特别细长。吻须2对，口角须3对。体鳞细小，鳞片上一般具刺状疣突。底栖性小型鱼类，生活在江河支流急流石滩处。生殖季节4～6月，漂流性卵。分布于长江中、上游，食用价值不大（图 13-120）。

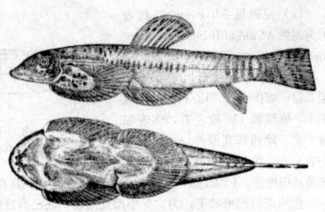

图 13-119 条斑爬岩鳅 *B. pingi*
（郑慈英等，1989）

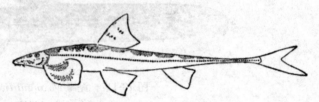

图 13-120 犁头鳅 *L. fimbriata*
（成庆泰，郑葆珊等．1987．中国鱼类系统检索）

【作业】
1. 列出并简要说明本次实验所用的主要分类特征。
2. 编写鳙、鲢、中华沙鳅、长薄鳅、泥鳅、中华花鳅的检索表。
3. 简要叙述优良地方鲫品种和优良杂交鲫品种的特点。
4. 金鱼的形态特征变异大，主要表现在哪些方面？
5. 简单叙述锦鲤主要类型的体色特点。
6. 列出鲢、鲤、泥鳅的分类地位。

实验十六 脂鲤目、鲇形目的分类

【实验目的】
通过实验，掌握脂鲤目、鲇形目的重要分类特征；掌握两个目各主要科、属的形态特点与区别，识别代表种，熟悉其分类地位；学会使用检索表，掌握鱼类分类的方法。

【实验工具与标本】
1. 工具 解剖盘、钝头镊子、放大镜、分规、直尺。
2. 标本 短盖巨脂鲤（淡水白鲳）、细鳞巨脂鲤（细鳞鲳）、银斧鱼、巴西鲷、南美九间脂鲤、褐小口脂鲤、鲇、大口鲇、怀头鲇、欧洲六须鲇、胡子鲇、革胡子鲇、斑点叉尾鮰、云斑鮰、黄颡鱼、长吻鮠、乌苏里拟鲿、大鳍鳠、斑鳠、苏氏圆腹䱀、黑尾鳠、中华纹胸鮡、黑腹歧须鮠。

若标本不全，可结合附图及相关辅助资料识别。

【实验方法与内容】

浸制标本用清水冲洗片刻，置于解剖盘中。认真观察各标本的外部形态特征，先依据目的检索表，将实验鱼按目区分开，然后再分别根据目以下科、属、种的检索表及特征介绍，识别到代表种。

脂鲤目与鲇形目的区分

1（2）体被鳞，无须 ·· 脂鲤目
2（1）体裸露无鳞或具骨板，有须 ·· 鲇形目

（一）脂鲤目 Characiformes 的分类与识别

脂鲤目鱼类原产地为南美洲和非洲，我国不产，现有的养殖种类均从国外移入。通常具脂鳍，上、下颌有齿。常有咽齿，但咽齿不像鲤形目那样特化。有韦伯氏器。本目许多种类在当地是重要的捕捞和经济养殖对象。我国引入作为养殖与观赏的脂鲤目鱼类主要有 5 个科，检索如下：

1（4）臀鳍至少有 3 根不分支鳍条和 10 根分支鳍条
2（3）胸鳍发达；乌喙骨具一大而圆的隆嵴 ·································· 胸斧鱼科
3（2）胸鳍和乌喙骨正常 ·· 脂鲤科
4（1）臀鳍不分支鳍条少于 3 根，分支鳍条少于 10 根
5（6）齿数多，下颌骨常有 2 列齿 ·· 大鳞脂鲤科
6（5）齿数少或无齿
7（8）齿数少，下颌骨有 1 列齿 ·· 上口脂鲤科
8（7）齿通常缺如，如存在则植于唇内 ·· 无齿脂鲤科

1. 脂鲤科 Characidae 的引入种 体侧扁，上、下颌具利齿，体被细鳞，有脂鳍。肉食性或杂食性，淡水生活。本科种类很多，共 166 属 841 种，我国引进的主要有巨脂鲤属 *Piaractus* 的短盖巨脂鲤、细鳞巨脂鲤以及脂鲤属 *Paracheirodon* 的靶脂鲤。

(1) 短盖巨脂鲤 *P. brachypomum* (Cuvier)。又称淡水白鲳，1985 年由巴西引入我国广东。侧线鳞 82～98，体侧扁而高，自胸鳍至肛门有腹棱。幼鱼体有大小不等黑斑，成鱼斑点消失。为中下层杂食性鱼，适宜生长水温 22～30 ℃。耐低氧，0.48 mg/L 时也能耐受。生长快，肉味美，是优良养殖鱼类（图 13-121）。

(2) 细鳞巨脂鲤 *P. mesopatamicus* Gery。又称细鳞鲳，体型与淡水白鲳相似，侧线鳞 110～130，体侧扁呈椭圆形，自胸鳍至肛门有腹棱。1996 年引入我国浙江。杂食性，适宜水温 22～32 ℃，耐低氧。生长很快，在浙江当年鱼种经 3～4 月饲养可达商品鱼规格。细鳞鲳肉质厚，比淡水白鲳细嫩，味鲜美（图 13-122）。

(3) 靶脂鲤 *P. innesi* (Myers)。又名霓虹灯、红绿灯。为小型观赏鱼鱼类。体较细长，稍侧扁，背部栗红色，从眼后至尾柄前，沿侧线上方有银蓝色霓虹纵带，各鳍无色透明，眼

图 13-121 短盖巨脂鲤 *P. brachypomum*

眶银蓝色。适宜水温 22～24 ℃水温。同属的还有几种，均为色泽上的差别，也为引进的观赏种类（图 13-123）。

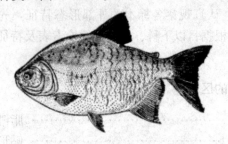
图 13-122　细鳞巨脂鲤 P. mesopatamicus

图 13-123　鲃脂鲤 P. innesi

2. 胸斧鱼科 Gasteropelecidae 的引入种　这类鱼引入作为观赏的种类较多。体侧扁而高，腹部圆形突出，有棱鳞。口上位，背缘平直。胸鳍很大，可飞离水面。适宜于水上层生活。代表种有银斧鱼 C. levis。

银斧鱼：俗称飞鱼、银燕鱼。全身银白色，背部略带浅黄绿色，各鳍透明。背鳍 2 个。体型小，喜集群生活，遇险时可跃出水面飞翔。适应性强，性情温和，喜酸性水。动物食性，易饲养，但繁殖较难（图 1-124）。

3. 无齿脂鲤科 Curimatidae 的引入种　多为底层杂食性鱼类，我国引入有小口鱼属 Prochilodus 的小口脂鲤 P. scrofa (Steindachner)。

小口脂鲤：又称巴西鲷，为南美重要经济鱼类，1996 年从巴西引入我国浙江。体纺锤形，侧线鳞 43～46。无齿。口较小，能伸缩，吻端特化，有一列角质突起。腹鳍至臀鳍有腹棱。生长水温 15～33 ℃，杂食偏植物食性。生长较快，在浙江当年鱼种养殖 4～5 个月，平均体重达 350g。其肉质细嫩，为优良养殖鱼类（图 13-125）。

图 13-124　银斧鱼 C. levis

图 13-125　小口脂鲤 P. scrofa

4. 上口脂鲤科 Anostomidae 的引入种　体细长形，口小，不能伸缩。常以倒立的方式游动和觅食，小型杂食性淡水鱼。作为观赏鱼的有上口脂鲤、九间脂鲤等，代表种有南美九间脂鲤 Leeorinus fasciat。

南美九间脂鲤：又称九间鲨、带纹鱼、兔子鱼。体长侧扁，体色浅黄，从头至尾有 10 条垂直黑条纹。适宜水温 23～30 ℃，杂食，喜跳跃。为小型观赏鱼类（图 13-126）。

（二）鲇形目 Siluriformes 的分类与识别

体无鳞或被骨板。上颌骨退化或仅余痕

图 13-126　南美九间脂鲤 L. fasciat

迹以支持口须，须 1～4 对。有颌齿；咽骨正常，有细齿。无肌间骨。一般有脂鳍，背鳍、胸鳍常具硬刺。

鲇形目鱼类生活习性多样，分布广泛，很多为重要的经济鱼类。此目鱼类大多生活于淡水，仅海鲇科和鳗鲇科分布于海水。本目共有 35 科 446 属，我国有 13 科（含引入），主要有 9 科，检索表如下：

鲇形目主要科的检索表

1（4）无脂鳍；背鳍无硬刺或无背鳍
2（3）背鳍短小或无；须 2～3 对 ··· 鲇科
3（2）背鳍长；须 4 对 ··· 胡鲇科
4（1）有脂鳍；背鳍有硬刺
5（6）下颌须有许多分支 ··· 歧须鮠科（引入）
6（5）下颌须无分支
7（8）须 2～3 对；无鼻须 ··· 鲿科
8（7）须 4 对；有鼻须
9（10）脂鳍短，至多为臀鳍长的 1/3 ··· 叉尾鮰科（引入）
10（9）脂鳍长，至少为臀鳍长的 1/2
11（14）鳃膜与峡部不相连；颌须正常
12（13）前后鼻孔紧临；背、胸鳍刺弱，外露厚的皮膜 ····························· 钝头鮠科
13（12）前后鼻孔相距远；背、胸鳍刺强大，有锯齿 ······································· 鳠科
14（11）鳃膜与峡部相连；颌须基部变宽后连于吻部 ·································· 鮡科

1. 鲇科 Siluridae 主要属与代表种 口上位。背鳍小或无，无脂鳍。胸鳍通常有硬刺；臀鳍基底长，鳍条 50～85。鲇科鱼类大多为常见优质食用鱼。我国有 4 属，主要有鲇属。

鲇属 *Silurus*，臀鳍基底长，后端与尾鳍相连。个体大、生长快。适宜人工养殖的有 4 种（含国外移入 1 种），检索如下：

1（4）须 2 对
2（3）口裂浅，末端仅与眼前缘相对；尾鳍上下叶等长 ··· 鲇
3（2）口裂深，末端至少与眼球中部相对；尾鳍上叶长于下叶 ··· 大口鲇
4（1）须 3 对
5（6）臀鳍分支鳍条 83～89；尾鳍内凹 ··· 怀头鲇
6（5）臀鳍分支鳍条 90～92；尾鳍平圆 ··· 欧洲六须鲇（移入）

（1）鲇 *S. asotus* (Linnaeus)。下颌突出于上颌，犁骨齿带连成片。口裂浅，末端到达眼球前部下方。胸鳍刺前缘有明显锯齿。我国南北都有分布，喜生活于水草丛生、水流较缓的泥底层，为肉食性中下层鱼类。2 龄性成熟，繁殖期 5～7 月，卵黏性，绿色。鲇肉质细嫩，是经济价值较高的优良食用鱼（图 13-127）。

图 13-127 鲇 *S. asotus*
（毛节荣等 . 1991. 浙江动物志·淡水鱼类）

鲇卵含卵毒素，在 120 ℃水中需加热 30min 毒性才完全消失，最好不要食用。其胸鳍刺基部也有毒腺，刺后有剧痛感，捕捉时应注意。

(2) 大口鲇 S. meridionalis Chen。须 2 对（幼体 3 对）。口裂深，末端至少与眼球中部相对或稍后。底层肉食性鱼类，性凶猛。雌鱼体长 600 mm 左右性成熟，8～9 月产卵。主要分布于我国长江、闽江、珠江等水系，在自然水体最大达 40 kg。大口鲇有肉细嫩、生长快、广温性、食性可转变、抗病力强等优点，现已驯养成功，为名特优养殖对象（图 13-128）。

(3) 怀头鲇 S. soldatovi Nikolsky et Soin。口裂深，末端至少与眼球中部相对。颌须长，尖端有一呈颗粒状的皮褶块。臀鳍分支条 83～89，尾鳍内凹。胸鳍硬刺较弱，前后缘光滑。肉食性，个体大，生长速度较快，2 冬龄的体长 560～580 mm。自然分布于黑龙江和辽河水系，目前黑龙江、辽宁、吉林等省有一定的人工养殖（图 13-129）。

(4) 欧洲六须鲇 S. glanis Linnaeus。原产于欧洲东部和中部的河流与湖泊，1991 年从德国引入我国湖北。六须鲇为鲇类中最大种，最大可达 300kg。须 3 对，尾鳍圆，口裂浅，臀鳍条 90～92。肉食性，具广温、广盐特性。一般 4 龄性成熟，5～6 月产卵。此鱼引进后养殖推广较慢，养殖少（图 13-130）。

图 13-128　大口鲇 S. meridionalis
(毛节荣等.1991.浙江动物志·淡水鱼类)

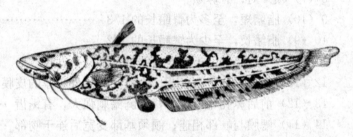

图 13-129　怀头鲇 S. soldatovi
(褚新洛、郑葆珊等，1999)

图 13-130　欧洲六须鲇 S. glanis
(李明德.2011.鱼类分类学)

2. 胡鲇科 Clariidae 主要属与代表种　口端位。须 4 对，上、下颌及犁骨有绒毛状齿带。背鳍、臀鳍长，不与尾鳍相连。鳃腔内有树枝状辅助呼吸器官。分布于热带及亚热带地区。我国有胡子鲇属 Claris 的胡子鲇，从国外引入并推广养殖的主要是革胡鲇、斑点胡子鲇和蟾胡子鲇。

(1) 胡子鲇 C. fuscus (Lacepede)。俗称塘虱鱼，我国分布于长江以南水体。鳃耙 15～21。背鳍条 54～64，臀鳍条 40～46。体棕黄色，有不规则白斑。性凶猛，多夜间出穴捕食，主食小鱼、小虾、水生昆虫等。成鱼个体不大，一般 100～150 g，5～7 月产卵，雄鱼掘巢，雌鱼护卵。该鱼肉味鲜美，肉质细嫩，有很高的食用价值和药用价值（图 13-131）。

（2）革胡子鲇 *C. gariepinus* Valenciennes。俗称埃及塘鲺鱼，原产非洲尼罗河流域，1981 年从埃及引入我国广东。鳃耙 65～75。背鳍条 65～76，臀鳍条 52～55。背部和体侧有不规则暗灰色或黑色斑块，是以动物性饵料为主的杂食性鱼类。会互相残食，人工养殖要及时分池按规格饲养。生长极快，饲养 10 个月即性成熟，当年鱼种饲养到年底体重可达 1.5～3.0 kg。水温低于 7 ℃要有越冬设施（图 13-132）。

（3）斑点胡子鲇 *C. macrocephalus* Günther。原产于泰国，1982 年引入我国广东。鳃耙约 20。背鳍条 70，臀鳍条 50。体

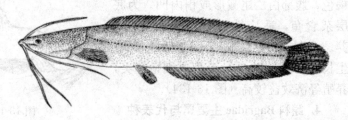

图 13-131 胡子鲇 *C. fuscus*
（伍汉霖等，1978）

图 13-132 革胡子鲇 *C. gariepinus*
（李明德．2011．鱼类分类学）

深黑色。极少相互残食，杂食性底栖鱼类。1 龄性成熟，饲养 1 年体重可达 750 g。抗低温能力差，水温低于 11 ℃时需要有防寒设备。

（4）蟾胡子鲇 *C. batrachus*（Linnaeus）。1978 年由泰国引入我国广东养殖（我国自然分布于云南澜沧江水系）。鳃耙 18～23。背鳍条 60～76，臀鳍条 45～55。体色棕黑，暖水性底层鱼类。适应性强，易相互残食。生长较快，当年鱼种饲养到年底可重达 500 g。

3. 叉尾鲴科 Ictaluridae 主要属与代表种 此科原产地是北美洲和中美洲。体裸露，须 4 对。口端位或亚下位。有脂鳍，背鳍分支鳍条 6 根。我国引入的是鲴属 *Ictalurus* 的斑点叉尾鲴、云斑鲴和长鳍叉尾鲴 *I. furcatus*（Lesueur）3 种，推广养殖较普遍的是前 2 种，区别如下：

1（2）尾鳍深叉形；鳃耙 14～18 ·· 斑点叉尾鲴
2（1）尾鳍内凹或截形；鳃耙 8～9 ·· 云斑鲴

（1）斑点叉尾鲴 *I. punctatus*（Rafinesque）。也称美国鲴，分布于北美中东部的淡水与咸淡水水域中，1984 年从美国移入湖北。吻较长，口亚下位，体侧有不规则黑色或深褐色斑点。臀鳍条 28～29，鳃耙 14～18，尾深叉。底栖杂食性鱼类，适应性强，有广温、广盐特性。在我国南方 2 龄可性成熟，6～7 月产卵，适宜水温 15～32 ℃（图 13-133）。

我国斑点叉尾鲴的养殖发展很快，已经成为重要的淡水养殖种类，并大量出口外销。

（2）云斑鲴 *I. nebulosus*（Lesueur）。1984 年由美国引入湖北。同龄个体较叉尾鲴小。吻宽而钝，臀鳍条 18～20。体黄

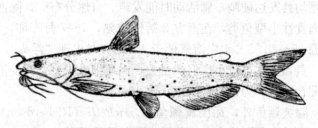

图 13-133 斑点叉尾鲴 *I. punctatus*

褐色，腹部白。尾截形或稍内凹。为底层杂食鱼，适应性强，生长快，易饲养。在南方2龄性成熟，5～6月产卵。生长适温15～38℃。其肉质细嫩鲜美，养殖经济效益较高（图13-134）。

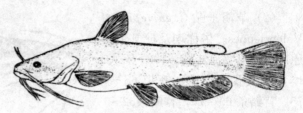

图13-134　云斑鮰 *I. nebulosus*

4. 鲿科 Bagridae 主要属与代表种

口下位或亚下位，上、下颌有绒状齿带，有腭齿。体无鳞，2对吻须及2对颐须，脂鳍短，胸鳍有硬刺。

鲿科鱼类分布广，主要栖息于河川溪流中。白天多躲在岩石孔隙中，黄昏或夜间才出来活动与觅食。肉食性鱼类，一般以小鱼、水生昆虫以及甲壳类等为食。我国产4属：

鲿科属的检索表

1（6）脂鳍中长，短于或略长于臀鳍；上颌须短，末端不伸过胸鳍

2（5）尾鳍深叉状

3（4）头顶多少裸露且粗糙；臀鳍条一般多于20 ………………………… 黄颡鱼属

4（3）头顶被皮肤，仅枕突或裸露；臀鳍鳍条不多于20 ………………………… 鮠属

5（2）尾鳍浅凹或截形、圆形 ………………………… 拟鲿属

6（1）脂鳍长，一般为臀鳍的2倍；上颌须长，末端远超过胸鳍 ………………………… 鱯属

（1）黄颡鱼属 *Pelteobagrus*。前后鼻孔分离，前鼻孔管状。颌须较短，末端不超过胸鳍。本属鱼类的背鳍刺与胸鳍刺均有毒腺，为淡水刺毒鱼中毒性较强的种类之一。我国已知有5种，代表种是黄颡鱼。

黄颡鱼属种的检索表

1（6）胸鳍刺前后缘均有锯齿，前缘锯齿细小或粗糙

2（5）体略粗壮，背鳍前距大于体长的1/3

3（4）须粗壮；体侧有2纵及2横黄色细带纹，间隔成暗色纵斑块 ………………………… 黄颡鱼

4（3）须细弱；体侧无黄色细带纹，仅有2暗色斑块 ………………………… 中间黄颡鱼

5（2）体较修长，背鳍前距小于体长1/3 ………………………… 长须黄颡鱼

6（1）胸鳍刺前缘光滑，后缘有强锯齿

7（8）头顶被薄皮；须发达，上颌须长于头长且伸过胸鳍起点 ………………………… 瓦氏黄颡鱼

8（7）头顶大部裸露；须较短，上颌须短于头长 ………………………… 光泽黄颡鱼

黄颡鱼 *P. fulvidraco*（Richardson）：体呈黄色，具暗色纵带及断续的横带纹。背鳍和胸鳍均具发达硬刺，刺活动时能发声。自然分布广，除西部高原外，全国各水系均有。为底层肉食性小型鱼类，在南方2龄性成熟，5～7月产卵，雄鱼有筑巢、守巢习性。最佳生长水温25～28℃。水中溶氧低于2 mg/L时出现"浮头"。

黄颡鱼体虽较小，但产量大，肉质细嫩少刺，深受消费者青睐，已广泛开展养殖，可摄食配合饲料，为常见食用鱼（图13-135）。

除黄颡鱼外，瓦氏黄颡鱼 *P. vachelli*（Richardson）的人工养殖也取得了较好经济效益，已成为我国淡水名优养殖发展的优质品种。

(2) 鮠属 Leiocassis。脂鳍较长，背鳍、胸鳍具硬刺，胸鳍刺外缘无锯齿。我国产5种，代表种有长吻鮠 L. longirostris Günther。

长吻鮠：俗称江团，为我国特产名贵淡水鱼之一，在四川有"天府第一名鱼"的美誉。吻尖且突出；口下位，唇肥厚。眼小，被皮膜覆盖。喜栖息于江河的底层，肉食性。一般4龄性成熟，4～6月产卵。长吻鮠体型较大，最大可达10 kg。其肉鲜嫩，为上等名鱼。尤其是鳔特别肥厚，干制后为名贵"鱼肚"。我国各主要水系都有分布（图13-136）。

图 13-135　黄颡鱼 P. fulvidraco
（湖北省水生所鱼类研究室．1976．长江鱼类）

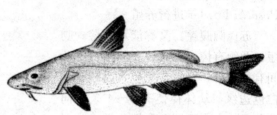

图 13-136　长吻鮠 L. longirostris
（陈焕新，1984）

长吻鮠的人工移养驯化及养殖工作始于1980年，经多年努力，已形成一整套成熟的养殖、繁育技术，使之成为优良的养殖鱼类。

因过度捕捞和生活环境的逐渐恶劣，长吻鮠的野生资源现已稀少。

(3) 拟鲿属 Pseudobagrus。尾鳍凹入或呈截形、圆形，中央鳍条长度至少为最长鳍条之2/3。我国产15种，代表种为乌苏拟鲿 P. ussuriensis (Dybowski)。

乌苏拟鲿：脂鳍等于或略长于臀鳍基，尾鳍后缘微凹。体前部较粗而后部细长。个体不大。分布广，从珠江至黑龙江水系都有，为习见中小型食用鱼类。我国南、北方均有人工养殖，其经济价值与黄颡鱼相近（图13-137）。

(4) 鲿属 Mystus。脂鳍长。我国有4种，代表种有大鳍鲿和斑鲿，两者区别：

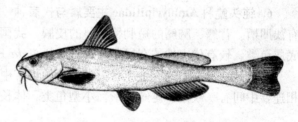

图 13-137　乌苏里拟鲿 P. ussuriensis
（褚新洛、郑葆珊等，1999）

1（2）脂鳍后缘不游离；体或有散在的细小斑点 ·················· 大鳍鲿
2（1）脂鳍后缘游离；体或有稀疏的略大斑点 ·················· 斑鲿

①大鳍鲿 M. macropterus (Bleeker)。脂鳍后缘不游离，上颌须末端超过背鳍起点，体无鳞。胸鳍刺发达，前缘粗糙，后缘具锯齿。分布于长江至珠江各水系，以江河中上游产出较多，为常见的食用鱼之一。中小型底层鱼类，偏动物食性。6～7月繁殖。肉质细嫩，味鲜美。已有人工养殖（图13-138）。

②斑鲿 M. guttatus (Lacepede)。脂鳍后缘游离，胸鳍棘前缘有细锯齿。体侧具不规则大小斑点。主要分布于两广地区，为西江"四大名鱼"之一。在天然水域中，斑鲿喜栖息于水较深的岩石区域，多在黄昏和夜间外出觅食，底层肉食性鱼类。性成熟最小个体重500 g，体长400 mm。产卵期为5～8月。为产区重要经济鱼类。

斑鳢的人工养殖以珠江三角洲地区为多，已有一套较稳定的生产技术（图 13-139）。

5. 鲶科 Pangasiidae 主要属与代表种 体侧扁，脂鳍小。背鳍、胸鳍有硬刺。我国产 2 属。1978 年从泰国引入鲶属 *Pangasius* 的苏氏圆腹鲶 *P. suchi* Fowler 进行养殖。

苏氏圆腹鲶：又称淡水白鲨。吻短，两颌有齿，无腹棱。尾鳍上下叶间有黑斑带，背鳍灰黑色，后端有一白色边缘，幼体体侧有 3~4 条纵向蓝色条纹。中下层杂食性鱼类，3~4 龄性成熟，产卵期 6~9 月（图 13-140）。

淡水白鲨属热带鱼类，耐低氧，但不耐寒。生长适宜水温为 20~36℃，当水温降至 14~18℃时活动

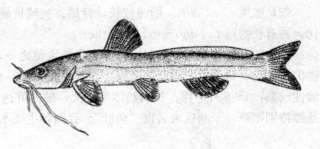

图 13-138 大鳍鳢 *M. macropterus*
（陈焕新，1984）

图 13-139 斑鳢 *M. guttatus*
（褚新洛、郑葆珊等，1999）

减弱，水温低于 12℃开始死亡。人工养殖可摄食配合饲料，是较好的名特优鱼类养殖新品种。

6. 钝头鮠科 Amblycipitidae 主要属与代表种 头宽扁，眼小覆有皮褶。眼后头顶中线处有浅凹槽。背鳍、胸鳍的短刺覆有厚的皮膜。我国只产鮡属 *Liobagrus*，多为南方小型山溪底层鱼类，较有代表性的有黑尾鮡 *L. nigricauda* Regan。

黑尾鮡：上、下颌有绒毛状齿带，下颌齿带中央分离。胸鳍刺光滑无锯齿；脂鳍与尾鳍相连，中间有一缺刻；尾鳍圆形。小型鱼类，体长一般 45~90 mm（图 13-141）。

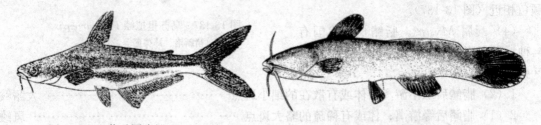

图 13-140 苏氏圆腹鲶 *P. suchi*　　　　图 13-141 黑尾鮡 *L. nigricauda*
（褚新洛、郑葆珊等，1999）

7. 鮡科 Sisoridae 主要属与代表种 前后鼻孔靠近，鼻瓣延长呈鼻须；颌须基部有皮瓣与吻部相连。背鳍短，有脂鳍。多为小型鱼，主要栖息在山区河流及激流小溪的水底，体色灰暗或具斑块，与底栖环境相协调。我国产 12 属，常见有纹胸鮡属 *Glyptothorax*，代表种有中华纹胸鮡 *G. sinense* (Regan)。

中华纹胸鮡：鳃孔宽阔，在腹面几乎相通。胸部有吸着器，由斜向皱褶形成。体长为体高的 3.6~6.5 倍。背鳍具光滑硬刺。底栖性小型鱼类，常在急流中活动，用胸腹面发达的

皱褶吸附于石上。主食水生昆虫及其幼虫。产卵期 5～6 月（图 13-142）。

8. 歧须鮠科 Mochokidae 的引入种 原产于非洲。体无鳞。须 3 对：上颌须 1 对，下颌须 2 对，具许多分支。口有半环形厚唇形成一吸盘。脂鳍长，尾鳍叉形。背鳍、胸鳍前有硬刺。

我国引入的是黑腹歧须鮠 *Synodontis batensoda*，又称反游猫，为非常趣怪的热带观赏鱼类，因游泳或静止时腹部常向上而闻名。该鱼体灰褐色，布满黑色、紫红色斑块。小鱼头部鲜黄色，体带花纹。适宜水温 23～28 ℃。性情温和，杂食，可食藻类、水草、小鱼虾、昆虫及新鲜活饵料，也食人工饲料。黑腹歧须鮠有打斗习性，在水族箱中应多设置岩石、树根或沉木等隐蔽场所（图 13-143）。

图 13-142 中华纹胸鮡 *G. sinense*
（褚新洛、郑葆珊等，1999）

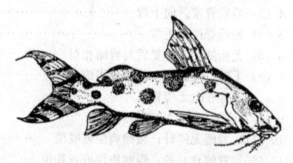

图 13-143 黑腹歧须鮠 *S. batensoda*

【作业】
1. 选取 7～8 种实验鱼，编写出检索表，并列出它们的分类地位。
2. 简要说明斑点叉尾鮰、云斑鮰、革胡子鲶、苏氏圆腹䱂的特征。
3. 怎样区分鲇和大口鲇？
4. 怎样区分大鳍鳠与斑鳠？
5. 列出本次实验所用的主要分类特征。

实验十七 胡瓜鱼目、鲑形目、狗鱼目、仙女鱼目、鳕形目、鮟鱇目、鲻形目分类

【实验目的】

通过实验，了解胡瓜鱼目、鲑形目、狗鱼目等七目鱼类在目阶元上的分类区别；掌握各目各主要科、属的重要特征，识别代表种，熟悉其分类地位；学会使用检索表，掌握鱼类分类的方法。

【实验工具与标本】

1. 工具 解剖盘、钝头镊子、放大镜、分规、直尺。

2. 标本 香鱼、池沼公鱼、太湖新银鱼、大银鱼、黑龙江茴鱼、乌苏里白鲑、虹鳟、大麻哈鱼、哲罗鱼、细鳞鱼、黑斑狗鱼、大头狗母鱼、长蛇鲻、龙头鱼、江鳕、太平洋鳕、狭鳕、黄鮟鱇、鲻、鲮。

若标本不全，可结合附图及相关辅助资料识别。

【实验方法与内容】

浸制标本用清水冲洗片刻，置于解剖盘中。仔细观察各标本的外部分类特征与相关解剖结构，先依据目的检索表，将实验鱼按目区分开，然后根据目以下科、属、种的检索表及种的特征介绍，识别到具体种。

本实验各目检索表

1（8）鳔存在时有鳔咽管
2（7）上颌口缘常由前颌骨和上颌骨组成
3（6）有脂鳍；背鳍位置一般正常
4（5）最后脊椎骨向上弯 ·· 鲑形目
5（4）最后脊椎骨正常 ·· 胡瓜鱼目
6（3）无脂鳍；背鳍靠后与臀鳍相对 ··· 狗鱼目
7（2）上颌口缘一般由前颌骨组成 ·· 仙女鱼目
8（1）鳔存在时无鳔管
9（12）胸鳍正常，基部不成柄状
10（11）背鳍无鳍棘；腹鳍胸位或喉位 ··· 鳕形目
11（10）背鳍具鳍棘；腹鳍腹位或亚胸位 ·· 鲻形目
12（9）胸鳍基部呈柄状 ·· 鮟鱇目

（一）胡瓜鱼目 Osmeriformes 的分类与识别

体纺锤型，稍侧扁。口裂较大。鳞片无辐射沟。具脂鳍。我国产3科，检索如下：

1（4）头侧扁；体被鳞，不透明
2（3）口底黏膜为1对大褶膜；鳞细小 ·· 香鱼科
3（2）口底黏膜无大褶膜；鳞较大 ·· 胡瓜鱼科
4（1）头较平扁；体裸露（雄性具臀鳞），半透明 ···························· 银鱼科

1. 香鱼科 Plecoglossidae 主要属与代表种 上、下颌各有一行宽扁的活动齿。鳞细小。具脂鳍。本科只有香鱼属 *Plecoglossus* 香鱼 *P. altivelis* Temminck et Schlegel 1种。

香鱼：头小，吻尖。侧线鳞142～150。幽门盲囊数多于300。个体小，一般不长于200 mm。喜栖息于与海相通的河流中，以底栖藻类为食。生殖期9～11月，生殖后亲鱼大部死亡。幼鱼顺水到海中生长越冬，第二年春夏间溯河育肥（图13-144）。

图13-144 香鱼 *P. altivelis*
（王文滨，1963）

香鱼适温范围广，肉味鲜美清香，在日本和我国台湾是养殖的主要对象，浙江、河北等省也有人工养殖。

2. 胡瓜鱼科 Osmeridae 主要属与代表种 头侧扁，体鳞较大，有脂鳍。中上层小型杂食性鱼类，营群体生活。我国有5属，主要2属区别如下：

1（2）侧线不完全，鳞大，纵列鳞51～73 ·· 公鱼属
2（1）侧线完全，鳞小，纵列鳞170～220 ·· 毛鳞鱼属

(1) 公鱼属 *Hypomesus*。体细长稍侧扁，口小，上颌末端不达眼中央的垂直线。我国产 3 种，代表种有池沼公鱼 *H. olidus* Pallas。

池沼公鱼：冷水性小型鱼类，喜集群。浮游生物食性，通常在江口至江下游一带行索饵及生殖洄游。1 龄性成熟，产卵期 4~5 月。我国自然分布于黑龙江、图们江，现已移入辽宁、河北、山东等省，作为水库、湖泊的增养殖对象（图 13-145）。

图 13-145　池沼公鱼 *H. olidus*

(2) 毛鳞鱼属 *Mallotus*。侧线完全。个体小，营群体生活，中上层小型鱼类。我国只产毛鳞鱼 *M. villosus*（Müller）1 种，分布于图们江下游，数量少。但分布于太平洋和大西洋北部的毛鳞鱼产量很高，是世界高产鱼类之一。

3. 银鱼科 Salangidae 主要属与代表种　头长，前部平扁。吻尖长，颌齿发达。无鳞，雄性臀鳞基具一行臀鳞。背鳍位后，尾鳍叉形，脂鳍小。本科为小型名贵经济鱼类。因体细长、呈半透明状，所以通称银鱼。

银鱼主要分布于亚洲东部的日本、朝鲜、韩国以及我国的近海和内陆水域。成鱼体长 33~220 mm，喜生活在敞水域的中上层。亲鱼产卵后死亡。我国许多地区通过向大中型水体移殖银鱼，在移殖水域已经形成地域性渔业，有一定的产业规模，成为湖库渔业经济新的增长点。

我国有 5 属，主要 3 属检索如下：

1（4）舌无齿或不明显 ··· 新银鱼属
2（3）舌有齿
3（2）前颌骨正常，上颌骨后端超过眼前缘 ··· 大银鱼属
4（1）前颌骨呈三角形突出，上颌骨不达眼前缘 ·· 银鱼属

(1) 新银鱼属 *Neosalanx*。我国产 8 种，代表种有太湖新银鱼 *N. taihuensis* Chen。

太湖新银鱼：为我国特有种。吻圆钝，背鳍位于臀鳍前方。个体小，最大个体长仅 80 mm。自然生活于长江中下游湖泊，主食浮游动物。半年即达性成熟，1 冬龄产卵。产卵期 3 月下旬至 5 月中旬，亲鱼产卵后死亡。数量多，能在天然水体形成增殖群体，是较重要的经济鱼类（图 13-146）。

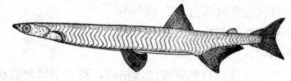

图 13-146　太湖新银鱼 *N. taihuensis*
（湖北水生所鱼类研究室.1976.长江鱼类）

(2) 大银鱼属 *Protosalanx*。我国只大银鱼 *P. hyalocranius*（Abbott）1 种。

大银鱼：是银鱼科中个体最大的一种，体长 90~240 mm。舌有齿，前颌骨和上颌骨各有齿 1 行。以浮游动物、小虾、小鱼苗为食。我国分布于黄海、渤海、东海沿岸，以及长江、淮河中下游河道及湖泊。可移入水库及湖泊生活，要求移入水域的水位相对稳定，理化性质适中，浮游动物资源比较丰富，有适宜的繁殖场所（图 13-147）。

(3) 银鱼属 *Salanx*。前颌骨为三角形突出部，上颌骨不达眼前缘，齿 2 行。我国产 3

图 13-147　大银鱼 P. hyalocranius
（湖北水生所鱼类研究室．1976．长江鱼类）

种，代表种有尖头银鱼 S. acuticeps Regan，分布于我国沿海。

（二）鲑形目 Salmoniformes 的分类与识别

鳍无棘，有脂鳍。上颌缘一般由前颌骨与上颌骨构成，两颌有齿。鳃膜向前伸展，不与峡部相连。最后 3 枚椎骨向上弯曲。

大多为冷水性鱼类，主要分布在北半球高纬度地区，栖息于淡水和海水中，有些是溯河洄游性鱼类，经济价值很高，在世界渔业上仅次于鲱形目和鳕形目。本目只鲑科 Salmonidae 1 科，分 3 亚科，检索如下：

1（2）背鳍基长，鳍条不少于 17 ································· 茴鱼亚科
2（1）背鳍基短，鳍条不多于 16
3（4）齿不发达，很小或无；无上前鳃盖骨 ······················ 白鲑亚科
4（3）齿发达，两颌、犁骨、腭骨、舌均有齿；有上前鳃盖骨 ······ 鲑亚科

1. 茴鱼亚科 Thymallinae 主要属与代表种　体型长，侧扁。被圆鳞。有脂鳍，尾鳍叉形。幽门垂 11～13 个。本科只有茴鱼属 Thymallus，我国产 3 种，代表种有黑龙江茴鱼 T. arcticus grubei Dybowski。

黑龙江茴鱼：上颌骨末端达眼中央下方，体侧在胸鳍和侧线以上有许多黑斑点。动物食性。4 龄左右性成熟。生殖季节 4 月中旬至 5 月初。在我国产于黑龙江上游、嫩江上游、牡丹江、乌苏里江、松花江等江河；国外分布于俄罗斯鄂霍次克海沿岸和日本海沿岸（图 13-148）。

图 13-148　黑龙江茴鱼 T. arcticus grubei

黑龙江茴鱼自然资源已近枯竭，被《中国濒危动物红皮书》列为易危鱼类。目前黑龙江茴鱼的人工繁殖已经取得成功，有人工养殖。

2. 白鲑亚科 Coregoninae 主要属与代表种　口小，两颌无齿，背鳍条少于 16 根。喜生活于水质清澈的冷水水域。我国有 2 属，区别如下：

1（2）口较大，上颌骨末端达眼后缘下方 ····························· 北鲑属
2（1）口较小，上颌骨末端达眼球中部之前的下方 ··················· 白鲑属

（1）北鲑属 Stenodus。我国仅产北鲑 S. leucichthys nelma (Pallas) 1 种。

北鲑：眼前缘有脂眼睑。口端位，吻不突出。我国分布于新疆的额尔齐斯河、布尔津河。鱼体含脂量高，肉味鲜美，为产区名贵经济鱼类（图 13-149）。

在20世纪60年代初期，北鲑的年渔获量曾达10t，是额尔齐斯河的主要捕捞对象。其后，由于俄罗斯境内的额尔齐斯河中、下游开渠引水，严重影响了北鲑溯河产卵。从20世纪60年代始，北鲑渔获量急剧下降，至20世纪80年代已少见踪迹。

图 13-149　北鲑 S. leucichthys nelma

（2）白鲑属 Coregonus。口较小，无齿。无脂眼睑，有小脂鳍。我国产2种，代表种有乌苏里白鲑 C. ussuriensis Berg。

乌苏里白鲑：侧线鳞83～92，上颌骨末端达眼下方。5～6龄性成熟，10～11月产卵，主食小型鱼类、甲壳类等。生长速度较慢，5龄鱼长约310 mm。我国分布于黑龙江、乌苏里江、松花江和兴凯湖，是黑龙江省的主要特产经济鱼类。其肉质细嫩，味鲜美。可以作为北方山谷型水库的放养对象（图13-150）。

图 13-150　乌苏里白鲑 C. ussuriensis

3. 鲑亚科 Salomoninae 主要属与代表种　背鳍基短，鳍条少于16。鳞细小，侧线鳞110以上。两颌、犁骨、腭骨及舌上有齿。我国产5属：

1（8）口大，上颌骨后延超过眼后缘

2（3）臀鳍条10～16 ·· 大麻哈鱼属

3（2）臀鳍条7～10

4（5）犁骨长，后延的柱状部有齿 ·· 鲑属

5（4）犁骨短，后延的柱状部无齿

6（7）犁骨齿与腭骨齿形成连续带状；体有黑色斑点 ·· 哲罗鱼属

7（6）犁骨齿与腭骨齿不连续；体有红色斑点 ·· 红点鲑属

8（1）口小，上颌骨后延不超过眼后缘 ·· 细鳞鱼属

（1）大麻哈鱼属 Oncorhynchus。我国主要分布于黑龙江、乌苏里江等河流。肉呈橘红色，脂肪含量很高，为名贵经济食用鱼类。卵大，加工后成为著名的鱼子酱。世界有9种，我国有4种1亚种，另有从国外引入的虹鳟。

大麻哈鱼属常见种的检索表

1（2）体侧有红色纵带；体侧上半部有黑色小斑点 ··· 虹鳟

2（1）体侧无红色纵带

3（4）体侧终身具1纵列紫黑色斑块 ·· 马苏大麻哈鱼（陆封型）

4（3）体侧无纵列紫黑色斑块

5（8）尾鳍有或无黑色斑点，侧线鳞少于150

6（7）尾鳍后缘微凹，有黑斑点 ·· 马苏大麻哈鱼（溯河型）

7（6）尾鳍叉型，无黑斑点 ·· 大麻哈鱼

8（5）尾鳍具黑色大斑，侧线鳞多于150 ················· 驼背大麻哈鱼

①虹鳟 *O. mykiss* Walbaum。原产于北美洲西部太平洋沿岸的山涧溪流，1959年从朝鲜移入黑龙江，现已推广养殖。体侧具红色纵带，布满黑色小斑。幼鱼体侧中央有8～13个椭圆斑，长到体长150 mm以上时逐渐消失（图13-151）。

为底栖冷水性鱼类，适盐范围大，可在淡水、咸淡水和海水中生活。适温14～18 ℃。生长快，1龄鱼体长160～170 mm，重250 g，3龄性成熟。人工养殖能很好地摄食配合饲料，适宜集约化养殖，为优良养殖鱼类。洄游型的虹鳟称为硬头鳟或铁头鳟。

②大麻哈鱼 *O. keta*（Walbaum）。体长而侧扁，吻端突出，形似鸟喙。侧线鳞132～148。为洄游性鱼类，分布于北太平洋。4龄性成熟。每年秋季，鱼群由海溯河进入黑龙江、乌苏里江、松花江等出生河流产卵，产后亲鱼死亡。受精卵于翌年春季孵化，孵出的仔鱼到50 mm开始降河入海，在海里生活直至性成熟，再结群洄游至原处产卵。是名贵鱼类之一（图13-152）。

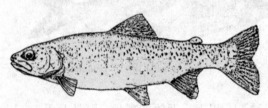 

图13-151　虹鳟 *O. mykiss*　　　　　　　图13-152　大麻哈鱼 *O. keta*
（伍献文，1979）

（2）鲑属 *Salmo*。我国仅有从国外引入的河鳟 *S. trutta fario* Linnaeus，口大，上颌骨超过眼后缘。侧线鳞114～130；体侧具鲜艳斑点。分布于西藏亚东河的山间河段中。

（3）哲罗鱼属 *Hucho*。我国产3种，代表种有哲罗鱼 *H. taimen*（Pallas）。

哲罗鱼：又称哲罗鲑。口大。体呈流线型。体上具黑色斑点，犁骨齿与腭骨齿连续，呈马蹄形。侧线鳞193～242，脂鳍较发达。背部青褐色，腹部银白。4～5龄成熟，5～6月产卵（图13-153）。

图13-153　哲罗鱼 *H. taimen*

哲罗鱼为高寒地区凶猛肉食性鱼类，我国分布于黑龙江中上游、嫩江上游、牡丹江、乌苏里江等水域、新疆额尔齐斯河及喀纳斯湖。其肉色粉红，味鲜美，是东北民间流传的"三花五罗"之一（鲫花、鳊花、鳌花、哲罗、铜罗、法罗、雅罗、胡罗），为名贵经济鱼类。但由于自然生态环境的破坏及过度捕捞，自然种群数量锐减，已列入《中国濒危动物红皮书》，属珍稀鱼类。目前新疆、黑龙江已有人工养殖，可摄食配合饲料。

川陕哲罗鱼 *H. bleekeri* 分布于四川、陕西，为国家二级保护动物。

（4）细鳞鱼属 *Brachymystax*。我国仅有细鳞鱼 *B. lenok*（Pallas）1种。

细鳞鱼：鳞细小，侧线完全。上颌骨游离，向后伸达眼中央下方。幼鱼有数条垂直暗纹，腹部银白色。成鱼体色会因栖息水域不同而异。肉食性，以无脊椎动物、小鱼等为主食。3～5冬龄性成熟，4月中旬～6月产卵。在我国自然分布很广，黑龙江、图们江、鸭绿

江、辽河、渭河、汉水等水域均有，为名贵经济鱼类。黑龙江、辽宁、河北等省已有人工养殖（图13-154）。

在渭河上游及其支流和汉水北侧支流湑水河、子午河的上游的溪流中，有一亚种——秦岭细鳞鲑 *B. lenok tsinlingensis*，已被列为国家二级保护动物。

（5）红点鲑属 *Salvelinus*。口大，犁骨齿少，不与腭骨齿连续。体侧有鲜艳斑点。代表种是花羔红点鲑 *S. malma*（Walbamu）。

图13-154　细鳞鱼 *B. lenok*

花羔红点鲑：背部有黄点，体侧有淡红色点，下部各鳍有白色边。有陆封型和洄游型之分，我国境内为陆封型。分布于我国黑龙江、绥芬河、图们江和鸭绿江上游，生活于江河干流及支流清冷水域。3～4龄性成熟，繁殖期9～10月。肉味鲜美，属珍稀鱼类。吉林长白县1992年开始驯化养殖，现已逐步推广，人工养殖可摄食配合饲料。

（三）狗鱼目 Esociformes 的分类与识别

吻长且平扁，下颌突出；口大，犬齿发达。鳞细小，侧线不明显。背鳍位置较后，与臀鳍相对。世界有2科4属，我国只产1科1属2种，即狗鱼科 Esocidae 狗鱼属 *Esox* 的黑斑狗鱼和白斑狗鱼。2种区分如下：

1（2）体侧有许多大型黑斑 ··· 黑斑狗鱼
2（1）体侧有许多淡蓝色白斑 ·· 白斑狗鱼

1. 黑斑狗鱼 *E. reicherti* Dybowski　我国分布于黑龙江流域及附属湖泊，南至东辽河。为大型凶猛性鱼类，体长50 mm以上的幼鱼就几乎完全以其他鱼的幼鱼为食。3～4龄性成熟，生殖期为4～6月初。其肌肉含脂量高，肉质细嫩洁白，味鲜美。2006年黑龙江抚远黑斑狗鱼冬繁获得成功后，已有人工养殖（图13-155）。

图13-155　黑斑狗鱼 *E. reicherti*

2. 白斑狗鱼 *E. lucius* Linnaeus　我国自然分布于新疆北部的额尔齐斯河流域，为大型凶猛肉食性鱼类。白斑狗鱼生长速度快，水温6～26℃均可生长。其肉味鲜美、营养价值高。2001年白斑狗鱼的人工繁殖和苗种培育取得成功后，新疆阿勒泰福海县率先开始规模化养殖，目前已引种推广到许多省份，成为淡水养殖新热点品种。

（四）仙女鱼目 Aulopiformes 的分类与识别

体呈长形，略侧扁。第二鳃弓咽鳃骨向后延伸达第三鳃弓咽鳃骨，第二鳃弓上鳃骨连接第三鳃弓咽鳃骨。上颌、下颌、犁骨、腭骨均具齿。无鳔。本目鱼种类较多，我国产5科，经济价值较大的有狗母鱼科和青眼鱼科，2科区别：

1（2）上颌骨末端伸达眼后方，无辅上颌骨 ································ 狗母鱼科
2（1）上颌骨末端未达眼后缘，有辅上颌骨 ································ 青眼鱼科

1. 狗母鱼科 Synodontidae 主要属与代表种　上颌骨小或缺失，上颌骨狭长。体被圆鳞，有侧线。有脂鳍。多为中小型近海底栖鱼类，我国产4属17种，常见有3属：

1（4）体不柔软，均被鳞；口无钩状犬齿
2（3）腭骨每侧有1组齿 ·· 大头狗母鱼属
3（2）腭骨每侧有2组齿 ·· 蛇鲻属
4（1）体柔软，部分被鳞；口内有钩状犬齿 ·································· 龙头鱼属

（1）大头狗母鱼属 Trachinocephalus。头高大，吻短。眼小，位高。臀鳍基底长于背鳍基底。我国仅大头狗母 T. myops（Bloch et Schneider）1种。

大头狗母鱼：侧线鳞52～56，臀鳍条15～17，背鳍条11～14。1～2龄性成熟，产卵期1～3月，体长150～250 mm。肉食性，以甲壳类、头足类、鱼类等为食。我国分布于东海、南海，喜生活于沿海近岸或珊瑚礁中，是海产经济鱼类之一（图13-156）。

图13-156　大头狗母鱼 T. myops
（王文滨，1962）

（2）蛇鲻属 Saurida。头小，平扁，吻短而尖，体呈圆筒状。臀鳍基底短于背鳍基底。我国产5种，以长蛇鲻 S. elongate（Temminck et Schlegel）产量最高。

长蛇鲻：胸鳍后端不达腹鳍起点，侧线鳞59～64。近海底层小型鱼类，一般体长180～200mm。性凶猛，游动迅速。为我国沿海主要经济鱼类之一，产量较大，渔获期以冬、春两季为主。其肉味鲜，有一定药用功效（图13-157）。

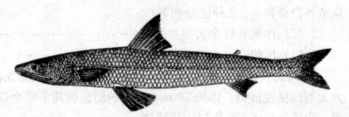

图13-157　长蛇鲻 S. elongata
（王文滨，1962）

（3）龙头鱼属 Harpadon。我国仅产龙头鱼 H. nehereus（Hamilton-Buchanan）1种。

龙头鱼：口裂大。胸鳍长，胸鳍长大于头长。我国分布于南海、东海和黄海，为常见中下层鱼类，肉食性。其肉味鲜美，多制成干品（图13-158）。

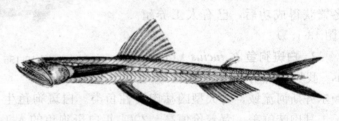

图13-158　龙头鱼 H. nehereus
（湖北水生所鱼类研究室．1976．长江鱼类）

2. 青眼鱼科 Chlorophthalmidae 主要属与代表种　辅上颌骨1块，下颌长于上颌，有脂鳍。本科为底栖性中小型鱼类，所有种类皆为雌、雄同体。广泛分布于各大洋热带至温度水域。我国只有青眼鱼属 Chlorophthalmus，代表种有黑缘青眼鱼 C. nigromarginatus（Kamohara）。

黑缘青眼鱼：背鳍前与尾鳍末端边缘呈黑色，腹鳍中部有黑色横带。分布于我国东海和

南海，为深海底栖经济鱼类，常以底拖网捕获（图13-159）。

（五）鳕形目 Gadiformes 的分类与识别

背鳍1~3个，鳍无棘，腹鳍如存在则胸位或喉位。闭鳔类。无肌间骨。本目主要为寒带海洋鱼类，只有江鳕1种生活在淡水，多数分布在太平洋和大西洋的北部海区，在世界渔业中列第二位，其总产量仅次于鲱形目鱼类。

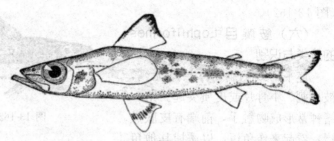

图13-159　黑缘青眼鱼 *C. nigromarginatus*
（成庆泰，郑葆珊等.1987.中国鱼类系统检索）

本目共有9科75属，我国产5科，经济价值较大的主要有鳕科。

鳕科 Gadidae 主要属与代表种　腹鳍胸位；背鳍1~3个；臀鳍1~2个；背鳍、尾鳍和臀鳍不相连。犁骨无齿，颏部通常有1根须。常见有3属：

1（2）背鳍2个，臀鳍1个 ………………………………………………………… 江鳕属
2（1）背鳍3个，臀鳍2个
3（4）下颌较上颌短；尾鳍微凹 …………………………………………………… 鳕属
4（3）下颌较上颌长；尾鳍浅叉状 ………………………………………………… 狭鳕属

(1) 江鳕属 *Lota*。我国仅产江鳕 *L. lota* (Linnaeus) 1种。

江鳕：又称花鲇、山鲇。江鳕是鳕科中唯一的纯淡水种类。颏部有须1根，第二背鳍及臀鳍长且相对，尾鳍圆形。肉食性。3~4龄性成熟，生殖期12月至翌年2月，通常在0℃水中产卵，喜沙质或水草丛生处。我国分布于黑龙江、松花江、乌苏里江、鸭绿江水系及新疆额尔齐斯河水系。为产地名贵冷水性经济鱼类（图13-160）。

目前黑龙江、河北石家庄有江鳕的实验性养殖；新疆生产建设兵团水产技术推广总站的江鳕人工繁殖与规模化苗种培育也获得成功。

(2) 鳕属 *Gadus*。我国仅有太平洋鳕 *G. macrocephalus* (Tilesius) 1种。

太平洋鳕：又称大头鳕。头大，上颌略长于下颌，口前位。下颌颏部有1须，须长等于或略长于眼径。背鳍3个，臀鳍2个；腹鳍喉位。为冷水性海洋底层鱼类，常生活在水深50~80m的海区，以小型鱼类和无脊椎动物为食。我国分布于渤海、黄海及东海北部，是黄海北部主要经济鱼类（图13-161）。

图13-160　江鳕 *L. lota*
（成庆泰，郑葆珊等.1987.中国鱼类系统检索）

(3) 狭鳕属 *Theragra*。代表种为狭鳕 *T. chalcogramma* (Pallas)。

狭鳕：又称明太鱼。身体略长，后部渐细侧扁。下颌长于上颌；颏须1根，须长约为瞳孔的1/2。背鳍3个，臀鳍2个。有洄游习性，我国分布于黄海东部，是重要经济鱼类

图13-161　太平洋鳕 *G. macrocephalus*
（李思忠，1955）

（图 13-162）。

（六）鮟鱇目 Lophiiformes 的分类与识别

体平扁或侧扁，体裸露无鳞，被小刺、小骨片或皮质突起。第一鳍棘常形成吻触手，前端有皮肤皱褶，看起来像鱼饵，以诱捕其他鱼

图 13-162　狭鳕 T. chalcogramma

类。胸鳍具 2~4 鳍条基骨，在鳍基形成假臂状。常栖息近岸浅海或大洋中，我国有一定经济价值的为鮟鱇科。

鮟鱇科 Lophiidae 主要属与代表种　体平扁，口大，头宽阔。腹鳍短小，喉位。胸鳍宽大，边缘具皮瓣，2 鳍条基骨在鳍基形成假臂。尾鳍小，圆形。代表种有黄鮟鱇属 *Lophius* 的黄鮟鱇 *L. litulon* (Jordan)。

黄鮟鱇：下颌齿 1~2 行，下颌口底前部为黄色。臀鳍黑色，鳍条 8~11 根。3 龄性成熟。我国分布于黄海和渤海，为近海底层鱼类（图 13-163）。

（七）鲻形目 Mugiliformes 的分类与识别

背鳍 2 个，第二背鳍多与臀鳍相对。头部有侧线，体侧有侧线或不明显。多分布于热带和亚热带海域，为近岸鱼类，许多种类为优良的海水养殖对象。本目只有鲻科 1 科。

图 13-163　黄鮟鱇 *L. litulon*
（张春霖，1963）

鲻科 Mugilidae 主要属与代表种　口小，齿细弱。体延长，稍侧扁。头部被圆鳞，体被弱栉鳞。我国产 7 属，主要有 2 属，区别如下：

1 (2) 上颌骨完全被眶前骨掩盖，后端不外露或仅稍露；胸鳍腋鳞发达 ………… 鲻属
2 (1) 上颌骨后端显著露出于眶前骨之外；腋鳞不发达或不存在 ………… 鮻属

(1) 鲻属 *Mugil*。我国只产 *M. cephalus* Linnaeus 1 种。

鲻：脂眼睑特别发达，眼睛大部分被覆盖。口下位，上、下颌具绒毛状细齿。我国沿海均产，雌鱼 3~4 龄成熟。食性广，生长快，南海当年鱼能长到 300 mm（图 13-164）。

鲻为广盐、广温性鱼类，在淡水、咸淡水及盐度 38 的海水中都能正常生活。生活水温 3~35 ℃。是我国发展海、淡水养殖的主要对象，联合国粮农组织也将其列为向世界推广养殖的海、淡水鱼类品种之一，为优良经济鱼类。

(2) 鮻属 *Liza*。脂眼睑不发达，上颌骨后端显著露出于眶前骨之外。腋鳞不发

图 13-164　鲻 *M. cephalus*
（成庆泰，1955）

达。代表种为鮻 *L. haematocheila* (Temminck et Schlegel)。

鮻：眼橘红色，故又称"红眼"。纵列鳞 36~44。刮食性。雌鱼 3~4 龄性成熟。我国沿海均有分布，是海水养殖主要种类，也是海区重要增殖对象（图 13-165）。

【作业】

1. 任选 6～8 种实验鱼，编写出检索表，并列出它们的分类地位。

2. 怎样区分太湖新银鱼和大银鱼？鲅和鲻？

3. 列出并简要说明本次实验所采用的主要分类特征。

4. 简单叙述本次实验鲢亚科主要种类的特征与特性。

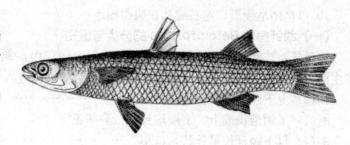

图 13-165　鲅 *L. haematocheila*
（伍汉霖、沈根媛，1984）

实验十八　颌针鱼目、鳉形目、海鲂目、刺鱼目、合鳃目、鲉形目的分类

【实验目的】

通过实验，了解颌针鱼目、鳉形目、海鲂目等六目鱼类在目阶元上的分类区别；掌握每个目各主要科、属的分类特征及特点，识别代表种类，熟悉其分类地位；学会使用检索表，掌握鱼类分类的方法。

【实验工具与标本】

1. 工具　解剖盘、钝头镊子、放大镜、分规、直尺。

2. 标本　翱翔飞鱼、细下鱵、扁颌针鱼、青鳉、琴尾鱼、食蚊鱼、孔雀鱼、剑尾鱼、宽鳍鳉、海鲂、中华多刺鱼、鳞烟管鱼、刀海龙、三斑海马、黄鳝、刺鳅、大刺鳅、许氏平鲉、褐菖鲉、短鳍红娘鱼、花斑短鳍蓑鲉、鲬、大泷六线鱼、松江鲈。

若标本不全，可结合附图及相关辅助资料识别。

【实验方法与内容】

浸制标本用清水冲洗片刻，置于解剖盘中。认真观察各标本的外部分类特征与相关解剖结构，先依据目的检索表，将实验鱼按目区分开，然后再依照目以下科、属、种的检索表及特征介绍，识别到具体种。

本实验各目检索表

1（10）体不呈鳗形；左右鳃孔分离

2（5）背鳍一般无鳍棘

3（4）体有侧线 ··· 颌针鱼目

4（3）体无侧线 ··· 鳉形目

5（2）背鳍一般有鳍棘

6（7）头骨一般有眶蝶骨 ··· 海鲂目

7（6）头骨无眶蝶骨

8（9）吻常呈管状；腰带不与匙骨相接 ··· 刺鱼目

9（8）吻一般不呈管状；腰带与匙骨相接 ··· 鲉形目

10（1）体呈鳗形；左右鳃孔在腹面相连 …………………………………………… 合鳃目

（一）颌针鱼目 Beloniformes 的分类与识别

体延长，被圆鳞。腹鳍腹位，胸鳍位高。上颌仅由前颌骨组成。本目主要为海水鱼类，多生活在热带和温带海洋水域，仅鱵科中有少数种类可进入淡水。我国产4科，检索如下：

1（2）上下颌均正常；胸鳍特别宽大 ………………………………………………… 飞鱼科
2（1）下颌延长或上、下颌均延长；胸鳍正常
3（4）仅下颌延长呈针状，口小 ……………………………………………………… 鱵科
4（3）上、下颌均延长，口大
5（6）背鳍与臀鳍后方无游离小鳍；两颌延长呈喙状 ……………………………… 颌针鱼科
6（5）背鳍与臀鳍后方各有游离小鳍；两颌稍延长 ………………………………… 秋刀鱼科

1. 飞鱼科 Exocoetidae 主要属与代表种 胸鳍位高，形大如翼；腹鳍较长；尾鳍深叉，下叶长于上叶。本科种类常栖于浅海，为温热带海洋上层小型鱼类。喜集群，有趋光性。主食浮游动物。因胸鳍发达，当鱼体受惊扰时常张开胸鳍，快速摆动尾部而跃出水面，贴水面滑翔。

我国产5属，代表种有飞鱼属 *Exocoetus* 的翱翔飞鱼 *E. volitans* Linnaeus，主要分布在南海和东海（图13-166）。

2. 鱵科 Hemiramphidae 主要属与代表种 上颌短，呈扁平三角形，下颌延长呈针形。体延长，背鳍靠后与臀鳍相对。尾鳍叉形，下叶略长。

本科种类大多生活于海洋，为近岸中上层小型鱼类，少数可进入淡水。以浮游生物为食。我国产3属，代表种有下鱵属 *Hyporhamphus* 的细下鱵 *H. sajori* (Temminck et Schlegel)。

图13-166 翱翔飞鱼 *E. volitans*
（杨玉荣，1979）

细下鱵：也称日本鱵或鱵。胸鳍略尖长，腹鳍短小。侧线位低；侧线鳞102～112。分布于我国近岸浅海区域，也能进入河口咸淡水交界处觅食，喜集群。该鱼可用纳潮方法引苗入港，做港养对象（图13-167）。

图13-167 细下鱵 *H. sajori*
（成庆泰，1955）

3. 颌针鱼科 Belonidae 主要属与代表种 上、下颌均延长呈针状，颌齿细尖。鳞细小，侧线近腹缘。背鳍与臀鳍相对。本科为暖水性上层鱼类，常生活于近海浅水水域，以昆虫、毛虾和小型鱼类为食。我国产5属，主要有扁颌针鱼属 *Ablennes*，代表种有横带扁颌针鱼 *A. hians* (Valenciennes)

横带扁颌针鱼：体略呈带状，侧扁。鳞片小。背鳍条24～25；臀鳍条25～27。体侧中央有一暗色纵带，并有4～8条横纹。以小鱼为食，分布于我国沿海，有一定经济价值（图13-168）。

4. 竹刀鱼科 Scomberesocidae 主要属与代表种 背鳍与臀鳍后方有4～6个游离小鳍。

我国仅秋刀鱼属 *Cololabis* 秋刀鱼 *C. saira*（Brevoort）1 种。

秋刀鱼：在西北太平洋从亚热带到亚寒带南部广泛分布，是一种资源量较高的上层鱼种，有趋光性，主食浮游动物。该鱼为世界重要海洋经济鱼类，主要捕捞国为日本、韩国、俄罗斯等，我国仅在黄海北部有少量捕获（图 13-169）。

图 13-168　横带扁颌针鱼 *A. hians*
（肖真义，1979）

图 13-169　秋刀鱼 *C. saira*
（王秀玉，1987）

（二）鳉形目 Cyprinodontiformes 的分类与识别

尾鳍圆形或截形，体被圆鳞，无侧线。上颌可伸展，仅由前颌骨组成。本目主要为生活于亚洲、非洲及美洲热带水域的小型淡水鱼类，世界共有 10 科 109 属。许多种类因体色艳丽、体形奇特而成为观赏鱼类。我国只产青鳉科 1 科 1 属 2 种，其余均为引进种。主要科的检索如下：

1（2）无犁骨；前颌骨无突起 ··· 青鳉科
2（1）有犁骨；前颌骨有突起
3（4）左右腹鳍基紧相连接；雄性臀鳍前部鳍条不延长形成交配器 ·············· 溪鳉科
4（3）左右腹鳍基明显分开；雄性臀鳍前部鳍条延长形成交配器 ······ 花鳉（胎鳉）科

1. 青鳉科 Oryziidae 主要属与代表种　头部与体被鳞；无侧线。尾鳍截形。卵生。本科共有 9 属，我国仅有 1 属 2 种，即青鳉属 *Oryzias* 的青鳉和弓背青鳉，常见为青鳉 *O. latipes*（Temminck et Schlegel）：

1（2）臀鳍条 15～20 枚（分布：华南、华北，北方可到辽宁）······················· 青鳉
2（1）臀鳍条 25 枚（分布：海南岛）··· 弓背青鳉

青鳉：体侧扁，背部平直。小型淡水鱼，常成群地栖息于静水或缓流水的表层，在稻田及池塘、沟渠中常见，我国主要分布于华南、华东各省。以小型无脊椎动物为食。喜集群，性活泼，对水中氧气和温度的变化有较强的适应力。4～6 月分批产卵，卵通过丝状物固着于雌体上。此鱼以能吃蚊虫的幼虫（孑孓）而有益（图 13-170）。

因水土保持不当，农业生产的农药、化肥影响及外来鱼种侵扰等，极大破坏了青鳉的生存环境，目前几乎已无此种鱼的优良栖地，青鳉自然资源濒临灭绝。

2. 溪鳉科 Aplocheilidae 引入种简介　此科鱼类我国不产，引入种均为观赏鱼。

（1）七彩麒麟 *Nothobranchius rachovi*。原产于非洲，为名贵海水观赏鱼。红眼，橘黄色的体上有许多横纹，并散布有许多金色小点，极具观赏性。适宜水温 24～27 ℃。

（2）琴尾鱼 *Aphyosemion australe*。原产于非洲，雄性个体体色美丽，尾鳍延伸，形如古罗马的里拉琴。适宜水温 23～26 ℃，分批产卵。因琴尾鱼喜欢水生植物茂盛的环境，水箱中应植热带水草（图 13-171）。

（3）印度蓝金龙 *Aplocheilus panchax*。又称潜水艇，原产于印度、马来半岛。体小，狭长；体色美丽。喜在水的上层游动，会跳跃。卵生。适宜水温 21～30 ℃，以小鱼为食。

3. 花鳉（胎鳉）科 Poecilidae 引入种简介　此科鱼类原产于非洲及中南美洲。我国不

图 13-170　青鳉 O. latipes
（郑慈英．1989．珠江鱼类志）

图 13-171　琴尾鱼 A. australe

产，均从国外引入。胎生。雌雄的外形差异较明显，易区别：雄鱼个体较雌鱼小，臀鳍细长成交接器；雌鱼个体较大，臀鳍端部呈扇形。

本科共有 3 亚科 30 属约 290 余种，均为小型淡水鱼，其中许多种类经由人工培育而衍生出多个品系，具有较高的观赏价值。

（1）食蚊鱼 Gambusia affinis（Baird et Girard）。原产中南美洲，1913 年由夏威夷移至我国台湾，现已分布于南方各省水体，以喜食蚊子幼虫孑孓而闻名。食蚊鱼适温范围广，在水温 5～38 ℃的环境中均能生存，平时喜集群游动于水的表层。体长 15～40 mm。卵胎生。常作为观赏鱼而养殖（图 13-172）。

在华南地区，因食蚊鱼对环境适应力强，已取代了本地的青鳉 O. latipes 和弓背青鳉 O. curvinotus 而成为该地水体的优势种，危害到了青鳉的生存。

（2）孔雀鱼（虹鳉）Lebistes reticulates。尾鳍宽大；背鳍窄而高，背鳍条 7～8。体态优美，色彩多变，尾鳍形状变化更多，性情温和，繁殖力强。卵胎生。雄鱼 30 mm 性成熟，雌鱼约 60 mm 成熟。经人工不断选育，现有多个品种，为著名热带观赏鱼（图 13-173）。

图 13-172　食蚊鱼 G. affinis 雌（上）、雄（下）

图 13-173　孔雀鱼 L. reticulates

（3）剑尾鱼 Xiphophorus helleril。原产于墨西哥、危地马拉等地的江河，因雄鱼尾鳍下叶延长呈剑状而得名，成鱼全长可达 100 mm。性情活泼温和，杂食性，最适生长水温为 22～24 ℃。卵胎生（图 13-174）。

剑尾鱼经过人工不断选优培育，得到红剑、黄剑、鸳鸯剑等不同品种。尾鳍有单剑，也有双剑（尾鳍上下端都延长）。杂交后的品种体色艳丽，生长快，易饲养，更具观赏价值。

（4）宽鳍鳉 Mollienesia latipinna。又称玛丽鱼，原产中美洲，以雄鱼背鳍特别宽大而闻名。成鱼体长 80～120 mm，性格温和，食性杂。喜弱碱性水，适宜水温 20～24 ℃，水温低于 18 ℃易患水霉病和白点病。卵胎生（图 13-175）。

玛丽鱼有多种人工选育的品种，主要有羹匙翅玛丽、鸳鸯玛丽、红翅玛丽、黄翅玛丽、银珍珠玛丽、燕尾玛丽、帆翅玛丽和皮球玛丽等。性状稳定的纯色品种又有黑玛丽、银玛丽、金玛丽、红玛丽等。

图 13-174　剑尾鱼 X. helleril

图 13-175　宽鳍鳉 M. latipinna

（三）海鲂目 Zeiformes 的分类与识别

体侧扁且高，上颌显著突出，颌骨、犁骨有齿。鳞细小或仅有痕迹。背鳍棘 5~10 根，鳍条 22~36。鳔无管。本目均为海洋鱼类，一般生活于深海，较少见。我国产 5 科，主要有海鲂科 Zeidae，常见有海鲂属 Zeus 的海鲂 Z. faber Linnaeus。

海鲂：口大，前位，上颌可以伸缩，无辅上颌骨。背鳍棘间鳍膜延长成丝状，腹部有一列骨片。胸鳍短小，尾鳍圆形，体侧侧线下方有一具黄色环的圆形黑斑。我国分布于南海、东海和台湾海峡。可食用，也可做观赏鱼类（图 13-176）。

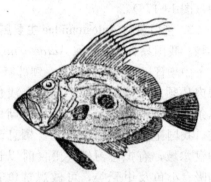

图 13-176　海鲂 Z. faber

（四）刺鱼目 Gasterosteiformes 的分类与识别

口小，前位；吻通常成管状。体延长，侧扁或管状。腰带不与匙骨相接。世界有 11 科 71 属，我国产 7 科。主要 4 科检索如下：

刺鱼目主要科的检索表

1（2）吻不呈管状；腹鳍亚胸位 ………………………………………………………… 刺鱼科

2（1）吻呈管状；腹鳍腹位或无腹鳍

3（6）有腹鳍；鳃孔宽大

4（5）无须；前颌骨有齿；尾鳍叉形 ………………………………………………… 烟管鱼科

5（4）有须；前颌骨无齿；尾鳍圆钝 ………………………………………………… 管口鱼科

6（3）无腹鳍；鳃孔小 ……………………………………………………………… 海龙科

1. 刺鱼科 Gasterosteidae 主要属与代表种　体裸露或被骨片，具尖锐颌齿。雄鱼有筑巢和护幼习性。我国产 2 属，主要是多刺鱼属 *Pungitius*，代表种为中华多刺鱼 *P. sinensis* (Guichenot)。

中华多刺鱼：背鳍有 8~9 枚游离棘，尾鳍截形。尾柄细小。体有骨板。体小，全长 50 mm 左右。我国分布于东北、内蒙古、华北各水域。以水生昆虫和浮游动物为食。生殖期 4~6 月。生殖期雄鱼用分泌物将植物碎片黏合成鱼巢，供雌鱼产卵，雄鱼有护巢习性（图 13-177）。

2. 烟管鱼科 Fistulariidae 主要属与代表种　吻呈烟管状，前颌骨有齿。体长形，背鳍与臀鳍相对。本科只有烟管鱼属 *Fistularia*，代表种为鳞烟管鱼 *F. petimba* Lacepède。

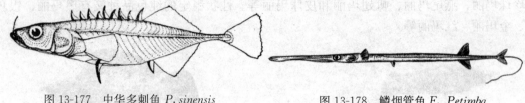

图 13-177　中华多刺鱼 P. sinensis　　　　图 13-178　鳞烟管鱼 F. Petimba
（张春霖、张有为，1962）

鳞烟管鱼：吻部特别长，约占体长的 1/3。尾鳍叉形，尾鳍正中鳍条延长呈丝状。暖水性底层鱼类，我国分布于南海、东海和黄海南部。有一定的药用价值，可清热解毒、利尿消肿（图 13-178）。

3. 管口鱼科 Aulostomidae 主要属与代表种　体细长，被栉鳞。背鳍具 8~12 个分离的小棘。我国只有管口鱼属 *Aulostomus* 的中华管口鱼 *A. chinensis*（Linnaeus）。

中华管口鱼：吻长管状，颏部有 1 根肉质须。尾鳍圆菱形。体侧有浅色纵条纹，为热带和亚热带小型珊瑚鱼类。我国主要分布于南海，喜栖息于礁盘水域，有拟态习性。摄食时以长吻吸食小鱼及甲壳类，可做观赏鱼养殖（图 13-179）。

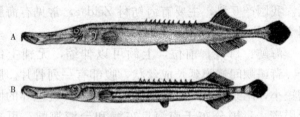

图 13-179　中华管口鱼 *A. chinensis*（A. 雄　B. 雌）
（张世义，1979）

对生活于珊瑚礁区的个体，其肌肉及内脏易积累珊瑚礁毒素，慎食。

4. 海龙科 Syngnathidae 主要属与代表种　尾细长，体被环形骨板。口前位，两颌及犁骨无齿。雌雄异形，雄鱼在尾下方或腹部有一孵卵囊。

该科为热带、亚热带的中小型鱼类，喜生活在沿海海藻丰盛处。我国产 12 属，常见有刀海龙属 *Solegnathus* 和海马属 *Hippocampus*。

（1）刀海龙属。我国仅产刀海龙 *S. hardwickii*（Gray）1 种。

刀海龙：背鳍基不隆起，完全位于尾部。躯干部上侧棱骨环相接处有一列黑褐色斑点。为近海暖水性鱼类，我国主产于南海及台湾海峡。药用价值较高，有散结消肿、舒筋活络等功效（图 13-180）。

图 13-180　刀海龙 *S. hardwickii*
（张春霖、张有为，1962）

（2）海马属。头部弯曲，与体躯呈直角，头顶部具顶冠。背鳍基隆起，位于躯干部与尾部相接处。无腹鳍；无尾鳍。尾部卷曲能卷缠他物。雌、雄异形，雄性具育儿囊。我国产 6 种，常见有日本海马、管海马和斑海马，区别如下：

1（4）背鳍 16~18；体环 11＋35~38

2（3）背鳍 17；胸鳍 16；体环 11＋35~38（分布：渤海、东海、南海）…… 管海马

3（2）背鳍 16~17；胸鳍 13；体环 11＋37~38（分布：黄海、渤海、东海、南海）……………………………………………………………… 日本海马

4（1）背鳍 20~21；体环 11+40~41（分布：东海、南海）·················· 斑海马

海马类一般无食用价值，但药用价值高，是名贵的中药材。其对温度、盐度的适应范围较广，在我国南北方均可进行人工养殖。海马 3~11 月繁殖，可多次产卵。喜食浮游甲壳类，生长迅速，幼鱼经几个月饲养即可长成。人工养殖的多为管海马和斑海马。

①日本海马 H. japonicus Kaup。体上无发达的棘，喜生活于沿海湾的海藻丛中，常靠背鳍扇动做垂直游动，尾部缓慢摆动，当触及海藻等附着物即缠绕其上。广泛分布于我国南北各海区（图 13-181）。

②管海马 H. kuda Bleeker。头上小棘发达。躯干部七棱形，尾部四棱形。喜栖息于沿海及内弯水体透明度较大的海底石砾或藻体处。生长较快，9~12 个月可达性成熟。一般体长 130~190 mm，为海马属中个体最大的一种，药用价值高（图 13-182）。

③斑海马 H. trimaculatus Leach。也称三斑海马，体淡褐色，体侧背方第 1、4、7 体环各具一黑斑。常栖息于近海内弯水质清澄、藻类繁茂的低潮区。属暖温性海洋鱼类，适宜水温 18~30 ℃，低于 8 ℃或超过 32 ℃会引起死亡。6 月为繁殖盛期。斑海马体形较大，生长快，在南方 3 个月达性成熟，在山东日照则需 5 个月。斑海马自然分布于我国福建、广东等省沿海，药用价值高。在广东、福建、浙江沿海已有规模化养殖，在投饵充足条件下，饲养 5 个月就可达医药商品规格。经济效益高，是优良的养殖对象（图 13-183）。

图 13-181　日本海马 H. japonicus
（张春霖，1963）

图 13-182　管海马 H. kuda
（金鑫波，1984）

图 13-183　斑海马 H. trimaculatus
（张春霖、张有为，1962）

（五）合鳃目 Synbranchiformes 的分类与识别

体延长呈鳗形。鳃孔位于头的腹面，左右鳃孔合一。我国产 2 亚目 2 科，即合鳃亚目 Synbranchoidei 的合鳃科和刺鳅亚目 Mastacembeloidei 的刺鳅科。2 科区别如下：

1（2）体无鳞；背鳍臀鳍退化呈皮褶 ·················· 合鳃科
2（1）体被鳞；背鳍臀鳍存在 ·················· 刺鳅科

1. 合鳃科 Synbranchidae 主要属与代表种　　尾尖细，尾鳍退化成痕迹。眼小，被皮膜所盖。左右鳃孔连合形成"∧"形。我国仅有黄鳝属 Monopterus 的黄鳝 M. albus（Zuiew）。

黄鳝：体长，鳗形。上、下颌具齿。无胸鳍和腹鳍；背鳍、臀鳍退化为皮褶。鳃不发达，以口腔及咽腔的内壁表皮组成辅呼吸器。黄鳝为底栖生活的鱼类，喜栖息江河、湖泊、池塘、稻田的泥质洞穴或堤岸的裂隙中。白天很少活动，夜间出来觅食，主要摄食昆虫幼虫，也食蝌蚪及小鱼等。5~8 月产卵，产卵量小。产卵前，亲鱼先在洞口吐泡聚积成巢，

然后产卵于其中,卵借泡沫的浮力浮在水面孵化,亲鱼护巢。全国性分布(图13-184)。

黄鳝有性逆转现象,幼时至初次性成熟时均为雌性,生殖一次后,卵巢退化而转变为精巢,成为雄性个体。其肉味鲜美,经济价值高,已成为长江中下游地区主要养殖鱼类。

黄鳝血液含血清毒素,经加热可破坏。

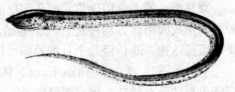

图 13-184　黄鳝 *M. albus*
(湖北水生所鱼类研究室.1976.长江鱼类)

2. 刺鳅科 Mastacembelidae 主要属与代表种

背鳍前有 9~42 枚游离的棘。两颌齿细,多行。背鳍、臀鳍与尾鳍相连;腹鳍退化消失。我国产2属:

1(2)吻突短于眼径或等于眼径;臀鳍具3枚棘 ·············· 吻刺鳅属
2(1)吻突大于眼径;臀鳍具2枚棘 ··························· 刺鳅属

(1)吻刺鳅属 *Macrognathus*。代表种是刺鳅 *M. aculeatus* (Bloch)。

刺鳅:体被小鳞片,无侧线。眼下有一硬刺。胸鳍短小,略呈扇形。底栖性鱼类,喜生活于多水草的浅水区。以水生昆虫及小鱼为食。主要分布于长江、黄河水系,有一定的经济价值(图13-185)。

(2)刺鳅属 *Mastacembelus*。本属只有大刺鳅 *M. armatus* (Lacepède) 1种。

大刺鳅:体被栉鳞,侧线完全。喜栖息于砾石底的江河溪流中,常藏匿于石缝或洞穴。生长较快,最大体重可达 500 g。杂食性,以小型无脊椎动物和部分植物为食。分布于长江以南的各水系及海南岛、台湾。受各种因素影响,大刺鳅的自然资源已渐枯竭。

2006年珠江水产研究所对人工驯养的大刺鳅催产成功,现已有商品化养殖。目前人工饲养主要是投喂冰鲜鱼,经驯食后也可投喂配合饲料。大刺鳅肉质细嫩,有益气、消渴利尿等功效,被视为滋补上品(图13-186)。

图 13-185　刺鳅 *M. aculeatus*
(郑慈英等,1989)

图 13-186　大刺鳅 *M. armatus*
(郑慈英等,1989)

(六)鲉形目 Scorpaeniformes 的分类与识别

上、下颌齿细小,犁骨及腭骨常有齿。头部常具棘、棱或骨板。胸鳍基底通常宽大,腹鳍胸位或亚胸位,少数无腹鳍。本目鱼类众多,大多生活在近海,也有少数可进入淡水。主要为底层鱼类,游泳力弱,活动范围小。许多种类的鳍棘有毒,被刺后剧痛;有些种类体色鲜艳多彩,鳍棘艳丽,是名贵的海水观赏鱼。我国产14科,主要有5科。

鲉形目主要科的检索表

1(8)体具正常鳞,若无鳞则背鳍棘坚硬
2(7)头、体侧扁或头部较平扁
3(6)头上有发达的棘突或骨板;背鳍棘发达
4(5)头部无骨板,但具棘突 ································ 鲉科
5(4)头背、头侧均有发达骨板 ························ 鲂鮄鱼科
6(3)头上无棘突或骨板;背鳍棘弱 ···················· 六线鱼科

7（2）头、体均平扁 ·· 鲬科
8（1）体无鳞，背鳍棘弱 ·· 杜父鱼科

1. 鲉科 Scorpaenidae 主要属与代表种 体被鳞，鳃盖膜不连于峡部。为小型海水鱼，以热带为多，一般生活于岩礁附近或珊瑚礁中，体色美丽。卵胎生。此科鱼类的棘基有毒腺，人被刺后伤口剧痛。我国有7亚科43属，常见3属检索如下：

1（4）胸鳍、背鳍不甚延长
2（3）背鳍鳍棘13～15枚；腰带上有孔 ·· 平鲉属
3（2）背鳍鳍棘12枚；腰带无孔 ·· 菖鲉属
4（1）胸鳍鳍条和背鳍鳍棘显著延长 ·· 蓑鲉属

（1）平鲉属 *Sebastes*。代表种为许氏平鲉 *S. schlegeli*（Hilgendorf）。

许氏平鲉：体稍长而侧扁，下颌稍长于上颌，口内具绒毛细齿。背鳍棘13枚，眶前骨有3尖棘，头背部棘棱突出不明显。肉食性，4～6月产仔。在我国主要分布于渤海、黄海和东海。其肉质鲜美，在山东沿海有黑石斑的美誉，为北方海水养殖对象之一（图13-187）。

（2）菖鲉属 *Sebastiscus*。代表种为褐菖鲉 *S. marmoratus*（Cuvier et Valenciennes）。

褐菖鲉：体褐红色。背鳍棘12枚，头背部棘棱突出。肉食性。为暖水性底层鱼类，我国沿海均有分布，常栖息于近岸岩礁附近。可用流刺网捕捞，肉味鲜美（图13-188）。

图13-187 许氏平鲉 *S. schlegeli*
（李思忠，1955）

图13-188 褐菖鲉 *S. marmoratus*
（李思忠，1955）

（3）蓑鲉属 *Dendrochirus*。是鲉科鱼类及珊瑚礁鱼类中最漂亮的一类。美丽的鳍棘颜色鲜艳，既是装饰，也是最佳攻击武器。代表种有花斑短鳍蓑鲉 *D. zebra*（Cuvier）。

花斑短鳍蓑鲉：背鳍棘13；臀鳍棘3。头部多锐棘和皮瓣，有鼻棘、眶前棘、眶上棘等。胸鳍宽大，末端伸达尾柄。体色艳丽，为暖水性鱼类，食小型无脊椎动物。一般体长为140～200 mm。鳍棘有毒。我国见于南海诸岛，为名贵海水观赏鱼（图13-189）。

2. 鲂鮄科 Triglidae 主要属与代表种 头部被骨板，吻侧有吻突或吻棘。胸鳍下部有3枚游离鳍条。上、下颌均有齿。为近海中小型底栖鱼类，我国有4属，主要分布于东海、黄海和渤海。代表种有红娘鱼属 *Lepidotrigla* 的短鳍红娘鱼 *L. micropterus* Günther。

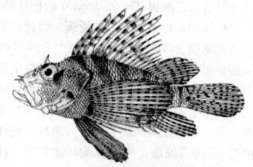

图13-189 花斑短鳍蓑鲉 *D. zebra*
（李思忠，1955）

短鳍红娘鱼：两背鳍基侧各有一纵列棘板，胸鳍不伸达第 2 背鳍基底中部。背部红色。动物食性，体长一般 140～240 mm。常栖息于泥沙底质海区，能用胸鳍游离鳍条在海底匍匐爬行。为次要经济鱼类（图 13-190）。

3. 鲬科 Platycephalidae 主要属与代表种 头宽扁，体平扁，棘与棱显著。体被栉鳞。臀鳍无鳍棘。为近海底层肉食性鱼类，我国产 15 属，主要有鲬属 *Platycephalus* 的鲬 *P. indicus*（Linnaeus）。

鲬：头长，甚平扁。体长形，棘棱低弱。尾鳍上缘有一枚延长游离鳍条。个体较大，体长可达 1 m。为近海底层鱼类，常栖息沙底浅海区域，行动缓慢。主食各种小型鱼类和甲壳动物等，肉味鲜美。日本已有人工育苗，我国尚未开发养殖（图 13-191）。

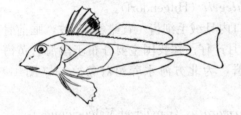

图 13-190　短鳍红娘鱼 *L. micropterus*
（成庆泰，郑葆珊等．1987．中国鱼类系统检索）

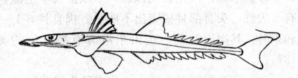

图 13-191　鲬 *P. indicus*
（成庆泰，郑葆珊等．1987．中国鱼类系统检索）

4. 六线鱼科 Hexagrammidae 主要属与代表种 口前位，两颌具细齿。侧线 1 条或数条。我国产 2 属，代表种有六线鱼属 *Hexagrammos* 的大泷六线鱼 *H. otakii* Jordan et Starks。

大泷六线鱼：也称欧式六线鱼。体两侧各有 5 条侧线。背鳍长，鳍棘部与鳍条部之间有一深凹，鳍棘部后上方有一显著大斑。尾鳍截形，后缘微凹。栖息于近海底层，动物食性。稚鱼游动于表层，后转营底层生活，体色常随环境与个体大小变异甚大。我国主要分布于黄海、渤海，为海水养殖对象，驯食后可食配合饲料（图 13-192）。

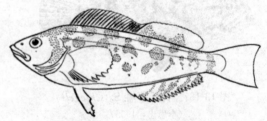

图 13-192　大泷六线鱼 *H. otakii*
（成庆泰，郑葆珊等．1987．中国鱼类系统检索）

5. 杜父鱼科 Cottidae 主要属与代表种 体前部平扁，向后逐渐变细而侧扁。两腹鳍正常，不愈合成吸盘。为温带、寒带沿岸性小型鱼类，有些种类可进入淡水。我国产 12 属，代表种有松江鲈属 *Trachidermus* 的松江鲈 *T. fasciatus* Heckel。

松江鲈：口大，前位。两颌、腭骨、犁骨有绒毛状齿。体无鳞，黄褐色，具横纹。因成鱼头侧鳃膜上各有 2 条橘色斜纹，似 4 片鳃片外露，又有"四鳃鲈"之称。个体小，为降河洄游鱼类。在与海相通的淡水河川区域生长肥育，性成熟后，降河入海产卵，幼鱼再回淡水生活。我国黄海、渤海、东海均有分布，因上海松江所产最为有名，故称"松江鲈"。其肉质细嫩，味极鲜美，被誉为"江南第一名鱼"（图 13-193）。

松江鲈自然资源稀少，为国家二级保护

图 13-193　松江鲈 *T. fasciatus*
（伍汉霖，2002）

动物。

2005年复旦大学与上海海洋大学开始研究松江鲈的人工养殖技术，经几年的发展，现松江鲈已可以全人工养殖商品化。

【作业】
1. 简要叙述如何区分本次实验的颌针鱼目、鳉形目、海鲂目等六目鱼类？
2. 任选取7～8种鱼，编写出检索表，并列出它们的分类地位。
3. 试叙述海马、黄鳝、松江鲈的特征与生物学特性。
4. 怎样区分管海马和斑海马？
5. 列出并简要说明本次实验所采用的主要分类特征。

实验十九　鲈形目（一）的分类

【实验目的】
通过实验，了解鲈形目鱼类的分类概况及主要亚目的分类特点；掌握鲈亚目各主要科及各相关属、种的分类特征；识别常见鱼类，熟悉其分类地位；学会使用检索表，掌握识别鱼类的方法。

【实验工具与标本】
1. 工具　解剖盘、放大镜、钝头镊子、分规、直尺。
2. 标本　花鲈、鳜、斑鳜、长身鳜、赤点石斑鱼、青石斑鱼、点带石斑、长尾大眼鲷、河鲈、大口黑鲈、鯻、细条天竺鱼、多鳞鱚、日本方头鱼、军曹鱼、鲯鳅、乌鲳、蓝圆鲹、大甲鲹、日本竹䇲鱼、黄条鰤、紫红笛鲷、五棘银鲈、断斑石鲈、花尾胡椒鲷。

若标本不全，可结合附图及相关辅助资料识别。

【实验方法与内容】
浸制标本用清水冲洗片刻，置于解剖盘中。认真观察及了解各标本的外部分类特征与相关解剖结构，依据鲈形目亚目检索表，先将实验鱼按亚目区分开。再根据鲈亚目主要科的检索表，将标本按科分类，最后以属、种的检索表及特征介绍，识别到种。

（一）鲈形目 Perciformes 分类概述

鲈形目是硬骨鱼纲中最大的一个目，共有20亚目160科1 539属10 033种（Nelson，2006）。主要分布于温、热带的海洋中，有部分种类生活于淡水。许多种类为重要的经济鱼类，我国海产食用鱼类1/2以上隶属于该目。

主要特征：口裂上缘通常由前颌骨构成，上、下颌发达。背鳍一般2个；第一背鳍由鳍棘组成，第二背鳍为软鳍条。无脂鳍。腹鳍亚胸位、胸位或喉位。体大多被栉鳞，少数种类被圆鳞。一般具上、下肋骨。无韦伯氏器。鳔无管。

我国产14亚目，主要有10亚目，检索如下：

鲈形目主要亚目的检索表

1（16）无鳃上器官
2（15）食道无侧囊
3（14）上颌骨不固着于前颌骨上

4（13）尾柄不具棘
5（12）左右腹鳍不显著接近，也不愈合成吸盘
6（9）腹鳍一般胸位，1鳍棘5鳍条
7（8）左右下咽骨不愈合（丽鱼科、雀鲷科除外） ……………………………………… 鲈亚目
8（7）左右下咽骨愈合 ……………………………………………………………… 隆头鱼亚目
9（6）腹鳍喉位，1鳍棘1~4鳍条，或无腹鳍
10（11）背鳍、臀鳍一般具鳍棘 ……………………………………………………… 绵鳚亚目
11（10）背鳍、臀鳍无鳍棘 ……………………………………………………………… 玉筋鱼亚目
12（5）左右腹鳍接近，大多数愈合呈吸盘 …………………………………………… 鰕虎鱼亚目
13（4）尾柄具棘 ……………………………………………………………………… 刺尾鱼亚目
14（3）上颌骨固着于前颌骨上 ………………………………………………………… 鲭亚目
15（2）食道有侧囊 ……………………………………………………………………… 鲳亚目
16（1）具鳃上器官
17（18）背鳍、臀鳍、腹鳍均具棘 ……………………………………………………… 攀鲈亚目
18（17）背鳍、臀鳍、腹鳍均无棘 ……………………………………………………… 鳢亚目

（二）鲈亚目 Percoidei 的分类与识别

上颌骨与前颌骨连接不紧密。背鳍棘一般发达；腹鳍胸位或喉位。体一般被栉鳞；侧线通常存在。本亚目分布广，种类繁多，生活习性极其多样。我国大部分海产经济鱼类都隶属于该亚目。已知有52科214属，主要有33科，检索如下：

鲈亚目主要科的检索表

1（2）头背部有由第一背鳍变异形成的吸盘 …………………………………………… 鮣科
2（1）头背部无吸盘
3（4）两颌齿愈合，各形成骨喙 ……………………………………………………… 石鲷科
4（3）两颌齿不愈合，不形成骨喙
5（8）后颞骨与颅骨紧密固接
6（7）背鳍前有一向前倒棘 …………………………………………………………… 金线鱼科
7（6）背鳍前无倒棘 …………………………………………………………………… 蝴蝶鱼科
8（5）后颞骨不与颅骨紧密固接
9（10）颏部具2条长须 ………………………………………………………………… 羊鱼科
10（9）颏部无长须
11（32）上颌骨外露，一般不为眶前骨所盖
12（17）臀鳍有3枚棘刺
13（14）眼巨大，眼径约为头长1/2 …………………………………………………… 大眼鲷科
14（13）眼小，眼径在头长1/3以下
15（16）犁骨、腭骨上具齿 …………………………………………………………… 鮨科
16（15）犁骨、腭骨上无齿 …………………………………………………………… 松鲷科
17（12）臀鳍有2枚棘刺
18（23）尾柄宽，体一般被栉鳞

19（22）背鳍 2 个，头不呈方形
20（21）第一背鳍鳍棘 6～9；第二背鳍鳍条 7～10 ················ 天竺鲷科
21（20）第一背鳍鳍棘 11～12；第二背鳍鳍条 16～26 ············ 鳉科
22（19）背鳍 1 个；头钝圆呈方形 ························ 软棘鱼科
23（18）尾柄窄；体一般被圆鳞
24（29）前颌骨能向前伸出
25（28）有腹鳍
26（27）臀鳍无游离鳍棘 ···································· 鲈科
27（26）臀鳍前有 2 枚游离鳍棘 ···························· 鲹科
28（25）无腹鳍 ·· 乌鲳科
29（24）前颌骨不能向前伸出
30（32）第 2 背鳍前有 7～9 根分离的棘 ···················· 军曹鱼科
31（30）背鳍无鳍棘 ···································· 鲯鳅科
32（11）上颌骨全部或大部为眶前骨所盖
33（34）臀鳍具鳍棘 1～2 枚 ···························· 石首鱼科
34（33）臀鳍具鳍棘 3～5 枚
35（36）口能向上、向下或向前伸出（缩） ················ 银鲈科
36（35）口几乎不能向前伸出（缩）
37（44）匙骨上侧角不裸露，无锯齿状突起
38（39）侧线上方鳞片一般斜行 ·························· 笛鲷科
39（38）侧线上方鳞片不斜行
40（41）两颌侧方具臼齿 ······························ 鲷科
41（40）两颌侧方不具臼齿
42（43）两颌前方具圆锥形犬齿 ···················· 金线鱼科
43（42）两颌前方无圆锥形犬齿 ···················· 石鲈科
44（37）匙骨上侧角裸露，有锯齿状突起 ·················· 鲾科

1. 鮨科 Serranidae 主要属与代表种 前鳃盖骨后缘有锯齿，鳃盖膜不与峡部相连。有颌齿，下颌长于上颌，前颌骨能向前伸出。背鳍连续或分离，鳍棘发达。臀鳍短，一般有 3 枚鳍棘。本亚科种类较多，广泛分布于热带至温带海域，少数为淡水生活，大多数为经济鱼类。我国有 48 属 139 种，主要 4 属检索如下：

1（2）背鳍鳍棘部与鳍条部中间有明显缺刻；尾叉形 ············ 花鲈属
2（1）背鳍鳍棘部与鳍条部之间一般无缺刻；尾圆形或浅凹
3（4）体被栉鳞；两颌内行齿可倾倒 ···················· 石斑鱼属
4（3）体被圆鳞；两颌内行齿不能倾倒
5（6）体长为体高的 4.6～5.4 倍；鳃耙结节状 ············ 长身鳜属
6（5）体长为体高的 2.6～3.4 倍；鳃耙发达呈浅梳状 ·········· 鳜属

（1）花鲈属 $Lateolabrax$。口大，斜裂，下颌突出。两颌、梨骨及腭骨均具绒毛齿。本属只有花鲈 $L.\ japonicus$（Cuvier et Valenciennes）1 种。

花鲈：又称鲈。体纺锤形，尾鳍凹形，被小栉鳞。体侧及背鳍上有黑色斑点，斑点随年

龄增长而消失。为近岸浅海鱼类，也可进入淡水。3~4龄成熟。肉食性，生长快，我国沿海皆产。花鲈是海水养殖的主要种类，通过驯化也可在淡水中养殖，经济价值较高（图13-194）。

(2) 鳜属 *Siniperca*。口上位。体被小圆鳞，背鳍鳍棘部与鳍条部相连，尾鳍圆形。幽门盲囊数目多。我国有5种，检索表如下：

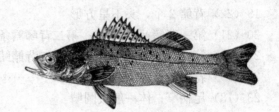

图13-194 花鲈 *L. japonicus*
（成庆泰，1955）

鳜属种的检索表

1 (4) 从吻端穿过眼至背鳍下方有一条褐色斜带；下颌显著突出与上颌之前
2 (3) 鳃耙7~8，眼较小，头长为眼径的5.3~8.1；颊部有鳞 ·················（翘嘴）鳜
3 (2) 鳃耙5~6，眼较大，头长为眼径的4.7~5.1；颊部不被鳞················· 大眼鳜
4 (1) 无褐色斜带穿过眼的前后；下颌突出不明显
5 (6) 鳃耙常为4；体侧有具黑缘的斑块，背鳍两侧一般有3~4个深色大斑 ······ 斑鳜
6 (5) 鳃耙5以上；体侧无具黑缘的斑块
7 (8) 臀鳍条8根，体侧无斑纹 ··· 暗鳜
8 (7) 臀鳍条9根，体侧有数条黄白色波状纹 ································· 波纹鳜

① 鳜 *S. chuatsi* (Basilewsky)。又称翘嘴鳜、鳌花。背鳍Ⅻ，12~15；臀鳍Ⅲ，9~10。侧线鳞110~142。体长为体高的2.7~3.1倍。幽门垂200左右。除青藏高原外，广泛分布于各江河湖泊。2~3龄性成熟，繁殖期5~8月。肉食性，以捕食鱼虾类为食。其肉细嫩味鲜，为名贵食用鱼，是淡水养殖的主要对象之一（图13-195），是黑龙江"三花五罗"之一。

图13-195 鳜 *S. chuatsi*
（金鑫波，1985）

② 斑鳜 *S. scherzeri* Steindachner。个体不大，同龄个体小于鳜。一般体长100~300mm。侧线鳞104~124。体长为体高的3.4~4.0倍。幽门垂45~33。多分布于长江以南各水系，喜栖息于流水环境。肉食性，肉质细嫩，有"淡水石斑"之美誉，并有一定的药用价值（图13-196）。

(3) 长身鳜属 *Coreosiniperca*。仅长身鳜 *C. roulei* (Wu) 1种。

长身鳜：体较细长，近似圆筒形，头也较长。体长为体高的5倍。两颌及犁、腭骨有尖齿，口闭合时下颌前端犬齿外露。鳃盖后端有1枚扁平棘，其上端有较小的短棘1枚。腹鳍近胸位；尾鳍圆形。为南方淡水特产小型鱼，一般生活于江河急流中，喜底质多石的清流水环境，以小鱼、小虾为食。体较小，最大体长200mm左右，味鲜美（图13-197）。

(4) 石斑鱼属 *Epinephelus*。体呈长椭圆形，侧扁，被细小栉鳞。背鳍鳍棘与鳍条相连。石斑鱼体色鲜艳、变化很大，是分类的主要依据之一。为暖水性海洋鱼类，我国主要分

图 13-196　斑鳜 S. scherzeri
（湖北水生所鱼类研究室．1976．长江鱼类）

图 13-197　长身鳜 C. roulei
（湖北水生所鱼类研究室．1976．长江鱼类）

布于南海和东海，多栖息于岩礁底质海区。石斑鱼肉质佳美，是名贵海产之一，福建、广东、海南等省已有石斑鱼人工养殖，以网箱、筑堤和池养 3 种形式为主。

本属我国有 20 余种，常见有点带石斑鱼、青石斑鱼、赤点石斑鱼，区别如下：

1（2）体侧无横带与纵带；体及奇鳍具赤点或朱色点（浸制标本为白色）…………
…………………………………………………………………………… 赤点石斑鱼
2（1）体侧具横带与纵带；
3（4）无黑斑点；体侧 6 条横带，各带不中断 …………………………… 青石斑鱼
4（3）体具较大黑色斑点；横带不明显 ………………………………… 点带石斑鱼

①赤点石斑鱼 E. akaara（Temminck et Schlegel）。侧线鳞 91～101。体棕褐色，具红色斑点，背鳍基底具一黑斑。暖水性中下层鱼类，肉食性。雌雄同体，卵巢先成熟（大部分 3 龄成熟），在体长 230～300mm 时，转变为雄性。产卵期 5～9 月。现已进行人工养殖，是网箱及浅海养殖的优良对象（图 13-198）。

②青石斑鱼 E. awoara（Temminck et Schlegel）。体侧具 6 条暗褐色垂直条纹，第 3 与第 4 带间隔宽。肉食性。雌雄同体，卵巢先成熟，体长 250～400mm 时开始性逆转，产卵期 5～7 月。我国产于南海及东海南部（图 13-199）。

青石斑鱼为名贵鱼类，是我国海水网箱养殖的主要对象，活鱼大量外销，已成为一项创汇渔业。

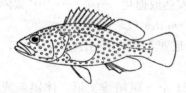

图 13-198　赤点石斑鱼 E. akaara
（胡霭荪，1979）

图 13-199　青石斑鱼 E. awoara
（成庆泰等，1962）

③点带石斑鱼 E. malabaricus（Bloch et Schneider）。吻短钝，鱼体黄棕色，体侧有 5 条不明显横带，体侧及各鳍上分布有斑点。为热带中下层鱼类，喜栖息于岩礁底质海区。性凶猛，以鱼虾为主食，饥饿时会自相残杀。最适水温 22～28℃，水温 15℃以下鱼体失去平衡。为名贵经济鱼类，海水网箱养殖较多（图 13-200）。

2. 大眼鲷科 Priacanthidae 主要属与代表种　眼大，口大，口裂近垂直。背鳍连续，鳍棘可倒卧于背沟中。臀鳍具 3 根强棘。我国产 2 属 5 种，主要有大眼鲷属 Priacanthus 的长

尾大眼鲷 *P. tayenus* Richardson。

长尾大眼鲷：眼大，眼径占头长的1/2，尾鳍上、下叶延长呈丝状。体被细小而粗糙的栉鳞。暖水性底层鱼类。通常栖息于底质为沙泥、水深25～75m的海域中。我国只产于南海，以海南岛东北到汕尾以南沿60m等深线的海域为主要渔场，渔期为5～6月，产量较大（图13-201）。

图 13-200　点带石斑鱼 *E. malabaricus*
（成庆泰，郑葆珊等.1987.中国鱼类系统检索）

3. 鲈科 Percidae 主要属与代表种

两背鳍分离，腹鳍胸位。鳃膜不与峡部相连。我国有3属，代表种有鲈属 *Perca* 的河鲈 *P. fluviatilis* Linnaeus。

河鲈：又称五道黑。吻钝，下颌比上颌稍长。头和体背侧淡黄褐色，有7～9条黑色横斑。幽门盲囊4个。是分布于温带和寒带地区的淡水鱼类，喜栖息于植物丛生的江河、湖泊中。性成熟4龄，繁殖期4～5月。最佳生长水温15～25℃，我国分布于新疆额尔齐斯河和乌伦古河水域，已有人工养殖，是产区经济鱼类之一（图13-202）。

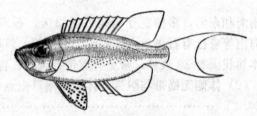

图 13-201　长尾大眼鲷 *P. tayenus*
（成庆泰，郑葆珊等.1987.中国鱼类系统检索）

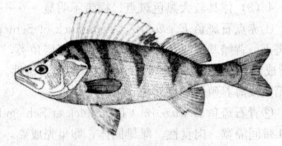

图 13-202　河鲈 *P. fluviatilis*

4. 棘臀鲈科 Centrarchidae 主要属与代表种

为北美淡水鱼，我国不产，有移入种2属5种。2属区别如下：

1（2）背鳍2个，中间具1深缺刻；辅上颌骨发达 ································· 黑鲈属
2（1）背鳍基底连续，中间具浅缺刻；辅上颌骨不发达或退化 ················ 太阳鲈属

（1）黑鲈属 *Micropterus*。引进种为大口黑鲈 *M. salmoides*（Lacepede）。

大口黑鲈：又名加州鲈、黑鲈。原产于美国加利福尼亚，1984年引入我国广东，后推广养殖，为纯淡水鱼类（图13-203）。

口大，口裂后缘达眼后缘，齿绒毛状。幽门盲囊21个。尾鳍浅叉形。体银色或浅金黄色。适宜生长水温20～25℃，水温降到10℃以下停止摄食。2龄性成熟，繁殖期3～7月。肉食性，生长较快，人工养殖摄食配合饲料。其肉质细嫩、味美，是优良的养殖对象。

（2）太阳鲈属 *Lepomis*。原产北美地区，我国现有3种均为1987年引进，后推广养殖。主要有长耳太阳鲈，3种区别如下：

图 13-203　大口黑鲈 *M. salmoides*

1 (2) 胸鳍长，尖形；口小；体侧有 7～10 条垂直暗色条纹 ························· 长臂太阳鲈 L. macrochirus
2 (1) 胸鳍短，圆钝；口大；体侧无垂直暗色条纹
3 (4) 鳃盖耳突的黑色部分很长且宽；鳃耙长 ················ 长耳太阳鲈 L. megalotis
4 (3) 鳃盖耳突的黑色部分长与宽相等；鳃耙短，坚硬·········· 红胸太阳鲈 L. auritus

长耳太阳鲈：生存水温 3～36℃，杂食性，人工饲养可投喂配合饲料。生长较快，当年繁殖鱼苗，到年底体重可达 200g。

5. 鲾科 Teraponidae 主要属与代表种 前颌骨稍能伸出，两颌齿细小绒毛状。被小栉鳞；鳃盖骨常具 1 强棘。后颞骨常外露，后缘具细锯齿。为一群中小型鱼类，我国分布于东海和南海。我国产 5 属 7 种，代表种有鲾属 Terapon 的鲾 T. theraps Cuvier。

鲾：侧线鳞 50～56，体侧具纵带。个体较小，一般不超过 200mm。为暖水性近海小型底层鱼类，喜栖息于泥沙底海区，我国分布于南海及东海，为常见鱼类（图 13-204）。

6. 天竺鲷科 Apogonidae 主要属与代表种 口大，体长椭圆形。背鳍 2 个，分离；第一背鳍棘 6～8。两颌有细齿，犁骨与腭骨具绒毛齿。为栖息于热带及亚热带近海海区和珊瑚礁中的小型鱼类，种类众多，少数种类可进入淡水。我国产 22 属，代表种有天竺鱼属 Apogonichthys 的细条天竺鱼 A. lineatus（Temminck et Schlegel）。

细条天竺鱼：又称九道痕。眼大，侧线鳞 23～25。体侧有 9～11 条暗色横条。常栖息于底质为沙泥的浅海。杂食性。雄鱼有护卵习性，受精卵含于口腔内孵化。我国沿海均产（图 13-205）。

 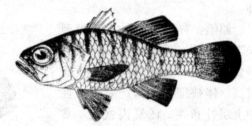

图 13-204 鲾 T. theraps
（孙宝玲，1979）

图 13-205 细条天竺鱼 A. lineatus

7. 鱚科 Sillaginidae 主要属与代表种 口前位。两颌齿细小，犁骨有绒毛状细齿。近海中小型底栖鱼，常进入河口。为温和性肉食鱼。我国只有鱚属 Sillago，以多鳞鱚 S. sihama (Forskál) 最常见、分布最广。

多鳞鱚：俗称船丁鱼。体细长，略呈圆柱状。被弱栉鳞。暖水性浅海底层鱼类，喜栖息于水质澄清的沙底海区，也进入淡水。个体不大，长约 200mm 以下。为经济食用鱼，我国沿海均产（图 13-206）。

8. 软棘鱼科 Malacanthidae 主要属与代表种 头钝圆近方形；两颌具细小圆锥齿。两背鳍连续无缺刻。我国有 5 属，主要为方头鱼属 Branchiostegus，代表种有日本方头鱼 B. japonicus（Houttuyn）。

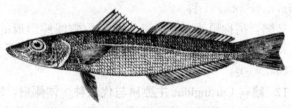

图 13-206 多鳞鱚 S. sihama
（成庆泰，1955）

日本方头鱼：头较高，近方形。前鳃盖骨后缘平直，腹鳍较短。为温带近海中下层鱼类，常栖息于水深150m以内的沙泥底海区。动物食性，性情温和。我国主要分布于渤海、黄海及东海，为食用经济鱼类（图13-207）。

9. 军曹鱼科 Rachycentridae 主要属与代表种　本科仅有军曹鱼属 *Rachycentron* 军曹鱼 *R. canadum* (Linnaeus) 1 种。

军曹鱼：体延长，头宽大于头高。第一背鳍具6～9个短棘。体侧具3条黑纵纹；侧线鳞285～315枚。尾鳍形状随鱼的大小而异：鱼小时为尖形，继而呈截形，成鱼时呈叉形，上叶长于下叶。体型较大，凶猛鱼。为暖水性底层鱼类，我国沿海均有分布（图13-208）。

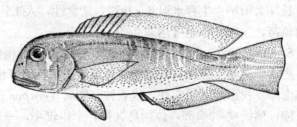

图 13-207　日本方头鱼 *B. japonicus*
（成庆泰，郑葆珊等.1987. 中国鱼类系统检索）

10. 鲯鳅科 Coryphaenidae 主要属与代表种　口大，犁骨、腭骨及舌上均有齿。鳃膜不与峡部相连；我国只有鲯鳅属 *Coryphaena* 鲯鳅 *C. hippurus* Linnaeus 1 种。

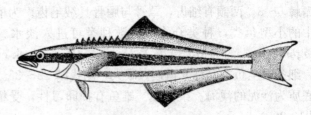

图 13-208　军曹鱼 *R. canadum*
（成庆泰，郑葆珊等.1987. 中国鱼类系统检索）

鲯鳅：背鳍1个，自头背延长至尾鳍前，无棘。成鱼额部有一骨质隆起，且随年龄的增长而增高。体被细小圆鳞。为暖水性中上层性鱼类。凶猛肉食性，贪食，生长快，国外记录有1^+龄鱼体重达5.9kg。我国沿海均产，以黄海北部渔获量为高。现已有人工养殖，是一种有发展前途的养殖对象（图13-209）。

图 13-209　鲯鳅 *C. hippurus*
（成庆泰等，1962）

11. 乌鲳科 Formionidae 主要属与代表种　体卵圆形，侧扁而高。口小，前位。两颌具细齿，腭骨及舌上无齿。被小圆鳞。背鳍、臀鳍基底长。无腹鳍。仅乌鲳属 *Formio* 乌鲳 *F. niger* (Block) 1 种。

乌鲳：俗称黑鲳。尾柄每侧有一由侧线鳞形成的隆起嵴。胸鳍长，镰刀状。幼鱼有腹鳍，长大后逐渐消失。喜集群，温和肉食性鱼。主要分布于我国南海、东海，是海产经济鱼类，肉味鲜美。

12. 鲹科 Carangidae 主要属与代表种　体侧扁，椭圆形、菱形或纺锤形。尾柄细小。胸鳍多呈镰刀状；腹鳍胸位。臀鳍前方常有2游离鳍棘；尾鳍叉形。本科鱼类多生活于较温暖海洋的上层，种类多，分布广，产量高，具有较高经济价值。

我国有 4 亚科 8 属，主要 4 属的检索如下：
1（2）侧线上无棱鳞 ·· 鲫属
2（1）侧线上有棱鳞
3（6）侧线的一部分被棱鳞
4（5）第 2 背鳍和臀鳍后方有 1 个分离小鳍 ·· 圆鲹属
5（4）第 2 背鳍和臀鳍后方有若干个分离小鳍 ·· 大甲鲹属
6（3）侧线全部被棱鳞 ··· 竹荚鱼属

（1）圆鲹属 Decapterus。吻钝尖，脂眼睑发达。具辅上颌骨，前颌骨能伸缩。侧线直线部的全部或大部分被棱鳞 32～38 枚。我国产 10 种，代表种有蓝圆鲹 D. maruadsi（Temminck et Schlegel）

蓝圆鲹：第 2 背鳍前上方有 1 白斑；第二背鳍和臀鳍后方各有 1 个小鳍。暖水性中上层鱼类，喜结群。个体不大，体长 120～270mm，为我国南海与东海重要经济鱼类之一，产量较高（图 13-210）。

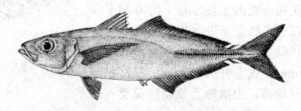

图 13-210 蓝圆鲹 D. maruadsi

（2）大甲鲹属 Megalaspis。体纺锤形，脂眼睑非常发达。胸部下侧和腹面无鳞。棱鳞存在于侧线的大部分。我国只有大甲鲹 M. cordyla（Linnaeus）。

大甲鲹：鳃盖上缘有一显著蓝黑色圆斑，第二背鳍后部有 7～10 个游离小鳍，数目随鱼的大小而异。暖水性中上层鱼类，喜结群。体长 200～400mm。我国主要分布于南海和东海（图 13-211）。

（3）竹荚鱼属 Trachurus。吻锥形，脂眼睑发达。侧线全部被棱鳞，形成一隆起嵴。我国只有日本竹荚鱼 T. japonicus（Temminck et Schlegel）1 种。

日本竹荚鱼：头大、前端细尖似圆锥形。上、下颌各具一行细齿，鳃盖后具一明显黑斑。体被细小圆鳞，第二背鳍与臀鳍相对。为中上层洄游性鱼类，游泳迅速，喜欢结群聚集，有趋光特性。竹荚鱼在太平洋、大西洋均有分布，是世界海洋主捕鱼种之一，我国产于南海、东海、黄海和渤海（图 13-212）。

图 13-211 大甲鲹 M. cordyla

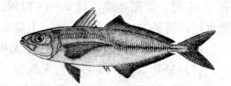

图 13-212 日本竹荚鱼 T. japonicus
（朱元鼎等，1962）

（4）鲫属 Seriola。侧线上无棱鳞，成鱼尾柄两侧有弱皮褶。我国有 3 种，代表种有黄条鲫 S. aureovittata（Temminck et Schlegel）。

黄条鲫：从吻至尾柄有一明显的黄色纵带，上颌骨末端只达眼前缘。暖温性近海中上层鱼类，个体较大，体长 300～500mm，大者可达 1m。生长迅速，肉味美。我国主要分布于黄海与渤海，但产量不高。可作为养殖鱼类。

13. 笛鲷科 Lutjanidae 主要属与代表种 体延长呈纺锤形或长椭圆形，略侧扁。颊部与鳃盖部一般被鳞。两颌具齿；犁骨、腭骨上有齿。背鳍棘10～12，可折叠于背沟中。

本科种类繁多，广泛生活于温带和亚热带海洋中。个体较大，多数为经济食用鱼类，有些种类因体色美丽还可作为海水观赏鱼。我国有10属，主要有笛鲷属 Lutjanus，代表种有紫红笛鲷 L. argentimaculatus (Forskál)。

紫红笛鲷：眼上侧位，近头背。背部隆起。背鳍、臀鳍基底均被鳞。前鳃盖骨后缘具一宽而浅的缺口。幼鱼时颊部有1或2纵行蓝色条纹，体色美丽。我国主要分布于南海和东海南部，多栖息于近海岩礁或泥沙底海区，幼鱼会进入河口。体长150～350mm，大者可达600mm。紫红笛鲷产量较高，为南海重要经济鱼类（图13-213）。

图13-213　紫红笛鲷 L. argentimaculatus
（曾炳光，1979）

14. 银鲈科 Gerreidae 主要属与代表种 体呈卵圆形或稍有延长，侧扁而色银白。前颌骨有一柄状突棘，向后伸入眼间隔凹陷内。背鳍和臀鳍基底具底鳞鞘。沿海近岸底层中小型鱼，以无脊椎动物为食。我国有3属，主要为五棘银鲈属 Pentaprion，代表种有五棘银鲈 P. longimanus (Cantor)。

五棘银鲈：臀鳍5根棘。体被薄圆鳞，极易脱落。胸鳍长，呈镰状。尾鳍叉形。我国主要产于南海和东海南部，为暖水性中下层鱼类。喜结群，多栖息于泥沙底海域。数量较多，为近岸小型食用鱼（图13-214）。

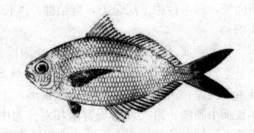

图13-214　五棘银鲈 P. longimanus

15. 石鲈科 Pomadasyidae 主要属与代表种 体形方长而侧扁，颏部具颏孔1～5对。背鳍连续，具9～14根棘。为生长在热带和亚热带海区暖水性底层鱼类，大多为食用经济种类。我国产4属，主要2属区别如下：

1(2) 颏孔1对；颏部有1中央纵沟 ································· 石鲈属
2(1) 颏孔3对；颏部中央无纵沟 ································· 胡椒鲷属

(1) 石鲈属 Pomadasys。我国产8种，代表种有断斑石鲈 P. hasta (Bloch)。

断斑石鲈：体背侧上方具6～8条间断的灰黑色横斑条，斑点间隔较均匀。为暖水性近岸底层鱼类，动物食性，以小鱼、虾类及虾蛄等为食。体长一般100～200mm，大者300mm以上。我国主要分布于东海南部、台湾海峡及南海。为珍贵海产优质鱼，经济价值高。台湾对该鱼的人工育苗近年已获成功，可批量生产（图13-215）。

(2) 胡椒鲷属 Plectorhynchus。唇厚，颏孔3对。我国产15种，代表种有花尾胡椒鲷 P. cinctus (Temminck et Schlegel)。

花尾胡椒鲷：体侧具 3 条黑色宽斜带，第 2 条带以上部分和背鳍、尾鳍鳍条上散布黑圆点。背鳍棘 12～13 根。体被细小栉鳞。暖温性近海中下层鱼类，我国分布于南海、东海和黄海。以小鱼、底栖甲壳类为食。体长 200～300mm。肉味鲜美（图 13-216）。

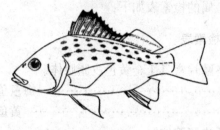

图 13-215　断斑石鲈 P. hasta
（成庆泰，郑葆珊等．1987．中国鱼类系统检索）

图 13-216　花尾胡椒鲷 P. cinctus
（成庆泰，郑葆珊等．1987．中国鱼类系统检索）

【作业】
1. 简要叙述鲈形目鱼类的主要特征。
2. 鳜、大眼鳜、斑鳜、长身鳜的区别特征有哪些？
3. 编写花鲈、鳜、青石斑鱼、河鲈、鲥、鱵鳅、乌鲳的检索表。
4. 列出斑鳜、长尾大眼鲷、多鳞鱚的分类地位。
5. 列出并简要说明本次实验所用的主要分类特征。

实验二十　鲈形目（二）的分类

【实验目的】
通过实验，熟悉鲈形目鲈亚目、隆头鱼亚目、绵鳚亚目、玉筋鱼亚目和鰕虎鱼亚目的主要分类区别；掌握各亚目主要科及相关属、种的分类特征，了解各代表种分类地位；学会使用检索表，掌握鉴别鱼类分类的方法。

【实验工具与标本】
1. 工具　解剖盘、放大镜、钝头镊子、分规、卡尺、直尺。
2. 标本　棘头梅童鱼、皮氏叫姑鱼、黄姑鱼、大黄鱼、小黄鱼、白姑鱼、鮸、黄鲷、真鲷、二长棘鲷、四长棘鲷、平鲷、黑鲷、黄鳍鲷、金线鱼、金钱鱼、条尾绯鲤、朴蝴蝶鱼、丝蝴蝶鱼、格纹蝴蝶鱼、鲫、海鲫、灰鹦嘴鱼、二带双锯鱼、尼罗口孵鱼、莫桑比克口孵鱼、地图鱼、神仙鱼、四指马鲅、玉筋鱼、长绵鳚、沙塘鳢、黄黝、子陵栉鰕虎、斑尾复鰕虎、大弹涂鱼、弹涂鱼。

若标本不全，可结合附图及相关辅助资料识别。

【实验方法与内容】
浸制标本用清水冲洗片刻，置于解剖盘中。认真观察各标本的外部分类特征与相关解剖结构，依据鲈形目亚目检索表，将实验鱼按亚目区分开，然后再根据各亚目主要科、属的特征介绍，识别到具体种。

（一）鲈亚目 Percoidei 的分类与识别
1. 石首鱼科 Sciaenidae 主要属与代表种　口下位或前位，头部具发达的黏液腔。吻褶完整或分为 2～4 叶。上、下具颌齿；犁骨、腭骨及舌上无齿。鳃膜不连于峡部。背鳍连续。体被栉鳞或圆鳞。鳔侧常有多对侧枝，构造复杂。耳石大，石首鱼由此而得名。

石首鱼科为我国海洋渔业主要的捕捞对象，是重要的近海经济鱼类，尤其是大黄鱼和小黄鱼。全世界有 70 属 270 种，我国有 13 属，常见 7 属的检索表如下：

石首鱼科主要属的检索表

1 (4) 颏下小孔甚小不明显；体侧在侧线下方各鳞片常具 1 金黄色皮脂腺体
2 (3) 臀鳍条 11～13；头背侧中央枕骨棱显著 …………………………………… 梅童鱼属
3 (2) 臀鳍条 7～10；头背侧枕骨棱不明显 ………………………………………… 黄鱼属
4 (1) 颏下小孔明显；体侧在侧线下方各鳞片无皮脂腺体
5 (8) 颏下孔 5 个
6 (7) 背鳍鳍条部及臀鳍无鳞或仅基部具 1～2 行小鳞；下颌内行齿较大…… 黄姑鱼属
7 (6) 背鳍鳍条部及臀鳍具多行小鳞；下颌内行齿细小 ……………………………… 叫姑鱼属
8 (5) 颏下孔 4 个或 6 个
9 (10) 颏下孔 4 个；背鳍鳍条部及臀鳍上至少 1/3 被小鳞；颌具犬齿………… 鮸属
10 (9) 颏下孔 6 个；背鳍鳍条部及臀鳍上无鳞或仅在基部有 1～2 行小鳞 … 白姑鱼属

(1) 梅童鱼属 Collichthys。头大而圆钝，额部隆起，黏液腔发达。吻短宽，颏孔 4 个。我国产 2 种，代表种有棘头梅童鱼 C. lucidus (Richardson)。

棘头梅童鱼：鳃腔白色或灰白，头部枕骨棘棱明显。鳔具 21～22 对侧枝。尾鳍楔形。暖温性近海中下层小型鱼类，底栖生物食性。个体不大，全长 200mm 左右。我国沿海均有分布，为小型经济鱼类（图 13-217）。

(2) 叫姑鱼属 Johnius。吻圆钝，吻褶边缘分 4 叶。鳔侧具 10 余对缨须状侧枝。我国产 6 种，代表种为皮氏叫姑鱼 J. belengeri (Cuvier)。

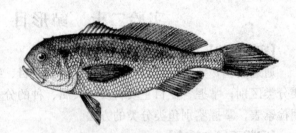

图 13-217　棘头梅童鱼 C. lucidu
(伍汉霖，1985)

皮氏叫姑鱼：臀鳍第 2 棘粗大，长大于眼径。体被栉鳞，侧线鳞 44～50 个。暖水性近海小型中下层鱼，喜栖息于泥沙底和岩礁附近海域，有昼夜垂直移动的习性，能以鱼鳔发声。分布于我国沿海，是小型经济鱼类。

(3) 黄姑鱼属 Nibea。吻圆钝，吻褶边缘波曲。鳔侧具 20 余对缨须状侧枝。我国有 7 种，代表种为黄姑鱼 N. albiflora (Richardson)。

黄姑鱼：体侧有许多灰黑色波状细纹，呈水平方向斜向前方。暖水近海中下层鱼，底栖动物食性。鳔具有发声能力，特别在鱼群密集的生殖盛期。我国沿海均有分布，为常见食用鱼，已有人工养殖（图 13-218）。

(4) 白姑鱼属 Argyrosomus。吻圆钝，吻褶完整。鳔具 24～27 对侧枝。我国产 4 种，代表种为白姑鱼 A. argentatus (Houttuyn)。

白姑鱼：背鳍鳍条中间具一白色纵带，鳃盖上部有一大黑斑。颏孔 6 个，细小。我国沿海都有分布，但数量不多，属次要经济鱼类。

（5）黄鱼属 Larimichthys。头大而钝尖，头部具发达黏液腔。鳔侧具 30～33 对侧枝；侧枝具背分支和腹分支。耳石大，盾形。我国产 2 种。区别如下：

1（2）尾柄长为尾柄高的 3 倍，臀鳍第 2 棘长等于或稍大于眼径 ………………………………………… 大黄鱼

2（1）尾柄长为尾柄高的 2 倍，臀鳍第 2 棘长小于眼径 ………………………………………… 小黄鱼

①大黄鱼 L. crocea (Richardson)。臀鳍Ⅱ，8；侧线上鳞 8～9 行。椎骨数一般 26 个。为暖水性近海集群洄游鱼类，我国分布于南海、东海和黄海南部。常栖息于水深 60m 以内的近海中下层。

图 13-218　黄姑鱼 N. albiflora
（伍汉霖等，2002）

大黄鱼是我国四大海产经济鱼类之一，肉味鲜美。其人工育苗始于 1990 年，现福建、浙江、广东和海南等省均有大黄鱼的商品化养殖。育成阶段饵料一般以冰鲜鱼为主，并辅以一定粉状配合饲料（图 13-219）。

②小黄鱼 L. polyactis Bleeker。臀鳍Ⅱ，9～10；侧线上鳞 5～6 行。椎骨数一般 29 个。暖水性洄游鱼类，分布于黄海、渤海及东海，喜栖息于软泥或泥沙底质海区。是我国四大海产经济鱼类之一。因过度捕捞，其自然资源量已较少（图 13-220）。

图 13-219　大黄鱼 L. crocea
（伍汉霖，1985）

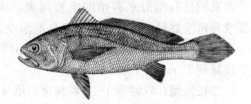

图 13-220　小黄鱼 L. polyactis
（伍汉霖，1985）

（6）鮸属 Miichthys。本属我国只有鮸 M. miiuy (Basilewsky) 1 种。

鮸：吻短钝，不突出。鳔侧具细密而短的侧枝。暖温性近海中下层鱼类，喜分散活动。以小鱼、小虾为食，生长速度较快。其肉质细嫩，鳔可制成"鱼肚"，是名贵食用鱼，我国沿海均有产出（图 13-221）。

鮸人工养殖发展较快，经济效益较好。

2. 鲷科 Sparidae 主要属与代表种

体侧扁而高。口端位，上颌骨全部或大部被眶前骨所盖。颌齿发达，圆锥状或门齿状，有些种类具臼齿。体被圆鳞或栉鳞。背鳍连续。鳍棘强大；臀鳍 3 根棘。为温热带近海底层鱼类，部分种类可为驯化为养殖鱼类。我国目前养殖

图 13-221　鮸 M. miiuy
（伍汉霖，2002）

的鲷科鱼类有真鲷、黑鲷、平鲷和黄鳍鲷，在海水鱼养殖中占有重要地位。

我国产8属，主要有6属检索如下：

鲷科主要属的检索表

1（6）上、下颌两侧有2～3行臼齿；左右额骨愈合（二长棘鲷除外）

2（3）背鳍鳍棘不延长 ………………………………………………………… 真鲷属

3（2）背鳍鳍棘延长

4（5）背鳍第一、二鳍棘短小，第三、四鳍棘丝状延长 ………………… 二长棘鲷属

5（4）背鳍第一鳍棘短小，第二～五鳍棘丝状延长 ……………………… 四长棘鲷属

6（1）上、下颌两侧有3～5行臼齿；左右额骨分离

7（8）吻圆钝；背鳍鳍条13～14；臀鳍鳍条11～12 ……………………… 平鲷属

8（7）吻略尖；背鳍鳍条11；臀鳍鳍条8 ………………………………………… 鲷属

（1）真鲷属 *Chrysophrys*。我国只有真鲷 *C. major*（Temminck et Schlegel）1种。

真鲷：又称加吉鱼。上颌前端具4个犬齿；下颌每侧有颗粒状臼齿2行；犁骨、腭及舌上无齿。体淡红色，背侧有若干蓝色小点。暖温性底层鱼类，主食底栖动物。生长较快，个体大，我国沿海均有分布，为名贵海产鱼类（图13-222）。

真鲷是我国海水养殖的主要对象，人工养殖养殖发展较，是重要的出口创汇渔业。

图13-222 真鲷 *C. major*
（成庆泰，1955）

（2）二长棘鲷属 *Paragyrops*。我国只有二长棘鲷 *P. edita* Tanaka 1种。

二长棘鲷：背鳍第1～2根棘短，第3、4根棘延长，体淡红色，有多条亮蓝色纵纹。为热带、亚热带浅海底层鱼，游动慢。以无脊椎动物为食，生长不快，但肉鲜美。为食用经济鱼类，主要分布于我国东海和南海。有少量人工养殖（图13-223）。

（3）四长棘鲷属 *Argyrops*。我国只有四长棘鲷 *A. bleekeri* Oshima 1种。

四长棘鲷：体淡红色，体侧有6条红色横带。背鳍第一根鳍棘短小，其后4～5根鳍棘延长呈丝状。暖水性底层鱼类，常栖息于近海泥底或沙泥底质海区，一般不做远距洄游。我国产于南海和东海南部，为名贵经济鱼类（图13-224）。

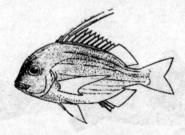

图13-223 二长棘鲷 *P. edita*

图13-224 四长棘鲷 *A. bleekeri*

（4）平鲷属 *Rhabdosargus*。我国只产平鲷 *R. sarba*（Forskál）1种。

平鲷：体呈椭圆形，背缘隆起。口端位，两颌前端具门齿状齿。背鳍鳍条13～14；臀鳍鳍条11～12。体被薄栉鳞，体侧有多条暗色线纹。主食底栖动物，分布于我国黄海、东海和南海。为优良港养对象，也可在网箱、池塘中单养或混养（图13-225）。

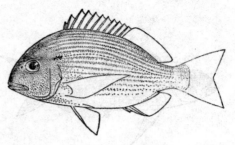

图13-225 平鲷 *R. sarba*
（成庆泰，郑葆珊等.1987. 中国鱼类系统检索）

（5）鲷属 *Sparus*。我国有6种，具代表性的有黑鲷 *S. macrocephlus*（Basilewsky）和黄鳍鲷 *S. latus* Houttuyn。两者主要区别：

1（2）侧线鳞51～54；侧线上鳞6～7 ················ 黑鲷
2（1）侧线鳞45～48；侧线上鳞5 ·················· 黄鳍鲷

①黑鲷：又称黑加吉。体灰褐色，体侧具若干条褐色纵条纹。暖温性中下层鱼类，喜栖息于沙泥质或多岩礁底的浅海。肉食性，主食小型鱼虾。黑鲷具有明显的性逆转现象：体长100mm的幼鱼全部是雄性；体长150～250mm为典型雌雄同体的两性阶段；体长250～300mm时性分化结束，大部分转化为雌鱼。我国沿海均有分布，为经济鱼类，肉味鲜美。为优良的养殖对象（图13-226）。

②黄鳍鲷：体青灰带黄，腹鳍和臀鳍及尾鳍下叶黄色。浅海暖水性底层鱼类，喜栖于岩礁海区。分布于我国沿海，是南方海区网箱养殖和池养的重要对象（图13-227）。

图13-226 黑鲷 *S. macrocephlus*

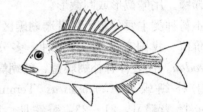

图13-227 黄鳍鲷 *S. latus*

3. 金线鱼科 Nemipteridae 主要属与代表种 背鳍连续。腹鳍第一鳍条常丝状延长；尾鳍叉形，上叶或下叶末端延长为丝状。为热带、亚热带近海浅水区鱼类，主要栖息在沙泥底海域。我国产4属，主要有金线鱼属 *Nemipterus*，代表种为金线鱼 *N. virgatus*（Houttuyn）。

金线鱼：两颌有齿。第2眶下骨无棘，前鳃盖骨后缘平滑。颊部具3行鳞。体浅红色，体侧具6～7条黄色纵带。尾鳍上叶末端延长为丝状。暖水性近海底层鱼类，以无脊椎动物为食。我国产于南海、东海和黄海南部，为食用经济鱼类，肉味佳（图13-228）。

4. 金钱鱼科 Scatophagidae 主要属与代表种 背鳍有一向前平卧棘，臀鳍有4鳍棘。本科只有金钱鱼属 *Scatophagus* 金钱鱼 *S. argus*（Linnaeus）1种。

金钱鱼：俗称金鼓。体侧扁略呈椭圆形，颌齿呈带状。体被细小栉鳞，侧线完全。暖水性近岸中小型鱼类，多栖息于近岸岩礁或海藻丛生海域，常进入咸淡水或河流中。我国产于南海和东海南部，广东沿海分布较多。肉味鲜美，为优良的养殖对象（图13-229）。

5. 羊角科 Mullidae 主要属与代表种 体纺锤形，稍延长。下颌具一对肉质状长须，形似山羊而得名。尾鳍叉形。背鳍2个，分离；腹鳍基部具腋鳞。大多为群游性近海中小型底

· 277 ·

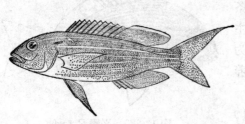

图 13-228　金线鱼 N. virgatus
（成庆泰，郑葆珊等．1987．中国鱼类系统检索）

图 13-229　金钱鱼 S. argus
（成庆泰等，1962）

层鱼类。我国产3属，代表种有绯鲤属 Upeneus 的条尾绯鲤 U. bensasi（Temminck et Schlegel）。

条尾绯鲤：眼前部被鳞，背鳍第1、2棘约等长。体被栉鳞。各鳍暗灰色，尾鳍上叶有3条褐色斜纹。暖水性底栖鱼类，常栖息在泥沙底质的浅海。我国主要产于南海，为食用经济鱼类（图13-230）。

6. 蝴蝶鱼科 Chaetodontidae 主要属与代表种　体菱形或亚圆形，高而侧扁。口小，端位。体被栉鳞。尾鳍截形或圆截形。

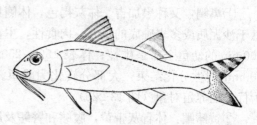

图 13-230　条尾绯鲤 U. bensasi
（成庆泰，郑葆珊等．1987．中国鱼类系统检索）

本科种类主要分布于热带珊瑚礁区，为珊瑚礁鱼类。个体小，大多体色鲜艳美丽，极具观赏价值。我国有7属40多种，多分布于南海，少数进入东海南部。主要有蝴蝶鱼属 Chaetodon。代表种有朴蝴蝶鱼、丝蝴蝶鱼及桔尾蝴蝶鱼等，均为名贵观赏鱼类。

① 朴蝴蝶鱼 C. modestus Temminck et Schlegel。背鳍Ⅺ，21～23，臀鳍Ⅲ，17～21。体侧有3条宽横纹，背鳍鳍条部有1个黑斑。小型鱼，体色艳丽（图13-231）。

② 丝蝴蝶鱼 C. auriga Forskål。背鳍ⅩⅢ，23～24。头侧有1横带穿过眼径；体侧上部有7～8条斜线纹与腹侧的9～10条斜线纹呈直角相交。背鳍有一根延长的丝状鳍条。为生活在珊瑚丛中的美丽小鱼，体长65～145mm。主要分布于我国南海（图13-232）。

图 13-231　朴蝴蝶鱼 C. modestus
（王鸿媛，1979）

③ 格纹蝴蝶鱼 C. chrysurus Desjardins。背鳍Ⅻ～ⅩⅢ，21～23。侧线不完全。体侧鳞片边缘具暗色线纹，互相连成网状。背鳍和臀鳍鳍条部后方及尾部有半月形斑。本种是蝴蝶鱼中较小的一种，全长在90mm以内。我国见于南海（图13-233）。

7. 䲟科 Echeneidae 主要属与代表种　体长形。第1背鳍分化成一长椭圆形吸盘，位于头背面。第2背鳍及臀鳍无棘，腹鳍胸位。无鳔。尾鳍在幼鱼时尖形，到成鱼逐渐为凹叉形。为热带、亚热带近海上层鱼，代表种有䲟属 Echeneis 的䲟 E. naucrates Linnaeus。

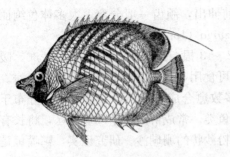

图 13-232　丝蝴蝶鱼 C.auriga
（王鸿媛，1979）

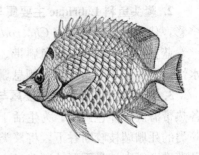

图 13-233　格纹蝴蝶鱼 C.rafflesi
（王鸿媛，1979）

䲟：吸盘具 21～25 对横列软骨板，骨板后方具绒毛状小刺。常以其吸盘吸附在大型鱼体或船底进行远距离移动，以到达饵料丰富的海区。我国沿海均产，可食用，数量不多（图 13-234）。

图 13-234　䲟 E.naucrates
（邓思明等，1979）

（二）隆头鱼亚目 Labroidei 的分类与识别

口前位，唇厚，分内外两层。具颌齿，犁骨、腭骨无齿。左、右下咽骨愈合。我国有 4 科，另有从国外移入的丽鱼科。

隆头鱼亚目科的检索表（含移入科）

1（6）头部每侧有鼻孔 2 个
2（3）臀鳍鳍条 25 以上 …………………………………………………… 海鲫科
3（2）臀鳍鳍条 15 以下
4（5）口能伸缩；颌齿相互不愈合 ………………………………………… 隆头鱼科
5（4）口不能伸缩；颌齿多数愈合成齿板 ………………………………… 鹦嘴鱼科
6（1）头部每侧有鼻孔 1 个
7（8）臀鳍棘Ⅲ～ⅩⅤ（多数为Ⅲ） ……………………………………… 丽鱼科
8（7）臀鳍棘Ⅱ ……………………………………………………………… 雀鲷科

1. 海鲫科 Embiotocidae 主要属与代表种　我国只有海鲫属 *Ditrema* 海鲫 *D. temmincki* Bleeker 1 种。

海鲫：前颌骨能伸出，背鳍连续，鳍棘部有一发达的鳞鞘，鳍棘折叠时能收存于背部沟中。杂食偏动物食性。卵胎生。为小型食用鱼，产量少。我国主要分布于渤海与黄海。

2. 隆头鱼科 Labridae 主要属与代表种 口能向前伸出，颌齿一般分离。大多体色绚丽多彩，代表种有猪齿鱼属 *Choerodon* 的蓝猪齿鱼 *C. azurio*（Jordan et Snyder）。

蓝猪齿鱼：体侧具暗色斜带。背鳍连续，鳍棘 12～13 根。被圆鳞，侧线鳞 24～30。暖水性近海底层小型鱼类，喜栖息珊瑚丛或岩礁海区。可食用，我国主要分布于东海和南海。

3. 鹦嘴鱼科 Scaridae 主要属与代表种 两颌齿多数愈合成齿板，形如鹦鹉嘴。分布于各热带海区，体色鲜艳。为生活于珊瑚礁区的中小型鱼类。常成群巡游于珊瑚礁区，将长有藻类的死珊瑚枝咬断吞下，将藻类消化后，排出已成粉沙状的珊瑚沙。研究证实，鹦嘴鱼是珊瑚礁区珊瑚沙最重要的制造者。

我国产 7 属，代表种有鹦嘴鱼属 *Scarus* 的灰鹦嘴鱼 *S. sordidus* Forskál。

灰鹦嘴鱼：颌齿齿板宽，大部分外露。雄鱼腹部有 3 条绿色纵带。为典型珊瑚礁鱼类，有一定经济价值，我国主要分布于南海（图 13-235）。

4. 雀鲷科 Pomacentridae 主要属与代表种 上颌骨为眶前骨所盖。两颌齿发达，犁骨与腭骨无齿。本科为典型热带岩礁或珊瑚礁小型鱼类，体色艳丽，多具观赏价值。代表种为双锯鱼属 *Amphiprion* 的二带双锯鱼 *A. bicinctus* Ruppell。

二带双锯鱼：又称"小丑"鱼。体侧有 2 条较宽的白色横带，色彩绚丽，通常与海葵营共栖生活，可供观赏养殖，我国仅见于南海（图 13-236）。

图 13-235 灰鹦嘴鱼 *S. sordidus*
（杨家驹，1979）

图 13-236 二带双锯鱼 *A. bicinctus*
（邓思明等，1979）

5. 丽鱼科 Cichlidae 移入种介绍 体一般长椭圆形。口较小，两颌具齿；腭骨无齿。被栉鳞。腹鳍胸位。尾鳍圆形或截形。无鳔管。

丽鱼科鱼类原产热带中美洲、南美洲、非洲及西印度群岛淡水水域，许多种类具有较高的食用价值及观赏价值。本科共有 112 属 1 300 多种，以非洲中部最多。

(1) 引入的养殖种类。我国引入有 2 属 6 种鱼类，具有对环境的适应性强、生长快、抗病力强、肉质好、食性广等特点，且适盐范围广，可在淡、咸水中养殖。但耐寒力低，适宜水温 24～32℃，水温低于 10℃ 或高于 40℃ 均不利生存。

①口孵鱼属 *Oreochromis*。以雌鱼口含受精卵孵化的一类归为本属，原产地仅限于非洲西部。我国移入种类主要有莫桑比克口孵鱼 *O. mossambicus*（Peters）、尼罗口孵鱼 *O. niloticus*（Linnaeus）和奥利亚口孵鱼 *O. aureus* 3 种，区别如下：

1（2）尾鳍终生有明显的垂直黑色条纹 …………………… 尼罗口孵鱼（尼罗罗非鱼）
2（1）尾鳍无垂直条纹，而具斑点
3（4）尾鳍具黑色斑点，臀鳍Ⅲ-11～13 ………… 莫桑比克口孵鱼（莫桑比克罗非鱼）
4（3）尾鳍具黄色斑点，臀鳍Ⅲ-9 ………………………… 奥利亚口孵鱼（奥利亚罗非鱼）

莫桑比克口孵鱼：侧线上鳞18～21；侧线下鳞11～15。1978年引入我国。现广泛养殖，为优良经济食用鱼（图13-237）。

尼罗口孵鱼：侧线上鳞23～25；侧线下鳞13～15。1978年从泰国引入我国养殖，为优良食用鱼（图13-238）。福寿鱼为本种与莫桑比克口孵鱼的杂交种。

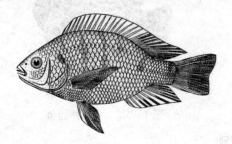

图13-237　莫桑比克罗非鱼 O. mossambicus
（毛节荣等，1991）

图13-238　尼罗罗非鱼 O. niloticus
（毛节荣等，1991）

②罗非鱼属 Tilapia。以底巢育卵孵化的一类归为本属。生殖时亲鱼会在池底挖掘一盆状巢，雌鱼将卵产于其中孵化。我国从非洲移入的为吉利罗非鱼 T. zillii（Gervais），侧线上鳞21，侧线下鳞10。鳃盖后缘有一暗斑。现华南、华东及华中地区都有养殖。

（2）引入的观赏种类。观赏鱼市场常见的有地图鱼、七彩神仙鱼、神仙鱼、五彩神仙鱼等，台湾等地还有火口鱼、鬼鱼等。

①地图鱼。背鳍Ⅶ，9～12，臀鳍Ⅲ，15～17，侧线鳞36～38。体侧有不规则的橙黄色斑块和红色斑块，形似地图。喜食鲜活小鱼、小虾。易饲养，寿命也长。适宜水温在20℃左右。现在已有几种不同变种，体色艳丽（图13-239）。

②神仙鱼。又名天使鱼、燕鱼。鱼侧扁而高，背鳍，臀鳍延长。腹鳍丝状，尾截形，上、下叶鳍条延长。背鳍Ⅺ～Ⅻ，23～29，臀鳍Ⅳ～Ⅶ，24～32，纵列鳞34～47。体有4条黑色的横条纹。已培育多个品种，体色变异大。性情温和，容易饲养（图13-240）。

图13-239　地图鱼

图13-240　神仙鱼

③五彩神仙鱼。又名盘丽鱼、五彩燕鱼。体近圆形，侧扁。腹鳍延长，背、臀鳍基长。背鳍Ⅸ～Ⅹ，30～31，臀鳍Ⅷ-30，侧线鳞57～62。体侧有6～8条垂直条纹，体色华丽，有白、黑、褐、蓝、红5色，极具观赏价值，有"热带鱼之王"之称。经人工选育，已有多个品种，体色变异很大（图13-241）。

④七彩神仙鱼。为五彩神仙鱼的变种，个体大，体色具七彩，十分艳丽，加上泳姿优美，观赏价值高。其胆小，动物食性，饲养较困难。一般喜弱酸性水质（图13-242）。

图 13-241 五彩神仙鱼

图 13-242 七彩神仙鱼

（三）玉筋鱼亚目 Ammodytoidei 的分类与识别

本亚目只有玉筋鱼科 Ammodytidae。体延长，稍侧扁。口大，下颌长于上颌。侧线位高，几与背鳍平行。背鳍长；背鳍、臀鳍无棘。我国有 5 属，代表种有玉筋鱼属 *Ammodytes* 的玉筋鱼 *A. personatus* Girard。

玉筋鱼：背鳍 57～58；臀鳍 31。无腹鳍。体被小圆鳞，侧线鳞 146～167。为近海小型鱼类，喜栖息沙质底海区，有钻沙习性。我国分布于黄海、渤海和东海。肉味鲜美，但产量较少（图 13-243）。

（四）绵鳚亚目 Zoarcoidei 的分类与识别

体延长呈鳗形。口大，上、下颌有锥形齿。背鳍、臀鳍延长；腹鳍小，喉位。本亚目我国只有绵鳚科 Zoarcidae 1 科。代表种有长绵鳚属 *Enchelyopus* 的长绵鳚 *E. elongatus*（Kner）。

图 13-243 玉筋鱼 *A. personatus*

长绵鳚：犁骨、腭骨无齿。背鳍、臀鳍长，连于尾鳍。为冷温性近海底层鱼类，主食甲壳类、贝类等底栖生物。卵胎生，分批产仔。我国产于黄海、渤海和东海，产量较高，为食用经济鱼类（图 13-244）。

图 13-244 长绵鳚 *E. elongatus*
（成庆泰，郑葆珊等．1987．中国鱼类系统检索）

（五）鰕虎鱼亚目 Gobiodei 的分类与识别

左右腹鳍接近或愈合成一吸盘，胸位。背鳍 1～2 个，鳍棘细弱。无侧线。无鳔。属暖水性及温水性小型鱼类，一般栖息于近岸浅海及河口咸淡水区域，有些为纯淡水生活。本亚目种类众多，共 9 科 270 属 2 000 多种，我国产 4 科 68 属。科的检索如下：

鰕虎鱼亚目科的检索表

1（4）左右腹鳍分离，不愈合成吸盘
2（3）左右腹鳍远离 ………………………………………………………………… 溪鳢科
3（2）左右腹鳍接近 ………………………………………………………………… 沙塘鳢科
4（1）左右腹鳍愈合成吸盘

5（6）背鳍2个，分离，有时第一背鳍消失；背鳍、臀鳍不与尾鳍相连 …………… 鰕虎鱼科
6（5）背鳍连续；背鳍、臀鳍与尾鳍相连 …………………………………………… 鰕虎科

1. 溪鳢科 Rhyacichthyidae 主要属与代表种 头部纵扁，体中后部侧扁。胸鳍扇形，盖在腹鳍之上。我国只有溪鳢属 *Rhyacichthys* 溪鳢 *R. aspro*（Valenciennes）1种。分布于我国台湾。

2. 沙塘鳢科 Odontobutidae 主要属与代表种 左右腹鳍接近。鳃盖骨6枚。背鳍两个，分离。为纯淡水鱼类，我国产3属。

（1）沙塘鳢属 *Odontobutis*。口大，上位。头大而宽，稍平扁；体后部侧扁。代表种为沙塘鳢 *O. obscura*（Temminck et Schlegel）。

沙塘鳢：体呈黑褐色，腹部淡黄。体侧有不规则的大块黑色斑纹，各鳍都有淡黄色与黑色相间的条纹。喜生活于河沟及湖泊近岸多水草、石砾区域，以虾、小鱼为食。雄鱼有守巢护卵习性。广布于长江以及以南各淡水水域，为常见底层小鱼，肉嫩味美（图13-245）。

（2）黄黝属 *Micropercops*。代表种为黄黝 *M. swinhonis*（Günther）。

黄黝：体较侧扁。体黄色，两侧具暗色横纹。杂食偏动物食性。个体小，全长不足60mm，为江河、湖泊常见的小型鱼类，喜栖息于水体底层（图13-246）。

（3）鲈塘鳢属 *Perccottus*。代表种有葛氏鲈塘鳢 *P. glehni* Dybowski。

葛氏鲈塘鳢：体粗短，前部圆筒形，后部侧扁。下颌突出明显。背部灰绿色，体侧具斑点。以昆虫幼虫、甲壳虫幼虫和小虾为食，较大个体也食幼鱼。冷水性小型鱼类，我国分布于东北各大水系，已开发成为当地的优良养殖鱼类。

图13-245 沙塘鳢 *O. obscura*

图13-246 黄黝 *M. swinhonis*

3. 鰕虎鱼科 Gobiidae 主要属与代表种 体延长侧扁。胸鳍大，呈圆形；腹鳍胸位，左右愈合成吸盘。尾鳍圆形或略尖。本科种类较多，为小型鱼，分5亚科85属。简单介绍几个常见属：

（1）栉鰕虎鱼属 *Ctenogobius*。D. Ⅵ，Ⅰ-7～12；A. Ⅰ，7～11。代表种为子陵栉鰕虎 *C. giurinus*（Rutter）。

子陵栉鰕虎：体细长。头后部被圆鳞，胸腹部裸露无鳞，体其他部分被栉鳞。纵列鳞29～36。颊部具虫状纹及斑点，体侧有6～7个不规则黑斑。纯淡水鱼类，喜生活于底质为沙砾的浅水区域。名产"子陵鱼干""庐山石鱼"为其干制品（图13-247）。

（2）复鰕虎鱼属 *Synechogobius*。D. Ⅸ，Ⅰ-18～20。A. Ⅰ，14～16。代表种为斑尾复鰕虎鱼 *S. ommaturus*（Richardson）。

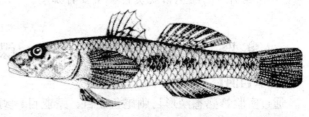

图13-247 子陵栉鰕虎 *C. giurinus*

斑尾复鰕虎鱼：头部被鳞。纵列鳞 60～78。尾柄细长，尾柄长为尾柄高的 3～4 倍，尾鳍尖长。肉食性。雄鱼有护巢习性。是我国近岸浅海和河口区常见的大型鰕虎鱼，其肉味鲜美，有一定的经济意义（图 13-248）。

图 13-248　斑尾复鰕虎 *S. ommaturus*

（3）大弹涂鱼属 *Boleophthalmus*。第一背鳍具棘 5～6 根；腹鳍后缘完整。下颌齿平卧状，缝合处内侧具犬齿 1 对。胸鳍圆形，基部具一臂状肌柄。代表种为大弹涂鱼 *B. pectinirostris* (Linnaeus)。

大弹涂鱼：又称跳跳鱼。眼较小，突出于头背缘之下，下眼睑发达。多栖息于沿海泥沙滩涂处或咸淡水处，可依靠胸鳍和尾柄在滩涂浅水中爬行或跳跃。我国沿海均产，为小型食用鱼类，也是海水滩涂养殖中最主要的种类，市场需求量大（图 13-249）。

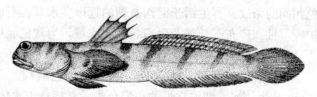

图 13-249　大弹涂鱼 *B. pectinirostris*
（伍汉霖，1991）

（4）弹涂鱼属 *Periophthalmus*。第一背鳍具棘 8～17 根；腹鳍后缘凹入。上、下颌齿平均直立，下颌缝合处内侧无犬齿。胸鳍圆形，基部具肌柄。代表种为弹涂鱼 *P. modestus* (Cantor)。

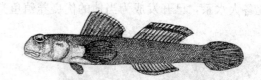

图 13-250　弹涂鱼 *P. modestus*
（郑葆珊，1962）

弹涂鱼：体侧中央有若干褐色小斑，栖息于底质为淤泥、泥沙的高潮区、河口及沿海滩涂处。肉味鲜美，有滋补功效（图 13-250）。

【作业】
1. 任选 8～10 种本地常见实验鱼，编写出检索表，并列出其分类地位。
2. 如何区分大黄鱼和小黄鱼？如何区分真鲷、黑鲷、黄鳍鲷？
3. 列出并简要说明本次实验用到的主要分类特征。
4. 简要说明几种口孵鱼的区别特征。
5. 我国引入的丽鱼科观赏种类主要有哪些？

实验二十一　鲈形目（三）、鲽形目、鲀形目的分类

【实验目的】
通过实验，熟悉鲈形目刺尾鱼亚目、鲭亚目、鲳亚目、攀鲈亚目、鳢亚目以及鲽形目、鲀形目的重要形态特征；掌握各主要科及相关属的分类特点，识别常见鱼类，了解它们的分

类地位；学会使用检索表，掌握鱼类分类的方法。

【实验工具与标本】

1. 工具 解剖盘、放大镜、钝头镊子、分规、卡尺、直尺。

2. 标本 黄斑篮子鱼、长吻鼻鱼、带鱼、小带鱼、蛇鲭、羽鳃鲐、鲐、东方狐鲣、黄鳍金枪鱼、蓝点马鲛、银鲳、刺鲳、攀鲈、圆尾斗鱼、叉尾斗鱼、长丝鲈、乌鳢、斑鳢、大口鲶、牙鲆、大鳞鲆、高眼鲽、圆斑星鲽、钝吻黄盖鲽、石鲽、带纹条鳎、半滑舌鳎、三刺鲀、绿鳍马面鲀、驼背三棱箱鲀、暗纹东方鲀、密斑刺鲀、翻车鲀。

若标本不全，可结合附图及相关辅助资料识别。

【实验方法与内容】

浸制标本用清水冲洗片刻，置于解剖盘中。认真观察及了解各标本的外部分类特征与相关解剖结构；对照检索表，先将实验鱼按目区分开，然后再分别依据亚目及主要科、属的检索表及特征介绍，逐步细分、识别到种。

鲈形目、鲽形目、鲀形目检索表

1（4）腹鳍一般存在，上颌骨不与前颌骨愈合
2（3）体对称，头左右侧各有一眼 ·· 鲈形目
3（2）体不对称，两眼位于头的左侧或右侧 ······································ 鲽形目
4（1）腹鳍一般不存在，上颌骨与前颌骨愈合成骨喙 ··························· 鲀形目

（一）鲈形目 Perciformes 的分类与识别

1. 刺尾鱼亚目 Acanthuroidei 的分类与识别 头短小，吻略尖突或向前突出。吻呈管状或圆锥状。侧线完全。尾柄两侧具锐棘或盾板。

本亚目为一类生活在热带及亚热带近岸或珊瑚礁区、以藻类为主食的中小型鱼。许多种类体色较美丽，可作为观赏鱼。我国产3科，主要有篮子鱼科和刺尾鱼科，区别如下：

1（2）尾柄两侧不具棘或骨板 ·· 篮子鱼科
2（1）尾柄两侧具有棘或骨板 ·· 刺尾鱼科

（1）篮子鱼科 Siganidae 主要属与代表种。体卵圆形或长椭圆形，侧扁。背鳍 XIII，10，前方具一埋于皮下的前向棘。代表种为有篮子鱼属 *Siganus* 的黄斑篮子鱼 *S. oramin* (Bloch et Schneider)。

黄斑篮子鱼：背鳍中部棘与侧线间有鳞 20～23 行，体侧有许多黄色小斑点（浸制标本为白色小斑点）。为近海暖水性小型鱼类，喜栖息岩礁或珊瑚丛中。各鳍鳍棘具毒腺，人被刺伤后引起剧痛（图 13-251）。

（2）刺尾鱼科 Acanthuridae 的主要属与代表种。尾柄两侧具锐棘或盾板；背鳍棘 4～9 根。可作为观赏养殖的主要有鼻鱼属 *Naso* 的长吻鼻鱼 *Naso unicornis* (Forskál)。

长吻鼻鱼：额部向前突出呈角状；角状突下的吻较长。尾柄两侧各有 2 个固着的盾状骨板，尾鳍上、下叶常延长呈丝状。暖水性珊瑚礁鱼类，通常栖息于礁盘浅水区，我国见于南海和东海（图 13-252）。

2. 鲭亚目 Scombroidei 的分类与识别 体延长或纺锤形。前颌骨固着于上颌骨上，不能向前方伸出。尾鳍存在或退化。体裸露或具小的圆鳞。

本亚目均为海洋鱼类，多栖息于热带和温带水域。我国产6科，主要3科的检索如下：

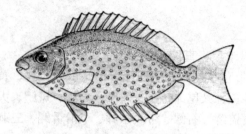
图 13-251　黄斑篮子鱼 S. oramin

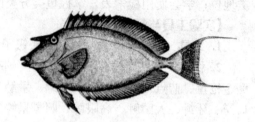
图 13-252　长吻鼻鱼 Naso unicornis

鲭亚目主要科的检索表

1 (4) 体延长，侧扁
2 (3) 体延长，带状；无尾鳍 ……………………………………………………………… 带鱼科
3 (2) 体延长，但不呈带状；有尾鳍 ……………………………………………………… 蛇鲭科
4 (1) 体纺锤形 …………………………………………………………………………… 鲭科

(1) 带鱼科 Trichiuridae 主要属与代表种。体延长如带状，极侧扁；尾部逐渐变细呈鞭状。腹鳍退化或不存在；背鳍长。我国沿海均产，是重要的海产经济鱼类。我国有5属，主要3属检索如下：

1 (2) 侧线较平直；腹鳍呈小鳞片状突起 …………………………………………………… 小带鱼属
2 (1) 侧线在胸鳍上方明显弯曲；无腹鳍
3 (4) 臀鳍第一鳍棘长度超过1/2眼径；胸鳍短于吻长 …………………………………… 沙带鱼属
4 (3) 臀鳍第一鳍棘短于瞳孔；胸鳍等于或长于吻长 ……………………………………… 带鱼属

①带鱼属 Trichiurus。本属只有带鱼 T. haumela (Forskál) 1 种。下鳃盖骨下缘内凹，上颌犬齿尖端呈倒钩状。鳞退化。侧线在胸鳍上方向下弯曲。为暖温性中下层近海洄游性鱼类，性凶猛。生长较快，1 龄已有性成熟个体，但在不同海区有一定差异 (图 13-253)。

图 13-253　带鱼 T. haumela
（中科院海洋研究所等．1992. 中国海洋鱼类原色图集）

带鱼为我国海洋四大渔业之一，是我国沿海产量最高的一种重要经济鱼类，各海区均有产出。其肉嫩体肥、味道鲜美，并有一定的药用价值。目前我国带鱼资源处于过度捕捞状态，渔获组成低龄化趋势明显。

②小带鱼属 Eupleurogrammus。本属只有小带鱼 E. muticus (Gray)。下鳃盖骨下缘圆凸。胸鳍长，伸达侧线上方。侧线在胸鳍上方几近平直。为暖温性中下层鱼类，我国分布于各海区。个体较小，全长 100～350mm，常栖息于近岸浅海、咸淡水及河口附近，为经济鱼类 (图 13-254)。

(2) 蛇鲭科 Gempylidae 主要属与代表种。两颌齿强大。体延长，侧扁；尾柄较细。背鳍2个；第二背鳍形同臀鳍，后方有1～6个分离小鳍。本科主要有蛇鲭属 Gempylus 的蛇鲭 G. serpens Cuvier et Valenciennes。

蛇鲭：又称带鲭。口大，下颌前端有一坚硬皮质突出物。体大部裸露无鳞，仅头部、眼后及尾鳍基底具小鳞。侧线 2 条。腹鳍小；尾鳍深叉型。我国分布于南海（图 13-255）。

(3) 鲭科 Scombridae 主要属与代表种。体呈纺锤形，脂睑发达。尾柄细短，两侧具 2~3 个隆起嵴。体被小圆鳞，胸部鳞片扩大形成胸甲。背鳍 2 个，前背鳍由鳍棘组成，后背鳍与臀鳍同形而相对，后方具小鳍。腹鳍胸位；胸鳍位高。尾鳍深叉。

本科鱼类分布于全球各大洋的温带及热带海域，许多种类为上等食用鱼，是重要的经济鱼类。主要属的检索如下：

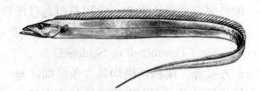

图 13-254　小带鱼 T. muticus
（中科院海洋研究所等 . 1992. 中国海洋鱼类原色图集）

图 13-255　蛇鲭 G. serpens
（杨玉荣，1979）

鲭科主要属的检索表

1 (4) 尾柄每侧具 2 条小隆起嵴；第 2 背鳍后方及臀鳍后方有 5 个小鳍
2 (3) 鳃耙羽状；犁骨、腭骨无齿 ………………………………………………… 羽鳃鲐属
3 (2) 鳃耙正常；犁骨、腭骨有齿 …………………………………………………… 鲐属
4 (1) 尾柄每侧各具 1 中央隆起嵴和 2 侧隆起嵴；第 2 背鳍后方及臀鳍后方具 6~10 个小鳍
5 (6) 体被小圆鳞，无胸甲；第 2 背鳍鳍条 15~25，臀鳍条 15~28 ………… 马鲛属
6 (5) 体被小圆鳞，胸部鳞大，形成胸甲；第 2 背鳍鳍条 12~18，臀鳍条 11~17
7 (8) 舌中部两侧无皮瓣；上颌骨长，后端伸达眼后缘下方 ……………………… 狐鲣属
8 (7) 舌中部两侧各有 1 三角形皮瓣；上颌骨短，后端伸达瞳孔前缘或
 中部下方 ……………………………………………………………………… 金枪鱼属

① 羽鳃鲐属 *Rastrelliger*。我国仅羽鳃鲐 *R. kanagurta* (Cuvier) 1 种。

羽鳃鲐：犁骨及腭骨无齿；上、下颌各具 1 行细牙。鳃耙长而扁，呈羽毛状，从口腔即可见到。有发达脂眼睑。为暖水性中上层鱼类，以无脊椎动物为食。我国仅产于南海，为重要海产经济鱼类，肉厚味美（图 13-256）。

② 鲐属 *Pneomatophorus*。第一背鳍棘 9~10 根。尾鳍基部有 2 条隆起嵴，无中央隆起嵴。犁骨及腭骨有齿。代表种为鲐 *P. japonicus* (Houttuyn)。

鲐：上、下颌各具 1 行细齿。体侧有深蓝绿色不规则斑纹。暖水性中上层鱼，善游，能做远距离洄游。有趋光性。以甲壳类、小鱼为食。我国各海区均有分布。近年鲐已成为我国海洋捕捞的主要经济鱼类之一（图 13-257）。

图 13-256　羽鳃鲐 *R. kanagurta*
（曾柄光等，1979）

图 13-257　鲐 *P. japonicus*
（张孝威，1983）

鲐易腐烂而产生组胺，食用易引起过敏性中毒。

③狐鲣属 Sarda。两颌具 1 列尖齿。第一背鳍有 17～19 枚棘刺。代表种有东方狐鲣 S. orientalis (Temminck et Schlegel)。

东方狐鲣：尾柄两侧均具 3 条纵向隆起。体侧上方具 6～7 条蓝黑色细纵带。为暖水性中上层鱼类，可在近海表层进行长距离洄游，有时形成大集群。行动敏捷，性情凶猛，肉食性。我国见于南海和东海，为经济食用鱼（图 13-258）。

④金枪鱼属 Thunnus。胸部鳞片特别大，形成明显的胸甲。尾柄两侧各有 1 发达的中央隆起嵴。尾鳍新月形。代表种有黄鳍金枪鱼 T. albacares (Bonnaterre)。

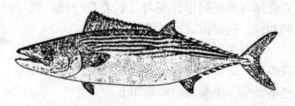

图 13-258　东方狐鲣 S. orientalis

黄鳍金枪鱼：又称黄鳍鲔，生活于全球热带和亚热带海洋中。体纺锤形，尾部长而细。体背呈蓝青色，体侧浅灰色，成鱼的第二背鳍与臀鳍及其后面的小鳍均呈鲜黄色。喜集群，个体大，成鱼最大体长可达 3m，重约 225kg。我国主要分布于南海，该海区的金枪鱼种来自太平洋和印度洋。黄鳍金枪鱼约占全球金枪鱼产量的 35%，是重要海洋经济鱼类。其肉粉红色，以高蛋白低脂肪而受人们青睐，属名贵食用鱼（图 13-259）。

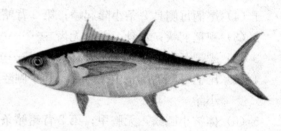

图 13-259　黄鳍金枪鱼 T. albacares
（曾炳光、杨玉荣，1979）

⑤马鲛属 Scomberomorus。两颌齿强大，为侧扁三角状。背鳍棘 14～20 根。代表种有蓝点马鲛 S. niphonius (Cuvier et Valenciennes)。

蓝点马鲛：又称鲅、马鲛。体色银亮，背具暗色条纹或黑蓝斑点。D. XIX～XX，15～17，小鳍 8～9。侧线在背鳍下方未显著下弯而呈不规则波浪状。为暖水性中上层鱼类，常结群做远程洄游。性凶猛，以小鱼、小虾为食。生长迅速，当年幼鱼全长可达 250～300mm。分布于北太平洋西部，我国产于东海、黄海和渤海，主要渔场有舟山、连云港外海及山东南部沿海，是重要海产经济鱼类（图 13-260）。

图 13-260　蓝点马鲛 S. niphonius
（成庆泰，1962）

3. 鲳亚目 Stromateoidei 的分类与识别　食道具侧囊，侧囊单个或成对；侧囊内壁有角质乳突或条状隆起。体通常被细小圆鳞，侧线完全。为暖水性浅海鱼类。我国产 4 科 8 属，主要 2 科的区别：

1（2）成鱼无腹鳍；臀鳍鳍条 30～50 枚，前部鳍条呈镰刀形……………………………… 鲳科
2（1）成鱼有腹鳍；臀鳍鳍条 15～20 枚，前部鳍条不呈镰刀形……………………………… 长鲳科

(1) 鲳科 Stromateidae 主要属与代表种。无腹鳍，体高而侧扁。头小。吻钝，犁骨、腭骨及舌上无齿。代表种有鲳属 Stromateu 的银鲳 S. argenteus (Euphrasen)。

银鲳：食道囊长椭圆形，囊内密生带角质刺的乳突。体被细小圆鳞，易脱落。背鳍、臀鳍前部数根鳍条甚长，似镰刀状。为近海暖温性中下层鱼类，以无脊椎动物、小鱼为食，生殖季节群游向近岸及河口附近。我国各海区均有分布，其肉味鲜美，是重要海产经济鱼类（图 13-261）。

（2）长鲳科 Centrolophidae 主要属与代表种。体长椭圆形或菱形；颌齿细小。以刺鲳属 *Psenopsis* 的刺鲳 *P. anomala*（Temminck et Schlegel）为常见。

刺鲳：有腹鳍。背鳍棘 6～7 根，短小坚硬；臀鳍与背鳍形状近似，但基底较背鳍短；腹鳍小。暖温性近岸底层性鱼类，喜栖息于泥沙底质的海区。我国产于南海、东海和黄海南部，为常见经济食用鱼（图 13-262）。

图 13-261 银鲳 *S. argentues*
（伍汉霖，1985）

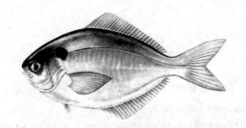

图 13-262 刺鲳 *P. anomala*
（中科院海洋研究所等.1992.中国海洋鱼类原色图集）

4. 攀鲈亚目 Anabantoidei 的分类与识别 第一鳃弓上鳃骨扩大成鳃上器官，具辅助呼吸功能。两颌有齿。背鳍和臀鳍具棘；腹鳍胸位。左右鳃膜被鳞。喜在水草丛生的缓流水体中生活，有些是常见的观赏鱼。我国产 2 科：

1（2）犁骨具齿；腹鳍无丝状延长鳍条 ·· 攀鲈科
2（1）犁骨无齿；腹鳍一般有丝状延长鳍条 ·· 斗鱼科

（1）攀鲈科 Anabantidae 主要属与代表种。背鳍始于胸鳍基部上方，较臀鳍长。我国仅有攀鲈属 *Anabas* 攀鲈 *A. testudineus*（Bloch）1 种。

攀鲈：口端位，口裂略斜，后端达眼中部的下方。颌齿细小。被栉鳞，侧线中断为二。鳃上器官花瓣状。可利用鳃盖、臀鳍、尾鳍爬行。我国主要分布于云南、广西、广东、福建等南方淡水中，有吐泡营巢繁殖的特性，对环境的耐受力强。生长水温 18～35℃，低于 15℃停止摄食。其肉质细嫩味美，海南已有人工养殖（图 13-263）。

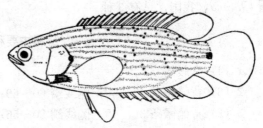

图 13-263 攀鲈 *A. testudineus*
（成庆泰，郑葆珊等.1987.中国鱼类系统检索）

（2）斗鱼科 Belontiidae 主要属与代表种。体呈长卵圆形。口小，两颌有细小齿；犁骨、腭骨无齿。多数种类的腹鳍有丝状延长鳍条，可做观赏鱼养殖。我国有 2 属。

1（2）臀鳍鳍条 15 以上；腹鳍鳍棘发达，第一鳍条略有延长 ······················ 斗鱼属
2（1）臀鳍鳍条 15 以下；腹鳍鳍棘退化，第一鳍条非常延长 ···················· 长丝鲈属

①斗鱼属 *Macropodus*。侧线退化或无；背鳍与臀鳍有鳞鞘。我国有 2 种，即圆尾斗鱼

M. chinensis（Bloch）和叉尾斗鱼 *M. opercularis*（Linnaeus）。

圆尾斗鱼：尾鳍圆形，分布广泛，我国南北各水系都有（图 13-264）。

叉尾斗鱼：又名中国斗鱼。尾鳍分叉，分布于长江以南各水系（图 13-265）。

斗鱼喜栖息于水草丛生的静水或缓流水，以浮游动物、水生昆虫等为食，尤喜摄食孑孓。同种之间雄鱼领域性强，常彼此相斗。生殖期间雄鱼会在水草多的水面吐泡成巢，雌鱼产卵于其中。雄鱼有守巢护幼习性。为著名小型观赏鱼类。

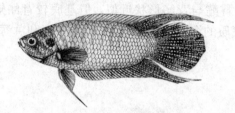

图 13-264　圆尾斗鱼 *M. chinensis*
（毛节荣等，1991）

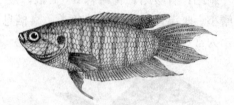

图 13-265　叉尾斗鱼 *M. opercularis*
（毛节荣等，1991）

②长丝鲈属 *Osphronemus*。侧线完全。腹鳍第一鳍条特别延长。我国只有长丝鲈 *O. goramy* Lacepede 1 种。

长丝鲈：为热带淡水鱼类，生殖期间雌雄鱼会利用水草共同筑巢。最适水温 24～30℃；水温降至 15℃时停止进食；水温 12℃ 以下则死亡。可做池塘养殖对象，当年苗种经 8 个月饲养达 800～1 000g，为名贵经济鱼类，也可做观赏鱼养殖（图 13-266）。

5. 鳢亚目 Channoidei 的分类与识别 头略平扁，体延长。口大，下颌较上颌突出。两颌、犁骨、腭骨均有细齿。背鳍与臀鳍长。有发达的鳃上器官。本亚目仅有鳢科 Channidae，主要属为鳢属 *Channa*，我国常见有 3 种。

图 13-266　长丝鲈 *O. goramy*

鳢属主要种的检索表

1（4）有腹鳍

2（3）背鳍鳍条 47～50；侧线鳞 60～69；尾鳍基无弧形横斑 ·· 乌鳢

3（2）背鳍鳍条 39～45；侧线鳞 50～56；尾鳍基有 2～3 条弧形横斑 ······························· 斑鳢

4（1）无腹鳍 ·· 月鳢

（1）乌鳢 *C. argus*（Cantor）。又称黑鱼、才鱼。头部及体侧有不规则黑斑；头侧自眼后有 2 条纵行黑色条纹。头、体被圆鳞。全国各水系均有分布，喜栖息于水草密生的泥底区，凶猛肉食性。乌鳢生长快，对环境适应力强，在人工养殖条件下，当年个体重可达 250g，翌年达 500～1 000g，为淡水名优养殖对象（图 13-267）。

（2）斑鳢 *C. maculata*（Lacepede）。俗称"生鱼"。体形与乌鳢相似，头部有近似"一八八"字样的斑纹，同龄个体较乌鳢小。主要分布于福建和两广地区，人工养殖可摄食配合饲料（图 13-268）。

图 13-267　乌鳢 *C. argus*
（毛节荣等，1991）

图 13-268　斑鳢 *C. maculata*
（钟俊生，1991）

2005 年，杭州市农业科学院水产所以珠江水系斑鳢为母本，钱塘江水系乌鳢为父本，获得杂交 F_1 代。后通过不断改良，得到最优杂交品种，定名"杭鳢 1 号"，并于 2009 年 12 月通过全国水产原种和良种审定委员会审定，成为适合推广养殖的水产杂交新品种。该品种经人工驯食可在成鱼阶段完全摄食配合饲料。

（二）鲽形目 Pleuronectiformes 的分类与识别

体甚侧扁，成鱼身体左右不对称，两眼均位于头部左侧或右侧。腹鳍胸位或喉位；背鳍与臀鳍基底长。鲽形目一般为底层海水鱼类，只有少数种类可进入江河淡水区生活。刚孵化的仔鱼体态正常，左右对称。经生长变态后一眼移向另一侧，并降至水底呈平卧状营底栖生活。本目我国有 9 科，种类较多，有些是重要的海产养殖经济鱼类。

鲽形目主要科的检索表

1（2）背鳍、臀鳍前端有棘；背鳍始于头后；腭骨具齿 ·· 鲆科
2（1）背鳍、臀鳍无棘；背鳍始于眼或吻的背侧；腭骨无齿
3（6）前鳃盖骨后缘常游离；背鳍起于眼上方，胸鳍较发达
4（5）两眼位于头左侧 ·· 鲆科
5（4）两眼位于头右侧 ·· 鲽科
6（3）前鳃盖骨后缘埋入皮下；背鳍起于吻背侧，胸鳍退化
7（8）两眼位于头左侧 ·· 舌鳎科
8（7）两眼位于头右侧 ·· 鳎科

1. 鳒科 Psettodidae 主要属及代表种

上颌有一发达的辅上颌骨；背鳍、臀鳍前端有鳍棘。两眼位于头部左侧或右侧。我国只有鳒属 *Psettodes* 的大口鳒 *P. erumei*（Bloch et Schneider）1 种。

大口鳒：侧线鳞 68～75；臀鳍始于胸鳍后方，不连尾鳍。为近海底栖鱼类，摄食鱼、虾。我国分布于东海南部及南海，有一定经济价值（图 13-269）。

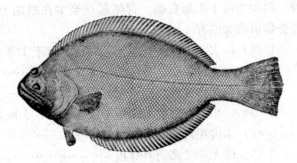

图 13-269　大口鳒 *P. erumei*
（李思忠，1979）

2. 鲆科 Bothidae 主要属与代表种

本科是鲽形目最大的一群，两眼均位于头部左侧。我国约有 10 属，常见且经济价值较高的主要是牙鲆属，另有引入的菱鲆属。2 属区别：

1（2）体呈长圆形；体长为体高的 2.3～2.7 倍 ··· 牙鲆属

2（1）体呈菱形（近圆形）；体长为体高的 1.1～1.2 倍 ·················· 菱鲆属
（1）牙鲆属 *Paralichthys*。体被小圆鳞或有眼侧被弱栉鳞，左右侧线同样发达。本属只有牙鲆 *P. olivaceus* (Temminck et Schlegel) 1 种。

牙鲆：又称偏口、比目鱼。背鳍条 64～95，臀鳍条 49～76。胸鳍不对称，有眼侧较长。尾鳍后缘双截形。经变态后，左眼转至右侧头背缘。为暖温性近海底层鱼类，常栖息于水深 60m 左右的泥及泥沙底质海区。我国沿海有分布，是重要的海水增养殖对象之一，在海水养殖鱼类中仅次于真鲷与石斑鱼（图 13-270）。

图 13-270　牙鲆 *P. olivaceus*
（中科院海洋研究所等．1992．中国海洋鱼类原色图集）

（2）菱鲆属 *Scophthalmus*。我国 1992 年从英国引入大菱鲆 *S. maximus* (Linnaeus)。

大菱鲆：又称多宝鱼、欧洲比目鱼。是欧洲特有种，自然分布于大西洋东北部沿岸，喜栖息于砂质、沙砾或混合底质的海区。外形呈菱形而又近似圆形。有眼侧有少量栉鳞；无眼侧光滑无鳞，呈白色。口斜裂，较大。背鳍、臀鳍长，有软鳍膜相连；尾鳍圆形。具有适应低水温生活、生长快、肉质好等优点，现已成为我国北方沿海重要的养殖种类（图 13-271）。

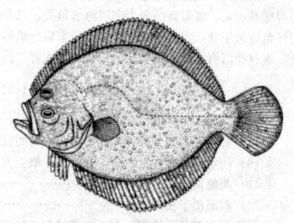

图 13-271　大菱鲆 *S. maximus*
（雷霁霖，2003）

3. 鲽科 Pleuronectidae 主要属与代表种

两眼均位于头部右侧。背鳍起点至少在眼的上方。为温热带近海鱼类，我国有 12 属，经济价值较大的有 4 属：

1（4）口大或中等，有眼侧上颌长不短于 1/3 头长；有眼及无眼侧两颌齿相似
2（3）两颌齿尖锐；奇鳍无明显大黑斑 ·················· 高眼鲽属
3（2）两颌齿钝锥状；奇鳍有明显大黑斑 ·················· 星鲽属
4（1）口小；有眼侧上颌短于 1/3 头长；无眼侧两颌齿较发达
5（6）体被正常鳞，不具骨板 ·················· 黄盖鲽属
6（5）体无正常鳞而有骨板 ·················· 石鲽属

（1）高眼鲽属 *Cleisthenes*。我国只有高眼鲽 *C. herzensteini* (Schmidt) 1 种。

高眼鲽：齿尖锐，两颌各 1 行。吻部被鳞。上眼位高，位于头背缘中线上。有眼侧深褐色，无眼侧白色。仔鱼经变态后左眼转至右侧头背缘。以小鱼、小虾为食。我国产于东海北部、渤海和黄海，为食用经济鱼类（图 13-272）。

（2）星鲽属 *Verasper*。代表种有圆斑星鲽 *V. Variegatus* (Temminck et Schegle)。

圆斑星鲽：体椭圆型，口大。背鳍、臀鳍及尾鳍有黑色圆斑。有眼侧体暗褐色，无眼侧黄色或白色。背鳍、臀鳍基底较长。我国分布于黄海、渤海和东海，主要摄食杂鱼、虾蟹类等，人工养殖以鲜杂鱼和鲜配饲料为主。其肉质洁白如玉，味鲜美，属名贵鱼类，是一个值得推广的优良养殖品种（图13-273）。

图 13-272　高眼鲽 *C. herzensteini*

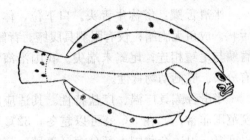

图 13-273　圆斑星鲽 *V. Variegatus*

（3）黄盖鲽属 *Pseudopleuronectes*。侧线在胸鳍上方有明显的弧状弯曲部。有眼侧上、下颌无齿或仅下颌有1~2个齿；无眼侧上颌9~13个齿，下颌12~15个齿。代表种有钝吻黄盖鲽 *P. yokohamae*（Günther）。

钝吻黄盖鲽：体呈卵圆形，口小，两侧口裂不等长。背鳍由眼部直至尾柄前端；腹鳍由胸鳍后部延续至尾柄前端；尾鳍近截形。主食底栖动物。我国产于黄海和渤海，为重要经济鱼类。人工养殖摄食配合饲料（图13-274）。

（4）石鲽属 *Kareius*。我国仅石鲽 *K. bicoloratus*（Basiewsky）1种。

石鲽：俗称石板。口小，吻长约为头长的1/5。鳞退化；沿侧线及其上下，常有纵行排列的骨板，一般3行。我国沿海均有分布，主要产于渤海和黄海。其生长较快，肉质细腻，是一种经济价值较高的食用鱼，现已开发为人工养殖对象（图13-275）。

图 13-274　钝吻黄盖鲽 *P. yokohamae*
（中科院海洋研究所等．1992．中国海洋鱼类原色图集）

4. 鳎科 Soleidae 主要属与代表种

两眼均位于右侧。为热带和亚热带近海底层鱼类，喜栖息于泥沙底质海域。经济价值不大。我国有9属，主要有条鳎属 *Zebrias*，代表种有带纹条鳎 *Z. zebra*（Bloch）。

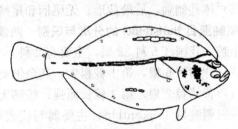

图 13-275　石鲽 *K. bicoloratus*
（成庆泰，郑葆珊等．1987．中国鱼类系统检索）

带纹条鳎：体舌状，两侧被栉鳞；侧线平直。背鳍、臀鳍与尾鳍相连；无眼侧胸鳍呈退化状。有眼侧具深褐色横带。暖小性近海底层鱼类，我国沿海均产。为次要经济鱼类，可食用（图13-276）。

5. 舌鳎科 Cynoglossidae 主要属与代表种 两眼位于头的左侧；无胸鳍。我国有3属，主要有舌鳎属 *Cynoglossus*，代表种有半滑舌鳎 *C. semilaevis* Günther。

半滑舌鳎：俗称牛舌头。口下位，体呈舌状。成鱼无胸鳍；仅有眼侧具腹鳍。背鳍、臀鳍与尾鳍相连；尾鳍末端尖。我国沿海均有分布。底栖动物食性。

半滑舌鳎具广温、广盐特性。其适应温度范围非常广，在3℃就可以越冬，32℃可以度夏，很适合我国大部分海区养殖，其肉嫩味佳，为名贵鱼类（图13-277）。

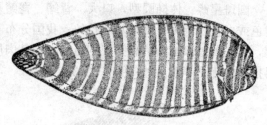

图13-276 带纹条鳎 *Z. zebra*
（成庆泰，郑葆珊等．1987．中国鱼类系统检索）

图13-277 半滑舌鳎 *C. semilaevis*
（郑葆珊，1955）

（三）鲀形目 Tetraodontiformes 的分类与识别

口小，前颌骨与上颌骨相连或愈合；齿锥形、门齿形或愈合呈喙状齿板。鳃孔小，位于胸鳍基底之前。腹鳍胸位、亚胸位或消失。体被骨化鳞、骨板、小刺或裸露。

本目为一群特化的鱼类，主要分布于太平洋、印度洋、大西洋的热带和亚热带水域，大多为近海中下层种类，只少数几种生活在淡水。我国产4亚目。

鲀形目亚目的检索表

1（2）有腹鳍；背鳍及腹鳍有鳍棘；有腰带骨 ……………………………………… 鳞鲀亚目
2（1）无腹鳍；背鳍无鳍棘；无腰带骨
3（4）体被骨板，形成体甲；齿不愈合成齿板 ………………………………………… 箱鲀亚目
4（3）体被小刺或裸露；齿愈合成2～齿板
5（6）体一般亚圆筒形；有尾柄和尾鳍；有气囊；有鳔 …………………………………… 鲀亚目
6（5）体甚侧扁，后端截形；无尾柄和尾鳍；无气囊、无鳔 ……………………………… 翻车鲀亚目

1. 鳞鲀亚目 Balistoidei 的分类与识别 两颌齿1～2行，不愈合成齿板。体被骨化鳞或绒毛状小棘。我国产5科32属，主要有2科：

1（2）背鳍棘6根，第1棘粗大，其余细弱；左右腹鳍各具1根大棘 ……… 三刺鲀科
2（1）背鳍棘2根，第1棘长而强；腹鳍无棘 …………………………………………… 单角鲀科

（1）**三刺鲀科 Triacanthidae 主要属与代表种**。两颌齿大，门牙状。尾鳍深分叉；鳞片上具"十"字隆起嵴。我国产3属，主要为三刺鲀属 *Triacanthus*，代表种有三刺鲀 *T. biaculeatus*（Bloch）。

三刺鲀：第2背鳍基底长为臀鳍基底长的1.2～1.6倍，背鳍第1根棘约为第2根棘的3倍。为近海底层鱼类，以甲壳类、贝类为食。胆有弱毒，卵无毒。肝大含脂多，可制鱼肝油。肉味尚美、可供食用（图13-278）。

（2）**单角鲀科 Monacanthidae 主要属与代表种**。体被细小而粗糙的鳞片。上颌齿2行，

外行齿每侧3个，内行齿每侧2个；下颌齿1行，每侧3个。背鳍2个。我国产14属，主要有马面鲀属 Thamnaconus。代表种为绿鳍马面鲀 T. septentrionalis (Günther)。

绿鳍马面鲀：俗称剥皮鱼。无侧线。尾鳍近圆形。体灰色至灰绿色，小鱼体侧有3～5个不规则暗斑。为暖温性中下层鱼类，喜集群。底栖动物食性。为我国重要的海产经济鱼类之一，其年产量仅次于带鱼。除鲜食外，经深加工制成的烤鱼片是出口水产品之一。我国沿海均产（图13-279）。

图 13-278　三刺鲀 T. biaculeatus

图 13-279　绿鳍马面鲀 T. septentrionalis
（李思忠，1962）

2. 箱鲀亚目 Ostraciontoidei 的分类与识别

体粗短，包在具3～6棱的体甲内，仅尾部可以活动。口小，前位。齿呈门齿状，不愈合成齿板。活动能力弱。我国产2科6属，主要为箱鲀科 Ostraciontidae。常见有三棱箱鲀属 Tetrosomus 的驼背三棱箱鲀 T. gibbosus (Linnaeus)（图13-280）。

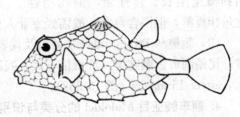

图 13-280　驼背三棱箱鲀 T. gibbosus

3. 鲀亚目 Tetraodontoidei 的分类与识别

吻圆钝，体多粗壮。上、下颌齿愈合成喙状齿板。背鳍无棘；无腹鳍。有气囊。我国产4科，主要有鲀科与刺鲀科：

1（2）上、下颌齿板具中央缝；体无鳞或被鳞刺 ………………………………… 鲀科
2（1）上、下颌齿板无中央缝；体具许多鳞变成的粗棘 ……………………… 刺鲀科

（1）鲀科 Tetraodontidae 主要属与代表种。体粗短，上、下颌齿愈合成4个齿板，尾鳍圆或截，吻圆钝，口小。鲀科鱼类广泛分布于热带、亚热带及温带海洋中，少数可进入淡水或在淡水中生活。我国有11属，常见的有东方鲀属 Takifugu。

东方鲀属：本属的种类俗称"河豚"。头、体背宽圆，体侧下方有1纵行皮褶。体具小刺或光滑无刺。食道旁有气囊，遇危险时能吸入水或空气，使胸腹膨胀如球而浮于水面。本属大多数生活于沿岸浅海，只有少数种类进入河流或定居于湖泊。许多种类具河豚毒素。

河鲀毒素为强烈的神经性毒素，可溶于水，其毒性不易用加热的方法破坏，但高温并加碱可破坏其毒性。河鲀的卵巢、肝有剧毒，肾、血液、皮肤也含有毒素，肉、精巢一般无毒。若食用未经特别处理的河鲀，中毒后约半小时发作，表现为脸色苍白、头眩晕、唇舌麻木、呕吐等，严重者危及生命。

冬、春季节是河鲀的产卵季节，此时河鲀的肉味最鲜美，但毒素含量也最高。由于东方鲀的经济价值很高，已有规模化（低毒化）人工养殖。

常见的几种东方鲀检索如下：

1（2）皮肤光滑无刺，背侧具乳白色虫纹 ·················· 虫纹东方鲀
2（1）皮肤具刺，无虫纹
3（6）皮肤具较强的刺；背部刺区和腹部刺区不在体侧相连，胸斑色淡
4（5）臀鳍黑色或暗灰色；胸斑后方黑色花纹不显著 ·················· 假晴东方鲀
5（4）臀鳍白色，胸斑后方黑色花纹显著 ·················· 红鳍东方鲀
6（3）皮肤具小刺；背部刺区和腹部刺区在体侧相连，胸斑色暗 ·········· 暗纹东方鲀

人工养殖的主要有红鳍东方鲀 T. rubripes（Temminck et Schlegel）和暗纹东方鲀 T. obscurus（Abe）等。

暗纹东方鲀：皮肤具小刺，体暗褐色。主要分布于东海、黄海及长江中下游，属江海洄游性鱼类。每年2月下旬起，性成熟个体结群由东海进入长江，逆流至长江中下游江段产卵。幼鱼在江河或通江湖泊中生活，翌年回到海里生长。食性杂，偏动物性。

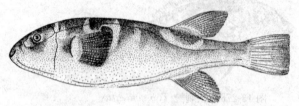

图 13-281　暗纹东方鲀 T. obscurus
（朱元鼎、许成玉，1963）

此鱼味极鲜，但因含毒素，故需经专业人员处理、烹调方可食用（图 13-281）。

（2）刺鲀科 Diodontidae 主要属及代表种。鳞已变为粗棘，布满全身。无背鳍棘；无腹鳍；尾鳍圆形。刺鲀类经济价值不大。我国有 2 属 9 种，常见有刺鲀属 Diodon 的密斑刺鲀 D. hystrix Linnaeus（图 13-282）。

4. 翻车鲀亚目 Moloidei 的分类与识别　体高而侧扁，无尾柄。背鳍与臀鳍同形，约相对；无腹鳍。属大洋性漂流鱼类，我国只有翻车鲀科 Molidae，代表种为翻车鲀属 Mola 的翻车鲀 M. mola（Linnaeus）。

翻车鲀：俗称翻车鱼。为大型个体，最大个体长可达 3.0～3.5m，重 1 400～3 500kg，怀卵量极大，可达 3 亿枚。我国分布于黄海、东海和南海（图 13-283）。

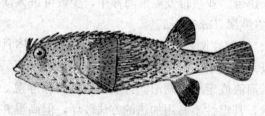

图 13-282　密斑刺鲀 D. hystrix
（苏锦祥，1979）

图 13-283　翻车鲀 M. mola
（朱元鼎、许成玉，1963）

【作业】

1. 如何区分鲈形目、鲽形目和鲀形目的鱼类？
2. 任选 8～10 种常见实验鱼，编写出检索表，并列出它们的分类地位。
3. 如何区分带鱼和小带鱼？如何区分乌鳢、斑鳢和月鳢？

4. 鲽形目、鲀形目主要养殖鱼类有哪些?
5. 列出并简要说明本次实验用到的主要分类特征。

实验二十二　鱼类标本采集与生物学调查

【实验目的】

通过实验,了解养殖水域或拟养殖水域的鱼类组成特点,掌握鱼类标本采集与保存的基本方法;初步掌握鱼类生长、食性、繁殖等生物学特性的基本调查方法。

【实验工具与材料】

1. 工具　解剖盘、手术剪、解剖刀、工具、镊子、解剖镜、目测微尺、秤、天平、培养皿、吸管、直尺、圆规、载玻片、盖玻片、胶布、标签、计数器、计算器、铅笔、记号笔、记录本、甲醛溶液、标本瓶、捕捞渔具等。

2. 材料　某养殖水域或拟养殖水域捕捞的渔获物或抽样取其中的部分渔获物。要求:样本新鲜、随机抽样,可代表所调查水域鱼类种类与数量组成特点。

【实验内容与方法】

本实验是一个集鱼类标本采集与保存、水域鱼类组成调查、鱼类生物学特性观察为一体的综合性专业实训,项目较多,教学中可根据各地的季节变化和具体渔业情况,结合专业教学实习灵活安排。

(一) 水域鱼类组成调查

水域鱼类组成调查是鱼类种类定性定量分析的内容,它要求查清所调查水域所有的各种鱼类,了解鱼类的种类组成、分类地位、种间关系。对于同一种鱼类,要了解不同年龄组成和生长情况。根据鱼类种类调查的结果,编制出水域鱼类名录表,并对该水域鱼类组成情况进行简单分析与客观评价(表 13-1)。

表 13-1　水域鱼类组成名录

编号	中文名	拉丁学名	捕获尾数	体长范围	水域分布

1. 水域鱼类标本和相关资料的搜集

(1) 要求。尽量收集全所调查水域中的鱼类标本;标本鱼要新鲜、体形完整、鳞鳍无缺;每种鱼的标本采集量一般为 5~10 尾;每尾鱼要编号并挂上记号标签,逐尾登记。

(2) 标本的固定、保存。为长期保存使用,标本要用防腐剂固定。具体方法见第十三章第二节。

(3) 鱼体形态特征观察。观察内容主要包括体型、体色、鳞片、鳍条等,以及可量性状与可数性状,并详细记录(表 13-2、表 13-3)。

(4) 环境观察。包括时间、气候、捕捞地点、渔具渔法、水域状况、水温、水色、透明度、水生植物分布、饵料生物丰度、水域周边设施、进排水情况等。

(5) 鱼类标本的鉴定。参考相应工具书,对所采集标本要求鉴定到属或种。鉴定方法见

第十三章第二节。对引用文献要注明，标本要妥善保存以备查。

表 13-2　鱼体形态特征记录

编号	中文名	体型	体色	鳞片	生长状况	病害状况	备注

表 13-3　鱼类形态测量

采集日期：　　　　采集地：　　　　天气：　　　　水温：

编号	全长	体长	体高	体重	头长	吻长	尾柄长	尾柄高	眼径	侧线鳞	咽齿	鳃耙	背鳍	臀鳍	备注

2. 鱼类组成分析

（1）渔获物组成统计。对渔获物分别作种类、数量和重量组成统计，将统计结果列表（表 13-4）。

表 13-4　渔获物组成统计

采集地点：　　　　采样日期：　　　　渔具渔法：

种类	重量（kg）	百分比	尾数	百分比	备注

（2）分析各种鱼之间的互利、竞争及食物关系。

统计数据的整理：测得的原始资料要汇总并分组归纳。首先要确定组数，再计算组距，划分组限。一般组数以不超过 30 为宜，用组数除全距（所测全部数据中最大值与最小值之差）所得的商的整数部分，作为组距。连续数列归纳时按上组限不在内的原则进行归组（如20 归于 20～21 一组）。

（二）鱼类生物学特征调查

（1）测定分析调查水域中每种鱼的年龄组成。年龄鉴定可采用直接根据鱼体硬组织上的年轮鉴定或彼得生年龄曲线法进行。

彼得生年龄曲线法，又称长度分布法，或长度法，是在大批渔获物中不加选择地测定同一种鱼的不同个体的长度，然后以体长为横坐标，以某一体长的鱼体数量（％）作为纵坐标，在坐标纸上绘图，即为长度分布曲线，如果曲线出现高峰与低谷，则每个高峰代表一个年龄组，高峰所对应的长度即为该年龄组鱼体的长度。这种方法有一定的局限性，适用于尚无有效鉴定年龄的硬组织的鱼类，也可用来校对通过硬组织结构鉴定的年龄是否准确。

（2）生长及其测算。采用实测法测定体长、体重。

（3）鳞径与体长的关系。这个方法是根据鱼的体长与鳞片的长度（鳞径）成正比关系的理论来计算的。基本公式为：

$$Ln/L = Sn/S \quad 则\ Ln = (Sn/S) \times L$$

式中，Ln 为鱼在以往任何年龄的体长；L 为鱼在被捕捞时的实测体长；Sn 为鱼鳞片在以往任何年龄的长度（为鳞片中心，即鳞焦至某年年轮处的长度）；S 为鱼在被捕捞时的鳞片长度（为鳞片中心，即鳞焦至鳞片最外缘的长度）。

年龄资料需整理出以下各项：

①年龄的归组。

②各年龄组所占的百分比。

③各年龄组内体长的平均数及最大、最小范围。

④各年龄组内体重的平均数及最大、最小范围。

（4）体长与体重的关系。可由下列公式表达：

$$W = aL^n$$

式中，W 为体重（以 g 为单位）；L 为体长（以 mm 为单位）；a 为常数；n 为指数。

（5）肥满度系数。肥满度又称丰满度或肥满系数。即体重与体长立方积的比值：

$$K = (W/L^3) \times 100$$

式中，W 为体重（以 g 为单位）；L 为体长（以 cm 为单位）。

(三) 鱼类食性分析

（1）目测胃肠充塞度。按分级标准。

（2）计算饱满指数：

$K=100$（鱼体重/肠管内食物重）或 $K=10\,000$（鱼体重/肠管内食物重）

（3）食物种类的定性。食物种类可根据其难以消化的部分进行鉴定，最好定到种。鉴定的依据是：鱼类的肩胛骨、咽齿等；软体动物的外壳和厣；昆虫的头部构造；虾类的眼睛与外壳；桡足类的第五对胸肢；枝角类的两对触角、后腹部、尾爪及刺；轮虫的咀嚼器；原生动物的外壳；浮游植物的外壳与细胞形状；高等植物的纤维碎片。

定量计算食物出现次数、食物出现率、出现次数百分比等指标。

(四) 鱼类的繁殖习性调查（表 13-5）

表 13-5　鱼类性腺发育与消化道充塞度记录

鱼名：			地方名：		
编号：	日期：		采集地：		渔具：
全长：	体长：		体　重：		空壳重：
年龄：					
性腺	性别：		性腺重：		发育期：
	成熟系数：		怀卵量：		相对怀卵量：
	副性征：				卵　径：
	发育情况：				
食性	肠管长度及性状：				
	充塞度：			食物重：	
	食性分析：				
寄生虫：					
其他：					

(1) 鉴定性别并计算性比（包括样本总的性比及各年龄组性比）。
(2) 目视判定性腺发育程度。按鱼类性腺发育分期。
(3) 计算成熟系数。

$$成熟系数＝（卵巢重/鱼体重）\times 100\%。$$

(4) 计算怀卵量。
(5) 怀卵量与体长、体重的关系（相关公式见第八章）。
① 怀卵量与体长的关系。
② 怀卵量与体重的关系。
做出相关曲线图，计算相关系数，研究分析怀卵量与体长或体重的相关程度。

（五）鱼类特殊生态环境调查

(1) 鱼类产卵场、越冬场、肥育场特点的调查。调查水域分布位置，面积范围大小及其环境状况，鱼类在其中的活动及洄游规律。
(2) 调查水库、湖泊等拟养殖水域中上述场所的历史变迁情况。
(3) 记述上述场所的水位、深度、水温、透明度、溶氧量、流速及底质等情况。
(4) 调查上述场所的鱼类饵料生物组成及其季节变化状况。
(5) 对产漂流性卵鱼类产卵场，要注意水、流速、涡流及气象变化情况。对产黏性卵的鱼类的产卵场，要注意产卵附着物（水草等）。对产沉性卵的鱼类产卵场，要注意底质等调查。

【作业】

结合生产实习或专业实训，对某水域鱼类进行调查，将调查结果进行整理并分析，形成一份调查报告。

参 考 文 献

秉志.1960.鲤鱼解剖［M］.北京：科学出版社.
陈伟兴，范兆廷，杨洁.2006.黄颡鱼性腺的组织学观察［J］.东北农业大学学报（2）：194-197.
成庆泰，郑葆珊.1987.中国鱼类系统检索（上、下）［M］.上海：上海科学技术出版社.
冯昭信.2000.鱼类学［M］.2版.北京：中国农业出版社.
葛伟，蒋一珪.1989.鱼类的天然雌核发育［J］.水生生物学报（3）：274-283.
湖北省水生生物研究所鱼类研究室.1976.长江鱼类［M］.北京：科学出版社.
集美水产学校.1990.鱼类学［M］.北京：中国农业出版社.
李林春.2007.鱼类养殖生物学［M］.北京：中国农业科学技术出版社.
李明德.2011.鱼类分类学［M］.北京：海洋出版社.
李思发.1990.淡水鱼类种群生态学［M］.北京：中国农业出版社.
李霞.2006.水产动物组织胚胎学［M］.北京：中国农业出版社.
林浩然.2007.鱼类生理学［M］.2版.广州：广东高等教育出版社.
刘国栋，何光喜，刘其根，等.2011.千岛湖大眼华鳊年龄、生长和繁殖的初步研究［J］.上海海洋大学学报（3）：384-388.
马健，赵宪勇，朱建成，等.2009.黄海鳀鱼的卵巢发育［J］.渔业科学进展（6）12-13.
孟庆闻，李婉端，周碧云.1995.鱼类学实验指导［M］.北京：农业出版社.
孟庆闻，缪学祖，俞泰济，等.1989.鱼类学（形态、分类）［M］.上海：上海科学技术出版社.
孟庆闻，苏锦祥，李婉端.1987.鱼类比较解剖［M］.北京：科学出版社.
秦伟.2000.鱼类学［M］.苏州：苏州大学出版社.
山东省水产学校.鱼类学［M］.北京：中国农业出版社.
史为良.1987.内陆水域鱼类增殖与养殖学.［M］.沈阳：大连水产学院.
苏锦祥.2008.鱼类学与海水鱼类养殖［M］.2版.北京：中国农业出版社.
童裳亮.1988.鱼类生理学［M］.北京：科学出版社.
王武.2006.鱼类增养殖学［M］.北京：中国农业出版社.
王先敏.1988.外界环境盐度对松江鲈鱼肾结构组织结构的影响［J］.海洋学报（3）335-336.
伍汉霖.2002.中国有毒及药用鱼类新志［M］.北京：中国农业出版社.
伍献文，杨干荣，乐佩琦，等.1979.中国经济动物志.淡水鱼类［M］.2版.北京：科学出版社.
伍献文、湖北省水生生物研究所鱼类分类组.1964.中国鲤科鱼类志（上）［M］.上海：上海科学技术出版社.
伍献文、湖北省水生生物研究所鱼类分类组.1977.中国鲤科鱼类志（下）［M］.上海：上海科学技术出版社.
谢从新.2010.鱼类学［M］.北京：中国农业出版社.
杨广，刘金兰，白冬清，等.2005.繁殖季节黄颡鱼的性腺特征［J］.淡水渔业（6）：31-33.
叶富良.1993.鱼类学［M］.北京：高等教育出版社.
易伯鲁.1982.鱼类生态学［M］.武汉：华中农学院.
殷名称.1995.鱼类生态学［M］.北京：农业出版社.
张觉民，李怀明，董崇智，等.1995.黑龙江省鱼类志［M］.哈尔滨：黑龙江科学技术出版社.

赵维信.1992.鱼类生理学[M].北京：高等教育出版社.
郑慈英.1989.珠江鱼类志[M].北京：科学出版社.
Г.М.彼尔索夫.1982.鱼类的性别分化[M].卢浩泉，等.译.北京：中国农业出版社.
C. E. BOND. 1989.鱼类生物学[M].王良臣，等.译.天津：南开大学出版社.
Foskett, J. K. and Scheffey, C. 1982. The chloride cell: definitive identification as the salt-secretory cell in teleosts [J]. Science (215): 164-166.
Nagahama. Y. 1983. The functional morphology of teleost gonads [M]. New York: Academic Press.
Wilhelm Harber. 1975. Anatomy of Fishes Stuttgart [M]. Stuttgart: Schweizerbart.